Deepen Your Mind

前言

人以「血」為「氣之母」。金融之於一個國家，猶如血液之於人的身體。風險管理作為必不可少的金融行業之一，時時刻刻都在管理著金融「血液」的流動，監控著金融「血液」的各項指標，是預防各類金融「血液」問題發生的重要管理方法。

現代金融風險管理是由西方世界在二戰以後系統性地提出、研究和發展起來的。一開始，還只是簡單地使用保險產品來避開個人或企業由於意外事件而遭受的損失。到了 20 世紀 50 年代，此類保險產品不僅難以面面俱到而且費用昂貴，風險管理開始以其他的形式出現。舉例來說，利用金融衍生品來管理風險，並在 70 年代開始嶄露頭角，至 80 年代已風靡全球。到 90 年代，金融機構開始開發內部的風險管理模型，全球性的風險監管陸續介入並扮演起管理者的角色。如今，風險管理在不斷改善過程中，已經成為各金融機構的必備職能部門，在有效地分析、理解和管理風險的同時，也創造了大量的就業機會。

金融風險管理的進化還與量化金融的發展息息相關。量化金融最大的特點就是利用模型來解釋金融活動和現象，並對未來進行合理的預測。1827 年，當英國植物學家羅伯特‧布朗 (Robert Brown) 盯著水中做無規則運動的花粉顆粒時，他不會想到幾十年後的 1863 年，法國人朱爾斯‧雷諾特 (Jules Regnault) 根據自己多年股票經紀人的經驗，第一次提出股票價格也服從類似的運動。到了 1990 年，法國數學家路易士‧巴切里爾 (Louis Bachelier) 發表了博士論文《投機理論》The theory of speculation。從此，布朗運動被正式引入和應用到了金融領域，樹立了量化金融史上的首座里程碑。

而同樣歷史性的時刻，直到 1973 年和 1974 年才再次出現。美國經濟學家費希爾‧布萊克 (Fischer Black)、邁倫‧斯科爾斯 (Myron Scholes) 和羅伯特・默頓 (Robert Merton) 分別於這兩年提出並建立了 Black-Scholes-Merton 模型。該模型不僅實現了對選擇權產品的定價，其思想和方法還被拓展應用到了其他的各類金融產品和領域中，影響極其深遠。除了對隨機過程的應用，量化金融更是將各類統計模型、時間序列模型、數值計算技術等五花八門的神兵利器都招致麾下，大顯其威。而這些廣泛應用的模型、工具和方法，無疑都為金融風險管理提供了巨大的養分和能量，也成為了金融風險管理的重要手段。舉例來說，損益分佈、風險價值 (VaR)、波動率、投資組合、風險對沖、違約機率、信用評級等重要的概念，就是在這肥沃的土壤上結出的果實。

金融風險管理師 (FRM) 就是在這樣的大背景下應運而生的國際專業資質認證。本叢書以 FRM 為中心介紹實際工作所需的金融風險建模和管理知識，並且將 Python 程式設計有機地結合到內容中。就形式而言，本書一大特點是透過豐富多彩的圖表和生動貼切的實例，深入淺出地將煩瑣的金融概念和複雜的計算結果進行了視覺化，能有效地幫助讀者領會重點並提高程式設計水準。

貿易戰、金融戰、貨幣戰這些非傳統意義的戰爭，雖不見炮火硝煙，但所到之處卻是哀鴻遍野。安得廣廈千萬間，風雨不動安如山。筆者希望本書系列，能為推廣金融風險管理的知識盡一份微薄之力，為從事該行業的讀者提供一點助益。在這變幻莫測的全球金融浪潮裡，為一方平安保駕護航，為盛世永駐盡心盡力。

在這裡，筆者衷心地感謝清華大學出版社的欒大成老師，以及其他幾位編輯老師對本叢書的大力支持，感謝身邊好友們的傾情協助和辛苦工作。最後，借清華大學校訓和大家共勉一天行健，君子以自強不息；地勢坤，君子以厚德載物。

✣ 致謝

謹以此書獻給我們的父母親。

作者和審稿人

按姓氏拼音順序

安然

博士，現就職於道明金融集團，從事交易對手風險模型建模，在金融模型的設計與開發以及金融風險的量化分析等領域具有豐富的經驗。曾在密西根大學、McMaster 大學、Sunnybrook 健康科學中心從事飛秒雷射以及聚焦超音波的科學研究工作。

姜偉生

博士，FRM，現就職於 MSCI 明晟 (MSCI Inc)，負責為美國對沖基金客戶提供金融分析產品 RiskMetrics 以及 RiskManager 的諮詢和技術支援服務。建模實踐超過 10 年。跨領域著作豐富，在語言教育、新能源汽車等領域出版中英文圖書超過 15 種。

李蓉

財經專業碩士，現就職於金融機構，從事財務管理、資金營運超過 15 年，深度參與多個金融專案的運作。

梁健斌

博士，現就職於 McMaster Automotive Resource Center，多語言使用時間超過 10 年。曾參與過 CRC Taylor & Francis 圖書作品出版工作，在英文學術期刊發表論文多篇。為叢書 Python 系列資料視覺化提供大量支援。

蘆葦

博士，碩士為金融數學方向，現就職於加拿大五大銀行之一的豐業銀行 (Scotiabank)，從事金融衍生品定價建模和風險管理工作。程式設計建模時間超過十年。曾在密西根州立大學、多倫多大學從事中尺度氣候模型以及碳通量反演的科學研究工作。

邵航

金融數學博士，CFA，博士論文題目為《系統性風險的市場影響、博弈論和隨機金融網路模型》。現就職於 OTPP (Ontario Teachers' Pension Plan，安大略省教師退休基金會)，從事投資業務。曾在加拿大豐業銀行從事交易對手風險模型建模和管理工作。多語言建模實踐超過 10 年。

涂升

博士，FRM，現就職於 CMHC (Canada Mortgage and Housing Corporation，加拿大抵押貸款和住房管理公司，加拿大第一大皇家企業)，從事金融模型審查與風險管理工作。曾就職於加拿大豐業銀行，從事 IFRS9 信用風險模型建模，執行監管要求的壓力測試等工作。多語言使用時間超過 10 年。

王偉仲

博士，現就職於美國哥倫比亞大學，從事研究工作，參與哥倫比亞大學多門所究所學生等級課程教學工作，MATLAB 建模實踐超過 10 年，在英文期刊雜誌發表論文多篇。參與本書的程式校對工作，並對本書的資訊視覺化提供了很多寶貴意見。

張豐

金融數學碩士，CFA，FRM，現就職於 OTPP，從事一級市場等投資項目的風險管理建模和計算，包括私募股權投資、併購和風投基金、基礎建設、自然資源和地產類投資。曾就職於加拿大蒙特婁銀行，從事交易對手風險建模。

推薦語

本叢書作者結合 MATLAB 及 Python 程式設計將複雜的金融風險管理的基本概念用大量圖形展現出來，讓讀者能用最直觀的方式學習和理解基礎知識。書中提供的大量原始程式碼讓讀者可以親自實現書中的具體實例。真的是市場上少有的、非常實用的金融風險管理資料。

—張旭萍｜資本市場部門主管｜蒙特婁銀行

投資與風險並存，但投資不是投機，如何在投資中做好風險管理一直是值得探索的課題。一級市場中更多的是透過法律手段來控制風險，而二級市場還可以利用量化手段來控制風險。本叢書基於 MATLAB 及 Python 從實際操作上教給讀者如何量化並控制投資風險的方法，這「術」的背後更是讓讀者在進行案例實踐的過程中更進一步地理解風險控制之「道」，更深刻地理解風險控管的思想。

—杜雨｜風險投資人｜紅杉資本中國基金

作為具有十多年 FRM 教育訓練經驗的專業講師，我深刻感受到，每一位 FRM 考生都希望能將理論與實踐結合，希望用電腦語言親自實現 FRM 中學習到的各種產品定價和金融建模理論知識。而 MATLAB 及 Python 又是金融建模設計與分析等領域的權威軟體。本叢書將程式設計和金融風險建模知識有機地結合在一起，配合豐富的彩色圖表，由淺入深地將各種金融概念和計算結果視覺化，幫助讀者理解金融風險建模核心知識。本叢書特別適合 FRM 備考考生和透過 FRM 考試的金融風險管理從業人員，同時也是金融風險管理職位筆試和面試的「葵花寶典」，甚至可以作為金融領域之外的資料視覺化相關職位的絕佳參考書，非常值得學習和珍藏。

—Cate 程黃維｜高級合夥人兼金融專案學術總監｜中博教育

千變萬化的金融創新中，風險是一個亙古不變的議題。堅守風險底線思維，嚴把風險管理關口，是一個金融機構得以長期生存之本，也是每一個員工需要學習掌握的基礎能力。本叢書由淺入深、圖文生動、內容充實、印刷精美，是一套不可多得的量化金融百科。不論作為金融普及讀物，還是 FRM 應試圖書，乃至工作後常備手邊的工具書，本叢書都是一套不可多得的良作。

— 單碩｜風險管理部風險經理｜建信信託

✤ 本書的重要特點

- 探討更多金融建模實踐內容；
- 由淺入深，突出 FRM 考試和實際工作的關聯；
- 強調理解，絕不一味羅列金融概念和數學公式；
- 將概念、公式變成簡單的 Python 程式；
- 全彩色印刷，賞心悅目地將各種金融概念和資料結果視覺化；
- 中英文對照，擴充個人行業術語庫。

✤ 本書適用讀者群眾

有志在金融行業發展，本書可能是金融 Python 程式設計最適合零基礎入門、最實用的圖書。

✤ 請讀者注意

本書採用的內容、演算法和資料均來自公共領域，包括公開出版發行的論文、網頁、圖書、雜誌等；本書不包括任何智慧財產權保護內容；本書觀點不代表任何組織立場；水準所限，本書作者並不保證書內提及的演算法及資料的完整性和正確性；本書所有內容僅用於教學，程式錯誤難免；任何讀者使用本書任何內容進行投資活動，本書筆者不為任何虧損和風險負責。

目錄

01 程式設計初階

02 程式設計基礎 II

03 使用 NumPy

04　數學工具套件

05　Pandas 與資料分析 I

06　Pandas 與資料分析 II

07 資料視覺化

08 機率與統計 I

09 機率與統計 II

10　金融計算 I

11　金融計算 II

12 Fixed Income 固定收益分析

A 備忘

程式設計初階

人生苦短，我用 Python。

Life is short, you need Python!

——吉多‧范羅蘇姆 (Guido van Rossum)

本章核心命令程式

▶ ax.plot(x,y) 繪製以 x 為參數，y 為因變數的二維線圖

▶ ax.set(xlabel='Time step',ylabel='Interest rate',title='Vasicek Model') 設定 x 軸標籤為 "Time step",y 軸標籤為 "Interest rate"，圖的標題為 "Vasicek Model"

▶ def vasicek(r0,k,theta,sigma, T=1., N=10,seed=500) 定義函數

▶ import math 匯入協力廠商數學運算工具函數庫 math

▶ import numpy as np 匯入協力廠商矩陣運算函數庫，並給它取一個別名 np，在後序程式中，可以透過 np 來呼叫 numpy 中的子函數庫

▶ input("Please enter your name") 在 Python 的 console 中顯示 "Please enter your name" 後接受鍵盤的輸入

▶ math.sqrt(81) 呼叫協力廠商數學運算函數庫 math 中的 sqrt() 函數用來求開方根值

- ▶ matplotlib.pyplot.show() 顯示圖片
- ▶ print() 在 Python 的 console 中輸出資訊
- ▶ random.random() 呼叫協力廠商函數庫 random 中的 random() 函數，傳回 0 到 1 之間的隨機數
- ▶ range(N) 生成一個含有 N 個整數的串列，串列的元素從 0 到 N
- ▶ return range(N+1), rates 在函數定義中用於傳回變數 range(N+1) 和 rates 的值
- ▶ round(4.35,1) 將 4.35 四捨五入到一位小數
- ▶ type(num_int) 傳回變數 num_int 的資料型態

1.1 Python 介紹

1989 年的 12 月，荷蘭程式設計師 Guido van Rossum 為了打發耶誕節期間的空閒時間，開發出一種新的直譯型語言 Python。所謂直譯型語言指的是程式在執行時期需要翻譯成機器能辨識的語言。Python 以另外一種程式語言 ABC 為基礎。ABC 語言是當時 Guido van Rossum 參與的一種教學程式語言。Python 的第一版發佈於 1991 年。

在 Guido van Rossum 看來，ABC 語言優美而強大，它是專門針對非專業程式設計師而設計的，但卻由於其封閉性等特點而未獲得成功。Guido van Rossum 正是在改進 ABC 的基礎上推出了 Python。因此，Python 的縮排風格和主要資料型態均受 ABC 語言影響。

吉多・范羅蘇姆 Jim Hugunin, (1956-), Dutch programmer
Author of the Python programming language.
(Source: https://en.wikipedia.org/wiki/Guido_van_Rossum/)

由於 Python 的中文翻譯是蟒蛇，因此很多人可能會認為 Python 是以蟒蛇命名的。實際上，這個名字來自當時風靡歐洲的英國六人喜劇團體 Monty Python(見圖 1-1)。Monty Python 在當時以革新的電視喜劇模式出現，在一定程度上影響了日後的英國電視劇的發展。Guido van Rossum 特別喜歡 Monty Python 的表演，他希望這種新的程式語言能像 Monty Python 一樣獨樹一幟，因此決定以這個喜劇團體的名字來命名這種新的程式語言。

圖 1-1　Python 以馬戲團 Monty Python 命名
（ 來源：https://www.theguardian.com/）

Python 自推出以來，受到越來越多人的歡迎，如圖 1-2 所示是 2001 年到 2020 年這二十年間幾種熱門程式語言的 TIOBE 程式設計社區指數 (TIOBE programing community index) 的變化。TIOBE 程式設計社區指數 (以下簡稱 "TIOBE 指數 ") 被用來反映程式語言的流行程度，這個指數排行榜是瑞士的 TIOBE 公司根據一些常用的搜尋引擎（包括 Google、Bing 和百度等）、網路媒體 (YouTube 和維基百科) 的搜索統計資料，以及有經驗的程式設計師、課程和協力廠商廠商使用的程式語言的數量而獲得。從圖 1-2 中可以看到，Python 的 TIOBE 指數在 2017 年後一直在攀升。

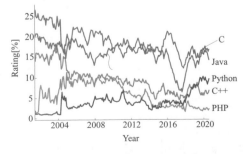

圖 1-2　TIBOE 指數變化趨勢（資料來源：https://www.tiobe.com/tiobe-index/）

如表 1-1 所示為 2020 年 TIOBE 指數排名前十的程式語言與 2000 年排名
情況的對比。讀者可以發現，Python 從 2000 年的第 22 名躍升到 2020 年
的第 3 名，其熱門程度僅次於 Java 和 C 語言。Java 是物件導向程式設
計，C 語言是程序導向程式設計，而 Python 既可以實現物件導向程式設
計，也可以實現程序導向程式設計。

表 1-1　2020 年和 2000 年 TIOBE 指數前十名對比

程式語言	2020 年	2000 年
Java	1	3
C	2	1
Python	3	22
C++	4	2
C#	5	9
JavaScript	6	6
PHP	7	21
SQL	8	N/A
Swift	9	N/A
R	10	N/A

國內外許多知名軟體和網站都是基於 Python 開發的，比如 Google。

Python 簡便好用的特性，使得其使用者並不侷限於專業的程式設計師，
像金融、醫藥、科學研究等領域的從業人員也借助 Python 大大提高了工
作效率。以下範例展示了如何使用 Python 在檔案中寫入資料。借助簡單
的幾行程式，讀者即可從煩瑣的工作中解放出來，因此掌握 Python 可以
大大提高工作效率。

```
B1_Ch1_1.py

import numpy as np
data =np.random.randint(100,size=16).reshape(4,4)

with open('data.txt', 'w') as outfile:
```

```
for row in data:
    for column in row:
        outfile.write(f'{column:3.0f}')
    outfile.write('\n')
```

Python 的優點不勝列舉，比如易讀性好、程式簡潔，Python 中很多關鍵字和英文單字非常接近。如圖 1-3 所示為使用 Python 和 Java 在螢幕輸出顯示 "Hi there This is Python/Java" 程式，讀者對比可以發現，在這個範例裡，Python 的程式不但簡潔明瞭，並且更接近英文的思維習慣。

```
Greetings = ["Hi there", "This is Python"]
for i in Greetings:
```

python™

```
public class Test {
    public static void main(String args[]) {
        String array[] = {"Hi there", "This
is Java"};
        for (String i : array) {
          System.out.println(i);
        }
    }
}
```

Java

圖 1-3　Python 和 Java 實現同樣功能程式對比

Python 另一個重要優點是免費和開放原始碼。所謂開放原始碼 (Free and Open-Source Software, FOSS)，指的是所有使用者都可以看到 Python 的原始程式碼，這表現在兩個方面：①程式設計師使用 Python 撰寫的程式是開放原始碼的；② Python 的解譯器和協力廠商函數庫是開放原始碼的。

由於 Python 程式的開放原始碼性，使用者可以免費地查閱 Python 的原始程式碼，並參與改進和提高其功能和穩定性。所有使用者都可以使用

Python 開發自己的軟體和程式，而不必擔心版權問題。使用者甚至可以將用 Python 撰寫的軟體應用在商業用途上。

人們在免費使用 Python 時，建立了各種免費函數庫，又極大地強化了 Python 的功能。如表 1-2 介紹了 Python 標準函數庫和常用的協力廠商函數庫。接下來的章節中將詳細介紹繪圖函數庫 Matplotlib、矩陣運算函數庫 NumPy、資料處理函數庫 pandas 和科學運算函數庫 SciPy。也會涉及諸如 scikit-learn、TensorFlow、maxnet 和 PyTorch 等近年來應用於機器學習和人工智慧的熱門運算函數庫。

表 1-2　Python 標準函數庫和常見協力廠商函數庫

函數庫名稱	描述
Python 標準函數庫	包含多個內建的以 C 語言撰寫的模組，可用於實現系統級功能
matplotlib	強大的 Python 繪圖函數庫
NumPy	Numeric Python 的縮寫，Python 矩陣運算函數庫
pandas	基於 NumPy 的資料處理函數庫
statsmodels	統計建模和計量經濟學工具套件
seaborn	基於 Matplotlib 的圖形視覺化函數庫
SciPy	科學運算函數庫，包含有最最佳化、線性代數、積分、插值等常用計算工具
Scikit-learn	機器學習方法工具集
TensorFlow	Google 的機器學習框架
mxnet	深度學習框架
PyTorch	Python 機器學習函數庫，應用於人工智慧領域

Python 以其良好的黏合性和可擴充性，被稱為膠水語言。它可以與 C、C++、Java 和 MATLAB 等其他程式語言混合程式設計。比如安裝 rpy2 函數庫後，可以在 Python 環境中呼叫 R 語言中的命令和函數，也可以使用 Python 呼叫 R 語言撰寫的命令。再比如，可以使用 Cython 擴充函數庫去實現與 C 語言的混合程式設計。

MATLAB 可以呼叫 Python 程式，Python 中也可以呼叫 MATLAB。讀者可以透過以下網址了解更多細節。

https://www.mathworks.com/help/matlab/matlab-engine-for-python.html
https://www.mathworks.com/help/matlab/call-python-libraries.html

如圖 1-4 所示為 Python 和其他常見程式語言混合程式設計時需要使用到的協力廠商介面函數庫。

圖 1-4　Python 支援與其他程式語言黏合

Python 同時支持面向過程程式設計 (Procedure Oriented Programming, POP) 和物件導向程式設計 (Object Oriented Programming, OOP)。過程程式設計是以步驟和過程為中心導向的程式設計思想。如圖 1-5 所示為使用過程導向的思想將一隻大象放入冰箱中：第一步是開啟冰箱門；第二步是把大象放入冰箱中；第三步是關閉冰箱門。而物件導向程式設計是以物件為中心的程式設計思想。如圖 1-6 所示為使用物件導向的思想解決同一問題的想法,根據物件導向思想,可分為大象和冰箱兩個物件,大象有「被放入冰箱」這個動作;冰箱則有開 / 關門這個動作。

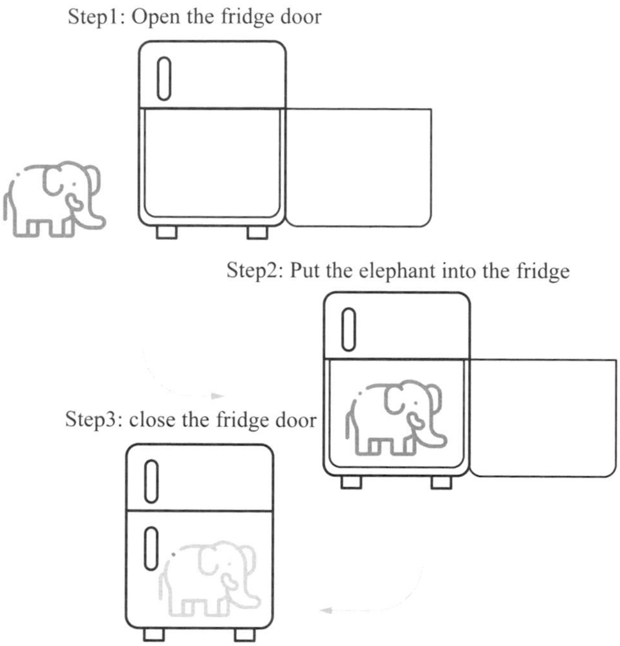

Step1: Open the fridge door

Step2: Put the elephant into the fridge

Step3: close the fridge door

圖 1-5　面向過程程式設計思想

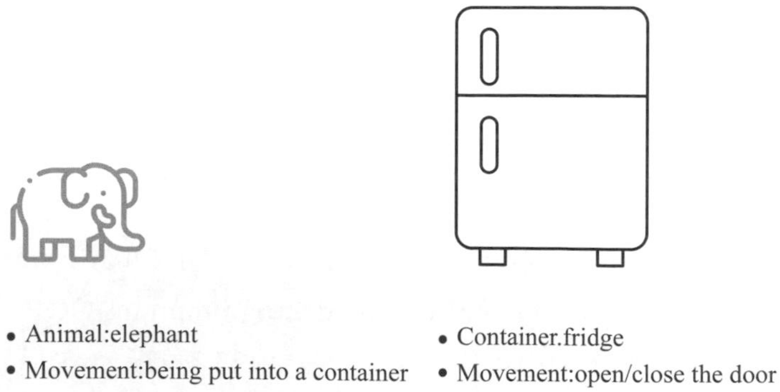

- Animal:elephant
- Movement:being put into a container
- Container.fridge
- Movement:open/close the door

圖 1-6　物件導向程式設計思想

目前被廣泛使用的 Python 版本有 Python 2.X 和 Python 3.X，Python 2.0 版本是在 2000 年 10 月 16 日推出的，Python 3.0 版本於 2008 年 12 月 3 日推出，Python 3.X 相對於 Python 2.X 有較大的變化和改進。Python 3 解決和修正了 Python 之前的舊版本中存在的固有設計缺陷，其開發重點是清理程式庫，讓程式語言更加清晰明瞭。如圖 1-7 所示對比了 Python 2.X 和 Python 3.X 的主要區別。

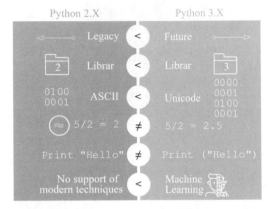

圖 1-7　對比 Python 2.X 和 Python 3.X

Python 3.X 的一些重大變動包括把 print() 函數改成內建函數，改進了整數的除法問題，增加了更多的對字串 Unicode 的支持。為了避免在底層設計中的累贅，Python 3.X 不能向下相容 Python 2.X。 Python 3.X 新增了一些對高級功能的支持，如機器學習 (machine learning)、人工智慧 (artificial intelligence) 和資料科學 (data science)。

Python 軟體基金會 (Python software foundation) 鼓勵使用者採用 Python 3.X，並宣佈自 2020 年 1 月 1 日開始停止對 Python 2.X 的更新。Python 軟體基金會是一個致力於保護、推廣和提升 Python 程式語言的非營利機構，成立於 2001 年 3 月 6 日，它還支持和促進 Python 社區的發展。

以下程式對比了 Python 3.X 和 Python 2.X 的幾個典型區別。由於前面提及二者不相容，以下程式不能在同一個 Python 版本中成功執行。

```
#Examples, Python 2.X vs Python 3.X

#Example 1
print("Hello John") #Python 3.X
print "Hello John" #Python 2.X
#Output: Hello John

#Example 2
Name = "John"
print("Hello {0}".format(Name)) #Python 3.X
print "Hello, %," % (Name) #Python 2.X
#Output: Hello John

#Example 3
Name = input("Please enter your name") #Python 3.X
Name = raw_input("Please enter your name") #Python 2.X
Name
#Output: 'John'
#Example 4
a = 5/2 #Python 3.X
#Output 2.5

a =5/2 #Python 2.X
#Output 2
```

在現代社會，電腦硬體技術高速發展，使得電腦的性能變得非常強大，
這也使得 Python 作為直譯型語言的編譯執行速度偏慢的缺點並不明顯。
相反 Python 簡單好用的特點能大大降低使用者學習程式語言的門檻以及
縮短撰寫程式的時間，使其成為越來越熱門的程式語言。

1.2 Spyder 介紹

Python 語言的偵錯需要在開發工具 (Integrated Development Environment,
IDE) 中進行。開發工具一般由編輯器、編譯器、偵錯器和圖形化使用者
介面等組成。由於 Python 是開放原始碼的，因此有很多種 IDE 可供選

擇,如 PyCharm、Spyder 和 Jupyter 等。本書將以 Spyder 為例介紹其安裝步驟及使用方法。一般可以透過協力廠商軟體 Anaconda 安裝 Spyder,其介面如圖 1-8 所示。

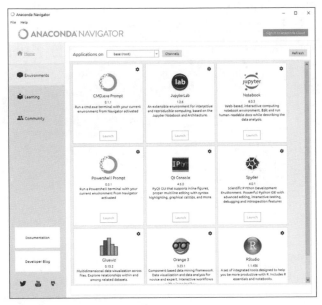

圖 1-8　Anaconda 介面

除去 Spyder 外,Anaconda 還整合了工具套件 conda 提供的協力廠商函數庫的管理和環境管理的功能,並支援 Windows、Linux 和 Mac 系統,可以幫助使用者便捷地解決不同版本 Python 的共存和切換問題。Anaconda 的安裝同時還整合了常用的協力廠商運算函數庫。

如圖 1-8 所示開啟 Anaconda 後的介面,可以看到 JupyterLab、Jupyter Notebook、Powershell Prompt、Qt Console、Spyder、Glueviz、Orange 3 和 RStudio 等工具。Jupyter Notebook 是基於網頁的用於互動計算的整合式開發環境,Jupyter Lab 可被視為 Jupyter Notebook 的升級版,包含了 Jupyter Notebook 的所有功能。Orange 3 是互動式資料探勘與視覺化工具箱。

安裝並開啟 Spyder 後,其介面如圖 1-9 所示,包括工具列 ①、當前檔案路徑②、Python 程式編輯器③、變數顯示區④和互動介面⑤。在工具列裡包含了許多程式偵錯工具，程式的撰寫和修改則顯示在 Python 程式編輯器，互動介面用於顯示程式的執行結果和生成的圖片，在變數顯示區可以查看當前變數的名稱、佔用空間和值。若使用者習慣了使用 MATLAB，還可以透過設定 View → Windows layouts → MATLAB layout，使 Spyder 的介面接近 MATLAB 的介面，如圖 1-10 所示。

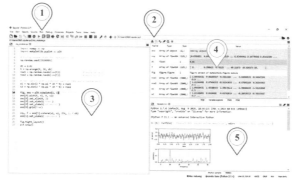

1: Toolstrip   4: Variable explorer, Plots, and Files
2: Current directory   5: IPython Console
3: Python coder editor

圖 1-9　Spyder 預設開啟介面

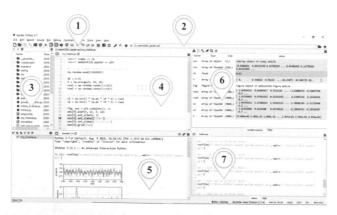

1: Toolstrip   5: IPython Console
2: Current directory   6: Variable explorer
3: Current directory folder   7: History
4: Python coder editor

圖 1-10　Spyder 介面接近 MATLAB 介面

如果程式執行結果是以圖片的方式顯示，Spyder 預設顯示方式是嵌入在主控台 (console) 中。若使用者希望以彈出視窗的方式來顯示圖片，則可透過以下操作進行切換。如圖 1-11 所示，使用者依次點擊功能表列的 Tools → Preferences → Ipython console → Graphics → Graphics backend → Automatic。Automatic 對應的是以彈出視窗方式顯示圖片，Inline 對應的是圖片在主控台中顯示。完成設定後，讀者需要重新開啟 Spyder 才能使新設定生效。如圖 1-12 所示對比了兩種圖片顯示方式。

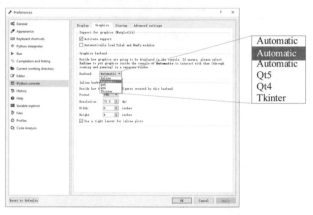

圖 1-11　調整顯示圖片的方式

(a) 控制台中顯示圖片

(b) 以彈出式視窗的方式顯示圖片

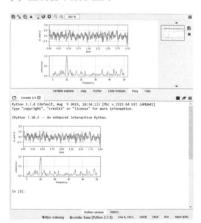

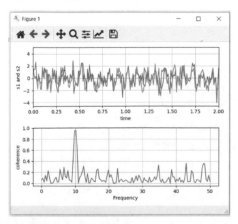

圖 1-12　對比兩種顯示圖片格式的方法

Spyder 中的字型樣式、大小和反白顏色均可以進行修改，具體的修改方式如圖 1-13 所示。

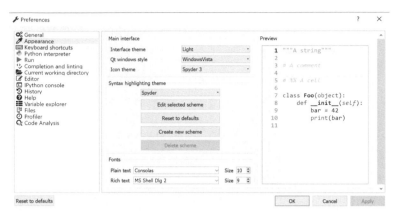

圖 1-13 修改 Spyder 中程式的字型樣式

Python 採用縮排來實現不同的邏輯結構，同時也使得程式變得美觀易讀。撰寫 Python 程式時縮排錯誤會導致顯示出錯。如圖 1-14 所示，Python 程式的第一行不允許縮排，其後的縮排通常是透過插入四個空格來實現。Python 中常見的需要縮排的場合包括 for 迴圈、while else 迴圈、if else 判斷敘述、函數定義及類別的定義等。同一縮排等級裡的程式屬於同一邏輯區塊。這些需要使用縮排的場合往往都需用冒號 ":" 來表示下一行需要使用縮排。

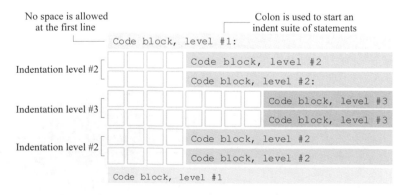

圖 1-14 縮排形成不同的程式等級

如圖 1-15 所示為三組縮排的範例，第一行程式的錯誤在於程式開始的第一行不能縮排，第二行程式中的錯誤為使用定位字元 (tab key) 來實現縮排，Python 並不鼓勵在程式中使用定位字元來實現縮排，這是因為不同的 Python 偵錯開發工具對於定位字元有著不同的解讀，比如有些偵錯開發工具將定位字元解讀為 4 個空格的寬度，有的則解讀為 8 個空格的寬度，因此為了避免程式邏輯混亂，不建議讀者使用定位字元來實現縮排。

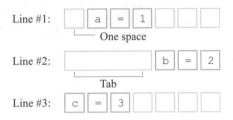

圖 1-15　縮排範例：Line #1 和 Line #2 錯誤，Line #3 正確

圖 1-16 和圖 1-17 所示分別展示了 if…else…迴圈未採用縮排和正確採用縮排兩種情況。

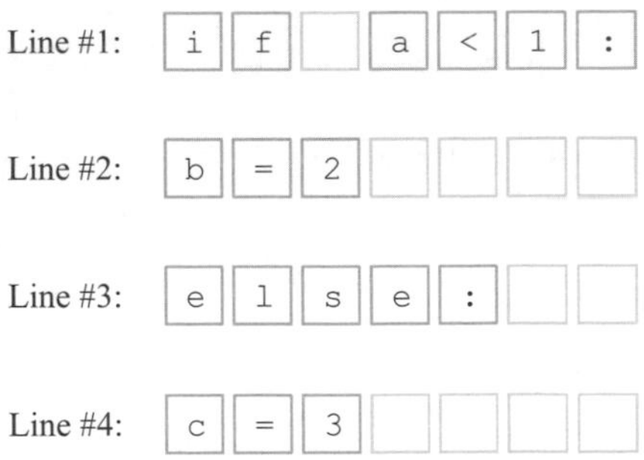

Line #1:	i	f		a	<	1	:
Line #2:	b	=	2				
Line #3:	e	l	s	e	:		
Line #4:	c	=	3				

Line #1:	i	f		a	<	1	:
Line #2:					b	=	2
Line #3:	e	l	s	e	:		
Line #4:					c	=	3

圖 1-16　未使用縮排導致錯誤的範例 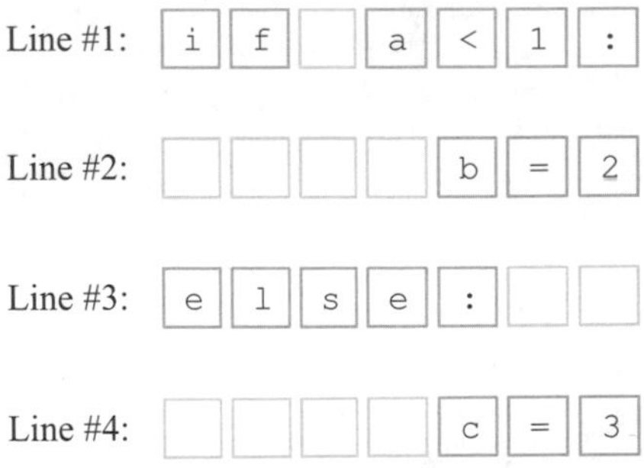　　圖 1-17　正確使用縮排範例

為了清晰地看出程式中空格的數量，讀者可以在 Spyder 中設定顯示空格數量，具體操作為 Tools → Preferences → Editor → Source Code → Indentation characters，如圖 1-18 所示。

圖 1-18　Spyder 中可設定縮排所用的空格數量

Spyder 中的縮排預設透過四個空格來表示，但讀者也可以根據個人喜好，設定其他數量的空格，具體的設定為 Tools → Preferences → Editor → Display → Show blank spaces，如圖 1-19 所示。

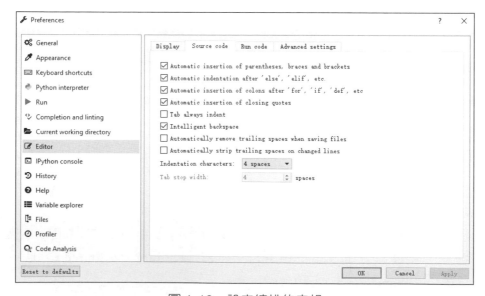

圖 1-19　設定縮排的空格

以下程式展示了在定義函數 is_prime 過程中如何使用縮排來實現不同的程式結構，如前所述，同一邏輯等級的程式區塊應當使用相同數量的空格。

B1_Ch1_2.py

```python
#Indentation example
def is_prime(a):
    if type(a) != int:
        print("Your input is not an integer")
    if a <=3:
        print("The input number is too small")
    else:
        if a %2 ==0:
            print("This is an even number")
        else:
            b = int(a/2.)+1
            for i in range(3,b,2):
                if a % i ==0:
                    print("The input number can be divided by %2d"%i)
                    break
                if i>=b-2:
                    print("The input number is a prime number")
is_prime(2)#Out: The input number is too small
is_prime(16)#Out: This is an even number
is_prime(81)#Out: The input number can be divided by  3
is_prime(89)#Out: The input number is a prime number
```

以下程式展示了在定義類的時候如何正確地使用縮排。在以下範例中，在類別的名稱 Person 後，定義函數 __init__() 以及 myfunc() 時均需要使用空格和冒號來實現縮排。

```python
class Person:
    def __init__(self, name, age):
        self.name = name
        self.age = age
    def myfunc(self):
        print("Hello my name is " + self.name)
p1 = Person("Jack", 26)
p1.myfunc()
```

Python 提供了類似 MATLAB 中程式節 (code cell, code section) 的功能。
長程式中往往有很多行程式。為了方便偵錯和閱讀程式，可以將程式劃
分為多個程式節。使用者在執行程式時，可以方便地偵錯不同程式節中
的程式。Python 以符號 #%% 來劃分程式節。執行程式區塊可採用工具
列中的 "Run current cell" 或按快速鍵 "Ctrl + Return"，如圖 1-20 所示為
Return 鍵所在的位置，值得注意的是右下角的數字鍵盤中的 "Enter" 鍵並
沒有 "Return" 鍵的功能。

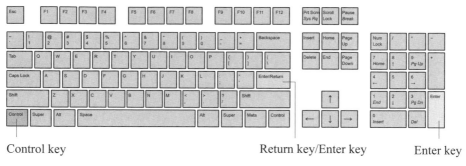

圖 1-20　Return 鍵在鍵盤中的位置

讀者可嘗試以執行程式節的方式執行下文程式，生成圖 1-21。圖 1-21 所
示為 Vasicek 和 CIR 利率模型結果，本書有專門章節介紹利率建模，請讀
者參考學習。

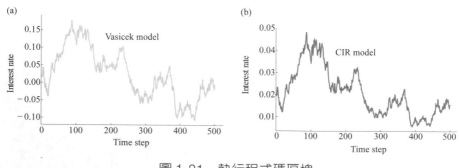

圖 1-21　執行程式碼區塊

以下程式可以獲得圖 1-21。

B1_Ch1_3.py

```
#%%
#Code cell: Vasicek Model
import numpy as np
import matplotlib.pyplot as plt
def vasicek(r0,k,theta,sigma, T=1., N=10,seed=500):
    np.random.seed(seed)
    dt = T/float(N)
    rates = [r0]
    for i in range(N):
        dr = k*(theta-rates[-1])*dt+sigma*np.random.normal()
        rates.append(rates[-1]+dr)
    return range(N+1), rates
x,y = vasicek(0.02,0.25,0.02,0.01,20.,500)
fig,ax=plt.subplots()
ax.plot(x,y)
ax.set(xlabel='Time step',ylabel='Interest rate',title='Vasicek Model')
plt.show()
#%%
#Code cell: CIR model
import math
import numpy as np
import matplotlib.pyplot as plt
def cir(r0,k,theta,sigma,T=1.,N=10,seed=500):
    np.random.seed(seed)
    dt = T/float.(N)
    rates = [r0]
    for i in range(N):
        dr=k*(theta-rates[-1])*dt+\
            sigma*math.sqrt(rates[-1])*np.random.normal()
        rates.append(rates[-1]+dr)
    return range(N+1),rates
x,y = cir(0.02,0.25,0.02,0.01,20,500)
fig,ax=plt.subplots()
ax.plot(x,y)
ax.set(xlabel='Time step',ylabel='Interest rate',title='CIR model')
plt.show()
```

Spyder 可透過設定快速鍵來提高操作效率，表 1-3 列舉了部分常用的快速鍵。

表 1-3　Spyder 快速鍵

快速鍵	說明
F5	執行
F12	設定中斷點 (breakpoint)
Ctrl + 4/5	將選中程式註釋 / 取消註釋
Ctrl + D	將游標所在行或已選中的行刪除
Ctrl + L	跳躍到某一行
F9	執行游標所在行程式或執行選中的多行程式
F5	執行程式所有行
Ctrl + F10	單步偵錯 (不進入函數內部)
Ctrl + F11	單步偵錯 (進入函數內部)
Ctrl + Return	執行當前程式節

表 1-3 中的快速鍵可以透過如圖 1-22 所示的設定進行修改。

圖 1-22　修改快速鍵

Python 中每行最多可以使用 79 個字元,當一行中的字元過多時,一般採用隱式續行 (line continuation) 來完成換行。

在定義函數時,有時候會遇到名稱很長或變數很多的情況,這時候常常需要結合合適的縮排來實現隱式續行。如圖 1-23 和圖 1-24 所示為在定義函數時如何使用隱式續行,圖 1-23 所定義函數從第一個變數開始換行,並插入 8 個空格,函數的正文前需要插入 4 個空格,如圖 1-24 所示。

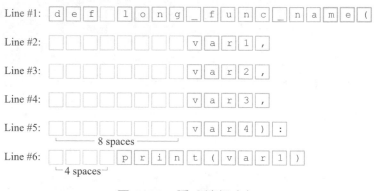

圖 1-23　隱式續行 (1)

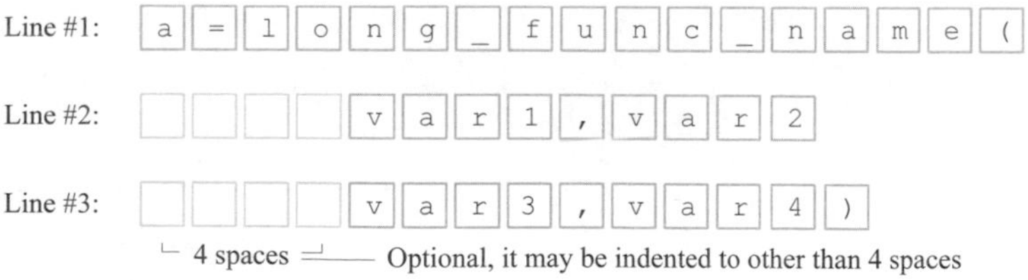

圖 1-24　隱式續行 (2)

上例對應具體程式如下。

```
B1_Ch1_4.py
```

```python
#Add 4 spaces (an extra level of indentation) to distinguish arguments
from the rest.
def long_func_name(
        var1,
```

```
        var2,
        var3,
        var4):
    print(var1)

var1, var2, var3, var4 = 1, 2, 3,4
#Aligned with opening delimiter.
long_func_name(var1, var2,
               var3, var4)

#Hanging indents should add a level.
foo = long_func_name(
    var1, var2,
    var3, var4)
```

除此之外，隱式續行也可以透過使用括號 "()" 或斜線 "\" 來進行。以下程式展示了這種情況。

```
#Example: break a long line into multiple lines
#Method 1 use for line continuation
a = ('1' + '2' + '3' +
    '4' + '5')
a
#Output: '12345'

#Method 2: use \ for line continuation
a = '1' + '2' + '3' + \
'4' + '5'
a
#Output: '12345'
```

1.3 變數和數值類型

在 Python 中定義變數時需要注意以下幾點：

- 只能包含大小寫字母、數字和底線 (underscore)。
- 不能以數字開頭。

- 區分大小寫字母，如變數 a 和變數 A 是兩個不同的變數。
- 雖然變數可以底線開頭，但要注意，底線定義的變數往往具有特殊的意義和用法。

如表 1-4 所示整理了使用底線自訂變數時的幾種表達方式。大家常用的自訂變數為第二種，即將底線主要用作連接子。

表 1-4　資料型態之間的轉換

表達形式	範例	說明
單底線變數	_	用得較少。可用於表示臨時變數，亦可在 console 中用於獲得上一運算式的結果
變數中間	var_part	用作連接子，並無特殊約定俗成或特殊含義
單底線尾碼變數	var_	約定用法，用於區分 Python 的關鍵字
單底線首碼變數	_va	常用於模組中，這種變數和函數被認為內建函數
雙底線首碼變數	__var	定義類的時候使用，用於表示該函數是私有函數，無法被繼承或被外部存取
雙底線首碼和尾碼變數	__var__	不推薦使用這種方式自訂使用者變數。Python 定義了一些特殊的變數，如類別成員 __int__

在主控台中輸入底線，可以獲得上一筆命令的執行結果。

```
In [1]: "Return the results of last line"
Out [1]: 'Return the results of last line'
In [2]: _
Out [2]: 'Return the results of last line'
```

下面是底線作為變數的範例，此時底線所代表的一般是臨時變數，常用在 for 迴圈中。

```
a = 0
for _ in range(3):
    a = a + _
    print(_)
print(a)
```

以下範例展示了定義函數時，使用雙底線首碼代表變數的錯誤用法。

```
B1_Ch1_5.py
```

```python
class People(object):
    def _eat(self):
        print('I am eating')
    def __run(self):
        print('I can run')

class Student(People):
    def torun(self):
        self.__run() #AttributeError: 'Student' object has no attribute
'_Student__run'

s = Student()
s.torun()
p = People()
p.__run()    #error: it cannot be accessed externally
```

在 Python 中常用的數數值型態包括整數 (integer)、浮點數 (floating point)、字串 (string) 和布林型 (Boolean)。以下程式展示了幾個使用浮點數和布林型運算的範例。

```
B1_Ch1_6.py
```

```python
#Example 1, floating point
print((1.1 + 2.2) == 3.3)#Out:False
print(1.1+2.2)#Out: 3.3000000000000003

#Example 2, fractions
import fractions
print(fractions.Fraction(1.5)) #Output: 3/2
print(fractions.Fraction(5)) #Output: 5
print(fractions.Fraction(1,3)) #Output: 1/3

#Example 3, Bolleans
x = (1 == True) #True and False are both case-sensitive
y = (1 == False)
a = True + 4
b = False + 10
```

```
print("x is", x)
print("y is", y)
print("a:", a)
print("b:", b)
print(bool(0))#Output False
a =[];
b = ['']
print(bool(a))#Output False
print(bool(b))#Output True
print(bool(1))#Output True
print(bool(-1908))#Output True
print(bool("Hello!"))#Output True
```

Python 是動態資料型態，在定義變數時不需要提前指定變數的資料型態。比如，給變數 a 給予值 a = 1，則 a 自動指定為整數。再如，a = 1.0，則指定 a 為浮點數。使用者也可以使用表 1-5 中的函數進行強制資料轉換。

表 1-5　資料型態之間的轉換

函數	介紹
int()	轉為整數
float()	轉為浮點數
complex(real, imag)	轉為複數
str()	轉為字串
chr()	轉為字元
ord()	將字元轉為整形
hex()	將整數轉為八進制字串
bool()	將指定資料轉化為布林類型

以下程式展示了 Python 中動態地定義變數類型的範例。

B1_Ch1_7.py

```
#Example1, implicit type conversion
num_int = 123
```

```
num_str = "456"
print("Data type of num_int:",type(num_int))
print("Data type of num_str before Type Casting:",type(num_str))
num_str = int(num_str)
print("Data type of num_str after Type Casting:",type(num_str))
num_sum = num_int + num_str
print("Sum of num_int and num_str:",num_sum)
print("Data type of the sum:",type(num_sum))

#Example2, implicit type conversion
num_flo = 1.23
num_new = num_int + num_flo
print("datatype of num_int:",type(num_int))
print("datatype of num_flo:",type(num_flo))
print("Value of num_new:",num_new)
print("datatype of num_new:",type(num_new))
```

Python 提供了一些常用的基本數學函數，它們可以分為幾類，如基本數學函數（表 1-6）、三角函數（表 1-7）和隨機函數（表 1-8）。這三個表格舉出了這些函數的使用說明和範例。

表 1-6　基本數學函數（部分需要使用 math 模組）

運算子	介紹	範例
abs(x)	傳回 x 的絕對值，不需要呼叫 math 模組	print(abs(-4.35)) #Out: 4.35
max(x1, x2,...)	傳回最大值，不需要呼叫 math 模組	list = [-4.35,3.5,2.1] print(max(list)) #Out: 3.5
min(x1, x2,...)	傳回最小值，不需要呼叫 math 模組	list = [-4.35,3.5,2.1] print(min(list)) #Out: -4.35
round(x [,n])	將浮點數 x 四捨五入，n 指定小數點後的位數，不需要呼叫 math 模組	print(round(4.35,1)) #Out: 4.3
ceil(x)	傳回一個大於或等於 x 的最小整數	print(math.ceil(4.001)) #Out: 5

運算子	介紹	範例
floor(x)	傳回一個小於或等於 x 的最小整數	print(math.ceil(4.999)) #Out: 4
exp(x)	求自然對數的指數值	print(math.exp(1)) #Out: 2.718281828459045
fabs(x)	math 模組中的求絕對值的函數	print(math.fabs(-2)) #Out:2.0
log(x)	求自然對數	print(math.log(math.e)) Out: 1.0
log10(x)	傳回以 10 為基數的 x 的對數	print(math.log10(100)) #Out: 2.0
modf(x)	傳回浮點數 x 的小數部分和整數部分	print(math.modf(4.5)) #Out: (0.5, 4)
pow(x, y)	計算 x 的 y 次冪，等於 x**y	print(math.pow(3, 3)) #Out: 27
sqrt(x)	計算 x 的平方根	print(math.sqrt(81)) #Out: 9.0

表 1-7　三角函數（需要使用 math 模組）

運算子	介紹	範例
sin(), cos(), tan()	正弦，餘弦，正切函數	——
asin(), acos(), atan()	反正弦，反餘弦，反正切函數	——
degrees(x)	將弧度值轉化為角度	print(math. degrees (math.pi)) #Out: 180
radians()	將角度轉化為弧度	print(math. radians (180)) #Out: 3.141592653589793

表 1-8　隨機函數（需要使用 random 模組）

運算子	介紹	範例
random()	生成一個 [0,1) 之間的隨機數	print(random. random ()) #Out: 0.7715628664236375

運算子	介紹	範例
randint(min, max)	生成一個在 min 和 max 之間的隨機數	print(random.randint(1,9)) #Out: 5

randrange ([min,] max [,step])	生成一個 [min, max) 之間，步進值為 step 的隨機整數，min 預設為 0, step 預設為 1	print(random.randrange(2,100,2))
		#Out: 58
		print(random.randrange(10))
		#Out: 8

shuffle(lst)	將序列 lst 中的元素隨機排列	print(random.randrange(2,100,2))
		#Out: 58
		print(random.randrange(10))
		#Out: 8

uniform(x, y)	從 [x,y] 或 [y,x] 之間隨機抽出一個浮點數	print(random.uniform(5,2)) #Out: 4.027302601488029
choice(seq)	在序列 lst 中隨機抽出一個元素	list = ['Apple','Juice', 16, 10] print(random.choice(list)) #Out: 'Juice'
sample(lst, num)	在序列 lst 中選出 num 個元素	list = ['Apple','Juice', 16, 10] print(random.sample(list,2)) #Out: ['Apple', 16]

1.4 資料序列介紹

1.3 節介紹了變數可以是整數、浮點數、字串、複數和布林型等資料型態。變數只可以儲存一個資料，但 Python 提供了多種資料序列 (sequence)，可用於儲存更多的資料。這些資料序列包括串列 (list)、元組 (tuple)、集合 (set) 和字典 (dictionary)。這些資料序列，根據資料元素是否可變，可以分為可變的 (mutable) 和不可變的 (immutable)；根據資料元素在結構中是否有次序，可以分為有序的 (ordered) 和無序的 (unordered)；根據資料元素是否是互異的，可以分為互異的 (unique) 和非互異的 (non-unique)。

表 1-9 和表 1-10 對比了 Python 提供的幾種資料序列的特點。其中，串列和元組比較相似，字典和集合比較類似。集合包括兩種，一種是普通集合，另外一種是凍結集合。兩種集合均具有無序、可迭代、元素互異的特點。但是普通集合的元素是可變的，而凍結集合的元素是不可變的。凍結集合可以透過 frozenset() 函數生成。

表 1-9　對比幾種資料序列

資料序列	表示方法	特點
字串 (string)	'string' 或 "string"	元素不可變的，有序的
串列 (list)	['string',5,2000]	元素可變的 (mutable)，有序的
元組 (tuple)	('string',5,2000)	元素不可變的，有序的，序列元素可以是可變的和不可變的
字典 (dictionary)	{key1: value1, key2 : value2 }	鍵是互異的和不可變的，值是可變的，每一對鍵值組合是無序的
集合 (set)	{'string',5,2000}	元素可變的，無序的，互異的，序列元素是不可變的

表 1-10　對比各種資料結構的特點

資料序列	有序性	Iterable	互異性	元素不可變的	元素可變的
串列	√	√	×	×	√
元組	√	√	×	√	×
字典	×	√	鍵 (key)	鍵 (key)	值 (value)
集合	×	√	√	×	√
凍結集合	×	√	√	√	×

Source: C. P. Milliken, Python Projects for Beginners, New York, NY, USA: Apress, Nov. 2019.

表 1-9 還列出了字串的特點。值得注意的是，字串、串列和元組的元素是可以透過索引 (index) 來存取的，這是因為這三種資料序列中的資料元素是有序的。而對於無序的集合和字典，它們的資料元素則不能透過索引來存取。對於字典，Python 提供了透過它的鍵存取其對應的值的方法。

請讀者閱讀並嘗試運行以下程式。

```
B1_Ch1_8.py

#Indexing of a dictionary
Dict = {"John":20,"Theresa":22,"Tom":20}
print(Dict["Tom"])#20

#Indexing of a list, a string, a tuple
List,String = [1,2,3],"123"
Tuple, Set= tuple(List),set(List)
print(List[1])#2
print(Tuple[1])#2
print(String[1])#2
print(Set[1])#Error
```

接下來將討論如何透過索引來存取串列、元組和字串中的元素。串列、元組和字串均是透過在方括號中給定索引值來存取資料。如圖 1-25 所示，是一個等差數列 [a:b:delta] 作為索引值的範例，a 是第一個索引值，delta 是這個等差數列的公差。值得注意的是，b 並不是最後一個索引值，b − delta 才是。

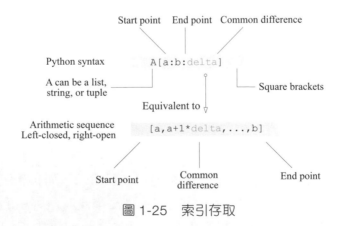

圖 1-25　索引存取

如圖 1-26 所示為透過索引值來存取字串中的字元。同樣的方法也適用於存取串列和元組。

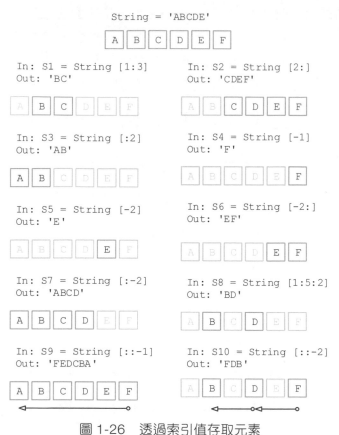

圖 1-26　透過索引值存取元素

1.5　串列

1.4 節對比了幾種資料序列的特點,包括串列、元組、集合和字典,本節和 1.6 節將詳細介紹這幾種資料序列的使用方法。

相比於元組,串列的元素具有可變性,因此串列既要儲存元素數值,還要儲存對應的指標,另外也要為可變元素預留儲存空間,這導致串列需要有較大記憶體。而元組雖然不具有可變性,但是卻大大節省記憶體,存取元素的運算速度也遠遠快於串列。

以下程式的執行結果對比了串列和元組的運算速度和儲存空間。讀者在試運行以下程式時請耐心地等候計算結果。在作者的電腦上執行時期，使用串列需要 223 秒才結束整個運算，而元組只需要 100 秒左右就完成了整個運算，因此元組有著很明顯的運算優勢。

B1_Ch1_9.py

```
import timeit
#Measure list execution time
List_setup = 'List = range(10**6)'
List_code = '10**6 in List'
Run_number = 10**9
List_time = timeit.timeit(stmt=List_code, setup=List_setup, number=Run_
number)
print("List execution time = %f"%List_time)#List execution time =
223.004438

#Measure tuple execution time
Tuple_setup = 'Tuple = set(range(10**6))'
Tuple_code = '10**6 in Tuple'
Tuple_time = timeit.timeit(stmt=Tuple_code, setup=Tuple_setup,
number=Run_number)
print("Tuple execution time = %f"%Tuple_time)#Tuple execution time =
100.206919

#Size comparison of a list and a tuple
List = list(range(10**6))
Tuple = tuple(range(10**6))
print("Size of the list is %d"%List.__sizeof__())#8000040
print("Size of the tuple is %d"%Tuple.__sizeof__())#8000024
```

表 1-11 對比了串列和元組在表示形式上的不同之處。串列的建立需要使用方括號 "[]"，而元組的建立需要使用小括號 "()"。串列共有 46 種內建方法 (method)，而元組有 33 種。此外，串列中的元素不能被用來建立字典的鍵 (key)，而元組中的元素可以被用來建立字典的鍵。

表 1-11　串列和元組對比

區別	串列	元組
語法結構	使用方括號 "[]"	使用小括號 "()"
元素是否能更改	能	不能
方法 [method] 數量	46	33
是否能用於建立字典的鍵	不能	能

表 1-12 列出了一些串列常用的方法，這包括增加元素方法 insert()、append()、extend()；刪除清空資料方法 remove()、clear()、pop()，排序和統計方法 sort() 和 count()，等等。此外，reverse() 方法可以將串列中的元素逆向排序。其中 remove()、count() 和 index() 方法均需提供要刪除 / 統計 / 查詢序號的資料 subdataset。表 1-12 中的 A 表示某一串列。

表 1-12　串列常用方法

方法分類	方法名稱	說明
增加元素	A.insert(index,new data)	串列 A 尾端新增一個元素 B，無傳回值
	A.append(new data)	尾端追加資料，無傳回值
	A.extend(List_B)	將序列 B(串列，元組，集合，字典等) 中的所有元素增加到串列 A 尾端，無傳回值
刪除元素	A.remove(subdataset)	移除串列中某元素，無傳回值
	A.pop()	刪除最後一個資料，傳回該元素的值
	A.pop(index)	刪除某一索引處的元素，傳回該元素的值
	A.clear()	清空串列，無傳回值
排序	A.reverse()	將串列 A 中的元素反向排列，無傳回值
	A.sort()	升冪排序串列，無傳回值
	A.sort(reverse = True)	降冪排序串列，無傳回值
複製	A.copy()	複製串列 A，傳回複製後的新串列
統計	A.count(subdataset)	傳回 subdataset 在串列 A 中出現的次數
	A.index(subdataset)	傳回 subdataset 在串列 A 中的索引

以下程式展示了如何使用 insert()、append() 和 extend() 方法。舉例來

説，程式中的 aList.insert(3,2009) 表示在串列 aList 索引值為 3 的位置插入數字 2009，也就是説在串列的第四個位置插入數字 2009。

```
B1_Ch1_10.py

#%% insert()function
aList = [123, 'xyz', 'zara', 'abc']
aList.insert( 3, 2009)
print ("Final List : ", aList) #Out: Final List :  [123, 'xyz', 'zara',
2009, 'abc']
#%% append()function
list1 = ['James', 'Bryant', 'Anthony']
list2= ['Lisa','Jack','Wade']
list1.extend(list2)
print ("The extened list is:", list1)
#%% extend() function
#%% extend() function
E1 = ['a', 'b', 'c']
A1 = ['a', 'b', 'c']
t = ['d', 'e']
E1.append(t)
A1.extend(t)
print(E1)
print(A1)
```

extend() 方法和 append() 方法均可以將另一個串列中的元素增加到某一串列的尾端，但兩者是有區別的。如圖 1-27 所示對比了兩者的區別，使用 A.extend(B) 時，B 串列是以資料元素的方式被追加到串列 A 的尾端，追加後，串列 A 的維數不變。而使用 A.append(B) 時，B 是以串列的形式追加到串列 A 的尾端，組成巢狀結構串列。

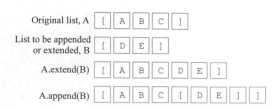

圖 1-27　extend() 和 append() 方法對比

pop() 和 remove() 用於刪除串列中的元素。"pop" 有匆匆或突然離開的意思，而 "remove" 是移除的意思。這兩個方法最大的不同是，pop() 方法需要給定待刪除的元素的索引值，而 remove() 方法則需要給定待刪除的元素具體的值。

需要刪除某一索引位置處的元素，可以用 pop(index) 實現，如果未指定索引，即小括號內為空，則預設刪除串列的最後一個元素。此外，使用 pop() 方法後，被刪除的元素的值會被傳回。而 remove() 方法小括號中需要給定待刪除的元素，並且這個方法不傳回任何值。另外，還有一種刪除串列元素的方式是使用關鍵字 del，del 是 delete 的縮寫，del 不是一個函數或方法，使用的方式是 "del t[1]"，如以下的程式所示。

B1_Ch1_11.py

```
#%% Methods to delete elements in a list
#pop() function
t = ['a','b','c','d','e','f']
x = t.pop(1)
print(t) #Out: ['a','c','d','e','f']
print(x) #Out: b

#del() function
del t[1]
print(t) #Out: ['a','d','e','f']
del t[1:3]
print(t) #Out: ['a','f']

#remove() function
t.remove('a')
print(t) #Out: ['f']
```

串列中常用的統計類方法包括 index() 和 count() 等，其中小括號中是待分析的 subdataset。index() 方法和 count() 方法可以分別傳回其所在的索引和在串列中出現的次數。另外，min() 和 max() 雖然不是串列的方法，但可以用來傳回串列中數值的最小值和最大值。具體使用方式見以下程式。

```
B1_Ch1_12.py
#%% Example #1 shows how to use index() function
guests = ['Christopher','Susan','Bill','Satya']

#this will return the index #where the name Bill is found
print(guests.index('Bill'))
aList = [123, 'xyz', 'zara', 'abc'];
print ("Index for xyz : ", aList.index('xyz'))
print ("Index for zara : ", aList.index('zara'))
#Out:Index for xyz :  1
#Out: Index for zara :  2

#%% Example #2 shows how to use count() function
aList = [123, 'xyz', 'zara', 'abc', 123];
print ("Count for 123 : ", aList.count(123))
print ("Count for zara : ", aList.count('zara'))
#Out: Count for 123 : 2
#Out: Count for zara : 1

#%% Example #3 shows how to use min() function
list1, list2 = [123, 'xyz', 'zara', 'abc'], [456, 700, 200]
print ("min value element : ", min(list2))
print ("min value element : ", min(list1)) #error

#%% Example#4 shows how to use sort() function
aList = ['xyz', 'zara', 'abc', 'xyz']
aList.sort()
print ("List : ", aList) #Out: List :  ['abc', 'xyz', 'xyz', 'zara']
```

Python 提供了多種方法建立串列,其中串列推導式 (list comprehension) 是一種簡捷的串列生成方式。如圖 1-28 所示,串列推導式中 for 迴圈和 if 條件陳述式的搭配使用使得串列的建立非常簡捷。另外,串列推導式中是沒有逗點的。

```
[expression for item in list if conditional]
```

Equivalent to

```
for item in list:
    if conditional:
        expression
```

圖 1-28　串列推導式建立串列

以下程式展示了幾個使用串列推導式的範例。

B1_Ch1_13.py

```
#List comprehension example #1
h_letters = [letter for letter in 'human']
print(h_letters)#Out: ['h', 'u', 'm', 'a', 'n']
#List comprehension example #2
number_list = [x for x in range(20) if x % 2 == 0]
print(number_list) #Out: [0, 2, 4, 6, 8, 10, 12, 14, 16, 18]
#List comprehension example #3
num_list = [y for y in range(100) if y % 2 == 0 if y % 5 == 0]
print(num_list)#Out: [0, 10, 20, 30, 40, 50, 60, 70, 80, 90]
#List comprehension example #4
h_letters = list(map(lambda x: x, 'human'))
print(h_letters)#Out: ['h', 'u', 'm', 'a', 'n']
```

此外，使用者在建立串列時，往往有著特定的串列元素生成規則。這些規則常常透過函數實現。Python 提供了匿名函數 (anonymous function) 用於串列元素的生成，正如匿名函數的名字所示，在建立和使用匿名函數時，不需要定義和提供函數的名字而是透過關鍵字 lambda 實現。使用者使用關鍵字 lambda 生成數列後，還需要進一步使用映射函數 map() 或過濾函數 filter() 來最終得到串列的元素。如圖 1-29 所示，使用匿名函數建立串列等效於使用 def() 函數建立串列，且更為簡捷。

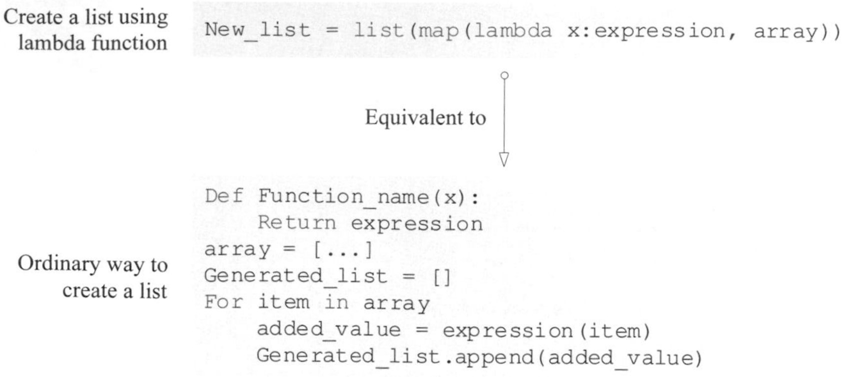

```
Create a list using      New_list = list(map(lambda x:expression, array))
lambda function

                                    Equivalent to

                         Def Function_name(x):
                             Return expression
                         array = [...]
Ordinary way to          Generated_list = []
create a list            For item in array
                             added_value = expression(item)
                             Generated_list.append(added_value)
```

圖 1-29　採用匿名函數 lambda() 和顯性函數 map() 建立串列

以下範例對比了使用匿名函數和顯性函數建立串列的不同，顯然使用匿名函數的程式更加簡潔。

B1_Ch1_14.py

```
#%% Define a function explicitly for creating a list
def convertDeg(degrees):
    converted = [ ]
    for degree in degrees:
        result = (9/5) * degree + 32
        converted.append(result)
    return converted
temps = [15, 20, 25, 30]
converted_temps = convertDeg(temps)
print(converted_temps)

#%% List comprehension with lambda() and map() functions
Degree_C = [15, 20, 25, 30]
Degree_F = list(map(lambda C : (9/5) * C + 32,temps))
print(Degree_F)
```

程式的執行結果如下所示。

```
[59.0, 68.0, 77.0, 86.0]
[59.0, 68.0, 77.0, 86.0]
```

前面範例展示的是使用匿名函數 lambda() 和顯性函數 map() 組合的匿名
函數來建立串列。此外，lambda() 函數和 filter() 函數常常搭配使用，過
濾並保留串列中只符合特定規則的元素。這種結構包含兩種形式，完整
形式 (full form) 和簡化形式 (simplified form)，如圖 1-30 所示。若資料序
列物件 array 中的某一資料能使得過濾函數 filter_expression() 為 true 時，
這個資料得以保留，成為待建立串列的元素，反之，這個資料則會被過
濾掉。簡化形式可以實現同樣的功能。讀者可以根據各人喜好選擇。

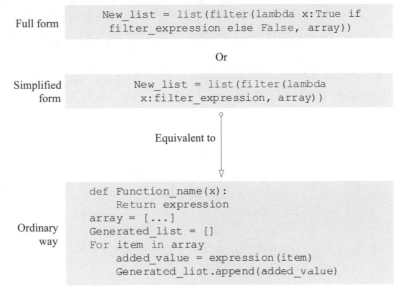

圖 1-30　採用匿名函數 lambda() 和顯性函數 filter() 建立串列

以下程式對比了使用 lambda() 和 filter() 過濾函數搭配匿名函數和顯性過
濾函數在生成串列時的不同。顯然，匿名過濾函數定義串列元素的方式
更加簡潔。

B1_Ch1_15.py

```
#%% Use an explicit function for filtering
def radius_filter(r):
    return True if 3.14*r**2 > 10 else False
```

```
Radius = [1, 2, 5, 10]
r_filter = filter(radius_filter,Radius)
print(r_filter)
print(list(r_filter))
#%% List comprehension with lambada() and filter()function, full form
Radius = [1, 2, 5, 10]
Radius_filtered = list(filter(lambda r : True if 3.14*r**2 > 10 else
False, Radius))
print(Radius_filtered)
#%% List comprehension with lambada() and filter()function, simplified
form
Radius = [1, 2, 5, 10]
Degree_C_filtered = list(filter(lambda r : 3.14*r**2 > 10, Radius))
print(Radius_filtered)
```

此外,串列推導式還可以使用雙 for 迴圈串列推導式來生成元素。在雙 for 迴圈中的兩個迴圈變數均出現在運算式 expression 中,如圖 1-31 所示。

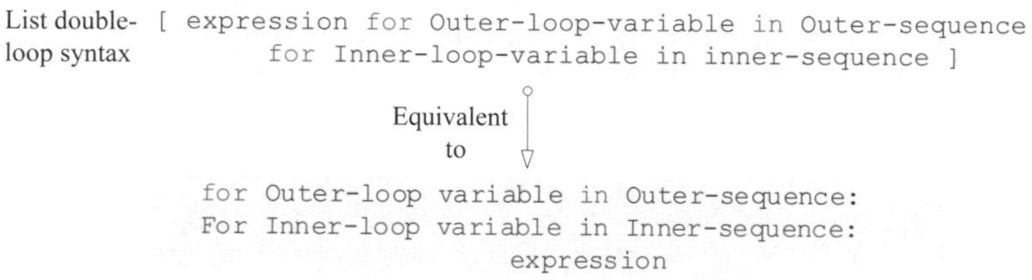

圖 1-31　採用雙 for 迴圈的串列推導式

以下程式展示了一個使用雙 for 迴圈串列推導式的範例。

B1_Ch1_16.py

```
#Nested loop
List1 = []
for x in [1, 2]:
    for y in [4, 5]:
        List1.append(x * y)
```

```
print(List1)#Out: [4, 5, 8, 10]

#Nested loop is replaced by comprehension

List2 = [x * y for x in [1, 2] for y in [4, 5]]
print(List2)#Out: [4, 5, 8, 10]
```

矩陣運算是數值運算中非常重要的一部分。矩陣 (matrix) 又稱作多維陣列 (array)，Python 提供了一種基本的採用串列生成矩陣的方法，這種方法是透過串列的多層巢狀結構來實現。然而，這種巢狀結構串列常常只是用於表示多維陣列，在實際應用過程中，很難進行常用的矩陣運算，如矩陣乘法 (如圖 1-32 所示)。對於矩陣和多維陣列的運算，推薦使用 Python 的協力廠商函數庫 NumPy 來實現，本書後面章節會對 Numpy 矩陣作詳細說明。

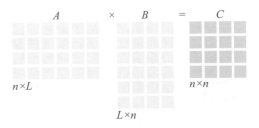

圖 1-32　矩陣乘法

1.6　元組、集合和字典

本節將詳細介紹元組、集合和字典的具體使用方法。元組又稱為唯讀的串列，串列和元組最大的區別是串列的元素是可變的，而元組的元素是不可變的。值得注意的是，在建立只有一個元素的元組時，需要在這個唯一的元素後增加逗點，不然 Python 會將這個小括號當成數學運算裡的小括號處理。

常用的元組方法包括 count() 和 index()。元組不能使用類似於串列的 insert() 等方法，這是因為元組一旦建立，其元素不能增加和更改。元組關於 count() 和 index() 的使用方法和串列類似，以下程式展示了如何使用元組的這兩個方法。

```
#name tuple
name = ('j', 'i', 'm', 'm', 'y')
print('The count of m is:', name.count('m'))
print('The count of p is:', name.count('p'))
print('The index of m is:', name.index('y'))
```

由於元組的元素不能更改，因此元組不能複製自己，Python 也沒有給元組提供複製的方法。以下程式對比了元組和串列的自我複製的區別。串列使用 list() 函數自我複製會生成一個新的串列，而元組使用 tuple() 函數自我複製不會生成一個新的元組。

```
#A tuple cannot be copied, a list can be copied
List = [1,2,3]
Tuple = tuple(List)
List_duplicated1 = list(List)
print(List is List_duplicated1)#False
List_duplicated2 = List.copy()
print(List is List_duplicated2)#False
#It will return the tuple itself when using tuple function
Tuple_duplicated = tuple(Tuple)
print(Tuple is Tuple_duplicated)#True
```

透過在命令視窗輸入 print(dir(set)) 可以查看集合的所有方法。Python 中的集合和數學中定義的集合非常類似，都具有確定性、互異性和無序性等特點，正因為這些特點，集合很適合用於篩選某陣列中重複的元素。

和數學中的集合一樣，Python 中的集合可以使用聯集、交集、差集和對稱差集進行運算。如圖 1-33 所示為聯集、交集、差集和對稱差集的操作。

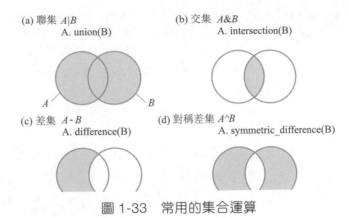

(a) 聯集 *A|B*
    A. union(B)

(b) 交集 *A&B*
    A. intersection(B)

(c) 差集 *A - B*
    A. difference(B)

(d) 對稱差集 *A^B*
    A. symmetric_difference(B)

圖 1-33　常用的集合運算

以下程式展示圖 1-33 對應的幾個範例。

B1_Ch1_17.py

```
#A set cannot have duplicated elements
List = [1,1,2,2,3,3,4,4,5,10,10]
A = set(List)
print(A)#{1, 2, 3, 4, 5, 10}
B = set(range(6))
print(B)#{0, 1, 2, 3, 4, 5}
#set union
print(A|B)#{0, 1, 2, 3, 4, 5, 10}
print(A.union(B))#{0, 1, 2, 3, 4, 5, 10}
#set intersection
print(A&B)#{1, 2, 3, 4, 5}
print(A.intersection(B))#{1, 2, 3, 4, 5}
#set set difference
print(B-A)#{0}
print(B.difference(A))#{0}
#set set symmetric difference
print(A^B)#{0, 10}
print(A.symmetric_difference(B))#{0, 10}
```

下面是字典的簡單範例。

```
>> stu1 = {"Name":"John","Age":25,"Dept":"Math"}
```

```
>> print("{0} is {1} years old at {2}
Department".format(stu1["Name"],stu1["Age"],stu1["Dept"]))
```

在以上範例中，建立了一個字典用於記錄一個學生的名字、年齡和學院資訊，並且透過字典的鍵存取對應的值。值得注意的是，字典中的元素是無序的，因此字典中的元素並不能透過索引存取。

字典還可以透過兩個已經存在的串列或元組建立，以下範例所示，在這個範例中，用到了 zip() 函數。zip() 函數按照預設順序，對兩個資料序列一一配對。需要注意的是，不可以使用兩個集合來建立字典，這是因為集合是無序的，會導致新建構的字典中的鍵和值的匹配出現混亂。比如，集合 A 是 {"Jack", "John", "Josh"}，集合 B 是 {20,25,22}，讀者希望的配對情況是 "Jack"：20，"John"：25，"Josh"：22。而實際出現的配對情況可能是 "Josh"：25，"John"：20，"Jack"：22。

B1_Ch1_18.py

```
#%% create a dictionary using two lists
keys = ["Jack", "John", "Josh"]
values = [20, 25, 22]
stu = dict(zip(keys, values))
print ("Students' names and ages are' : " +  str(stu))
#Students' names and ages are' : {'Jack': 20, 'John': 25, 'Josh': 22}
#%% create a dictionary using two tuples
keys = tuple(["Jack", "John", "Josh"])
values = tuple([20, 25, 22])
stu = dict(zip(keys, values))
print ("Students' names and ages are' : " +  str(stu))
#Students' names and ages are' : {'Jack': 20, 'John': 25, 'Josh': 22}
#%% create a dictionary using two sets
keys = set(["Jack", "John", "Josh"])
values = set([20, 25, 22])
stu = dict(zip(keys, values))
print ("Students' names and ages are' : " +  str(stu))
#Students' names and ages are' : {'Josh': 25, 'John': 20, 'Jack': 22}
```

在以上範例中，不管是由串列還是元組建立的字典，大家會發現一個規律：輸出的字典中的元素（鍵值對）的順序和定義的順序是一致的。這是因為從 Python 3.7 版開始，字典中的元素的預設順序和定義時的順序一致。對於其他低版本的 Python，使用者需要使用 collections.OrderedDict() 函數來使得字典中的元素順序和定義時的順序一致。此外，在建立字典時，讀者還需要注意兩點：①字典中的鍵不能重複；②由於字典的鍵是不可更改的，因此字典的鍵可以是數字、字串或元組，但不能是串列，以下例所示。

```
#%% Keys cannot be repeated, the values can be repeated
dict1 = {"Name": "Jack","Name":"John","Age":25}
#Out: runcell('Keys cannot be repeated, the values can be repeated
#%% Numbers/strings/tuples can be keys, but a list cannot be a key
dict2 = {['Name']: 'Zara', 'Age': 7,5:5,('Name'):"John"}
#Out: unhashable type:'list'
```

下面的程式舉出了幾種常用字典方法的範例。

B1_Ch1_19.py

```
#%%fromkeys()
keys =("brand","model","year")
values =("Ford","Mustang","2020")
car =dict.fromkeys(keys,values)
print(car)
#%%values()
print(car.values())
#%%keys()
print(car.keys())
#%%pop()method
print(car.pop("model"))
print(car)
#%%popitem()method
print(car.popitem())
#%%items()
print(car.items())
#%%There are two ways to update the values
```

```
car.update({"color": "White"})
car["brand"]="BMW"
print(car)
#%%Get the value for a specific key
print(car.get("model"))
print(car["year"])
```

前文提到的串列推導式除了應用於生成串列的元素以外，還應用在集合和字典之中。然而，需要注意，元組不能使用串列推導式。以下程式對比了在串列、集合、元組和字典中使用串列推導式的情況，請讀者嘗試運行。

B1_Ch1_20.py

```
a = [0, 1, 2, 3]
#List comprehension
List_comprehension = [i*10 for i in a]
print(List_comprehension)
#Set comprehension
Set_comprehension = {i*10 for i in a}
print(Set_comprehension)
#Tuple comprehension
Tuple_comprehension = (i*10 for i in a)
print(Tuple_comprehension)
#Dictionary comprehension
Dic_comprehension = {x: x**2 for x in (1, 2, 3)}
print(Dic_comprehension)
print(type(List_comprehension))#Out: <class 'list'>
print(type(Set_comprehension))#Out: <class 'set'>
print(type(Tuple_comprehension))#Out: <class 'generator'>
print(type(Dic_comprehension))#Out: <class 'dict'>
print(next(Tuple_comprehension))#0
print(next(Tuple_comprehension))#10
print(next(Tuple_comprehension))#20
print(next(Tuple_comprehension))#30
```

在執行上述程式後，讀者能發現，當對元組使用串列推導式後，生成的資料型態是 generator 而非元組。生成器 (generator) 和迭代器 (iterator) 是 Python 的重要功能，第二章將詳細介紹生成器和迭代器的使用。在上例程式中，生成器和 next() 函數聯合使用，一個一個地顯示生成器中的元素。

對於字典生成器，它們往往也能使得一些字典操作變得簡捷。字典生成器常常應用於刪除字典中某些鍵和對應的值，具體範例以下的程式所示。

B1_Ch1_21.py

```
#%% Dictionary comprehension example
fruits = ['apple', 'mango', 'banana','cherry']
Dict1 = {f:len(f) for f in fruits}
print(Dict1)#{'apple': 5, 'mango': 5, 'banana': 6, 'cherry': 6}
Dict2 = {f:i for i,f in enumerate(fruits)}
Dict3 = {v:k for k,v in Dict2.items()}
print(Dict2)#{'apple': 0, 'mango': 1, 'banana': 2, 'cherry': 3}
print(Dict3)#{0: 'apple', 1: 'mango', 2: 'banana', 3: 'cherry'}
Remove_dict = {0,1}
Dict_updated = {key:fruits[key] for key in Dict3.keys()-Remove_dict}
print(Dict_updated)#{2: 'banana', 3: 'cherry'}
```

本章詳細地介紹了 Python 的發展歷史和 Python 的開發工具 Spyder 的使用，以及 Python 的多種資料序列的使用，包括串列、元組、集合和字典。第 2 章將介紹 Python 的其他程式設計基礎知識。

程式設計基礎 II

優美勝於醜陋,明瞭勝於晦澀,簡潔勝於複雜,複雜勝於凌亂,扁平勝於巢狀結構,間隔勝於緊湊,易讀性很重要。

Beautiful is better than ugly. Explicit is better than implicit. Simple is better than complex. Complex is better than complicated. Flat is better than nested. Sparse is better than dense. Readability counts.

—— 蒂姆·彼得斯 (Tim Peters)

本章核心命令程式

▶ B is A 用來判斷變數 A 和 B 是否指向同一物件

▶ def outputData(**kwargs) 在定義函數 outputData 時,使用 **kwargs 可以以類似字典的方式向函數傳入值

▶ def student(name, *args) 在定義函數 student 時,使用 *args 可以給函數傳入數量不確定的變數參數

▶ def trap(f, n,start=0,end=1) 定義函數 trap,並指定傳入函數的變數值 f、n、start 和 end。在這個函數中給定了變數 start 和 end 的初始預設值,分別是 0 和 1。在呼叫這個函數的時候若不指定 start 和 end 的值,則會使用預設值

- File1.readline() 讀取檔案物件 File1 中的一行資料，並在讀取完畢後將檔案指標移到下一行

- f "We have {N} boxes of {c1} and {c2}totally" 透過 f-strings 的方式直接向字串中傳入變數值，這些變數值需要提前給予值

- File1.close() 關閉檔案物件 File1

- 'hello world'.capitalize() 使用 capitalize() 方法將字串中的第一個字元大寫

- 'hello world'.count('o') 使用字串 count() 方法查詢 'o' 在字串中的第一個位置

- 'hello world'.find('world') 使用字串 find() 方法查詢 'world' 在字串中的第一個位置

- 'hello world'.replace('hello','Hi') 使用 replace() 方法將字串中的 'hello' 替換為 'Hi'

- 'hello world'.title() 將字串的每個單字字首大寫

- "I have one {fruit} on the {place}".format(**dic) 還可以使用字典的方式來向字串裡傳入變數值，這時候以字典的鍵作為索引，變數值則為字典的值

- iter(favourite) 建立一個迭代器

- id(A)==id(B) 用來判斷變數 A 和變數 B 是否指向同一物件

- if input_value <0 or input_value >9 在 if 敘述中使用 or 來搭配兩個判斷條件

- 'My favourite fruit is '+next(Fruit_it) 用 "+" 來連接兩個字串，next() 函數用來傳回迭代器中的值

- [obj for obj in car.keys() if obj == "Toyota"] 利用字典 car 在串列推導式中建立一個串列

- open("Week.txt",'w') 以寫的方式開啟檔案 "Week.txt"

- print("We have {Number} boxes of{Type1} and {Type2} totally." .format(Number = N,Type1=c1,Type2=c2)) 向字串內傳入變數值是，索引號可以是變數，在這個範例中，分別是 Number、Type1 和 Type2

- range(2,100) 建立一個 2 到 10、公差為 1 的整數串列

▶ with open("File_name") as File_object_name　使用 with 開啟檔案，使用
完畢後系統自動關閉檔案，而不必手動使用 close() 命令關閉檔案物件

▶ "We have %d boxes of %s and %s totally."%(N,c1,c2) 向字串裡傳入變數
N、C1、C2

▶ "We have {} boxes of{} and {} totally.".format(N,c1,c2) 透過 format() 向字
串傳入變數 N、C1 和 C2

▶ "We have {0} boxes of{1} and {2} totally.".format(N,c1,c2) 透過 format()
向字串傳入變數時，還可以以數字索引號的方式傳入變數值

▶ "We have {0} boxes of{1} and {Type2} totally.".format(N,c1, Type2=c2) 索
引號同時可以採用數字和變數

2.1　字串

第 1 章中介紹了字串的一些特點，如字串中的字元元素的值和次序在建
立之後均不能修改。在本節將進一步詳細介紹如何使用字串。

首先介紹常見的幾個字串運算子，如表 2-1 所示，這些運算子包括 +、
、in、not in 等。+ 用於連接兩個字串， 用於重複輸出字串。類似串列
和元組，索引運算子 [] 同樣可以被用來獲得某一索引位置的字元值。in
和 not in 是兩個關鍵字，可以用來判斷某一字元是否在字串中。

表 2-1　常用的字串運算子，a ="Hello"，b="John"

字串運算子	介紹	範例
+	連接字串	In: a + b Out: 'Hello John'
*	重複輸出字串	In: a * 3 Out: 'HelloHelloHello'
[]	透過索引獲取一部分字串	——
in	若某一字串是另一字串的一部分，傳回 True，否則傳回 False	In: 'k' in a Out: False

字串運算子	介紹	範例
not in	若某一字串不是另一字串的一部分，傳回 True，否則傳回 False	In: 'k' not in a Out: True

通常需要使用單引號或雙引號來表示字串。下面的程式展示了三個使用引號來表示字串的範例。在第一個範例中，使用單引號 (') 或雙引號 (" ") 來表示字串，這時候字串的字元不多，只佔用了一行。當字串的字元較多，需要佔用多行時，需要使用分行符號 \n 或使用三個引號 " " " 輸出多行字串。使用 "\" 來連接多行的字串。

```python
B1_Ch2_1.py

#Example 1: Single or double quotes can be used
print('Hickory Dickory Dock! The mouse ran up the clock') #single quote
print("Hickory Dickory Dock! The mouse ran up the clock") #double quote
#Out: Hickory Dickory Dock! The mouse ran up the clock

#Example 2: force a new line
#Use "\n" to force a new line
print('Hickory Dickory Dock!\nThe mouse ran up the clock')
#Out:  Hickory Dickory Dock!
#      The mouse ran up the clock
#Use triple quotes to force a new line
print("""Hickory Dickory Dock!
The mouse ran up the clock""")
#Out:  Hickory Dickory Dock!
#      The mouse ran up the clock
#Example 3: Use \
print("Hickory Dickory Dock!\
The mouse ran up the clock")
```

執行結果如下。

```
Example1:
Hickory Dickory Dock! The mouse ran up the clock
Hickory Dickory Dock! The mouse ran up the clock
```

```
Example2:
Hickory Dickory Dock!
The mouse ran up the clock
Hickory Dickory Dock!
The mouse ran up the clock

Example 3:
Hickory Dickory Dock!The mouse ran up the clock
```

在輸出字串時，有一類字元的輸出需要特別注意，這類字元被稱作逸出字元 (escape character)。當把逸出字元放入待輸出的字串時，系統辨識後將其解釋成特殊含義的字元或輸出格式。比如使用者若希望輸出的字串中包含單引號和雙引號，則需要與逸出字元結合使用，具體形式為 \' 和 \"。如表 2-2 所示常用的一些逸出字元，包括續行、斜線符號、單引號、雙引號和換行。

表 2-2　逸出字元

符號	含義
\	續行
\\	斜線符號
\'	單引號
\"	雙引號
\n	換行

在輸出字串資訊時，待輸出的資訊中時常包含一些變數，這些變數可以是字串、整數、浮點數等。如表 2-3 所示，這 7 種方法可以讓輸出的字串中包含變數值。這 7 種方法主要包括三大類：①使用運算子 %；②使用 format() 方法；③使用 f-strings。第一和第二種方法最大的差別是是否需要大括號。使用運算子 % 方法不需要使用大括號，而使用 format() 方法則需要使用大括號。表 2-3 列出了 5 種使用 format() 的方法。f-strings 的全稱是格式化字串常數 (formatted string literals)，是 Python 3.6 版後新引入的字串格式方法，可使得格式化字串的操作變得簡單。

表 2-3　幾種常見的字串運算子

方法	格式	範例
運算子 %	"String1 to be printed %d String 2 to be printed %s" %(number, String 3)	>> N = 10 >>c1= "apples" >>c2 ="bananas " >>"We have %d boxes of %s and %s totally."%(N,c1,c2)
Format() 方法	print("String1 to be printed {} String 2 to be printed {}". format(Info1,Info2))	>>print("We have {} boxes of{} and {} totally.".format(N,c1,c2))
format() 方法和索引號	print("String1 to be printed {0} String 2 to be printed {1}". format(Info1,Info2))	>>print("We have {0} boxes of{1} and {2} totally.".format(N,c1,c2))
format() 方法和關鍵字參數	print("String1 to be printed {key1} String 2 to be printed {key2}" .format(key1=Info1, key2=Info2))	>>print("We have {Number} boxes of{Type1} and {Type2} totally.".format(Number = N,Type1=c1,Type2=c2))
format() 方法和索引號及關鍵字參數	print("String1 to be printed {0} String 2 to be printed {key}" .format(Info1, key=Info2))	>>print("We have {0} boxes of{1} and {Type2} totally.".format(N,c1,Type2=c2))
format() 函數和字典	print("String 1 to be printed {key1} string2 to be printed {key2}")	>> dic = {'fruit':'apple','place':'table'} >>print("I have one {fruit} on the {place}".format(**dic))
f-strings	Print(f"{Predefined variable}")	>> print(f"We have {N} boxes of {c1} and {c2}totally")

在表 2-3 中，變數都是整數。當變數為浮點數時，則在輸出該浮點數時，需要調整輸出的浮點數的位數，這些位數包括小數點前的位數和小數點後的位數。如圖 2-1 展示了如何使用 %6.2f 來控制小數點前後的位數。%6.2f 中，f 表示該變數是一個浮點數，2 表示只顯示兩位小數，而 6 表示總的位數為 6 位，包括小數點前的數字、小數點後的數字、小數點本身及數字前的空格。

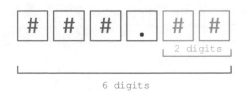

圖 2-1　%6.2f 說明

```
A,B = 453,59.06
print("Art:{0:5d},price per unit: {1:8.2f}".format(A,B))
print("Art:%5d,price per unit: %8.2f"%(A,B))
```

此外，當使用浮點數格式時，同樣可以搭配表 2-3 所示的索引方式來在字串裡輸出這些變數。如圖 2-2 所示為浮點數格式搭配數字索引或關鍵字索引。

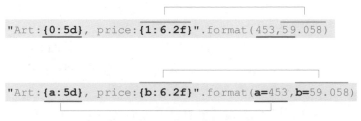

圖 2-2　浮點數格式搭配數字索引或關鍵字索引使用

圖 2-2 中的執行結果是：

```
'art:  453,price: 59.06'
```

字串的方法可以接收參數，也可以不接收參數。如表 2-4 所示為所有不接收參數的字串方法，這些方法常常用於對字串的格式進行修改，如將字串大寫的方法 capitalize() 等。如表 2-5 所示為接收傳入參數的字串方法，如字串格式化方法 format() 等。關於 format() 方法的介紹已經在本節的開頭詳細介紹過。以下範例展示了如何使用字串查詢方法 find()、統計方法 count()、字元所有單字字首大寫方法 title()、字元串連接方法 join()和字串分隔方法 split()。

表 2-4 常用的字串方法（不需要傳入參數）

方法	介紹
capitalize()	將字串的字首大寫
lower()	將所有字母小寫
casefold()	將所有字母小寫
isalnum()	若字串至少有一個字元並且所有字元都是字母或數字，則傳回 True，否則傳回 False
isalpha()	若字串不為空，且只有字母或文字，則傳回 True，否則傳回 False
isdigit()	若字串不為空，且只包含數字則傳回 True，否則傳回 False
islower()	若字串全是小寫，則傳回 True，否則傳回 False
isnumeric()	若字串只含有數字，則傳回 True，否則傳回 False
isspace()	若字串只包含空格，則傳回 True，否則傳回 False
istitle()	若字串所有單字的字首都為大寫，則傳回 True，否則傳回 False
isupper()	若所有字元都是大寫，則傳回 True，否則傳回 False
swapcase()	將所有字元的大小寫顛倒，即大寫轉為小寫，小寫轉為大寫
title()	將所有單字的字首大寫
upper()	將所有字元轉為大寫
isdecimal()	若只包含十進位字元，則傳回 True，否則傳回 False
isascii()	若字串為空或所有字元都是 ASCII，傳回 True
isprintable()	若字元均可列印，則傳回 True，否則傳回 False

表 2-5 常用的字串方法（需要傳入參數）

方法	介紹
format()	字串格式化
count(str)	傳回字元 str 在字串中次數
find(str)	傳回給定的字元 str 在字串中的索引值
index(str)	和 find() 類似，傳回給定的字元 str 在字串中的索引值，區別在於 str 若不在字串中，則會顯示出錯
join(sequence)	將 sequence 中的字元序列串聯在一起

方法	介紹
center(width, fillchar)	傳回一個指定的寬度 width 置中的字串，fillchar 為填充的字元，預設為空格
replace(old, new[, max])	使用字元 new 替換 old 中的字元，替換次數不超過 max 次。max 是可選參數
endswith(suffix)	若字串含有指定的尾碼，則傳回 True，否則傳回 False
ljust(width, fillchar)	傳回一個原字串左對齊，並使用 fillchar 填充至長度 width 的新字串，fillchar 預設為空格
split(str="")	用指定分隔符號對字串進行切片
splitlines()	按照行 ('\r', '\r\n', \n') 分隔，傳回一個包含各行為元素的串列
rstrip()	刪除字串尾端的指定字元，預設為刪除空格

B1_Ch2_2.py

```python
#Example of string function
message = 'hello world'

#Find  the index of the first character
print(message.find('world'))
#Out: 6

#count() function is used to count the number of a specific character
print(message.count('o'))
#Out: 2

#capitalize() can capitalize the initial character of the string
print(message.capitalize())
#Hello world

#replace() function
print(message.replace('hello','Hi'))
#Hi world

#title() function can capitalize the initial character of each word
str = "this is string example....wow!!!";
print (str.title()) #Out: This Is String Example...Wow!!
#split() function to break a sentence in to words
```

```
s = 'Eat more bananas, will u?'
t = s.split()
print(t) #Out: ['Eat', 'more', 'bananas,', 'will', 'u?']
s = 'bananas-are-good-for-you'
delimiter = '-'
t = s.split(delimiter)
print(t) #Out: ['bananas', 'are', 'good', 'for', 'you']
#join() function
t = ['bananas', 'are', 'good', 'for', 'you']
delimiter = ' '
s = delimiter.join(t) #Out: bananas are good for you
```

2.2 運算子

本節將介紹常用的運算子 (operator)，包括算術運算子 (arithmetic operators)、邏輯運算子 (logical operators)、位元運算符號 (bit operators)、成員運算子 (membership operators)、身份運算子 (identity operators)。如圖 2-3 列舉了常用的運算子。

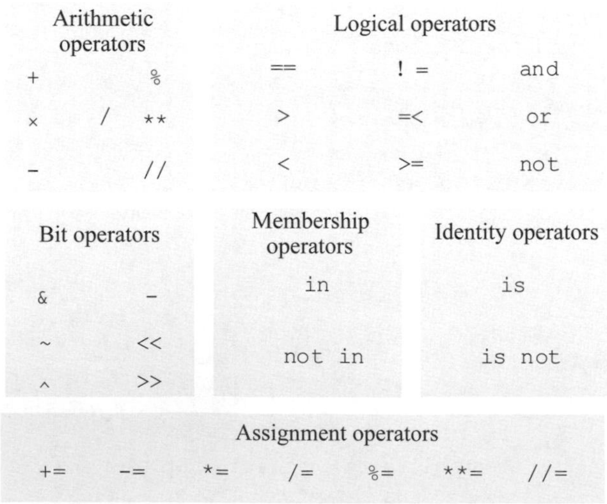

Arithmetic operators			Logical operators		
+		%	==	! =	and
×	/	**	>	=<	or
-		//	<	>=	not

Bit operators		Membership operators	Identity operators
&	-	in	is
~	<<		
^	>>	not in	is not

Assignment operators						
+=	-=	*=	/=	%=	**=	//=

圖 2-3　常用運算子

圖 2-3 中的運算子在運算時有著不同的優先順序，圖 2-4 展示了運算優先順序金字塔。同屬於一類的運算子之間也有著不同的運算優先順序。比如說，同屬於算術運算子的 *、//、/ 和 %，比 + 和 - 優先順序高。如表 2-6 所示為設定運算子的使用，%、** 和 // 分別是除法取餘、乘冪和除法取整數運算。

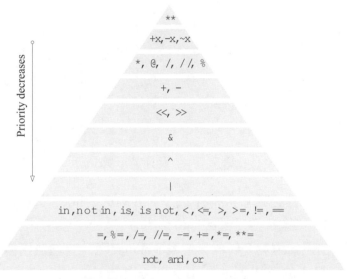

圖 2-4　運算優先順序金字塔

表 2-6　設定運算子

運算子類型	運算子	介紹	範例
設定運算子	=	設定運算子	A = B
	+=	加法運算子	A += B 等效於 A = A + B
	-=	減法運算子	A -=B 等效於 A =A - B
	*=	乘法運算子	A *=B 等效於 A =A * B
	/=	除法運算子	A /=B 等效於 A =A / B
	%=	除法取餘運算子	A %=B 等效於 A ＝A％B
	**=	乘冪運算子	A **=B 等效於 A =A ** B
	//=	除法取整數運算子	A //=B 等效於 A =A // B

如圖 2-5 展示了如何使用位元運算。需要注意，在 Python 中，運算子 ^ 是逐位元互斥運算，而非求冪運算。

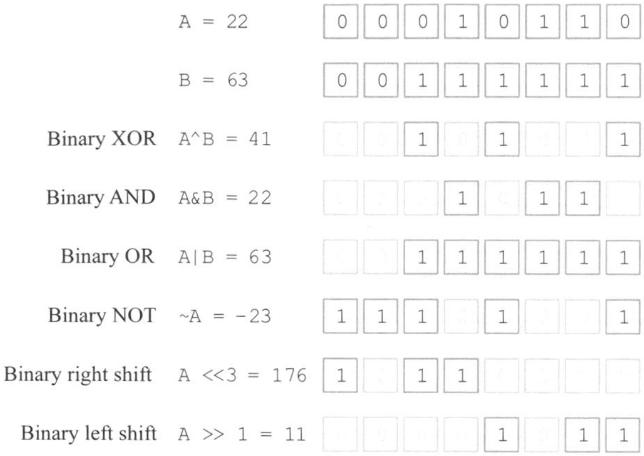

```
A = 22              0 0 0 1 0 1 1 0
B = 63              0 0 1 1 1 1 1 1
Binary XOR    A^B = 41        1   1     1
Binary AND    A&B = 22          1   1 1
Binary OR     A|B = 63        1 1 1 1 1 1
Binary NOT    ~A = -23   1 1 1   1
Binary right shift  A <<3 = 176   1   1
Binary left shift   A >> 1 = 11        1   1 1
```

圖 2-5　位元運算符號

邏輯運算子主要包括比較運算子以及 and、or 和 not。如表 2-7 展示了如何使用多個比較運算子，包括 ==、!=、>、<、>= 和 <=。如表 2-8 展示了使用這三個邏輯運算子時的真值表。and 表示只有前後兩個運算式均為 True 時，運算式的輸出值才為 True，否則為 False。or 表示當前後兩個運算式有一個為 True 時，運算式的輸出值為 True，只有前後兩個運算式均為 False 時，or 運算式的輸出值才為 False。對於 not 運算子的使用，當運算式的值為 True，not (運算式) 的輸出為 False，反之，當運算式的值為 False，則 not (運算式) 的輸出為 True。and、or 和 not 的使用使得 Python 程式和英文中的表達一致，大大提高了程式的易讀性。

表 2-7　邏輯運算子 (範例中 x = 2, y = 3)

運算子類型	運算子	介紹	範例
邏輯運算子	==	比較兩個值是否相等	In：print(x == y) Out：False
	!=	比較兩個值是否不相等	In：print(x != y) Out：False

運算子類型	運算子	介紹	範例
	>	比較某值是否大於另一值	In：print(x > y) Out：False
	<	比較某值是否小於另一值	In：print(x < y) Out：False
	>=	比較某值是否大於或等於另一值	In：print(x >= y) Out：False
	<=	比較某值是否小於或等於另一值	In：print(x <= y) Out：False

表 2-8　真值表

A	B	A and B	A or B	not A
False	False	False	False	True
False	True	False	True	True
True	False	False	True	False
True	True	True	True	False

以下程式展示了使用邏輯運算子的範例。

B1_Ch2_3.py

```
x = True
y = False
#Output: x and y is False
print('x and y is',x and y)

#Output: x or y is True
print('x or y is',x or y)

#Output: not x is False
print('not x is',not x)
x =n= 3
print(x > 0 and x < 10)
#is true only if x is greater than 0 and less than 10

print(n%2 == 0 or n%3 == 0)
```

```
#is true if either or both of the conditions is true,
#that is, if the number is divisible by 2 or 3
```

本節的最後介紹成員運算子 in 和 not in。這兩個運算子用來判斷某一元素是否存在於某一序列中 (如串列、元組和字串)。以下程式展示了一個使用成員運算子的簡單範例。

```
a = 10
b = 2
list1 = [1, 2, 3, 4, 5]
set1 = (1, 2, 3, 4, 5)
print(a in list1)#Out:False
print(b in list1)#Out:True
print(a not in set1)#Out:True
print(b not in set1)#Out: False
```

2.3 關鍵字和變數複製

第 1 章變數的命名時提到，使用者自訂的變數名稱不能和 Python 關鍵字 (keywords) 相同。Python 的關鍵字又稱為保留字元，用於辨識變數、函數、類別、模組。除了 False、None 和 True，Python 3.7 版本中的其他關鍵字均為小寫字母。不同版本的 Python 的關鍵字會有細微的差別，讀者可以使用以下命令查看所使用的 Python 版本中的關鍵字。Python 3.7 版本中有 35 個關鍵字，如下所示。

```
>> import keyword
>> print(keyword.kwlist)
['False', 'None', 'True', 'and', 'as', 'assert', 'async', 'await',
'break',
'class', 'continue', 'def', 'del', 'elif', 'else', 'except', 'finally',
'for',
'from', 'global', 'if', 'import', 'in', 'is', 'lambda', 'nonlocal',
'not', 'or',
'pass', 'raise', 'return', 'try', 'while', 'with', 'yield']
```

如表 2-9 所示為 Python 3.X 版本中的關鍵字按功能分類。

表 2-9 Python 3.X 版本關鍵字按功能分類

功能	關鍵字
刪除	del
類別	class
模組匯入	import, from, as
函數相關	def, lambda, pass, return, yield
異常處理	try, assert, except, finally, raise
邏輯判斷	not, and, or, is, in
上下文管理 (context Management)	with
內建關鍵字	None, True, False
條件判斷	if, else, elif, while, for, continue, break
定義變數類型	global, nonlocal

2.3 節已經詳細介紹了部分關鍵字的用法，如 in、not in、and、or。其他的關鍵字將在接下來的章節中陸續介紹。本節將重點介紹 is 關鍵字以及相關的給予值和複製相關知識 (包括淺複製和深複製)。

關鍵字 is 用於判斷兩個變數是否指向同一物件，若指向同一物件，則傳回 True，否則傳回 False。而 is not 用來判斷兩個變數是否指向不同物件，若指向不同變數，則傳回 True，否則傳回 False。is 和 is not 均可以借用 id() 函數來實現。id(A) 函數可以用來傳回變數 A 的記憶體位址。A is B 等價於 id(A) == id(B)，而 A is not B 等價於 id(A) != id(B)。

讀者可執行以下程式。

B1_Ch2_4.py
```
A = {'Name': 'John', 'Born': 1992}
B = A
print(B is A)#Out: True
print(id(A))#Out:2433131563032
print(id(B))#Out:2433131563032
```

```
print(id(A)==id(B))#Out: True
B ['Height'] = 180
print(A)#Out: {'Name': 'John', 'Born': 1992, 'Height': 180}
print(B)#Out: {'Name': 'John', 'Born': 1992, 'Height': 180}

C = {'Name': 'John', 'Born': 1992, 'Height': 180}
print(C==A)#Out: True
print(C is A)#Out: False
print(id(C))#Out:2433131575240
print(id(A))#Out:2433131563032
```

常用的複製和給予值在 Python 中有兩種實現方法，它們具有不同的特點。

第一種，給予值 (assignment)。Python 中的給予值並不是複製，如 B = A，僅使得 B 的指標指向 A 的物件，即 B 和 A 指向同一記憶體位址，修改 B 中的內容同樣會修改 A 中的內容。但在撰寫 Python 程式的過程中，使用者常常需要複製一新的物件，在修改新物件中的元素時，若使用者不希望影響到原物件中儲存的元素的數值。這需要使用淺複製和深複製來實現。

第二種，複製。在 Python 中複製分淺複製 (shallow copy) 和深複製 (deep copy)。當對某一資料序列進行淺複製和深複製時，Python 均會在新的記憶體位址處，重新建立一儲存空間用於儲存這一資料序列。淺複製和深複製最大的不同之處在於：若這一資料序列 A 中巢狀結構著另一資料序列 B (如串列 A 中巢狀結構另一串列 B)，進行淺複製時只會在新的儲存空間儲存 B 的記憶體指標，這一指標指向 B 的儲存位址。而進行深複製時，則會在新的儲存空間再劃分出新的儲存空間儲存 B。對於淺複製後的物件，若修改非巢狀結構元素，則不會影響淺複製前的對應元素的數值，若修改複製後的資料序列 A' 中的巢狀結構資料 B'，會修改原來的資料 B。而若修改深複製後的資料序列 A" 中的巢狀結構序列 B"，則不會修改原來的資料 B。具體如圖 2-6 所示。

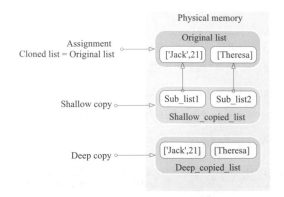

圖 2-6　淺複製和深複製

表 2-10 中對比了幾種生成給予值、淺複製和深複製的方法。常用的包括索引複製，串列 copy() 方法、extend() 方法、list() 函數，串列推導式均屬於淺複製。在使用淺複製時，讀者需要特別注意巢狀結構序列的修改問題，對於包含巢狀結構資料的複雜資料應當尤其小心。

表 2-10　常用的幾種複製方法及對比

方法	表示方法	淺複製 / 深複製
用 = 進行給予值	b = a	/，僅建立了兩個索引
透過索引複製	New_list = Old_list[:]	淺複製
串列的 copy() 方法	New_list = Old_list.copy()	淺複製
串列的 extend() 方法	New_list = New_list.extend()	淺複製
list() 函數	New_list = list(Old_list)	淺複製
串列推導式	New_list = [i for i in old_list]	淺複製
模組 copy 中的 copy() 函數	from copy import deepcopy	
New_list = deepcopy(Old_list)	深複製	

對於不包含巢狀結構資料的串列，建議讀者使用 [:] 的方法進行淺複製，請查看以下簡單的範例。

```
a = [3, 2, 1]
b = a[:]        #make a clone using slice
```

```
print(a == b)  #Out: True
print(a is b)  #Out: False
```

以下範例對比了當串列中巢狀結構著另一串列時，使用索引複製、串列 extend() 方法、list() 函數、串列推導式、串列 copy() 方法時實現的淺複製情況。如前所述，修改淺複製後物件中的非巢狀結構元素，不影響原物件對應的值，修改巢狀結構元素時，則會修改原物件中對應的值。

B1_Ch2_5.py

```
Original_list = [0,1,[2,3]]
print(id(Original_list))

#Use slicing
List_cloning1 = Original_list[:]
print(id(List_cloning1))

#Use extend() method
List_cloning2 = []
List_cloning2.extend(Original_list)
print(id(List_cloning2))

#Use list() function
List_cloning3 = list(Original_list)
print(id(List_cloning3))

#Use list comprehension
List_cloning4 = [i for i in Original_list]
print(id(List_cloning4))

#Use copy() function
List_cloning5 = Original_list.copy()
print(id(List_cloning5))

Original_list.append(5)
print(Original_list)
print(List_cloning1,List_cloning2,List_cloning3,List_cloning4,List_
cloning5)
```

```
Original_list[2].remove(3)
print(List_cloning1,List_cloning2,List_cloning3,List_cloning4,List_
cloning5)
```

以下程式對比了深複製和淺複製的區別。深複製可以看成一個全新的物件，對深複製後物件的所有修改的操作都不會影響原來物件的數值。

B1_Ch2_6.py

```
from copy import deepcopy
a=[['Jack',21],['Theresa']]
b=a.copy()
c=deepcopy(a)
print([id(x) for x in a])#Out: [192455504, 192457944]
print([id(x) for x in b])#Out: [192455504, 192457944]
print([id(x) for x in c])#Out: [192451408, 192457064]
#a[0]= ['Durant',23]
a[1].append(22)
print(a)
#Out:[['Jack', 21], ['Theresa', 22]]
print([id(x) for x in a])
#Ou: [192451528, 192457944]
print(b)
#Out: [['Jack', 21], ['Theresa', 22]]
print([id(x) for x in b])
#Out: [192455504, 192457944]
print(c)
#Out: [['Jack', 21], ['Theresa']]
print([id(x) for x in c])
#Out: [192451408, 192457064]
```

2.4 條件和迴圈敘述

本節將介紹幾種常用的條件和迴圈敘述，包括 if…else 敘述、while 迴圈敘述和 for 迴圈敘述。而在迴圈控制結構裡又可以包含 continue、break 和 pass 敘述。

首先介紹 if…else 敘述，其結構如圖 2-7 所示。需要注意的是，在 if 敘述的同一行需要加上冒號。在 Python 中使用條件陳述式時，需要正確地使用縮排，在第 1 章中提到，Python 是透過縮排來辨識不同的邏輯等級。

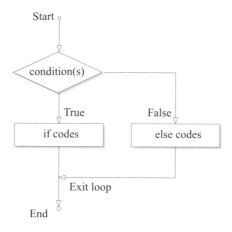

圖 2-7　if … else 敘述

以下範例展示了使用 if…else 敘述來判斷一個數值是否是質數。

B1_Ch2_7.py

```python
#if... else example
num = int(input("Please enter a number"))
if num > 1:
    for i in range(2,num):
        if (num % i) == 0:
            print(num,"This is not a prime number")
            print(i,"multiplied by ",num//i,"makes",num)
            break
    else:
        print(num,"This is a prime number")
#A prime number is larger than 1
else:
    print(num,"This is not a prime number")
```

if…else 敘述經常搭配邏輯運算子，用來表示只有符合特定邏輯判斷條件，才執行某些敘述。在本章 2.2 節中已經介紹過邏輯運算子，包括 ==、!=、>、<、<=、>=。

透過單一 if…else 可以實現單一條件判斷，讀者也可以巢狀結構多個 if…else 敘述來實現多層條件判斷。下面的範例展示了條件判斷的使用，而執行以下範例時，讀者也可以發現 and、or、not 的優先順序比其他邏輯運算子 (==、!=、>、<、>=、<=) 高。

B1_Ch2_8.py

```
num = 1
if num >= 0 and num <= 10:
    print("The number is between 0 and 10")
num = 2
if num < 0 or num > 10:
    print("The number is smaller than 0 or larger than 10")
else:
    print('undefine')
num = 8
if (num >= 0 and num <= 5) or (num >= 10 and num <= 15):
    print('hello')
else:
    print ('undefine')
```

在許多程式語言中提供了使用 switch 來實現多個條件的判斷。Python 不支援 switch 敘述，但是，switch 功能可以透過函數和字典或類別來實現。以下範例分別展示了如何使用這兩種方法來實現 switch 條件判斷功能。

B1_Ch2_9.py

```
#Methods for achieving switch structure
#%%Method1: use
def week(i):
        switcher={
```

```
                0:'Sunday',
                1:'Monday',
                2:'Tuesday',
                3:'Wednesday',
                4:'Thursday',
                5:'Friday',
                6:'Saturday'
            }
        return switcher.get(i,"Invalid day of week")
print(week(2))
#%% Method2: use class
class week(object):
        def indirect(self,i):
                method_name='number_'+str(i)
                method=getattr(self,method_name,lambda :'Invalid')
                return method()
        def number_1(self):
                print('Monday')
        def number_2(self):
                print('Tuesday')
        def number_3(self):
                print('Wednesday')
        def number_4(self):
                print('Thursday')
        def number_5(self):
                print('Friday')
        def number_6(self):
                print('Saturday')
        def number_7(self):
                print('Sunday')
w = week()
w.indirect(1)
```

if…else…表示，只有滿足某單一條件時，才執行對應的敘述命令。而 while 迴圈則表示當某一條件為真時，重複執行某段命令，while 條件迴圈的結構如圖 2-8 所示。

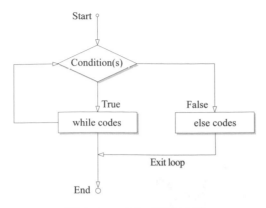

圖 2-8　while 迴圈結構

for 迴圈用於遍歷某一資料序列的所有元素,這個資料序列可以是一個串
列、元組或字串等。for 迴圈和 while 迴圈的不同之處在於,for 迴圈用於
遍歷,而 while 迴圈是條件迴圈,for 迴圈的結構如圖 2-9 所示。for 迴圈
中還可以搭配 break 敘述或 continue 敘述使用,break 敘述可以跳出整個
for 迴圈,而 continue 敘述則會只跳出本次迴圈。若 for 迴圈中包含多層
巢狀結構迴圈,break 敘述只會跳出最裡層的 for 迴圈。

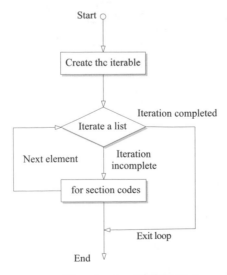

圖 2-9　for 迴圈結構

如圖 2-10 所示為 for 迴圈中包含 break 敘述的結構。在 break 敘述中，常常需要搭配 if 敘述用來判斷，當滿足某一條件時才使用 break 跳出迴圈。

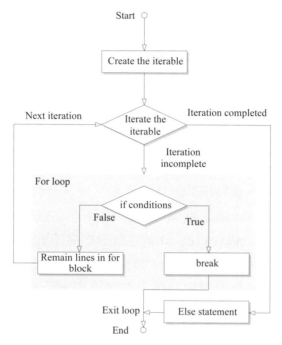

圖 2-10　for 迴圈中包含 break 敘述

以下範例展示了在 for 迴圈中包含 break 敘述。

```
B1_Ch2_10.py

#%% Use for and break to get the prime numbers
num=[];
i=2
for i in range(2,100):
    j=2
    for j in range(2,i):
        if(i%j==0):
            break
    else:
        num.append(i)
```

```
print(num)
#%% use function and lambda function to get the prime numbers
import math
def func_get_prime(n):
    return list(filter(lambda x: not [x%i for i in range(2, int(math.
sqrt(x))+1)
if x%i ==0], range(2,n+1)))
print(func_get_prime(100))
```

在使用 break 敘述時，for 迴圈中也可以使用 else 敘述，如圖 2-10 所示。for…break 結構中，有兩種退出迴圈的情況：第一種情況是滿足特定的 if 條件後透過 break 退出迴圈；第二種情況是遍歷完所有元素後，for 迴圈自然結束。而 else 敘述是在迴圈自然結束時執行。

以下範例展示了使用 break 敘述時，在 for 迴圈中使用 else 敘述。

B1_Ch2_11.py

```
#Methods to search something in an information pool
#%% Method #1,for loop with break and else structure
car = {"Ford":2020, "Toyota":2019,"Nissan":2018}
found_brand = None
for key in car.keys():
    if key == "BMW":
        found_brand = key
        print("BMW is found")
        break
else:
    print("BMW is not found.")
#%% Method 2, define a function to search
def find_brand(brand, Objects):
    for obj in Objects.keys():
        if obj == brand:
            print("{0} is found".format(obj))
car = {"Ford":2020, "Toyota":2019,"Nissan":2018}
brand = "Nissan"
find_brand(brand,car)
#%% Method3, use list comprehension
```

```
car = {"Ford":2020, "Toyota":2019,"Nissan":2018}
matching_brand = [obj for obj in car.keys() if obj == "Toyota"]
if matching_brand:
    print("{} is found".format(matching_brand[0]))
else:
    print("Toyota is not found")
```

和 for…break 結構不同，在 for 迴圈中，當滿足 continue 條件時，只會跳過此次 for 迴圈，然後繼續進行下一次 for 迴圈。

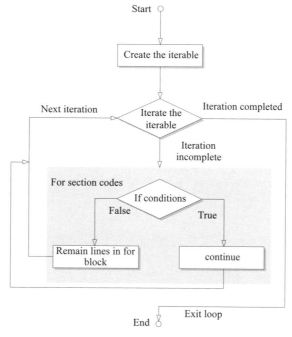

圖 2-11　for 迴圈中包含 continue 敘述

以下範例展示了 for 迴圈中使用 continue 敘述。enumerate() 函數在一個可遍歷的資料序列 (如串列、字元和字串) 的每個元素前增加一個序號，組成一個帶索引的序列物件。

```
#use a for loop over a collection
Months = ["Jan","Feb","Mar","April","May","June"]
```

```
for i,m in enumerate (Months,start = 1):
    if m =="Mar":
        continue
    print(i,m)
```

2.5 迭代器和生成器

本節將介紹 Python 的重要特性：生成器 (generator)。生成器能使程式變得簡潔，在一些場合能大大地減少對記憶體的要求。

下面這個範例是生成前一百個費氏數列 (Fibonacci sequence)，並且在有需要時將數列的元素一個一個顯示到螢幕上。首先嘗試用普通的函數方法來實現這一功能，程式如下所示。

```
def Fibonacci(max):
    a,b,c,F =0,0,1,[]
    while a < max:
        b,c =c,b+c
        a += 1
        F.append(b)
    return F
Fib = Fibonacci(100)
print(Fib)
```

然而採用函數去實現有兩個問題：第一個是需要用一個串列去儲存這個費氏數列，第二個是輸出這個串列的元素時，使用者並不能隨意地中斷費氏數列輸出的過程。而 Python 中的生成器可以很方便地解決這兩個問題。

在介紹生成器之前，先介紹關於迭代器 (iterator) 和可迭代物件 (iterable) 的相關知識。生成器和迭代器以及可迭代物件密切相關。本書第 1 章介紹的一些資料序列，包括串列、元組、range() 物件和字串都是可迭代物件。可迭代物件經常用在 for 迴圈中，用於遍歷資料序列中的所有元素。以下程式回顧了使用串列、元組、range() 物件和字串實現在 for 迴圈中的迭代。

B1_Ch2_12.py

```
#A list is an iterable
for city in ["Beijing", "Toronto", "Shanghai"]:
    print(city)
print("\n")
#A tuple is an iterable
for city in ("Chongqing", "Guangzhou", "Shenzhen"):
    print(city)
print("\n")
#A tuple is an iterable
for char in "We love FRM and Python":
    print(char, end = " ")
print("\n")
#A range object is an iterable
for i in range(5):
    print(i**2, end = " ")
print("\n")
```

上述的可迭代物件，可使用 iter() 函數轉化為迭代器。迭代器可以記住當前遍歷所在位置。迭代器中的物件元素可以透過 next() 函數一個一個地按循序存取。如圖 2-12 所示為使用迭代器和 next() 函數進行迭代的過程。

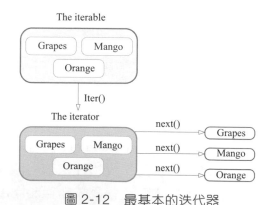

圖 2-12　最基本的迭代器

下面程式則是一個迭代器使用的範例。

```
favourite = ("Grapes", "Banana", "Apple")
```

```
Fruit_it = iter(favourite) #To create iterator
print('My favourite fruit is '+next(Fruit_it))
#My favourite fruit is Watermelon
print('My second favourite fruit is '+next(Fruit_it))
#My second favourite fruit is Banana
print('My third favourite fruit is '+next(Fruit_it))
#My favourite fruit is Apple
```

上述提到的串列、元組、range() 物件和字串均是可迭代物件，這應該是
比較容易理解的，因為在第 1 章中已經講過這些資料序列都是有序的序
列，其內部的元素是有序號的。在 Python 3.6 版本後，集合也可以透過
iter() 轉為迭代器，其內部的次序按照集合定義時的次序給定。字典則不
能透過 iter() 轉化為迭代器，讀者可嘗試運行以下程式。

```
#A set can be converted into an iterator
#A dictionary can not be used as an iterator
set1 = {1,2,3,4}
dict1 ={"Name":"John","Age":21,"Dept":"FRM"}
a = iter(set1)
b = iter(dict1)
print(next(a))
print(next(a))
print(dict1)
print(dict1)
```

生成器實質是迭代器的一種。生成器有兩種形式，一種是生成器運算式
(generator expression)，另一種是生成器函數 (generator function)。生成
器運算式和串列推導式很像，因此生成器運算式可以使用類似串列推導
式的生成方法，但是串列推導式使用中括號，而生成器運算式使用小括
號。請讀者執行以下程式。

```
>> Gen = (x**2 for x in range(2))#This is a generator
>> type(Gen)
>> Lis = [x**2 for x in range(2)] #This is a list
>> next(Gen)#0
>> next(Gen) )#1
>> next(Gen) #StopIteration
```

在生成生成器運算式後，可以透過函數 next() 存取生成器運算式中的值。值得注意的是，當生成器運算式中的所有值都被遍歷完後，會舉出 "StopIteration" 的消息。

生成器運算式使用小括號是有其特別意義的。許多函數的後面都是加小括號，而部分函數是支援迭代器協定的，如 sum()、max() 和 min() 等。因此在使用這些支援迭代器協定的函數時不需要先使用串列推導式，再使用這些函數。如以下的範例所示。

```
>> sum(x ** 2 for x in range(4))#use a generator
>> sum([x ** 2 for x in range(4)])#use a list
```

生成器運算式的另外一種表達形式是生成器函數。以下程式透過生成器函數來生成前一百個費氏數列。生成器函數以 def 開頭，使用 yield 來傳回待傳回的值。

```
#% Generator example
def Fibonacci(max):
    a,b,c,F =0,0,1,[]
    while a < max:
        yield b
        b,c =c,b+c
        a += 1
Fib = Fibonacci(100)
print(Fib)
print(type(Fib)) #<class 'generator'>
while True:
    try:
        print(next(Fib))
    except StopIteration:
        break
```

在上例中，Fib 是一個生成器物件，而非一個串列，這個生成器物件儲存的是生成費氏數列的演算法，這樣極大地降低了對記憶體儲存的要求。在上例中，還使用了 try…except…敘述來捕捉 StopIteration。這是因為使用 next() 函數來遍歷生成器中的元素時，遍歷完所有元素後，將傳回

"StopIteration" 提示。當遍歷所有元素並捕捉到 "StopIteration" 後使用 break 跳出迴圈。

儘管生成器運算式和生成器函數很實用，但只能使用一次，這是因為生成器中的元素只能遍歷一次。生成器使用完一次以後，若再次遍歷生成器，則不會有任何輸出。具體請執行以下程式查看。

```
B1_Ch2_13.py

#% Generator example
def Fibonacci(max):
    a,b,c=0,0,1
    while a < max:
        yield b
        b,c =c,b+c
        a += 1
Fib = Fibonacci(100)
print(Fib)
print(type(Fib)) #<class 'generator'>
while True:
    try:
        print(next(Fib))
    except StopIteration:
        break
for i in Fib:
    print(i**2)
```

2.6 檔案讀寫入操作

本節將介紹一些常用的檔案讀寫入操作，包括建立檔案、開啟檔案、讀取檔案和寫入檔案等。Python 支持多種檔案格式的操作，包括二進位檔案 (binary)、txt 文字檔 (text)、逗點分隔值 CSV 檔案 (Comma-Separated Values, CSV)、HTML 超文字標記語言檔案 (Hypertext Markup Language, HTML)、JSON 檔案 (JavaScript Object Notation, JS 物件實體)。 在

Python 中進行檔案操作時,需要先開啟檔案,再讀 / 寫檔案,最後關閉檔案,如圖 2-13 所示。

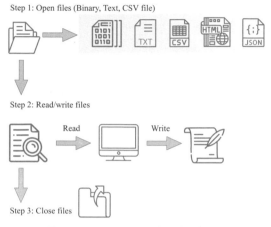

Step 1: Open files (Binary, Text, CSV file)

Step 2: Read/write files

Read   Write

Step 3: Close files

圖 2-13　Python 中的檔案操作

下面是一個許多工作都會遇到的範例。有一批 CSV 檔案需要處理,這些 CSV 檔案中的資料量很大。具體需要完成的操作是把檔案中所有的數值增大十倍。這些 CSV 檔案是以一個等差數列的整數部分命名,這個等差數列的首項和公差均是 533.33,尾項是 13333.25。為了模擬這個過程,首先用 Python 的亂數產生器生成這些檔案和資料,然後透過一個一個讀取這些 CSV 檔案中的資料,將資料放大十倍,並分別寫入尾碼為 xlsx 的檔案中,這些 xlsx 檔案的名字同樣是前文提到的等差數列的整數部分具體見以下程式。

```
B1_Ch2_14.py
import csv
import numpy as np
from copy import deepcopy
import pandas as pd
#%% Generate the names of the files
fre_list = np.arange(533.33,13333.25+533.33,533.33)
for i in np.arange(25):
```

```
    if fre_list[i]>10000:
        fre_list[i]=np.around(fre_list[i],1)
fre_list_round = [np.int(np.fix(i)) for i in fre_list]
#%% Generate the random data for the files
for name in fre_list_round:
    data1 = np.random.rand(1000,2)
    data2 = np.random.rand(1000,2)
    data1 = [complex(x,y) for x in data1[:,0] for y in data1[:,1]]
    data2 = [complex(x,y) for x in data2[:,0] for y in data2[:,1]]
    data = np.transpose(np.array([data1,data2]))
    pd.DataFrame(data).to_csv("{}.csv".format(name),index=False,
header=False)
#%%
for name in fre_list_round:
    with open('{}.csv'.format(name),'r') as file:
        reader =list(csv.reader(file))
        result = np.array(reader)
        da = deepcopy(result[1:,1:])
        da = da.astype(complex)
    for i in np.arange(len(da[:,0])):
        for j in np.arange(len(da[0,:])):
            da[i,j] = da[i,j]*100
    df = pd.DataFrame (da)
    filepath = '{}_10timies.xlsx'.format(name)
    df.to_excel(filepath, index=False, header=False)
```

顯然，當 CSV 檔案中的資料量很大，並且 CSV 檔案個數很多時，使用 Python 程式能大大提高工作效率。在實際應用過程中，往往還需要對檔案中的資料進行更複雜的處理，Python 的好用性能可以幫助使用者極大地提高工作效率。

Python 提供了 6 種檔案操作模式，包括 r、r+、w、w+、a、a+。如表 2-11 對比了這 6 種檔案操作模式的相似之處和不同之處。這裡詳細地闡述這些檔案操作模式的細微區別。雖然 r 和 r+ 都可以用來讀取檔案內容，但 r+ 可以在檔案中寫入內容。相對於 w，w+ 除了可以向檔案寫入內容，還可以用來讀取檔案內容。a 和 a+ 都可以在檔案尾端增加內容，但

a 不能用來讀取檔案，而 a+ 可以。r、r+、w、w+ 在剛開啟檔案時，指標均位於檔案開頭，而 a 和 a+ 的指標在檔案尾端。當檔案不存在時，使用 r 和 r+ 會顯示出錯，而 w、w+、a、a+ 則會建立該空檔案。當檔案已經存在時，使用 w 和 w+ 會清空原檔案內容並從檔案開頭寫入新的內容。圖 2-14、圖 2-15 和圖 2-16 用一簡單的範例對比了 r+、w+ 和 a+ 將內容寫入檔案中的細微區別。

表 2-11　檔案模式對比

操作 ＼ 檔案操作模式	r	r+	w	w+	a	a+
讀	√	√		√		√
寫		√	√	√	√	√
建立檔案			√	√	√	√
清空原文件內容再寫入			√	√		
指標在檔案開頭	√	√	√	√		
指標在檔案尾端					√	√

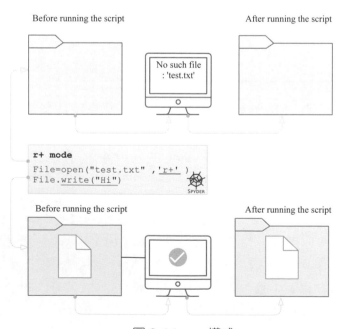

圖 2-14　r+ 模式

如圖 2-14 所示為 r+ 模式將字串 "Hi" 寫入 "test.txt" 時的情況。當 "test.txt" 不存在時，使用 a+ 模式進行寫入時，會提示 "No such file: 'test.txt'" 錯誤，"test.txt" 檔案也不會被建立。當 "test.txt" 檔案已經存在時，則字串 "Hi" 會寫入 "test.txt" 中。

如圖 2-15 所示為 w+ 模式將字串 "Hi" 寫入 "test.txt" 時的情況。當 "test.txt" 檔案不存在時，使用 w+ 模式進行寫入時，系統會自動建立 "test.txt" 檔案並將字串 "Hi" 寫入該檔案中。當 "test.txt" 檔案已經存在並且包含字元 "##" 時，w+ 模式會先清空檔案中原有的內容，並將字串 "Hi" 寫入 "test.txt" 中。

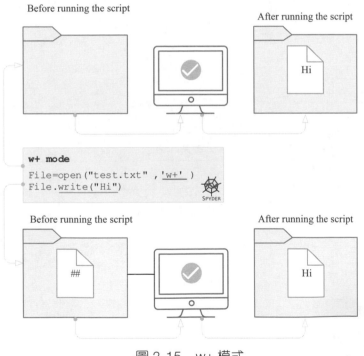

圖 2-15　w+ 模式

如圖 2-16 所示為 a+ 模式將字串 "Hi" 寫入 "test.txt" 時的情況。和 w+ 模式類似，當 "test.txt" 檔案不存在時，使用 a+ 模式進行寫入時，系統會自

動建立 "test.txt" 檔案並將字串 "Hi" 寫入該檔案中。當 "test.txt" 檔案已經存在並且包含字元 "##" 時，a+ 模式會保留原文件內容，並將字串 "Hi" 追加到 "test.txt" 尾端。

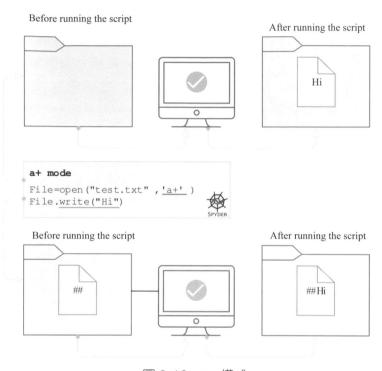

圖 2-16　a+ 模式

表 2-12 舉出了一些常用的檔案操作方法，包括關閉檔案、讀取和寫入等。

表 2-12　常用檔案操作方法

操作方法	描述
file.close()	關閉檔案
file.read()	從檔案讀取指定的位元組數，如果未給定或為負則讀取所有
file.readline()	讀取整數行內容，包括 "\n" 字元，讀完該行後指標跳入下一行
file.readlines()	讀取所有行
file.truncate()	截取檔案，截取的位元組透過 size 指定，預設為當前檔案位置

操作方法	描述
file.write()	寫入檔案
file.writelines()	寫入字串串列，如 f.writelines(["See you!", "Over and out."])

在以下的範例中，首先在資料夾相對路徑中建立一個叫 "Week.txt" 的檔案，並寫入多行內容，然後讀取這些內容，再然後在顯示視窗顯示每行的內容，最後關閉這個 "Week.txt" 檔案。被開啟的檔案物件也是一個迭代器，因此可以在 for 迴圈中被呼叫，用來讀取被開啟的檔案物件的每一行內容。

B1_Ch2_15.py

```python
File = open("Week.txt",'w')
Week = 'Monday\nTuesday\nWednesday\nThursday\nFriday\nSasturday\nSunday'
File.write(Week)
File.close()
File1=open("Week.txt" ,'r')
Day1 = File1.readline()
print(Day1)#Out:Monday
Day2 = File1.readline()
print(Day2)#Out:Tuesday
Day3 = File1.readline()
print(Day3)#Out:Wednesday
Day4 = File1.readline()
print(Day4)#Out:Thursday
Day5 = File1.readline()
print(Day5)#Out:Friday
Weekend = File1.readlines()
print(Weekend)#Out: ['Saturday\n', 'Sunday']
#% The second method to print the content in each line
for f in File1:
    print(f)
File1.close()
File2 =open("Week.txt" ,'r+')
Weeklist = File2.read()
File2.write("\nA week has 7 days")
File2.close()
```

```
File3 =open("Week.txt" ,'r+')
Weeklist2 = File3.read()
File3.close()
```

在上述範例中，close() 方法被用來關閉被開啟的檔案物件。當使用者嘗試在指定的檔案中寫入內容時，這些內容並非馬上寫入檔案，而是先放入記憶體緩衝區 (buffer)，然後 Python 等待並確認使用者完成所有的檔案操作後再關閉檔案物件。使用 close() 方法就是用來告訴 Python，使用者所有的檔案操作已經結束。儘管 Python 有引入計數 (reference counting) 和垃圾回收機制 (garbage collection) 來幫助使用者關閉檔案物件，為了避免不必要的錯誤，讀者應當在完成所有的檔案操作後手動關閉檔案物件。

Python 還提供了 with open()as 的檔案操作方式，用來幫助使用者關閉檔案物件。with 和 as 均是關鍵字。當使用者使用 with open()as 方式開啟檔案後，該檔案物件會被建立並開啟，在完成一些使用者指定的讀寫入操作後，Python 會自動關閉該檔案物件，這樣可以避免使用者忘記顯示關閉物件。

```
with open("File_name") as File_object_name:
    File_object_name.write()
```

請讀者自行執行以下程式。

B1_Ch2_16.py

```
with open('file.txt', 'w') as f:
    f.write('Hello, John!')
with open('file.txt', 'r') as f1, open('file2.txt', 'w') as f2:
    txt = f1.read()
    f2.write(txt)
```

2.7 函數

這一節介紹 Python 中的函數。函數是事先定義好的，可重複使用的程式區塊。函數可接受使用者傳送的參數，當使用者給函數傳遞其參數值後，函數會計算並傳回使用者需要的資訊，使用函數可以提高程式的易讀性和重複使用率。Python 函數包括內建函數 (built-in functions) 和使用者自訂函數 (user-defined functions)。在之前的章節裡，已經使用了不少內建函數，如 print() 和 range() 等。本節將重點介紹使用者自訂函數。使用者自訂函數包括兩種：def 定義函數和 lambda 匿名函數。def 定義函數的格式如下所示。

```
def func(P,P_list,P_f,default_p =5,optional_p="",*arg,**kwargs):

    #...
    return
```

在上述運算式中，func 是使用者定義的函數名稱，函數名稱後的括號內可以有不同類型的參數，用來傳遞使用者指定的參數值。這些參數有不同的類型和特點，P 是一個普通的參數，可以用來傳入數值和字串變數等。P_list 是一個串列變數，使用者可以用來傳入一個串列。P_f 是另外一個函數名稱，用來將別的函數物件傳入本函數。default_p 是使用者自訂的另外一個變數，這個變數有一個預設值 5，使用者在呼叫函數 func() 時，若不傳入變數 default_p 的數值，則 default_p 的值預設為 5。optional_p 是一個可選變數，使用者在呼叫函數時，可以傳入變數值也可以不傳入變數值。帶一個星號的 arg(*arg) 可以用來傳入數量不定的多個變數。**kwargs 可以用來傳入數量確定的多個變數，但函數在使用時可以像字典那樣使用，將會在接下來的範例中展示。

第一個函數範例中，傳入了多個變數，包括兩個數值變數和一個字串變數。

```
#Def function example 1
#Passing multiple parameters into a function
```

```
def SumNums(P1, P2,S):
    sum = P1 + P2
    print("Total sales of {} are {} + {} = {}".format(S,P1, P2, sum))
SumNums(5, 8,"shoes",) #will output 13
SumNums(6, 4,"phones") #will output 10
```

第二個函數範例中向函數 squares 傳入一個串列，這個串列可以在函數中操作。

```
#Def function example 2
#Pass a list to a function
numbers1 = [ 2, 4, 5, 10 ]
numbers2 = [ 1, 3, 6 ]
def squares(nums):
    for num in nums:
    print(num**2)
squares(numbers1)
squares(numbers2)
```

第三個函數範例中，被建立的函數將接收另外一個函數，作為函數的其中一個變數。這個函數使用梯形積分法 (trapezium rule) 求函數的定積分。如圖 2-17 所示為用梯形積分法求解定積分的原理。用梯形積分法求函數定積分時，常常需要給定函數的運算式和定積分的上下限。在以下範例中，函數 trap() 可以用來接收待求定積分的函數運算式以及定積分的上限 a 和下限 b。

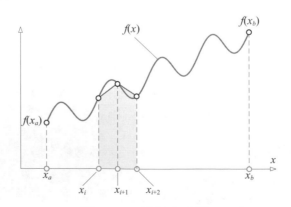

圖 2-17　梯形積分圖示

梯形積分法的數值計算公式為：

$$\int_{x_a}^{x_b} f(x)\,\mathrm{d}x = \frac{\Delta x}{2}[f(x_a)+f(x_b)]+\Delta x\sum_{i=1}^{n-1} f(x_a+i\Delta x) \qquad (2\text{-}1)$$

式中：x_b 和 x_a 分別為積分上下界；Δx 為積分步進值；n 為積分步數。

下面用梯形積分法求解函數 $f_1(x)$ 和 $f_2(x)$ 在特定區間內的定積分數值。

$$\begin{cases} f_1(x)=\dfrac{x^4(1-x)^4}{1+x^2} \\ f_2(x)=x^4+x^3+x^2 \end{cases} \qquad (2\text{-}2)$$

請讀者自行執行以下程式計算積分。

B1_Ch2_17.py

```python
#Def function example 3
import math
#the function to be integrated:
def f1(x):
    return x ** 4 * (1 - x) ** 4 / (1 + x ** 2)
def f2(x):
    return x ** 4 +x**3+x**2
#define a function to do integration of f(x)
#The start and end points for the integration can be changed.
def trap(f, n,start=0,end=1):
    h = (end-start) / float(n)
    intgr = 0.5 * h * (f(start) + f(end))
    for i in range(1, int(n)):
        intgr = intgr + h * f(i * h+start)
    return intgr
print(trap(f1, 100,start=2,end=3))
print(trap(f1, 100,start=1,end=2))
print(trap(f2, 100))
print(trap(f2, 100,start=5,end=9))
```

在上例中，求定積分的函數 trap() 有四個參數：f、n、start 和 end。f 是待求定積分的函數運算式；n 表示積分步數，n 越大，定積分的計算精度越高；start 是定積分的上限；end 是定積分的下限。在定義 trap() 函數時，給定了 start 和 end 的預設值，分別是 0 和 1。在呼叫 trap() 函數時，使用者可以不給定 start 和 end 的值，此時它們預設為 0 和 1。若使用者使用 trap() 函數時，給定了 start 和 end 的值，則按使用者給定的積分上下限來求函數的定積分。

在第四個範例中，介紹使用 *args 來接收多個數量不確定的變數參數。函數在接收這些變數值後，會把它們存成一個元組。雖然讀者也可以使用 *data，但一般而言建議用 *args 來告知 Python 將用來接收多個數量不確定的變數參數。由於 *args 接收數量不確定的變數，因此需要把 *args 放到函數定義的參數串列的最後一個。

```
#Def function example 4
#*args allows you to pass a variable number of arguments to a functions.
def student(name, *args):
    print(type(args))
    print("Student Name: {}".format(name))
    for arg in args:
        print(arg)
student("John Smith","Age:23", "Dept: Finance")
```

第五個範例將展示如何在函數中定義可選參數。使用者可以選擇是否給這個可選參數傳遞值，這樣可以大大地方便使用者在合適的時候才傳遞值。以下這個範例展示了利用可選參數來輸出老外的人名，由於有些老外只有名和姓，沒有中間名字，因此這個可選參數可以幫助實現這個功能。

```
#Def function example 5
#You can pass optional arguments to a function
def printName(first, last, middle=""):
    if middle:
        print("{0} {1} {2}".format(first, middle, last) )
    else:
        print("{0} {1}".format(first, last) )
printName("John", "Smith")
printName("John", "Smith", "Paul") #will output with middle name
```

第六個範例將展示如何使用 **kwargs 來傳遞數量不確定的多個參數。**kwargs 和 *args 有點類似，都是可以用來傳遞數量不確定的多個參數。兩者最大的區別在於，**kwargs 傳遞的方式類似於字典。讀者可以嘗試運行以下的程式，在這個範例中，呼叫 outputData() 函數時，向函數傳遞了這樣的參數 "name = "John Smith",num = 5,b=True"。在定義 outputData() 函數時，函數指定了顯示 kwargs["Name"] 和 kwargs["num"]。這種呼叫方式和字典的呼叫方式類似。

```
#def example #6, using kwargs parameter to take in a dictionary of
arbitrary values
def outputData(**kwargs):
    print(type(kwargs))
    print(kwargs["name"])
    print(kwargs["num"])
outputData(name = "John Smith", num = 5, b = True)
```

2.8 異常和錯誤

在執行 Python 程式時，除了一些可避免的語法錯誤外，還常常會遇到一些異常，如下所示。

```
>>> 10 * (1/0)
Traceback (most recent call last):
  File "<stdin>", line 1, in ?
ZeroDivisionError: division by zero
>>> 4 + spam*3
Traceback (most recent call last):
  File "<stdin>", line 1, in ?
NameError: name 'spam' is not defined
>>> '2' + 2
Traceback (most recent call last):
  File "<stdin>", line 1, in <module>
TypeError: can only concatenate str (not "int") to str
```

這些異常和錯誤的種類很多,詳細的分類請看表 2-13。為了避免在執行過程中,由於一些異常導致 Python 程式不能正常執行,Python 提供了一種 try…except…else…finally 機制,用於主動捕捉這些錯誤和異常,然後分別執行不同的程式。這種機制如圖 2-18 所示。

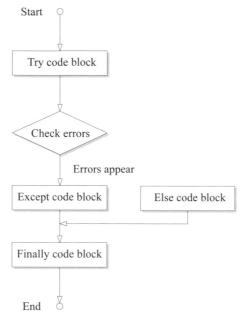

圖 2-18　Try…except…else…finally 機制

以下範例展示了如何使用 try…except…else…finally 結構。在這個範例裡,需要判斷使用者輸入的數值是否和隨機生成的數值一致。為了避免其他使用者在執行程式時提供非數值的輸入,當使用者提供了非數值的輸入時,則會舉出對應的錯誤訊息。

```
B1_Ch2_19.py

try:
    import random
    rand_num = int(random.random()*10)
    value = input("Please enter a number between 0 and 9:\n")
```

```
    input_value = int(value)
except ValueError as error:
    print("The value is invalid %s"%error)
else:
    if input_value <0 or input_value >9:
        print("Input invalid. Please enter a number between 0 and 9")
    elif input_value ==rand_num:
        print("Your guess is correct!You Win!")
    else:
        print("Nope!The random value was %s"%rand_num)
```

表 2-13 舉出了 Python 所有的異常和錯誤分類，若使用者在撰寫程式時能預測到某些錯誤，則可以在捕捉到這些異常程式後去執行不同的命令。

表 2-13　Python 異常和錯誤分類

錯誤	描述	錯誤	描述
BaseException	所有異常的基礎類別	SystemError	解譯器系統錯誤
SystemExit	解譯器請求退出	TypeError	對類型無效的操作
Keyboard Interrupt	使用者中斷執行	ValueError	傳入無效的參數
Exception	常規錯誤的基礎類別	UnicodeError	Unicode 相關的錯誤
StopIteration	迭代器沒有更多的值	UnicodeDecode Error	Unicode 解碼時的錯誤
GeneratorExit	生成器發生異常來通知退出	UnicodeEncode Error	Unicode 編碼時錯誤
StandardError	所有的內建標準異常的基礎類別	UnicodeTranslate Error	Unicode 轉換時錯誤
ArithmeticError	所有數值計算錯誤的基礎類別	Deprecation Warning	關於被棄用的特徵的警告
FloatingPoint Error	浮點計算錯誤	FutureWarning	建構將來語義會有改變的警告
OverflowError	數值運算超出最大限制	OverflowWarning	自動提升為長整數的警告

錯誤	描述	錯誤	描述
ZeroDivision Error	除 (或取餘) 零	PendingDeprecation Warning	特性將被廢棄的警告
AssertionError	斷言敘述失敗	RuntimeWarning	執行的警告
AttributeError	物件沒有這個屬性	SyntaxWarning	語法的警告
EOFError	沒有內建輸入，到達 EOF 標記	UserWarning	使用者程式生成的警告
Environment Error	作業系統錯誤的基礎類別	RuntimeError	執行時錯誤
IOError	輸入 / 輸出操作失敗	NotImplemented Error	尚未實現的方法
OSError	作業系統錯誤	SyntaxError	語法錯誤
WindowsError	系統呼叫失敗	IndentationError	縮排錯誤
ImportError	匯入模組 / 物件失敗	TabError	Tab 鍵和空格混用
LookupError	無效資料查詢的基礎類別	NameError	未宣告 / 初始化物件 (沒有屬性)
IndexError	序列中沒有此索引	UnboundLocalError	存取未初始化的本地變數
KeyError	映射中沒有這個鍵	ReferenceError	弱引用試圖存取已經垃圾回收了的物件
MemoryError	記憶體溢位錯誤		

本章詳盡地介紹了 Python 中字串、運算子、關鍵字、變數複製、條件和迴圈敘述、迭代器和生成器、檔案讀寫入操作、函數、異常和錯誤處理。了解和掌握了這些知識將夯實讀者 Python 程式設計的基礎。

使用 NumPy

NumPy 的目標是奠定 Python 科學計算的基石。

The goal of NumPy is to create the corner-stone for a useful environment for scientific computing.

—— 特拉維斯 · 奧列芬特 (Travis Oliphant)

本章核心命令程式

▶ array.tolist() 將 ndarray 物件轉化為串列

▶ for x, y in np.nditer([a,b]) 應用廣播原則,生成兩元迭代器

▶ numpy.arange(2,10,2) 生成一個以 2 為首項,8 為末項,公差為 2 的等差數列

▶ numpy.array(['2005-02-25','2011-12-25','2020-09-20'],dtype = 'M') 生成資料型態為日期的 narray 物件

▶ numpy.array(ndarray_obj,copy = False,dtype = 'f') 使用 array() 函數生成 ndarray 物件,且不複製原 ndarray 物件,並把資料型態更改為浮點數型

▶ numpy.fromfunction(lambda i, j: i == j, (3, 3), dtype=int) 透過 lambda 匿名函數生成 ndarray 物件

▶ numpy.fromfunction(sum_of_indices, (5, 3)) 透過自訂函數 sum_of_indices 和給定的網格範圍 (5,3) 生成 ndarray 物件

▶ numpy.linspace(2,10,4) 生成的等差數列是在 2 和 10 之間，數列的元素個數為 4 個

▶ numpy.logspace(start =1,stop = 10,num = 3, base = 3) 生成一個以 1 為首項，10 為末項，3 為公比，元素個數為 3 的等比數列

▶ numpy.meshgrid(x, y,indexing = 'xy') 生成一個幾何形式的網格

▶ numpy.nditer(x,order = 'C') 以行優先的次序生成 ndarray 物件 x 的迭代器，可以用來遍歷 x 中的所有元素

▶ numpy.where(a<5,a+0.1,a+0.2) 使用 where() 函數過濾 ndarray 中只符合要求的元素

▶ time.time() 獲得當前時間

▶ with np.nditer(data, op_flags=['readwrite']) as it：透過 nditer() 函數生成迭代器以修改 data 中元素的數值，data 是一個自訂的 ndarray 物件

3.1 NumPy 簡介

大量金融數學建模是建構於矩陣運算基礎之上的，這使得矩陣運算在金融建模領域具有極其重要的意義，在這一章將向大家介紹一個支持不同維度矩陣與矩陣運算的基礎套裝程式——NumPy。在 Python 中，大多數科學計算的運算套件都是以 NumPy 的陣列作為基礎的。

NumPy 的前身為 Jim Hugunin 等在 1995 年建立的 Numeric，此後又衍生出另外一個類似於 Numeric 的協力廠商函數庫——NumArray。NumPy 和 NumArray 在進行矩陣和陣列運算時各有優勢，但為了避免在矩陣運算時使用不同的協力廠商函數庫導致的不相容性，程式設計師 Travis Oliphant 在整合 NumPy 和 NumArray 特性的基礎上，增加了一些新的矩陣運算功能，並於 2006 年推出第一版 NumPy。

Jim Hugunin, Software programmer
Creator of the Python programming language extension, Numeric
(ancestor to NumPy)

NumPy 是 Numerical Python 的縮寫。Numpy 的普及得益於它極佳地滿足了高效數值運算的要求,而這是由於以下幾個原因:① NumPy 中矩陣的儲存效率和輸入輸出性能遠優於 Python 中對應的其他基本資料儲存方式,如多層巢狀結構的串列。②實現 NumPy 功能的程式大部分是使用 C 語言撰寫的,且 NumPy 的底層演算法是經過精心設計的。③在 NumPy 中透過直接操作矩陣可以避免在 Python 程式中使用過多的迴圈敘述。

以下程式對比了分別使用 Python 的串列和 NumPy 建立一個行向量,並將行向量所有的元素都增大五倍的運算時間。在作者的電腦中,完成以下操作,Python 串列需要花費 5.67 秒,而 NumPy 只需要 0.13 秒,NumPy 的執行時間僅為串列操作時間的 2.3%。

B1_Ch3_1.py

```python
import numpy as np
import time
#Create a ndarray of integers in the range
#0 up to (but not including) 10,000,000
array = np.arange(1e4)
#Convert it to a list
list_array = array.tolist()
start_time = time.time()
y = [val * 5 for val in list_array]
print("List calculation time is %s seconds." % (time.time() - start_
time))
#List calculation time is 5.672233819961548 seconds.
start_time = time.time()
x = array * 5
```

```
print("NumPy Array calculation time is %s seconds." % (time.time() -
start_time))
#ndarray calculation time is 0.12609171867370605 seconds.
```

如前所述，作為一個 Python 基礎函數庫，NumPy 的矩陣操作是諸多
Python 其他常用函數庫 (如 pandas、SciPy 和 Matplotlib) 的基礎，因此本
節將重點介紹如何在 NumPy 中建立矩陣和使用矩陣的方法。在深入介紹
NumPy 如何進行矩陣運算前，先回顧矩陣的基本概念。如圖 3-1 所示，
線性代數中常用的物件包括一維的行向量 (row vector) 和列向量 (column
vector) 、二維的矩陣 (matrix) 和三維的元胞陣列 (cell array)。在 NumPy
中，矩陣的維數又稱為軸 (axis)。

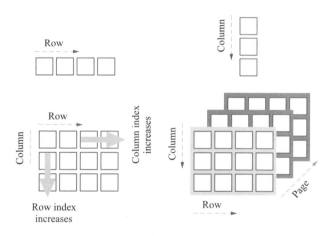

圖 3-1　幾種常見的矩陣資料形式

NumPy 提供了一些常見資料型態的縮寫，便於使用者快速使用和定義變
數的資料型態，具體見表 3-1。

表 3-1　佔用空間固定的 NumPy 資料型態

縮寫	含義
b	布林型
i	有號整數

縮寫	含義
u	不帶正負號的整數
f	浮點數
c	浮點數複數
m	日期間隔
M	日期和時間
S	字串
v	void 型

如表 3-2 所示，NumPy 提供了許多建立 ndarray 矩陣物件的函數，在接下來的兩節中，將詳細介紹如何使用這些函數建立 ndarray 矩陣物件。

如表 3-3 展示了一些常用的矩陣物件操作函數，部分常用的重要的函數會在本章和第 4 章中介紹。

表 3-2　常用的建立 ndarray 矩陣物件的函數

	函數	描述
Type 1	np.array()	由數列 (串列，元組，ndarray 等) 建立矩陣
	np.asarray()	與 array() 函數類似，copy 預設為 false
Type 2	np.empty()	建立空的 ndarray 矩陣物件
	np.ones()	建立元素全為 1 的 ndarray 矩陣物件
	np.zeros()	建立元素全為 0 的 ndarray 矩陣物件
	np.identity()	建立主對角線元素為 1 的 ndarray 矩陣物件
	np.eye()	建立對角線為 1 的 ndarray 矩陣物件，對角線可偏移
Type 3	np.diag()	提取某 ndarray 矩陣對角線元素的值，也可以用來生成對角矩陣
Type 4	np.arange()	根據始末位置及步進值建立矩陣
	np.linspace()	建立一維向量，向量元素為等差數列
	np.logspace()	生成對數 ndarray 矩陣物件

函數	描述
Type 5	np.ones_like()	生成一個與原資料序列形狀一樣的,元素的值全為 1 的 ndarray 矩陣物件
	np.empty_like()	生成一個與原資料序列形狀一樣的,元素的值為空的 ndarray 矩陣物件
	np.zeros_like()	生成一個與原資料序列形狀一樣的,元素的值為 0 的 ndarray 矩陣物件
	np.full_like()	生成一個與原資料序列形狀一樣的,元素的值為指定值的 ndarray 矩陣物件
Type 6	np.meshgrid()	生成網格矩陣物件
Type 7	np.fromfunction()	透過函數生成 ndarray 矩陣物件

表 3-3　常用的矩陣操作函數

函數分類	描述
矩陣形狀修改	reshape,transpose,ravel,flatten,resize,squeeze
元素選擇和修改	take, put, repeat, choose, sort, argsort, partition, argpartition, searchsorted, nonzero, compress, diagonal
計算類	max, argmax, min, argmin, ptp, clip, conj, round, trace, sum, cumsum, mean, var, std, prod, all, any
算術類	__add__, __sub__, __mul__, __truediv__, __floordiv__, __mod__, __divmod__, __pow__, __lshift__, __rshift__, __and__, __or__, __xor__
矩陣轉化類	item, tolist, itemset, tostring, tobytes, tofile, dump, dumps, astype, byteswap, copy, view, getfield, setflags, fill
比較類	__lt__,__le__,__gt__,__ge__,__eq__,__ne__

3.2 基本類型的矩陣建立

NumPy 運算函數庫的核心是 ndarray 矩陣物件,它封裝了同質資料型態的 N 維陣列,而 ndarray 正是 N 維陣列 (N-dimensional array) 的縮寫。本節首先介紹如何由一個已有的資料序列(如串列和元組)建立一個 ndarray

矩陣物件。函數 array() 和 asarray() 可以幫助實現這一功能。array() 函數的定義如下。

```
np.array(data, dtype = None, copy = True, order = None, subok = False,
ndmin = 0)
```

其中，data 是已有的資料序列，如一個串列或元組。dtype 是待建立的 ndarray 矩陣物件中元素的資料型態。copy 參數可用來提示 ndarray 是否需要複製。order 參數可以是 "C" 或 "F"。後面會對這些參數進行詳細講解。

以下程式展示了分別從串列、元組和集合使用 array() 函數建立矩陣的過程。

B1_Ch3_2.py

```
import numpy as np
a_list =[1,2,3,4]
a_tuple = tuple(a_list)
a_set = set(a_list)
print(f"The original list is {a_list}")
print("The array created from a list is {}".format(np.array(a_list)))
print(f"The array created from a tuple is {np.array(a_tuple)}")
print(f"The array created from a set is {np.array(a_set)}")
print(f"The type of the array created from a tuple is {type(np.array(a_
tuple))}")
print(f"The type of the array created from a set is {type(np.array(a_
set))}")
```

執行結果如下。

```
The original list is [1, 2, 3, 4]
The array created from a list is [1 2 3 4]
The array created from a tuple is [1 2 3 4]
The type of the array created from a list is <class 'numpy.ndarray'>
The array created from a set is {1, 2, 3, 4}
The type of the array created from a set is <class 'numpy.ndarray'>
```

對比發現，由 array() 函數建立的向量的資料型態是 ndarray 矩陣物件。將串列 a_list 列印輸出時，是以 "[1,2,3,4]" 顯示。而串列物件 a_list 和元組物件 a_tuple 轉化為 ndarray 矩陣物件後，則是以 "[1 2 3 4]" 列印輸出，元素中間是沒有逗點的。最後由集合物件 a_set 轉化的 ndarray 矩陣物件則是 "{1,2,3,4}"。

在使用 array() 函數建立 ndarray 矩陣物件時，還可以使用 dtype 來指定矩陣元素的資料型態。以下程式範例展示了如何使用 dtype。

B1_Ch3_3.py

```python
import numpy as np
import math
degree_list = [10,20,30]
sin_list = [math.sin(i) for i in degree_list]
sin_list_int = np.array(sin_list,dtype='i')
sin_list_float = np.array(sin_list,dtype='f')
date_example = np.array(['2005-02-25','2011-12-25','2020-09-20'],dtype = 'M')
date_increment = np.array([100,200,300],dtype = 'm')
date_example_updated = date_example+date_increment
print(f'Saving the data in the format of integer:{sin_list_int}')
print(f'Saving the data in the format of floating point:{sin_list_float}')
print(f'Datetime example: {date_example}')
print(f'Updated datetime is: {date_example_updated}')
```

執行結果如下。

```
Saving the data in the format of integer:[0 0 0]
Saving the data in the format of floating point:[-0.5440211  0.9129453
-0.9880316]
Datetime example: ['2005-02-25' '2011-12-25' '2020-09-20']
Updated datetime is: ['2005-06-05' '2012-07-12' '2021-07-17']
```

在這個範例中，串列 sin_list 儲存了 10°、20° 和 30° 對應的正弦值，ndarray 矩陣物件 sin_list_int 和 sin_list_float 的資料型態分別是整數型和浮點數，因此 sin_list_int 只儲存了這些正弦值的整數部分，而 sin_list_float 則儲存了浮點數形式的正弦值。另外，在這個範例中，使用 dtype ="M" 和 dtype ="m" 指定了兩個 ndarray 矩陣物件 date_example 和 date_increment 的資料型態分別是日期型和日期間隔型，將這兩個 ndarray 矩陣物件相加時，可以獲得新的日期並儲存在 date_example_updated 中。

串列和 ndarray 矩陣物件還有一個很大的不同之處在於，同一個串列中允許同時儲存多種不同類型的資料，如整數型、浮點數和字串等。但 ndarray 矩陣物件中的資料只能是同一種資料型態。以下範例展示了這個區別。

```
import numpy as np
List_example =[10,20,30,'James']
print(List_example)
ndarray_example1 = np.array(List_example)
print(ndarray_example1)
ndarray_example2 =np.array(List_example,'S')
print(ndarray_example2)
ndarray_example3 = np.array(List_example,'i')
```

執行結果如下。

```
[10, 20, 30, 'James']
['10' '20' '30' 'James']
[b'10' b'20' b'30' b'James']
ValueError: invalid literal for int() with base 10: 'James'
```

在這個範例中，串列 List_example 中的變數元素包括整數型和字串兩種類型，若轉化為 ndarray 矩陣物件時不指定 dtype 的參數，系統預設會把原來是整數型的變數都轉化為字串類型，這時候 ndarray 矩陣物件為 "['10','20','30', 'James']"。當指定 dtype 為整數型 "i" 時，會出現錯誤訊息，這是因為字元 "James" 不能被轉化為整數型。

array() 函數的 copy 參數可以用來選擇是否複製原來的 ndarray 矩陣物件。這個 copy 參數預設為 True。然而，即使 copy 參數為 False，在很多

情況下，NumPy 仍然會複製並建立一個全新的 ndarray 矩陣物件。如圖
3-2 所示為 array() 函數進行複製的幾種情況。當原物件 A 是 ndarray 矩陣
物件，且 copy= False 以及另一參數 dtype 不發生改變時，不進行複製，
在其他情況下都會進行複製建立一個新的 ndarray 矩陣物件。

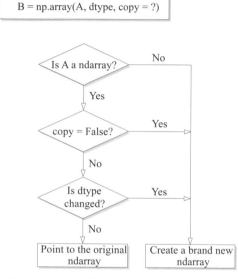

圖 3-2　array() 函數 copy 參數的使用

以下程式展示了幾個由 array() 函數生成的 ndarray 矩陣物件。在 Case 1
中，ndarray 矩陣物件由串列生成，Case 2 到 Case 4 均是從 ndarray 矩陣
物件生成一個新的 ndarray 矩陣物件，區別在於：在 Case 2 中，是從一
個 ndarray 矩陣物件生成一個新的 ndarray 矩陣物件；在 Case 3 中，指定
copy = False，在 Case 4 中，雖然 copy 仍為 False，但 dtype 更改為 'f'，
用來表示資料型態是浮點數。

B1_Ch3_4.py

```
import numpy as np
list_obj = [[1,1],[1,1]]
#create a ndarray and a list, respectively
ndarray_obj = np.ones((2,2),dtype = 'i')
```

```
list_np = np.array(list_obj)

#Case 1: create a ndarray from a list
nd_1 = np.array(list_obj,copy = False)
#Case 2: use the default value for the copy parameter
nd_2 = np.array(ndarray_obj)
#Case 3: copy = false
nd_3 = np.array(ndarray_obj,copy = False)
#Case 4: change dtype
nd_4 = np.array(ndarray_obj,copy = False,dtype = 'f')

ndarray_obj[1][1]=2
list_obj[1][1] =2

print(f"The ndarray in case 1 is \n {nd_1}\n")
print(f"The ndarray in case 2 is \n {nd_2}\n")
print(f"The ndarray in case 3 is \n {nd_3}\n")
print(f"The ndarray in case 4 is \n {nd_4}\n")
```

上述範例的執行結果如下所示。修改串列和原 ndarray 物件中某一個元素的值後再觀察新生成的 ndarray 物件可發現,只有 Case 3 中的 ndarray 矩陣物件的元素發生更改,這是因為這個 ndarray 矩陣物件的指標仍然指向原來的 ndarray 矩陣物件。Case1、Case2 和 Case 4 的 ndarray 矩陣元素沒有發生更改,因此這三個 ndarray 矩陣物件都是複製後新建立的 ndarray 矩陣物件。

```
The ndarray in case 1 is
 [[1 1]
 [1 1]]

The ndarray in case 2 is
 [[1 1]
 [1 1]]

The ndarray in case 3 is
 [[1 1]
 [1 2]]
```

```
The ndarray in case 4 is
 [[1. 1.]
 [1. 1.]]
```

array() 函數中的參數 order 可以用來指定資料在記憶體中的儲存方式：行
優先和列優先。order 參數可以是 "C" 和 "F"，分別對應行優先儲存和列
優先儲存。這兩者分別對應 C 語言和 Fortran 語言的記憶體儲存方式。這
裡有必要討論為什麼 NumPy 提供了兩種方式來儲存資料。這主要是來自
幾何空間索引和二維矩陣索引的矛盾。如圖 3-3 (a) 所示，在幾何空間的
座標系統裡 (x, y) 的第一個數字代表水平座標，沿著水平方向或行方向索
引，第二個數字代表垂直座標，沿著垂直方向或列方向索引。然而，二
維矩陣中的行座標和列座標的索引與幾何空間座標系統的索引方式是相
反的，矩陣元素的行座標是沿著列的方向索引，而矩陣元素的列座標是
沿著行方向索引的，如圖 3-3 (b) 所示。

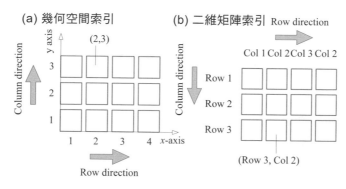

圖 3-3　幾何空間索引和二維矩陣索引的矛盾

這一矛盾表現在資料的儲存和索引方式中。如圖 3-4 所示為一張風景圖
的資料。若以四方格的方式儲存，根據行優先和列優先的方式，共有兩
種記憶體儲存方式。當 NumPy 讀取這一圖片的資料時，若能根據圖片原
資料的儲存方式 (行優先或列優先)，選擇最佳的資料索引方式能大大提
高資料處理的速度，這正是 array() 函數的 order 參數提供的便利之處。
NumPy 部分其函數也有 order 參數，同樣可以指定資料在記憶體中的儲

存方式，在本節和第 4 章會詳細介紹這些函數。

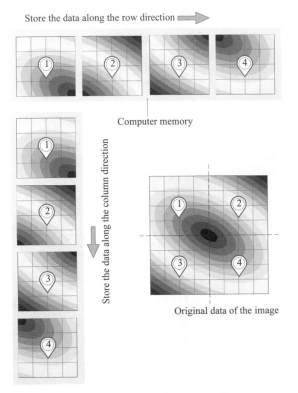

圖 3-4　圖片資料的存儲

除了 array() 函數以外，NumPy 還提供了 asarray() 函數用來建立 ndarray
矩陣物件。實際上，asarray() 函數可以看作 array() 函數的簡化版，
asarray() 函數的定義如下。

```
def asarray(data, dtype=None, order=None):
    return array(a, dtype, copy=False, order=order)
```

從 asarray() 函數的定義可以看出，它預設是不複製原 ndarray 矩陣物件
的，然而正如圖 3-2 中關於 array() 函數的討論一樣，即 copy= False，但
是當原物件是非 ndarray 矩陣物件，或資料格式 dtype 參數發生變化時，
NumPy 仍然會複製並生成一個全新的 ndarray 矩陣物件。

一個 ndarray 矩陣物件具有許多屬性 (attribute)。如表 3-4 所示，這些屬性包括 ndarray 的位數、形狀、元素總個數和資料型態等。

表 3-4　ndarray 矩陣物件的屬性

屬性	描述
ndarray.ndim	秩，即軸的數量或維度的數量
ndarray.shape	ndarray 的形狀，對於矩陣，n 行 m 列
ndarray.size	ndarray 元素的總個數，相當於 .shape 中 n×m 的值
ndarray.dtype	ndarray 矩陣物件元素的資料型態
ndarray.itemsize	ndarray 矩陣物件中每個元素的大小，以位元組為單位
ndarray.real	ndarray 元素的實部
ndarray.imag	ndarray 元素的虛部
ndarray. T	ndarray 轉置
ndarray.flat	生成一個 ndarray 元素迭代器

以下範例展示了如何使用 ndarray 矩陣物件的屬性。

```
import numpy as np
ndarray_obj = np.array([[11,11,11],[22,22,22],[33,33,33]],dtype ='i')
print(f'The number of axes is {ndarray_obj. ndim}')
print(f'The shape is {ndarray_obj.shape}')
print(f'The size is {ndarray_obj.size}')
print(f'The data type is {ndarray_obj.dtype}')
print(f'The real parts are \n {ndarray_obj.real}')
print(f'The imaginary parts are \n {ndarray_obj.imag}')
```

執行結果如下。

```
The number of axes is 2
The shape is (3, 3)
The size is 9
The data type is int32
The real parts are
[[11 11 11]
[22 22 22]
 [33 33 33]]
The imaginary parts are
```

```
[[0 0 0]
 [0 0 0]
 [0 0 0]]
```

3.3 其他矩陣建立函數

NymPy 中矩陣的建立除了前面介紹的函數，還有其他許多函數。本節首先介紹 empty()、ones() 和 zeros()，它們的定義和使用方法都非常類似，如下所示。

```
np.empty(shape, dtype=float, order='C')
np.ones(shape, dtype=float, order='C')
np.zeros(shape, dtype=float, order='C')
```

這三個函數分別可用於建立空矩陣、元素全為 1 的矩陣和元素全為 0 的矩陣，以下程式展示了如何使用 empty()、ones() 和 zeros() 函數生成 ndarray 矩陣物件。

```
import numpy as np
shape_list = [3,3]
shape_tuple = (2,3)
shape_ndarray = np.array([2,2])
Empty_from_list_shape = np.empty(shape_list)
Ones_from_tuple_shape = np.ones(shape_tuple)
Zeros_from_ndarray_shape = np.zeros(shape_ndarray)
print(f'The empty ndarray is \n {Empty_from_list_shape}')
print(f'The ones ndarray is \n {Ones_from_tuple_shape}')
print(f'The zeros ndarray is \n {Zeros_from_ndarray_shape}')
```

程式執行結果如下所示。這三個函數使用時，需要給定待建立的矩陣的形狀 shape，它可以是一個串列、元組或 ndarray 矩陣物件，但不能是一個集合，此外，empty() 函數生成的 ndarray 矩陣物件的值是系統隨機產生的。

```
The empty ndarray is
 [[1. 0. 0.]
```

```
 [0. 1. 0.]
 [0. 0. 1.]]
The ones ndarray is
 [[1. 1. 1.]
 [1. 1. 1.]]
The zeros ndarray is
 [[0. 0.]
 [0. 0.]]
```

對於對角矩陣 (diagonal matrix) 和單位矩陣 (identity matrix)，它們可以透過 identity()、eye() 和 diag() 三個函數建立。identity() 函數可用於生成方陣 (square matrix)，其定義如下。

```
np. identity(n,dtype=float)
```

其中 n 是一個整數，表示方陣的行數或列數，方陣的形狀是 n×n，dtype 預設為 float。另外一個可以生成對角矩陣和單位矩陣的函數是 eye()，它的定義如下。

```
numpy.eye(n,m=None,k=0,dtype=float,order='C')
```

其中，n 是矩陣的行數，m 是矩陣的列數，m 預設等於 n，k 是對角線的位置，dtype 預設為 float，order 預設為 'C'。對比這三個建立對角矩陣的函數，eye() 函數比 identity() 函數更強大，identity() 只能生成方陣，形狀為 $n×n$，而 eye() 函數可以生成 $n×m$ 的矩陣。 此外，eye() 函數可以透過 k 調整非零元素所在對角線的位置。如圖 3-5 所示為一個 4×4 的矩陣，該矩陣展示了 k 不同時對應的非零元素所在對角線的位置。

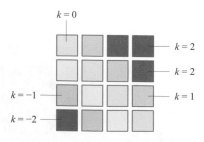

圖 3-5　k 不同時對角線位置

查看 NumPy 的程式可以發現，identity() 函數實際上封裝了 eye() 的函數，以下程式對比了使用 eye() 函數和 identity() 函數建立對角矩陣或單位矩陣的範例。

B1_Ch3_5.py

```
import numpy as np
identity_matrix = np.identity(3,dtype = 'i')
eye_matrix1 = np.eye(3,dtype ='i')
eye_matrix2 = np.eye(3,2,dtype ='f')
eye_matrix3 = np.eye(3,3,1,dtype = 'i')
eye_matrix4 = np.eye(3,3,-1)
print(f'The identity matrix is \n {identity_matrix}')
print(f'The identity matrix created by the eye function: \n {eye_
matrix1}')
print(f'The 3×2 matrix is \n {eye_matrix2}')
print(f'The index of the diagonal is 1: \n {eye_matrix3}')
print(f'The index of the diagonal is -1: \n {eye_matrix4}')
```

上述程式的執行結果如下。

```
The identity matrix is
[[1 0 0]
[0 1 0]
[0 0 1]]
The identity matrix created by eye function:
[[1 0 0]
[0 1 0]
[0 0 1]]
The 3×2 matrix is
[[1. 0.]
[0. 1.]
[0. 0.]]
The index of the diagonal is 1:
[[0 1 0]
[0 0 1]
[0 0 0]]
The index of the diagonal is -1:
[[0. 0. 0.]
```

```
[1. 0. 0.]
[0. 1. 0.]]
```

第三種可以用來建立對角矩陣的函數是 diag()，它的定義如下。

```
numpy.diag(v, k=0)
```

其中，v 可以是一維向量，也可以是二維矩陣。k 表示對角線的位置，預設值為 0，即為主對角線。除了可以用來建立對角矩陣，diag() 函數還可以提取某矩陣對角線上的元素。這也是 diag() 函數比 eye() 函數強大的地方。如圖 3-6 展示了如何使用 diag() 函數提取矩陣的對角線元素或生成對角矩陣。

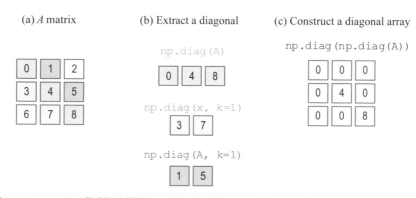

圖 3-6　np.diag() 使用範例，(a) 原矩陣 A，(b) diag() 函數用於提取矩陣對角線上的元素，(c) 使用 diag() 函數生成對角矩陣

以下程式展示了圖 3-6 中的結果。

```
x = np.arange(9).reshape((3,3))
print(x)
print(np.diag(x))
print(np.diag(x, k=1))
print(np.diag(x, k=-1))
print(np.diag(np.diag(x)))
```

如圖 3-7 展示了如何在 diag() 函數中使用一個一維向量建立不同的對角矩陣，這些對角矩陣非零元素的對角線的位置可以透過在 diag() 函數中指

定，矩陣的形狀也因此發生變化。在圖 3-7(a) 中，由於對角線的位置預設為 0，因此非零元素位於主對角線上，此時矩陣的形狀是 3×3。當對角線的位置分別為 1 和 -1 時，生成的矩陣的形狀是 4×4，非零元素分別位於主對角線的上方和下方。

圖 3-7　np.diag() 透過一個向量建立矩陣（範例中 a = [1,2,3]）

接下來將討論表 3-2 中第四種矩陣生成方法，包括 arange() 函數、linspace() 函數和 logspace() 函數。arange() 和 linspace() 函數都可以用來生成某一區間內均勻分佈的數值組成的向量。arange() 函數根據給定的起始值、終止值和步進值建立一維的等差數列向量，而 linspace() 函數根據給定的起始值、終止值和向量元素個數來建立一維等差數列的向量。logspace() 函數則是建立一維等比數列的向量。

arange()、linspace() 和 logspace() 函數的定義如下。

```
numpy.arange(start, stop, step, dtype)

numpy.linspace(start, stop, num=50, endpoint=True, retstep=False,
dtype=None)

numpy.logspace(start, stop, num=50, endpoint=True, base=10.0, dtype=None,
axis=0)
```

其中，start 是起始值，在 arange() 函數中預設為 0。stop 為終止值，arange() 函數生成的等差數列不包含終止值。step 為步進值，預設為 1。在 linspace() 和 logspace() 函數中需要指定生成的元素個數 num，預設值為 50。此外，endpoint 預設為 True，表示在 linsapce() 和 logspace() 函數

生成的數列包含終止值 stop，若 endpoint = False，則生成的數列不包含
終止值。logspace() 函數中還可以指定等比數列的底數，預設為 10。雖然
這三個函數只能生成一維向量，但可以透過 reshape() 函數將這些一維向
量元素轉化為矩陣形式，在 3.5 節中將詳細討論。以下程式展示了在命令
視窗中使用這幾個函數的範例。

```
>>> np.arange(2,10,2)
>>> array([2, 4, 6, 8])
>>> np.linspace(2,10,4)
>>> array([ 2.,4.66666667,7.33333333,10.])
>>> np.logspace(start =1,stop = 10,num = 3, base = 3)
>>> array([3.00000000e+00, 4.20888346e+02, 5.90490000e+04])
```

此外，zeros_like()、empty_like()、ones_like() 和 full_like() 這四個函數
可以用來建立一個和某矩陣物件形狀一樣的矩陣，並填充指定的元素。
zeros_like()、empty_like()、ones_like() 函數分別將元素替換為 0、None
和 1，這三個函數的定義很類似，如下所示。

```
numpy.zeros_like(a,dtype=None,order='k',shape =None)

numpy.empty_like(a,dtype=None,order='k',shape =None)

numpy.ones_like(a,dtype=None,order='k',shape =None)
```

在上述函數定義中，a 是原來的 ndarray 矩陣物件，dtype 是指定的資料型
態，預設為 None，即資料型態和 a 一致，order 指定資料在記憶體中儲存
的次序，預設為 k，即和 a 的資料在記憶體中的儲存次序一致，shape 是
用來指定新 ndarray 矩陣物件的形狀，預設為 None，即形狀和 a 一致。
一般而言，不建議修改形狀，因為這些函數的初衷是幫助使用者建立和 a
形狀一致的 ndarray 矩陣物件。

full_like() 函數稍有不同，它多了一個參數 fill_value，這個參數可以用來
指定新建立的 ndarray 矩陣物件中需要填充的元素值。full_like() 函數的
其他參數和 zeros_like()、empty_like() 及 ones_like() 函數一致。

```
numpy.full_like(a, fill_value, dtype=None, order='K',shape=None)
```

以下程式範例展示了如何使用這四個函數。

```
import numpy as np
a = np.array([[1,2,3],[4,5,6]])
ones_like_a = np.ones_like(a)
zeros_like_a = np.ones_like(a)
empty_like_a = np.empty_like(a)
full_like_a = np.full_like(a,5)
print(f'The ones_like_a matrix is\n {ones_like_a}')
print(f'The zeros_like_a matrix is\n {zeros_like_a}')
print(f'The empty_like_a matrix is\n {empty_like_a}')
print(f'The full_like_a matrix is\n {full_like_a}')
```

執行結果如下。

```
The ones_like_a matrix is
 [[1 1 1]
 [1 1 1]]
The zeros_like_a matrix is
 [[1 1 1]
 [1 1 1]]
The empty_like_a matrix is
 [[1 1 1]
 [1 1 1]]
The full_like_a matrix is
 [[5 5 5]
 [5 5 5]]
```

meshgrid() 函數常常用來生成二維平面坐標系中的橫垂直座標，且把水平座標 x 和垂直座標 y 分別存在 X 和 Y 兩個矩陣裡，如圖 3-8 所示。在 3D 繪圖裡，座標 z 可以是水平座標 x 和垂直座標 y 計算的函數。

此外，本節的開頭介紹了幾何空間的索引和矩陣的索引方式是相反的。如圖 3-8 所示是幾何空間索引。meshgrid() 函數還提供了獲得二維矩陣索引號的方法。如圖 3-9 所示為矩陣索引形式的網格。對比兩種網格，採用幾何空間索引方式獲得的網格形狀是 3×5，而採用矩陣形式的網格形狀是 5×3。

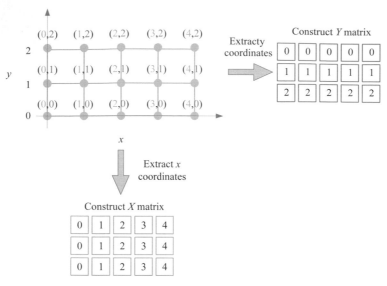

圖 3-8 幾何形式的網格

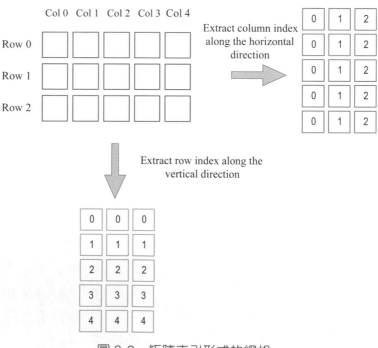

圖 3-9 矩陣索引形式的網格

NumPy 中 meshgrid() 函數的定義如下。

```
numpy.meshgrid(*xi, sparse=False, indexing='xy')
```

其中 *xi 代表數量不確定的一維向量，使用者可提供 n 個一維向量用
來表示生成 n 維網格。sparse 預設為 False，表示生成稠密矩陣 (dense
matrix)，當 sparse 為 True 時，表示將生成稀疏矩陣 (sparse matrix)。在
矩陣中，若數值為 0 的元素數目遠遠多於非 0 元素的數目，並且非 0 元
素分佈無規律時，則該矩陣為稀疏矩陣；若非 0 元素數目佔大多數時，
則該矩陣為稠密矩陣。indexing 用來控制生成不同索引方式的網格，當
indexing ='xy' 時，表示生成幾何網格，當 indexing ='ij' 時，表示生成矩
陣索引形式的網格。

讀者可執行以下程式，生成圖 3-8 和圖 3-9 兩種不同的網格。

```
import numpy as np
x = np.linspace(0,4,5,dtype ='i')
y = np.linspace(0,2,3,dtype = 'i')
x_cartesian, y_cartesian = np.meshgrid(x,y,indexing = 'xy')
x_matrix,y_matrix =np.meshgrid(x,y,indexing='ij')
print(f'Meshgrid with Cartesian indexing:\n {x_cartesian}\n {y_
cartesian}')
print(f'Meshgrid with matrix indexing:\n {x_matrix}\n {y_matrix}')
```

以下範例展示了使用 meshgrid() 函數生成網格並繪製三維圖，如圖 3-10
所示。

```
B1_Ch3_6.py

import numpy as np
import matplotlib as mpl
import matplotlib.pyplot as plt
x = y = np.linspace(-10, 10, 150)
X, Y = np.meshgrid(x, y,indexing = 'xy')

Z = np.cos(X) * np.sin(Y) * np.exp(-(X/5)**2-(Y/5)**2)
fig, ax = plt.subplots(figsize=(6, 5))
```

```
norm = mpl.colors.Normalize(-abs(Z).max(), abs(Z).max())
p = ax.pcolor(X, Y, Z, norm=norm, cmap=mpl.cm.bwr)
plt.colorbar(p)
```

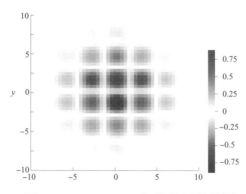

圖 3-10　meshgrid() 函數用於繪圖

本節最後介紹如何使用 fromfunction() 函數建立 ndarray 矩陣物件。fromfunction() 函數可以透過別的函數來建立更複雜的矩陣，fromfunction() 函數的定義如下。

```
np.fromfunction(function, shape, dtype)
```

其中傳入的函數 function 既可以是 lambda 匿名函數，也可以是用 def 定義的普通函數。shape 是一個元組，用來生成矩陣網格。

以下程式展示了如何使用 fromfunction() 函數和 lambda 匿名函數建立 ndarray 矩陣物件。

```
>>> np.fromfunction(lambda i, j: i == j, (3, 3), dtype=int)
array([[ True, False, False],
       [False,  True, False],
       [False, False,  True]])
>>> np.fromfunction(lambda i, j: i + j, (3, 3), dtype=int)
array([[0, 1, 2],
       [1, 2, 3],
       [2, 3, 4]])
```

前文介紹了使用 meshgrid() 函數建立二維座標網格，生成網格的水平座標 x 和垂直座標 y 矩陣，進而透過函數計算座標 z 的值。fromfunction() 函數提供了一種更簡捷的方法，可以自動生成二維座標的網格並根據函數完成計算。在以下範例中，fromfunction() 函數呼叫了另外一個使用 def 定義的函數，在呼叫這個函數時，還提供了一個元組 (5,3)，這個元組會被用來生成矩陣索引型網格。以下範例生成的網格如圖 3-9 所示。

```python
import numpy as np
def sum_of_indices(x, y):
    #Getting 3 individual arrays
    print(f"Value of X is:\n {x}")
    print(f"Type of X is:\n {type(x)}")
    print(f"Value of Y is:\n {y}")
    print(f"Type of Y is:\n {type(y)}")
    return x + y
a = np.fromfunction(sum_of_indices, (5, 3))
```

執行結果如下。

```
Value of X is:
 [[0. 0. 0.]
 [1. 1. 1.]
 [2. 2. 2.]
 [3. 3. 3.]
 [4. 4. 4.]]
Type of X is:
 <class 'numpy.ndarray'>
Value of Y is:
 [[0. 1. 2.]
 [0. 1. 2.]
 [0. 1. 2.]
 [0. 1. 2.]
 [0. 1. 2.]]
Type of Y is:
 <class 'numpy.ndarray'>
```

3.4 索引和遍歷

本節將討論在 NumPy 中進行 ndarray 元素的索引。對於一維 ndarray 矩陣物件，元素的索引方法與 Python 的串列和元組類似，如表 3-5 和圖 3-11 所示，同樣的，NumPy 矩陣物件的索引號也是從 0 開始。

表 3-5　以一維 ndarray 矩陣物件 a 為例進行索引

函數	描述
a[m]	索引號為 m 的元素
a[-m]	倒數第 m 個元素
a[m:n]	索引號從 m 到 n - 1 的元素
a[:]	所有元素
a[:n]	索引號從 0 到 n - 1 的元素
a[m:]	索引號 m 後的所有元素
a[m:n:p]	索引號 m 到 n - 1，以 p 為間隔的元素
a[::-1]	反向選擇所有元素

值得注意的是，圖 3-11 所示的範例 7 和範例 8 展示了 Python 串列和元組沒有的索引方法。在範例 7 中 a[a>2] 只索引了 a 中元素值大於 2 的元素。而在範例 8 中 ~np.isnan(a) 用於索引 a 中非 NaN 元素。

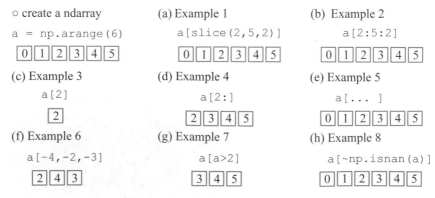

圖 3-11　一維陣列切片和索引範例

讀者可以使用函數 np.where() 來實現更多複雜的過濾條件。where() 函數的定義如下。

```
numpy.where(condition[, x, y])
```

使用 where() 函數時，根據運算式 condition 舉出的條件，傳回運算式 x 或運算式 y 的值，運算式 x 或運算式 y 可以不給定。

以下範例展示了如何使用 where () 函數實現將 a 中小於 5 的元素增大 0.1，大於 5 的元素增大 0.2。

```
import numpy as np
a = np.arange(10)
b = np.where(a<5,a+0.1,a+0.2)
print(b)
```

執行結果如下。

```
a vector is :
 [0 1 2 3 4 5 6 7 8 9]
b vector is:
 [0.1 1.1 2.1 3.1 4.1 5.2 6.2 7.2 8.2 9.2]
```

二維 ndarray 矩陣物件的元素同樣可以被索引。在被索引時，需要在方括號中給定元素的行值和列值，具體如圖 3-12 所示。

此外，讀者還可以使用 take() 和 put() 函數進行更高級的矩陣元素索引和複製。take() 和 put() 函數的優勢在於透過索引號直接存取矩陣元素的數值，這些索引號可以是零散的和數量不限的。

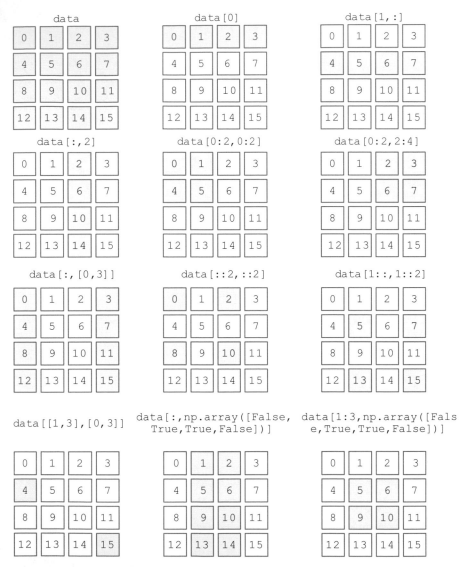

圖 3-12　二維 ndarray 矩陣物件索引範例

如圖 3-13 展示了將 take() 方法應用在一維向量上，索引後同樣是一維向量。如圖 3-14 所示為使用 take() 方法時，索引號是一個 2×4 的矩陣，索引後獲得的同樣是一個 2×4 的矩陣。

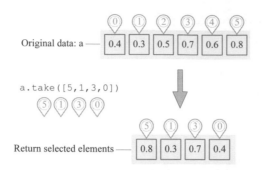

圖 3-13　take() 方法的應用：原始資料和索引陣列都是一維向量

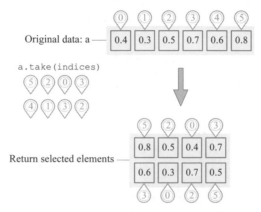

圖 3-14　take() 方法應用：原始資料是一維向量，索引陣列是矩陣

矩陣物件也可以使用 take() 方法進行索引。和使用方括號進行索引不同的是，take() 方法的索引號不是透過元素所在的行和列給定的，而是沿著行的方向獲得。如圖 3-15 所示為一個 3×4 的矩陣如何沿著行的方向獲得每個矩陣元素的索引值。

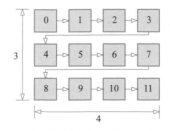

圖 3-15　take() 沿著行的方向進行矩陣元素索引

在圖 3-16(b) 中，a.take([2,3,1]) 可以傳回矩陣 a 中的索引位置為 2、3 和
1 的元素數值。同理，圖 3-16(c) 中 a.take([12,5,2,9]) 傳回矩陣 a 中索引
位置為 12、5、2、9 的元素。

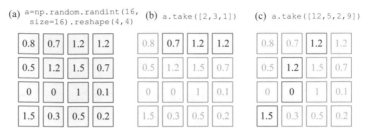

圖 3-16　take() 方法應用在矩陣上

take() 方法中的 axis 參數可以用來指定索引矩陣的某一行或某一列。如圖
3-17(b) 中的範例所示，a.take([3,1,2], axis =1) 可以分別獲取矩陣 a 的第
三列、第一列和第二列的元素。如圖 3-18(b) 所示 a.take([3,1,2], axis =0)
則可以獲得矩陣 a 的第三行、第一行和第二行的元素。

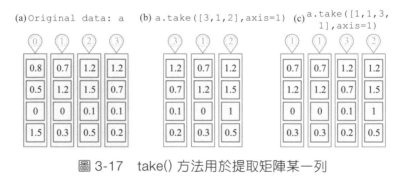

圖 3-17　take() 方法用於提取矩陣某一列

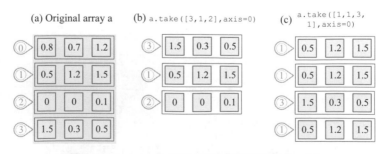

圖 3-18　take() 方法用於提取矩陣某一行

本節接下來將討論 ndarray 元素的迭代。NumPy 提供了兩種基本的迭代器 (flatiter iterator)，第一種是使用 ndarray 矩陣物件的屬性 flat。以下範例展示了這一迭代方法。

```
#Using flat attribute to iterate
import numpy as np
x =np.arange(4).reshape(2,2)
print('Print the ndarray directly:')
for i in x:
    print(i, end='')
print('Iterate the ndarray:')
for i in x.flat:
    print(i)
print('Iterate the transposed array:')
for i in x.T.flat:
    print(i, end='')
```

上述程式的執行結果如下所示。可以看出使用 flat 屬性作為迭代器時，可以將多維 ndarray 的所有元素按次序輸出。對轉置後的 ndarray 進行迭代後，可發現與對原 ndarray 進行迭代的結果不同。這個特點和接下來討論的 nditer() 函數不同。

```
Print the ndarray directly:
[0 1]
[2 3]
Iterate a ndarray:
0 1 2 3
Iterate the transposed array:
0 2 1 3
```

nditer() 函數用來對 ndarray 矩陣物件進行迭代或存取其元素。以下程式是使用 nditer() 函數替換上一個範例中的 flat 屬性。讀者執行程式後可發現，執行結果都是：0，1，2，3，4。這是因為 nditer() 函數只會將元素按照其在記憶體中儲存的次序進行迭代輸出。

```
#Use nditer() function to iterate
import numpy as np
```

```
x =np.arange(4).reshape(2,2)
print('Iterate the ndarray:')
for i in np.nditer(x):
    print(i)
print('Iterate the transposed array:')
for i in np.nditer(x.T):
    print(i)
```

nditer() 函數裡提供了參數 order，可以用來調整迭代元素的次序。當參數 order='C' 時，沿著行方向輸出元素，當 order='F' 時，沿著列方向輸出元素。

```
import numpy as np
x =np.arange(9).reshape(3,3)
print('Iterate along the row direction')
for i in np.nditer(x,order = 'C'):
    print(i,end=' ')
print('\nIterate along the column direction')
for i in np.nditer(x,order = 'F'):
    print(i,end=' ')
```

上述範例展示了如何使用 order 參數來調整迭代元素的次序，結果如下所示。如圖 3-19 所示對比了這兩種迭代次序的不同。

```
Iterate along the row direction：
0 1 2 3 4 5 6 7 8

Iterate along the column direction：
0 3 6 1 4 7 2 5 8
```

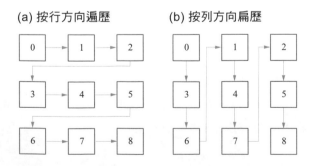

圖 3-19　ndarray 的元素遍歷方式

nditer() 函數還可以被用來批次修改 ndarray 矩陣物件中元素的值。這時
需要使用參數 op_flags。 預設情況下，op_flags ='readonly'，這時 ndarray
中的元素為唯讀模式。為了實現對元素數值的修改，op_flags 需要被設定
為 readwrite 模式，以下例所示。

```
import numpy as np
data = np.arange(9).reshape(3,4)
print(f'The original data is \n {data}')
with np.nditer(data, op_flags=['readwrite']) as it:
    for x in it:
        x[...] = x**2
print(f'The new data is: \n {data}')
```

在這個範例中，迭代遍歷 ndarray 元素值的同時，傳回對應的平方值。執
行結果如下。

```
The original data is
 [[0 1 2]
 [3 4 5]
 [6 7 8]]
The new data is:
 [[ 0  1  4]
 [ 9 16 25]
 [36 49 64]]
```

3.5 矩陣變形

使用 NumPy 建立完矩陣物件後，使用者常常需要調整矩陣的物件。如
前所述，使用 arange() 函數或 linspace() 函數建立向量後常常需要使用
reshape() 函數將生成的向量調整形狀，從而獲得新的矩陣物件。如表 3-6
展示了一些常用的修改矩陣形狀的函數。

表 3-6　修改 ndarray 矩陣形狀的方法

方法	描述
reshape()	調整 ndarray 矩陣物件的形狀
transpose()	將 ndarray 矩陣物件轉置，對於高維矩陣，括號內可定義需轉置的軸
ravel()	將 ndarray 矩陣物件所有元素展平
flatten()	將多維矩陣降維成一個一維矩陣
resize()	調整 ndarray 矩陣物件的大小
squeeze()	刪除矩陣形狀中維度為一的維度

如下所示，使用 reshape() 方法時需要以元組的方式給定 ndarray 矩陣物件新的形狀。參數 order 是用來指定 ndarray 矩陣物件重組新形狀時按照何種次序排列元素，可以是 'C' 或 'F'，分別對應行優先索引和列優先索引。

```
reshape(newshape, order='C')
```

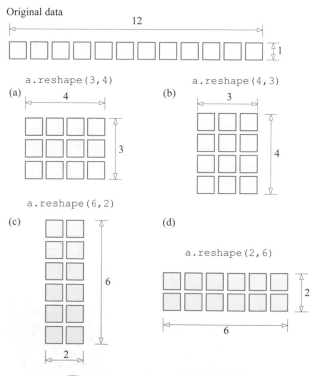

圖 3-20　reshape() 方法範例

如圖 3-20 所示為使用 reshape() 方法將一個 1×12 的行向量的形狀分別調整為 3×4、4×3、6×2 和 2×6。

```
>> a = np.arange(12)
>> b1 = a.reshape(3,4)
#Out:
array([[ 0,  1,  2],
       [ 3,  4,  5],
       [ 6,  7,  8],
       [ 9, 10, 11]])
>> b2 =a.reshape(4,3)
#Out:
#array([[ 0,  1,  2,  3],
#       [ 4,  5,  6,  7],
#       [ 8,  9, 10, 11]])
>> b3 =a.reshape(2,6)
#Out:
array([[ 0,  1,  2,  3,  4,  5],
       [ 6,  7,  8,  9, 10, 11]])
>> b4 =a.reshape(6,2)
#Out:
#array([[ 0,  1],
       [ 2,  3],
       [ 4,  5],
       [ 6,  7],
       [ 8,  9],
       [10, 11]])
>> b2[0] = 10
>> a
#Out:
#array([10, 10, 10,  3,  4,  5,  6,  7,  8,  9, 10, 11])
```

reshape() 方法中的 order 參數可以用來控制索引元素的順序。如圖 3-21 對比了如何使用 order 參數來調整一個 2×3 矩陣。當 order ='C' 時，沿著行的方向索引元素並調整矩陣的形狀，當 order ='F' 時，沿著列的方向索引元素並調整矩陣的形狀。

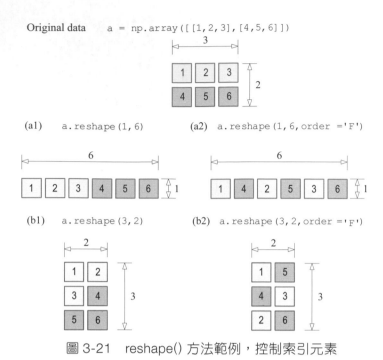

圖 3-21   reshape() 方法範例，控制索引元素

resize() 方法和 reshape() 方法類似，都可以修改矩陣的形狀，但有兩個不同之處。第一個是 resize() 方法不提供 order 參數，即只能沿著水平方向調整矩陣的形狀；第二個不同之處是 resize() 方法會修改原矩陣的形狀而無傳回值，而 reshape() 方法則不修改原矩陣的形狀但傳回形狀修改後的矩陣。

```
>> a = np.array([[1,2,3],[4,5,6]])
>> b = a.reshape(1,6)
>> b
#Out: array([[1, 2, 3, 4, 5, 6]])
>> a
#Out: array([[1, 2, 3],
#      [4, 5, 6]])
>> c = a.resize(1,6)
>> c
>> a
#array([[1, 2, 3, 4, 5, 6]])
```

resize() 方法還支援擴大矩陣的形狀。如圖 3-22 所示，原矩陣 a 的形狀是 2×3，使用 np.resize(a,(3,3)) 函數擴大矩陣時，填充的元素則是重複的原矩陣的元素。

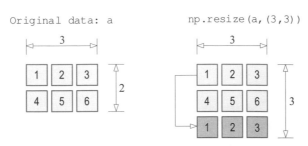

圖 3-22　resize() 方法

如表 3-6 中的 ravel() 方法和 flatten() 方法可以將矩陣展平成一個一維向量，如圖 3-23 中的範例所示。ravel() 方法和 flatten() 方法最大的不同是，ravel() 方法只傳回原矩陣的視圖 (view)，而 flatten() 方法則會傳回一個複製物件。

```
ndarray.flatten(order='C')
```

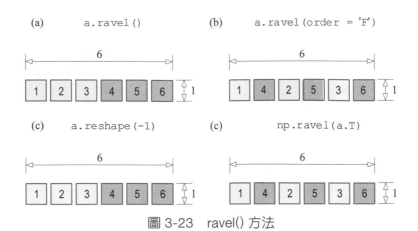

圖 3-23　ravel() 方法

flatten() 方法中 order 參數預設為 'C'，表示將陣列按照行方向展平為一維資料，當 order 參數是 'F' 時，表示將陣列按照列方向展平為一維陣列。

```
>>> import numpy as np
>>> a = np.array([[1,2], [3,4]])
>>> a.flatten()
#Out: array([1, 2, 3, 4])
>>> a.flatten('F')
#Out: array([1, 3, 2, 4])
```

表 3-6 中的 squeeze() 方法則可以用於刪除矩陣中維度為 1 的矩陣,如圖 3-24 所示。

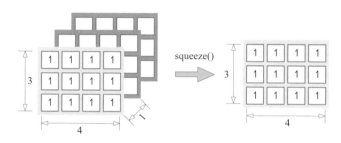

圖 3-24　squeeze() 方法

以下程式展示了圖 3-24 中降維的過程。

```
>> print(np.ones(9).reshape(1,3,3).shape)#Output: (1,3,3)
>> print(np.ones(9).reshape(1,3,3).squeeze().shape)#Output: (3,3)
```

repeat() 方法可以用來重複矩陣中的元素,它的定義如下。

```
a.repeat(repeats, axis = None)
```

其中,repeats 參數用來指定重複的次數,對於向量,axis 參數一般不用指定,但對於矩陣,axis 參數可以用來指定在行方向或列方向上進行元素重複。如圖 3-25 展示了如何使用 repeat() 方法重複一維向量中的元素。

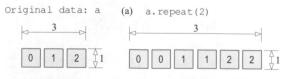

圖 3-25　repeat() 方法應用在向量上

對於二維矩陣，使用 repeat() 方法需要指定重複複製的方向。如圖 3-26
展示了 NumPy 中軸的定義，axis = 0 表示沿著平面內垂直方向進行重複
複製，axis =1 表示沿著平面內水平方向進行重複複製。

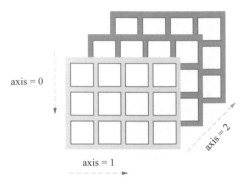

圖 3-26　NumPy 中軸的定義

如圖 3-27 展示了如何在一個二維矩陣中使用 repeat() 方法沿著水平方向
和垂直方向進行矩陣元素的複製。

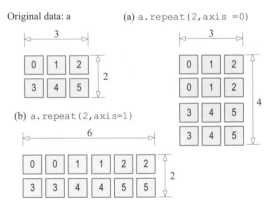

圖 3-27　repeat() 方法應用在二維矩陣上

以下程式展示了圖 3-27 的運算結果。執行程式後，讀者可發現，使用
repeat() 方法並不改變原矩陣的形狀，它只會傳回修改形狀後的矩陣。

```
>> a =np.arange(6).reshape(2,3)
>> a.repeat(2,axis=0)
```

```
>> a.repeat(2,axis=1)
>> a
#Output: array([[0, 1, 2],
       [3, 4, 5]])
```

sort() 方法可以用來對每一行或每一列中的元素進行排序，排序後矩陣元素的次序發生變化。使用 sort() 方法時，當 axis = 1 表示沿著矩陣的水平方向 (即行方向) 進行元素排序，axis = 0 表示沿著矩陣的垂直方向 (即列方向) 進行元素排序。

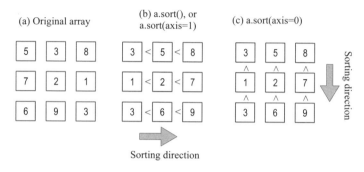

圖 3-28　sort() 方法

讀者可自行執行以下程式。

```
>> a =np.array([[5,3,8],[7,2,1],[6,9,3]])
>> a.sort()
>> print(a)
#Output
array([[3, 5, 8],
       [1, 2, 7],
       [3, 6, 9]])
>>print(a.sort(axis=0))
#Output
array([[1, 2, 7],
       [3, 5, 8],
       [3, 6, 9]])
```

本章介紹了如何在 NumPy 中建立向量和矩陣物件。在此基礎上，第 4 章將討論如何在 Python 中利用這些矩陣物件進行基本的數學運算。

數學工具套件

數學是解密世界的鑰匙。

Math is the hidden secret to understanding the world.

—— 羅傑·安頓森 (Roger Antonsen)

本章核心命令程式

▶ array.tolist() 將 Ndarray 物件轉化為串列

▶ E2.subs() 計算符號運算式的數值或替換函數運算式中的變數

▶ numpy.linalg.cholesky() 矩陣 Cholesky 分解

▶ numpy.linalg.eig() 求矩陣 A 的特徵值和特徵向量

▶ numpy.linalg.lstsq() 矩陣左除

▶ numpy.linalg.solve() 矩陣左除

▶ numpy.linalg.svd() 矩陣奇異值分解

▶ Sympy.integrate(f_x_diff2,(x,0,2*math.pi)) 計算函數的定積分

▶ scipy.linalg.ldl() 對矩陣進行 LDL 分解

▶ scipy.linalg.lu() 矩陣 LU 分解

▶ sympy.diff(f_x,x) 計算符號函數 f_x 對參數 x 的偏導數

▶ sympy.limit(sym.sin(x)/x,x,sym.oo) 計算函數在參數趨近於無限大時的極限值

▶ sympy.plot(sympy.sin(x)/x,(x,-15,15),show=True) 繪製符號函數運算式的影像

▶ sympy.plot3d(f_xy_diff_x,(x,-2,2),(y,-2,2),show=False) 繪製函數的三維圖

▶ sympy.sympify() 化簡符號函數運算式

▶ sympy.solve() 使用 SymPy 中的 solve() 函數求解符號函數方程組

▶ sympy.Matrix() 構造符號函數矩陣

▶ sympy.solve_linear_system() 求解含有號變數的線型方程組

▶ sympy.symbols() 建立符號變數

▶ p2.extend(p2_2) 將圖 P2_2 增加到圖 P2 裡

4.1 矩陣元素統計計算

第 3 章討論了如何使用 NumPy 建立矩陣、進行矩陣元素遍歷和改變矩陣形狀。在此基礎上，本節將討論如何對矩陣的元素進行基本的統計計算。而對於更加深入的機率統計知識，將在本書的第 8 章和第 9 章進行詳盡介紹。表 4-1 展示了常用的、對矩陣元素進行統計計算的函數。值得注意的是，表 4-1 中的函數還可以作為 NumPy 中的 ndarray 矩陣物件的方法 method() 進行使用。以 min() 函數為例，在以下程式中，numpy.min(A) 和 A.min() 這兩個命令都可以獲得矩陣 A 的最小值 -1。但 numpy.min(A) 屬於函數的呼叫，而 A.min() 屬於 ndarray 矩陣物件的方法被呼叫。

```
import numpy as np
A=np.arange(9).reshape(3,3)-1
print(A.min())
print(np.min(A))
```

表 4-1　NumPy 針對矩陣元素的統計計算函數

函數	描述
nonzero()	傳回矩陣中非零元素的位置
max()	傳回矩陣的最大值
argmax()	傳回矩陣最大值的位置
min()	傳回矩陣的最小值
argmin()	傳回矩陣最小值的位置
ptp()	計算矩陣元素數值的設定值範圍
clip()	使用者給定一個區間，若矩陣元素在區間範圍外，則該元素被給予值為邊界值
sum()	沿指定的軸計算矩陣元素的總和
cumsum()	沿指定的軸計算累計和
prod()	沿指定的軸計算矩陣元素乘積
cumprod()	沿指定的軸計算累計乘積
mean()	計算矩陣元素的平均值
var()	計算矩陣元素的方差
std()	計算矩陣元素的標準差
all()	若矩陣所有元素是 NaN、正數或負數，則傳回 True，否則傳回 False
any()	若矩陣中某一元素是 NaN、正數或負數，則傳回 True，否則傳回 False

nonzero() 函數可以用來獲得矩陣中每個非零元素所在的行和列的位置。以圖 4-1 中的矩陣為例，非零元素分別是 5、7、2、9、3。如圖 4-1 展示了如何計算這些元素所在的行和列位置，首先將矩陣的每一行和列標出來，然後從第一行開始，沿著水平的方向 (行的方向)，確認每個非零元素所在的行和列位置 [圖 4-1(b)]，最後將每個非零元素的行號和列號分別單獨存成兩個向量 [圖 4-1(c)]。

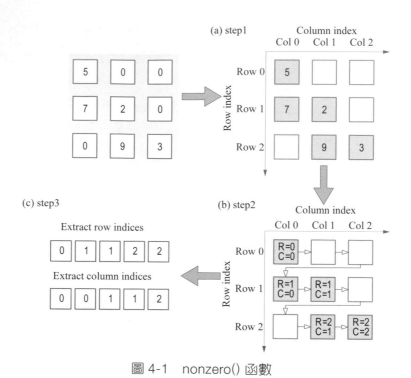

圖 4-1　nonzero() 函數

以下程式展示了圖 4-1 的運算結果。

```
>> a=np.array([[5,0,0],[7,2,0],[0,9,3]])
>> print(a.nonzero())
#Out:(array([0, 1, 1, 2, 2], dtype=int64), array([0, 0, 1, 1, 2],
dtype=int64))
```

max() 函數可以找出每一行或每一列中的最大值，並將這些最大值組成一
個向量傳回。在第 3 章中談到，在 NumPy 中，axis = 1 表示矩陣的水平方
向，即行的方向，axis = 0 表示矩陣的垂直方向，即列的方向，如圖 4-2
所示。使用 max() 函數時，若指定 axis = 1，則會找出每一行的最大值，
若指定 axis = 0，則會找出每一列的最大值。如圖 4-3 和圖 4-4 展示了使
用 max() 函數分別取出矩陣每一行和每一列元素的最大值。此外，若不給
定參數 axis 的值，則會傳回矩陣最大元素的值。例如對於圖 4-3 和圖 4-4
中的矩陣 a，使用 a.max() 函數會傳回矩陣所有元素中的最大值 92。

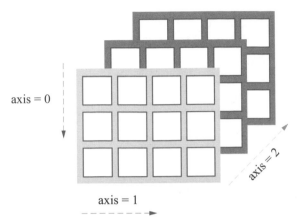

圖 4-2　NumPy 中軸的定義

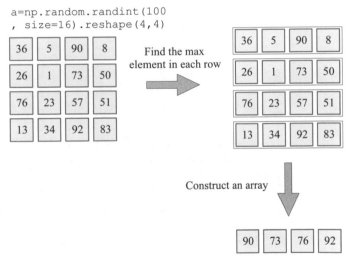

圖 4-3　找出每行最大的元素：a.max(axis=1)

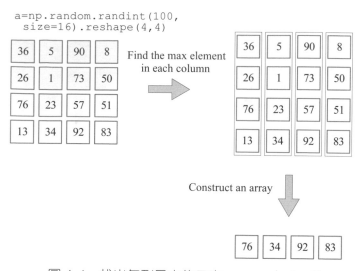

圖 4-4　找出每列最大的元素：a.max(axis=0)

使用 max() 函數時，還可以使用 where 參數指定只從某些行或列中找出最大值。以下是 where 參數在 max() 函數中的使用。

```
a.max(axis=1,where=[True,False,True,True],initial=0)
```

where 參數是由布林值組成的串列，這個串列的長度需和矩陣 a 的行數或列數一致。當布林值為 True 時，表示原矩陣對應位置的元素參與最大值的比較，當布林值為 False 時，表示原矩陣對應位置的元素不參與最大值的比較。使用 where 參數時，還需要同時給定 initial 的值，作為某行或某列所有元素均不參與比較時的該行或該列預設的傳回值。

如圖 4-5 和圖 4-6 展示了 max() 函數使用 where 參數的兩個範例。圖 4-5 的範例中，where 參數中給定的矩陣和資料矩陣 a 的形狀一樣，均為 4×4。where 矩陣的所有元素都是布林值，若為 True 值，則表示資料矩陣 a 中對應的數值將被選中參與最大值的比較，若為 False 值，表示資料矩陣 a 中對應的數值將不會被選中參與最大值的比較。如圖 4-6 所示，where 是一個行向量，此時使用 max() 函數時會使用廣播原則選中對應的列參與最大值的比較。

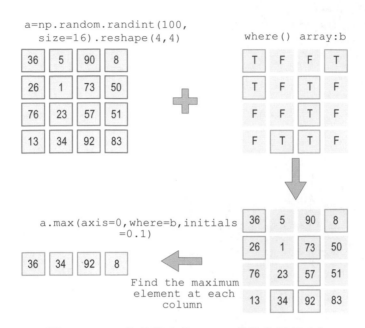

圖 4-5 max() 函數中的 where 參數的使用 (1)

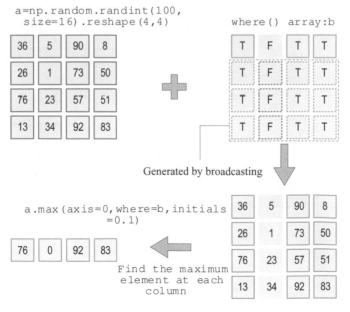

圖 4-6 max() 函數中的 where 參數的使用 (2)

執行以下程式可以獲得圖 4-3、圖 4-4、圖 4-5 和圖 4-6。

```python
import numpy as np
a=np.array([[36,5,90,8],[26,1,73,50],[76,23,57,51],[13,34,92,83]])
print(a)
print(a.max(axis=1))
print(a.max(axis=0))
T = True
F = False
b1 = [[T, F,F,T],[T,F, T,F],[F,F,T,F],[F,T,T,F]]
b2=[T,F,T,T]
c1 = a.max(axis=0,where=b1,initial=0.1)
c2 = a.max(axis=0,where=b2,initial = 0.1)
print(c1)
print(c2)
```

cumsum() 和 cumprod() 函數可以分別用於矩陣元素按行或按列累計疊加或相乘運算，傳回的矩陣的形狀和原矩陣的形狀一致。如圖 4-7 展示了如何使用 cumsum() 和 cumprod() 函數。使用這兩個函數時，axis = 0 和 axis = 1 分別表示沿著垂直方向和水平方向進行運算。

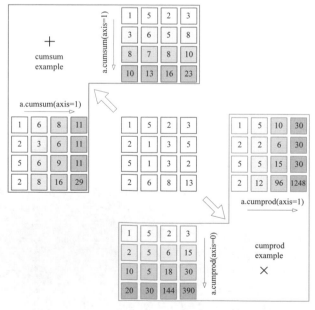

圖 4-7　cumsum() 和 cumprod() 函數的使用

以下程式展示了表 4-1 中其他函數的使用。

```python
import numpy as np
a=np.arange(9).reshape(3,3)-1

#max()
print(a.max(axis=1))#Out: [1 4 7], Return the max value in each row
print(np.max(a,axis=0))#Out: [5 6 7], Return the max value in each column
print(a.max())#Out: 7, Return the max value of the whole matrix

#argmax()
print(a.argmax(axis=1))#Out: [2 2 2], Return the indices of the maximum
values along
each row
print(np.argmax(a,axis=0))#Out: Out: [2 2 2], Return the indices of the
maximum values along each column
print(a.argmax())#Out: 8, Return the indexes of the max value of the
whole matrix

#sum()
print(a.sum())#Out: 27, Calculate the sum of all the element of the
matrix
print(np.sum(a,axis=0))#Out: [6 9 12],Calculate the sum of each column
print(a.sum(axis=1))#Out: [0 9 18],Calculate the sum of each row

#all()
print(a.all())#Out: False, Test whether all array elements are True
print(a.all(axis=0))#Out: False, Test whether all array elements in each
column are True
print(np.all(a,axis=1))#Out: False, Test whether all array elements in
each row are True

#any()
print(a.any())#Out: True, Test whether any array elements are True
print(a.any(axis=0))#Out: [ True  True  True], Test whether any array
elements in each column are True
print(np.any(a,axis=1))#Out: [ True  True  True], Test whether any array
elements in each row are True
```

```
#clip()
print(a.clip(3,6))
#Out: [[3 3 3],[3 3 4], [5 6 6]]

#ptp()
print(a.ptp())#Out: 8, return the range of values (maximum - minimum) of
the matrix.
print(a.ptp(axis=0))#Out: [6 6 6], return the range of values (maximum -
minimum) in each column.
print(a.ptp(axis=1))#Out: [2 2 2], return the range of values (maximum -
minimum) in each row.
```

表 4-2 展示了將矩陣元素和某一數值進行大小比較的函數。這些函數是
其中一種魔法方法 (magic methods)。魔法方法是指 Python 內部已經包含
的，被雙底線包圍的方法。Python 的很多操作和運算都是基於這些魔法
方法。如使用 a + b 時，Python 實際上是呼叫 a.__add(b) 來完成這個操
作。使用這些方法時，NumPy 將矩陣中的每個元素和待對比的數值進行
大小比較，並傳回布林值。這些矩陣可以是向量或多維矩陣。

表 4-2　元素數值大小判斷方法

方法	描述
__lt__	判斷矩陣元素是否小於某一數值，傳回布林值
__le__	判斷矩陣元素是否小於或等於某一數值，傳回布林值
__gt__	判斷矩陣元素是否大於某一數值，傳回布林值
__ge__	判斷矩陣元素是否大於或等於某一數值，傳回布林值
__eq__	判斷矩陣元素是否等於某一數值，傳回布林值
__ne__	判斷矩陣元素是否不等於某一數值，傳回布林值

以下程式展示了如何使用表 4-2 中的函數將矩陣中的元素和某一數值進行
大小比較。

```
>>a=np.array([1,2,3,4])
>> a.__lt__(3)
#Out: array([ True,  True, False, False])
```

```
>> a.__le__(3)
array([ True,  True,  True, False])
>> a.__gt__(3)
#Out: array([False, False, False,  True])
>> a.__ge__(3)
#Out: array([False, False, False,  True])
>> a.__eq__(3)
#Out: array([False, False, True,  False])
>> a.__ne__(3)
#Out: array([ True,  True, False,  True])
>> np.arange(9).reshape(3,3).__lt__(5)
#Out: array([[ True,  True,  True],
#        [ True,  True, False],
#        [False, False, False]])
```

4.2 四捨五入

數值的四捨五入是常用的數學運算。NumPy 提供了如表 4-3 所示的多種
數值的四捨五入函數。

表 4-3　數值四捨五入函數

函數	描述
round(a, decimals=0)	按指定位數四捨五入
rint(a)	朝最靠近的整數四捨五入
fix(a)	朝零方向四捨五入
ceil(a)	朝正無限大方向四捨五入
floor(a)	朝負無限大方向四捨五入
trunc(a)	捨棄小數部分

round () 是最常見的數值四捨五入函數,它可以用來將一個實數四捨五入
到指定的位數。round() 函數的使用格式如下所示。

```
ndarray.round (decimals=0,out=None)
```

decimals 參數可以用來指定四捨五入的位數，decimals 預設等於 0，表示四捨五入到小數點前的整數，decimals = 1 表示四捨五入到小數點後一位小數，decimals = 2 表示四捨五入到小數點後兩位小數，並依此類推。此外，decimals 還可以是負整數，此時，這個實數將被四捨五入到小數點前的位數。值得注意的是，使用 round() 函數不影響原矩陣中的數值。以以下這個 3×2 的矩陣為例展示 round() 函數的使用方法。

```
>>a = np.random.randint(low=-15,high=15,size=(3,2))+np.random.rand(3,2)
>>print(a)
>>#Out:
#array([[ -4.99302723, -11.94837172],
#       [ 13.41397127,   9.89427512],
#       [-11.58684564,   0.57699197]])
>> a.round()
>>#Out:
#array([[ -5., -12.],
 #       [ 13.,  10.],
 #       [-12.,   1.]])
>> a.round(decimals=1)
>> #Out:
#array([[ -5. , -11.9],
 #       [ 13.4,   9.9],
 #       [-11.6,   0.6]])
>> a.round(decimals=-1)
>> #Out:
#array([[ -0., -10.],
 #       [ 10.,  10.],
 #       [-10.,   0.]])
```

若使用 np.rint(a) 函數可以獲得以下結果。可見矩陣 a 的元素是朝著最近的整數四捨五入。

```
>>np.rint(a)
>>#Out:
#array([[ -5., -12.],
#       [ 13.,  10.],
#       [-12.,   1.]])
```

fix() 函數則是使矩陣的運算朝著零的方向四捨五入，以下例所示。對比
rint() 函數，9.89 這個數值在 rint() 函數中被四捨五入為 10，而在 fix() 函
數中被四捨五入為 9。

```
>>np.fix(a)
>>#Out:
#array([[ -4., -11.],
#       [ 13.,   9.],
#       [-11.,   0.]])
```

以下範例對比了 floor() 和 ceil() 函數，它們分別可以將數值向負無限大和
正無限大方向四捨五入。

```
>>np.ceil(a)
#Out:
#array([[ -4., -11.],
#       [ 14.,  10.],
#       [-11.,   1.]])
>> np.floor(a)
#Out:
#array([[ -5., -12.],
#       [ 13.,   9.],
#       [-12.,   0.]])
```

4.3 矩陣基本運算

本節將介紹 NumPy 中矩陣的基本運算，包括矩陣或向量和某一實數的數
乘，兩個矩陣元素的加、減、乘、除，以及廣播原則。

如圖 4-8 展示了如何在 NumPy 中將一個矩陣的各個元素和一個實數進
行加、減、乘、除運算。而圖 4-9 則展示了將兩個形狀相同的矩陣在
NumPy 中對應矩陣元素進行加、減、乘、除運算。

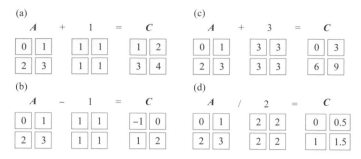

圖 4-8　矩陣和實數進行加、減、乘、除運算

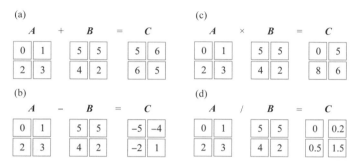

圖 4-9　相同形狀的兩個矩陣對應元素進行加、減、乘、除運算

圖 4-8 和圖 4-9 的運算過程可以透過以下程式實現。

```python
import numpy as np
A = np.arange(4).reshape(2,2)
B = np.array([[5,5],[4,2]])
print(f"Each elements in A are added by 1: \n {A+1}")
print(f"Each elements in A are subtracted by 1: \n {A-1}")
print(f"Each elements in matrix A are multiplied by 3: \n {A*3}")
print(f"Each elements in matrix A are divided by 2: \n {A/2}")
print(f'Matrix A + Matrix B: \n {A+B}')
print(f'Matrix A - Matrix B: \n {A-B}')
print(f'Matrix A * Matrix B (Element-wise multiplication): \n {A*B}')
print(f'Matrix A ÷ Matrix B (Element-wise division): \n {A/B}')
```

對於行向量或列向量，它們和某一實數的加、減、乘、除在 NumPy 中的
實現和矩陣類似。兩個形狀一樣的行向量或列向量對應元素的加、減、

乘、除在 NumPy 中的實現也和矩陣類似,在此不再贅述。

NumPy 中 的 矩 陣 運 算 和 函 數 的 呼 叫 常 常 需 要 使 用 廣 播 原 則 (broadcasting)。運用廣播原則,部分形狀不同的 ndarray 矩陣物件叮以進行數學運算。如圖 4-10 的 Case (1) 所示為一個 4×3 的矩陣和一個 1×3 的行向量透過廣播原則進行加法運算的範例。而圖 4-10 的 Case (2) 展示了一個行向量和列向量進行運算的範例。圖 4-11 則展示了如何透過廣播原則將一個矩陣和一個列向量進行運算的範例。

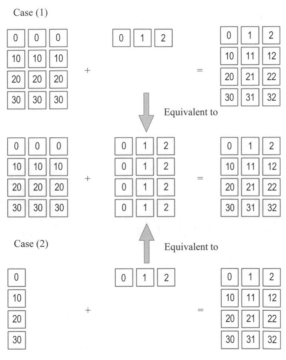

圖 4-10　廣播原則範例 1

以下程式展示了圖 4-10 和圖 4-11 的執行結果。

```
#Examples of matrix broadcasting
import numpy as np
A1 = np.array([E*10 for E in np.arange(4).tolist()*3]).
reshape(4,3,order='F')
```

```
A2 = np.array(np.arange(3).tolist()*4).reshape(4,3)

b1 = np.array([0,1,2]) #b is a row vector
b2 = (np.array([0,1,2,3])*10).reshape(4,1)
print(f'Matrix A1 + Matrix A2 is: \n {A1+A2}')
print(f'Matrix A1 + vector b1 is: \n {A1+b1}')
print(f'Row vector b1 + column vector b2: \n {b1+b2}')
print(f'Matrix A1 + column vector b2: \n {A1+b2}')
```

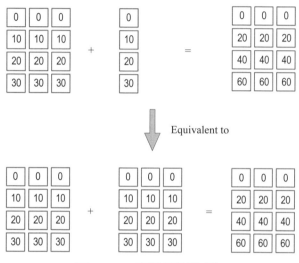

圖 4-11　廣播原則範例 2

廣播原則甚至可以應用在軸向的運算上，如圖 4-12 所示。

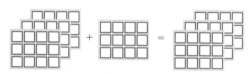

圖 4-12　沿著軸向廣播

然而，並非所有的 **ndarray** 矩陣物件都可以應用廣播原則進行運算。如圖 4-13 所示為一個不符合廣播原則的計算範例，在這個範例裡，第一個矩陣的大小為 4×3，而行向量的大小為 1×4，因此不能應用廣播原則進行計算。

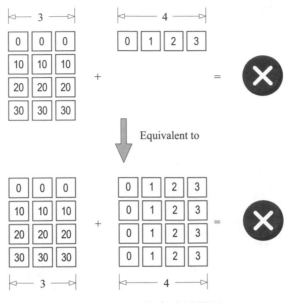

圖 4-13 不符合廣播原則

常用的矩陣運算的維度最多為三維,為了便於理解在三維矩陣空間裡的矩陣如何透過廣播原則進行運算,讀者可參閱圖 4-14。如矩陣 A 和矩陣 B 可以進行運算,這是因為兩者的高度一樣,同理,矩陣 B 和矩陣 C 均可以透過廣播原則進行計算。

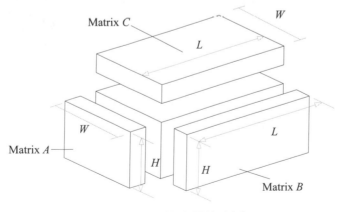

圖 4-14 三維空間的廣播

此外，廣播原則同樣可以應用於元素的迭代遍歷之中，以下例所示。

```
import numpy as np
#1 Example 1: Apply Broadcasting array iteration
a = np.arange(3)
b = np.arange(9).reshape(3,3)
print('The result of the first example:')
for x, y in np.nditer([a,b]):
    print(f'{x}:{y}', end=' ')
#2 Example 2: cannot apply broadcasting
c = np.arange(2)
print('The result of the second example:')
for x, y in np.nditer([c,b]):
    print(f'{x}:{y}', end=' ')
```

執行結果如下。

```
The result of the first example:
0:0 1:1 2:2 0:3 1:4 2:5 0:6 1:7 2:8
The result of the second example:
ValueError: operands could not be broadcast together with shapes (2,)
(3,3)
```

4.4 線性代數計算

本節將介紹如何在 NumPy 中進行各種常見的線性代數計算，包括向量點積、外積，計算矩陣行列式、矩陣乘積、矩陣求逆。如表 4-4 所示為常用的線性代數運算函數。

表 4-4 常用的線性代數函數

計算	函數或運算子
向量外積	np.outer()
向量點積	np.vdot() 或 np.dot()
求行列式	np.linalg.det()
矩陣乘積	matmul() 或 @
矩陣求逆	np.linalg.inv()

對於向量 a 和向量 b：

$$\boldsymbol{a} = \begin{bmatrix} a_1 & a_2 & \cdots & a_n \end{bmatrix}$$
$$\boldsymbol{b} = \begin{bmatrix} b_1 & b_2 & \cdots & b_n \end{bmatrix}$$

(4-1)

向量點積 (dot product) 的計算公式是：

$$\boldsymbol{a} \cdot \boldsymbol{b} = \sum_{i=1}^{n} a_i b_i = a_1 b_1 + a_2 b_2 + \cdots a_n b_n$$

(4-2)

向量外積 (outer product) 的計算公式是：

$$\boldsymbol{a}^{\mathrm{T}} \otimes \boldsymbol{b} = \begin{bmatrix} a_1 \\ a_2 \\ \vdots \\ a_n \end{bmatrix} \begin{bmatrix} b_1 & b_2 & \cdots & b_n \end{bmatrix} = \begin{bmatrix} a_1 b_1 & a_1 b_2 & a_1 b_3 & a_1 b_4 \\ a_2 b_1 & a_2 b_2 & a_2 b_3 & a_2 b_4 \\ a_3 b_1 & a_3 b_2 & a_3 b_3 & a_3 b_4 \\ a_4 b_1 & a_4 b_2 & a_4 b_3 & a_4 b_4 \end{bmatrix}$$

(4-3)

以下範例展示了如何在 NumPy 中進行計算向量點積和向量外積。其中向量點積既可以使用 a.dot(b)，也可以使用 np.dot (a,b) 來計算。具體程式如下。

```
import numpy as np
a,b=np.array([1,2,3]), np.array([4,5,6])
print(f'The dot product of vectors a and b is: {a.dot(b)}')
print(f'The dot product of vectors a and b is: {np.dot(a,b)}')
print(f'The dot product of vectors a and b is: {np.vdot(a,b)}')
print(f'The outer product of vectors a and b is: \n {np.outer(a,b)}')
```

上述程式運算結果如下。

```
The dot product of vectors a and b is: 32
The dot product of vectors a and b is: 32
The dot product of vectors a and b is: 32
The outer product of vectors a and b is:
 [[ 4  5  6]
 [ 8 10 12]
 [12 15 18]]
```

在以上展示的計算向量外積的範例中，向量 aT 是列向量，而 b 是行向量。outer() 函數同樣可以用於計算列向量和列向量、行向量和行向量、行向量和列向量的外積，它們的外積計算結果均相同。請讀者自行執行、學習以下程式。

```
import numpy as np
a,b=np.array([1,2,3]), np.array([4,5,6])
print(f'The outer product of row-vector form of a and row-vector form of
b:\n {np.outer(a,b)}')
print(f'The outer product of row-vector form of a and column-vector form
of b:\n {np.outer(a,b.reshape(3,1))}')
print(f'The outer product of column-vector form of a and row-vector form
of b:\n {np.outer(a.reshape(3,1),b)}')
print(f'The outer product of column-vector form of a and column-vector
form of b:\n {np.outer(a.reshape(3,1),b.reshape(3,1))}')
```

以上程式對比了四種不同向量的外積：①行向量和行向量；②行向量和列向量；③列向量和行向量；④列向量和列向量。它們的外積計算結果均為：

$$\begin{bmatrix} 4 & 5 & 6 \\ 8 & 10 & 12 \\ 12 & 15 & 18 \end{bmatrix} \tag{4-4}$$

矩陣 A 的行列式 (determinant) 在數學上常常記作 $\det(A)$ 或 $|A|$。若矩陣 A 可逆，則：

$$AA^{-1} = I \tag{4-5}$$

其中，A^{-1} 稱作 A 的反矩陣，I 是單位矩陣。若矩陣 A 如式 (4-6) 所示：

$$A = \begin{vmatrix} 3 & 2 & 1 \\ 1 & 1 & 7 \\ 2 & 6 & 1 \end{vmatrix} \tag{4-6}$$

則透過命令 np.linalg.det() 可以求得 A 的行列式值為 -93，使用命令 np.linalg.inv(A) 可以求得 A 的反矩陣 A^{-1} 如式 (4-7) 所示：

$$A^{-1} = \begin{vmatrix} -0.44 & -0.04 & -0.14 \\ -0.14 & -0.01 & 0.22 \\ -0.04 & 0.15 & -0.01 \end{vmatrix} \tag{4-7}$$

如圖 4-15 回顧了矩陣乘積 (matrix multiplication) 的計算過程；注意，圖 4-15 中的乘號僅代表矩陣乘法。在 NumPy 中，可以使用 matmul() 函數來計算矩陣乘積，使用格式為：np.matmul(*A*,*B*)。在 Python 3.5 版本後，使用者還可以使用運算子 @ 來計算兩個矩陣的乘積。

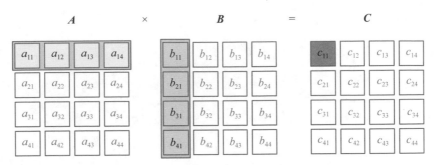

圖 4-15 計算矩陣外積，A@B or np.matmul(A,B)

以下程式展示了如何計算矩陣乘積。

```
import numpy as np
A = np.random.randint(low=0,high=4,size=(4,4))
B = np.random.randint(low=0,high=3,size=(4,4))
print(f'The outer product of Matrix A and Matrix B is \n {A@B}')

print(f'The outer product of Matrix A and Matrix B is \n {np.
matmul(A,B)}')
```

執行結果如下：

```
The outer product of Matrix A and Matrix B is
[[ 0 14 11  9]
 [ 0  8  6  6]
 [ 0  5  1  8]
 [ 0  9  7  6]]
The outer product of Matrix A and Matrix B is
[[ 0 14 11  9]
 [ 0  8  6  6]
 [ 0  5  1  8]
 [ 0  9  7  6]]
```

矩陣運算常常應用於求解線性方程組，對於式 (4-8) 所示線性方程組，使用者常常可以使用矩陣除法來求解。

$$\begin{cases} a_{11}x_1 + a_{12}x_2 + \cdots + a_{1n}x_n = b_1 \\ a_{21}x_2 + a_{22}x_2 + \cdots + a_{2n}x_n = b_2 \\ \cdots \\ a_{n1}x_1 + a_{n2}x_2 + \cdots + a_{mn}x_n = b_m \end{cases} \tag{4-8}$$

若用矩陣形式表示式 (4-9) 所示方程組為：

$$Ax = b \tag{4-9}$$

其中，A、x 和 b 可以由式 (4-10) 所示矩陣形式表達。

$$A = \begin{bmatrix} a_{11} & a_{12} & \cdots & a_{1n} \\ a_{21} & a_{22} & \cdots & a_{2n} \\ \vdots & \vdots & \ddots & \vdots \\ a_{m1} & a_{m2} & \cdots & a_{mn} \end{bmatrix}, \; x = \begin{bmatrix} x_1 \\ x_2 \\ \vdots \\ x_n \end{bmatrix}, \; b = \begin{bmatrix} b_1 \\ b_2 \\ \vdots \\ b_m \end{bmatrix} \tag{4-10}$$

其中，A 是 $m \times n$ 的矩陣，x 是 $n \times 1$ 的列向量，b 是 $n \times 1$ 的列向量。使用矩陣左除可以求解式 (4-10) 所示線性方程組：$x = A \setminus b$。在 NumPy 中，矩陣左除可以使用 solve() 函數、lstsq() 函數或矩陣的逆來求解。

而矩陣右除常常用於求解式 (4-11) 所示線性方程組：

$$xA = b \tag{4-11}$$

其中：

$$A = \begin{bmatrix} a_{11} & a_{12} & \cdots & a_{1n} \\ a_{21} & a_{22} & \cdots & a_{2n} \\ \vdots & \vdots & \ddots & \vdots \\ a_{m1} & a_{m2} & \cdots & a_{mn} \end{bmatrix}^{\mathrm{T}}, \; x = \begin{bmatrix} x_1 \\ x_2 \\ \vdots \\ x_n \end{bmatrix}^{\mathrm{T}}, \; b = \begin{bmatrix} b_1 \\ b_2 \\ \vdots \\ b_m \end{bmatrix}^{\mathrm{T}} \tag{4-12}$$

A 是 $m \times n$ 的矩陣，x 是 $1 \times n$ 的行向量，b 是 $1 \times \mathrm{m}$ 的行向量。以下範例中的程式採用矩陣左除求解線性方程組 $Ax = b$。

$$Ax = b, A = \begin{bmatrix} 1 & 1 & 1 \\ 1 & 2 & 3 \\ 1 & 3 & 6 \end{bmatrix}, x = \begin{bmatrix} x_1 \\ x_2 \\ x_3 \end{bmatrix}, b = \begin{bmatrix} 3 \\ 1 \\ 4 \end{bmatrix} \tag{4-13}$$

以下範例中的程式採用矩陣右除求解線性方程組 $xA = b$。

$$xA = b, A = \begin{bmatrix} 1 & 1 & 3 \\ 2 & 0 & 4 \\ -1 & 6 & -1 \end{bmatrix}, x = \begin{bmatrix} x_1 \\ x_2 \\ x_3 \end{bmatrix}^{\mathrm{T}}, b = \begin{bmatrix} 2 \\ 19 \\ 8 \end{bmatrix}^{\mathrm{T}} \tag{4-14}$$

具體程式如下。

B2_Ch4_2.py

```
import numpy as np
from scipy.linalg import pascal
#Use left array division to solve
A = pascal(3)
B = np.array([3,1,4]).reshape(3,1,)
x1,resid,rank,s = np.linalg.lstsq(A,B)
print(f'Calculating left array division by lstsq() function: {x1}')
x2=np.linalg.solve(A,B)
print(f'Calculating left array division by solve() function: {x2}')
x3=(np.linalg.inv(A))@B
print(f'Calculating left array division by the inverse of the matrix:
{x3}')
#Use right array division solve xA=b
A = np.array([[1,1,3], [2,0,4], [-1,6,-1]])
B = np.array([2,19,8])

x=B@np.linalg.inv(A)
print(f'Calculating right array division by the inverse of the matrix:
{x}')
```

求解矩陣的特徵值 (eigenvalue) 和特徵向量 (eigenvector) 也是在金融建模中常用的矩陣運算。對於式 (4-15) 所示方程式，A 是 m 階方陣，x 稱為矩陣 A 的特徵向量，λ 是一純量。

$$Ax = \lambda x \qquad (4\text{-}15)$$

其中：

$$A = \begin{bmatrix} a_{11} & a_{12} & \cdots & a_{1m} \\ a_{21} & a_{22} & \cdots & a_{2m} \\ \vdots & \vdots & \ddots & \vdots \\ a_{m1} & a_{m2} & \cdots & a_{mm} \end{bmatrix}, \; x = \begin{bmatrix} x_1 \\ x_2 \\ \vdots \\ x_m \end{bmatrix} \qquad (4\text{-}16)$$

以下程式可求解式 (4-17) 所示的三階矩陣 A 的特徵值和特徵向量。

$$A = \begin{bmatrix} 3 & 2 & 4 \\ 2 & 0 & 2 \\ 4 & 2 & 3 \end{bmatrix} \qquad (4\text{-}17)$$

B2_Ch4_3.py

```
import numpy as np
A=np.array([[3,2,4],[2,0,2],[4,2,3]])
eigenvalues, eigenvectors = np.linalg.eig(A)
eigenvalues=eigenvalues.round(1)
index =['first','second','third']
for i, eigenvalue in enumerate(eigenvalues):
    print(f'The {index[i]} eigenvalue is \n {eigenvalue}')
    print(f'The eigenvectors for the {index[i]} eigenvalue are: \n
{eigenvectors[:,i]}')
    print('Validation:')
    print(f'Ax={A@eigenvectors[:,i]}')
    print(f'\u03BBx={eigenvalue*eigenvectors[:,i]}')
```

獲得的特徵值如式 (4-18) 所示：

$$\lambda = \begin{bmatrix} -1 & 8 & -1 \end{bmatrix} \qquad (4\text{-}18)$$

執行結果如下。

```
The first eigenvalue is
 -1.0
The eigenvectors for the first eigenvalue are:
```

```
   [-0.74535599  0.2981424    0.59628479]
Validation:
Ax=[ 0.74535599 -0.2981424   -0.59628479]
λx=[ 0.74535599 -0.2981424   -0.59628479]
The second eigenvalue is
 8.0
The eigenvectors for the second eigenvalue are:
 [0.66666667 0.33333333 0.66666667]
Validation:
Ax=[5.33333333 2.66666667 5.33333333]
λx=[5.33333333 2.66666667 5.33333333]
The third eigenvalue is
 -1.0
The eigenvectors for the third eigenvalue are:
 [-0.20756326 -0.77602137  0.59557394]
Validation:
Ax=[ 0.20756326  0.77602137 -0.59557394]
λx=[ 0.20756326  0.77602137 -0.59557394]
```

4.5　矩陣分解

本節將介紹如何在 Python 中計算幾種常見的矩陣分解，包括 LU 分解 (LU decomposition)、Cholesky 分解 (Cholesky decomposition)、LDL 分解 (LDL decomposition) 和奇異值分解 (singular value decomposition)。

採用 LU 分解將矩陣 *A* 分解為一個下三角矩陣 L 和一個上三角矩陣 U 的乘積。

$$A = LU \tag{4-19}$$

其中：

$$A = \begin{bmatrix} a_{11} & a_{12} & \cdots & a_{1m} \\ a_{21} & a_{22} & \cdots & a_{2m} \\ \vdots & \vdots & \ddots & \vdots \\ a_{m1} & a_{m2} & \cdots & a_{mm} \end{bmatrix} = \begin{bmatrix} l_{11} & 0 & \cdots & 0 \\ l_{21} & l_{22} & \cdots & 0 \\ \vdots & \vdots & \ddots & \vdots \\ l_{m1} & l_{m2} & \cdots & l_{mm} \end{bmatrix} \begin{bmatrix} u_{11} & u_{12} & \cdots & u_{1m} \\ 0 & u_{22} & \cdots & u_{2m} \\ \vdots & \vdots & \ddots & \vdots \\ 0 & 0 & \cdots & 0 \end{bmatrix} \tag{4-20}$$

顧名思義,下三角矩陣指的是矩陣的主對角線下方的元素不全為 0,而主對角線上方的元素全為 0。上三角矩陣指的是矩陣主對角線上方的元素不全為 0,而主對角線下方的元素全為 0。若 A 是 m 階矩陣,則 L 和 U 均是 m 階矩陣。

若 A 是 4 階矩陣,則透過 LU 分解可以將 A 分解為式 (4-21) 所示形式:

$$A = \begin{bmatrix} a_{11} & a_{12} & a_{13} & a_{14} \\ a_{21} & a_{22} & a_{23} & a_{24} \\ a_{31} & a_{32} & a_{33} & a_{34} \\ a_{41} & a_{42} & a_{42} & a_{44} \end{bmatrix} = \begin{bmatrix} l_{11} & 0 & 0 & 0 \\ l_{21} & l_{22} & 0 & 0 \\ l_{31} & l_{32} & l_{33} & 0 \\ l_{41} & l_{42} & l_{43} & l_{43} \end{bmatrix} \begin{bmatrix} u_{11} & u_{12} & u_{13} & u_{14} \\ 0 & u_{22} & u_{23} & u_{24} \\ 0 & 0 & u_{33} & u_{34} \\ 0 & 0 & 0 & u_{44} \end{bmatrix} \tag{4-21}$$

然而,讀者需要注意的是,在 Python 中,實際上進行的是 PLU 分解,即:

$$PA = LU \tag{4-22}$$

其中,P 是置換矩陣 (permutation matrix)。置換矩陣的元素都是 0 或 1,它的作用是用於交換矩陣 A 的某幾行或某幾列。相對於 LU 分解,PLU 分解更為穩定,以式 (4-23) 所示矩陣為例:

$$\begin{bmatrix} 10^{-10} & 1 \\ 1 & 1 \end{bmatrix} = \begin{bmatrix} 1 & 0 \\ 10^{10} & 1 \end{bmatrix} \begin{bmatrix} 10^{-10} & 1 \\ 0 & 1 - 10^{10} \end{bmatrix} \tag{4-23}$$

由於矩陣 A 中有一個元素的數值特別小為 10^{-10},因此進行 LU 分解後得到的 L 和 U 矩陣出現數值特別大的數為 10^{10}。

為了避免這種情況,可以透過一個置換矩陣,先對矩陣 A 進行變換,然後再進行 LU 分解。

$$\begin{bmatrix} 0 & 1 \\ 1 & 0 \end{bmatrix} \begin{bmatrix} 10^{-10} & 1 \\ 1 & 1 \end{bmatrix} = \begin{bmatrix} 1 & 1 \\ 10^{-10} & 1 \end{bmatrix} = \begin{bmatrix} 1 & 0 \\ 10^{-10} & 1 \end{bmatrix} \begin{bmatrix} 1 & 1 \\ 0 & 1 - 10^{-10} \end{bmatrix} \tag{4-24}$$

可見,在式 (4-24) 中,透過置換矩陣將矩陣 A 的第一行和第二行交換,再進行 LU 分解,這時可以避免矩陣 L 或矩陣 U 中出現數值特別大的元素。

以下程式展示了如何對一個 3×3 的矩陣進行 PLU 分解。

$$\begin{bmatrix} 0 & 1 & 0 \\ 0 & 0 & 1 \\ 1 & 0 & 0 \end{bmatrix}\begin{bmatrix} 1 & 3 & 4 \\ 2 & 1 & 3 \\ 4 & 1 & 2 \end{bmatrix} = \begin{bmatrix} 1 & 0 & 0 \\ 0.25 & 1 & 0 \\ 0.5 & 0.18 & 1 \end{bmatrix}\begin{bmatrix} 4 & 1 & 2 \\ 0 & 2.75 & 3.5 \\ 0 & 0 & 1.36 \end{bmatrix} \qquad (4\text{-}25)$$

```
import scipy
import scipy.linalg
A = np.array([[1,3,4],[2,1,3],[4,1,2]])
P,L,U = scipy.linalg.lu(A)
print(f'Matrix A is \n {A}')
P,L,U = scipy.linalg.lu(A)
print(f'The lower triangular matrix is \n {L}')
print(f'The upper triangular matrix is \n {U}')
print(f'Validation: \n L×U =\n{P@L@U}')
```

執行結果如下。

```
Matrix A is
 [[1 3 4]
 [2 1 3]
 [4 1 2]]
The permutation matrix is
 [[0. 1. 0.]
 [0. 0. 1.]
 [1. 0. 0.]]
The lower triangular matrix is
 [[1.         0.         0.         ]
 [0.25       1.         0.         ]
 [0.5        0.18181818 1.         ]]
The upper triangular matrix is
 [[4.         1.         2.         ]
 [0.         2.75       3.5        ]
 [0.         0.         1.36363636]]
Validation:
 L×U =
[[1. 3. 4.]
 [2. 1. 3.]
 [4. 1. 2.]]
```

Cholesky 分解是其中一種 LU 分解，它可以將矩陣 A 分解成一個下三角矩陣 L 和它的轉置矩陣的乘積：

$$A = LL^T \tag{4-26}$$

若 A 是一個 4×4 的矩陣，且能進行 Cholesky 分解，則矩陣 A 可以分解成式 (4-27) 所示形式：

$$A = \begin{bmatrix} a_{11} & a_{21} & a_{31} & a_{41} \\ a_{21} & a_{22} & a_{32} & a_{42} \\ a_{31} & a_{32} & a_{33} & a_{43} \\ a_{41} & a_{42} & a_{43} & a_{44} \end{bmatrix} = \begin{bmatrix} l_{11} & 0 & 0 & 0 \\ l_{21} & l_{22} & 0 & 0 \\ l_{31} & l_{32} & l_{33} & 0 \\ l_{41} & l_{42} & l_{43} & l_{43} \end{bmatrix} \begin{bmatrix} l_{11} & l_{21} & l_{31} & l_{41} \\ 0 & l_{22} & l_{32} & l_{42} \\ 0 & 0 & l_{33} & l_{43} \\ 0 & 0 & 0 & l_{44} \end{bmatrix} \tag{4-27}$$

然而，並非所有的矩陣都可以進行 Cholesky 分解。只有當矩陣 A 是正定矩陣時才可以進行 Cholesky 分解。正定矩陣的特徵值和行列式均為正數，且正定矩陣一般是對稱矩陣。以下程式展示了將一個正定矩陣進行 Cholesky 分解。

```
import numpy as np
A = np.array([[2, -1, 0],
              [-1, 2, -1],
              [0, -1, 2]])
L = np.linalg.cholesky(A)
print(f'The lower triangular Cholesky matrix is:\n {L}')
print(f'Validation:\n L×L.T=\n {L@L.T}')
```

LDL 分解是 Cholesky 分解的一種，分解後，矩陣 L 的對角線的元素均為 1，並且包含一個對角矩陣 D。對角矩陣 D 的非對角線上的元素全為 0，而對角線上的元素不全為 0。

$$A = LDL^T \tag{4-28}$$

對於一個 4×4 的矩陣 A 而言，LDL 分解後得到式 (4-29) 所示矩陣形式：

$$A = \begin{bmatrix} 1 & 0 & 0 & 0 \\ l_{21} & 1 & 0 & 0 \\ l_{31} & l_{32} & 1 & 0 \\ l_{41} & l_{42} & l_{43} & 1 \end{bmatrix} \begin{bmatrix} d_1 & 0 & 0 & 0 \\ 0 & d_{22} & 0 & 0 \\ 0 & 0 & d_{33} & 0 \\ 0 & 0 & 0 & d_{44} \end{bmatrix} \begin{bmatrix} 1 & l_{21} & l_{31} & l_{41} \\ 0 & 1 & l_{32} & l_{42} \\ 0 & 0 & 1 & l_{43} \\ 0 & 0 & 0 & 1 \end{bmatrix} \tag{4-29}$$

以下程式實現將式 (4-30) 所示的正定矩陣 A 進行 LDL 分解：

$$A = \begin{bmatrix} 2 & -1 & 0 \\ -1 & 2 & -1 \\ 0 & -1 & 2 \end{bmatrix} \qquad (4\text{-}30)$$

得到的矩陣 L 和矩陣 D 分別是：

$$L = \begin{bmatrix} 1 & 0 & 0 \\ -0.5 & 1 & 0 \\ 0 & -0.67 & 1 \end{bmatrix}$$

$$D = \begin{bmatrix} 2 & 0 & 0 \\ 0 & 1.5 & 0 \\ 0 & 0 & 1.33 \end{bmatrix} \qquad (4\text{-}31)$$

矩陣 A 的 LDL 分解為式 (4-32) 所示形式：

$$A = \begin{bmatrix} 2 & -1 & 0 \\ -1 & 2 & -1 \\ 0 & -1 & 2 \end{bmatrix} = \begin{bmatrix} 1 & 0 & 0 \\ -0.5 & 1 & 0 \\ 0 & -0.67 & 1 \end{bmatrix}\begin{bmatrix} 2 & 0 & 0 \\ 0 & 1.5 & 0 \\ 0 & 0 & 1.33 \end{bmatrix}\begin{bmatrix} 1 & -0.5 & 0 \\ 0 & 1 & -0.67 \\ 0 & 0 & 1 \end{bmatrix} \qquad (4\text{-}32)$$

```
B2_Ch4_4.py

import numpy as np
from scipy.linalg import ldl
A = np.array([[2, -1, 0],
              [-1, 2, -1],
              [0, -1, 2]])
eigenvalues, eigenvectors = np.linalg.eig(A)
print(f'Check if Matrix A is positive- definite by using the eigenvalues:
\n {eigenvalues}')
print(f'Check if Matrix A is a Hermitian matrix or not: \n A.T=\n{A.T}')
L, D, P = ldl(A)
print(f'L matrix is: \n {L}')
print(f'D matrix is: \n {D}')
print(f'Check if A=LDL.T:\n {np.isclose(L@D@L.T-A,0)}')
```

程式生成的結果如下。

```
Check if Matrix A is positive-difinete by using the eigenvalues:
 [3.41421356 2.         0.58578644]
Check if Matrix A is a Hermitian matrix or not:
 A.T=
[[ 2 -1  0]
 [-1  2 -1]
 [ 0 -1  2]]
L matrix is:
 [[ 1.          0.          0.        ]
 [-0.5         1.          0.        ]
 [ 0.         -0.66666667  1.        ]]
D matrix is:
 [[2.          0.          0.        ]
 [0.          1.5         0.        ]
 [0.          0.          1.33333333]]
Check if A=LDL.T:
 [[ True  True  True]
 [ True  True  True]
 [ True  True  True]]
```

奇異值分解是一種重要的矩陣分解,常常可應用於主成分分析 (principal component analysis) 和正交回歸 (orthogonal regression) 中。奇異值分解還可以應用於處理缺失資料。如式 (4-33) 所示,對矩陣 A 進行奇異值分解,得到結果為:

$$A = USV^{\mathrm{T}} \tag{4-33}$$

如圖 4-16 所示為 SVD 分解過程。請再次注意圖 4-16 所示的乘號 × 僅代表矩陣乘法,不代表叉乘。

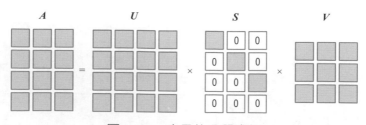

圖 4-16　奇異值分解實例

以下程式實現了將式 (4-34) 所示的 3×3 的矩陣 A 進行奇異值分解。

$$A = \begin{bmatrix} 1 & 0 & 0 \\ 1 & 1 & 0 \\ 0 & 0 & 1 \end{bmatrix} \tag{4-34}$$

分解後的矩陣 U、S、V 分別為：

$$U = \begin{bmatrix} -0.53 & 0 & -0.85 \\ -0.85 & 0 & 0.53 \\ 0 & 1 & 0 \end{bmatrix}$$

$$S = \begin{bmatrix} 1.62 & 0 & 0 \\ 0 & 1 & 0 \\ 0 & 0 & 0.62 \end{bmatrix} \tag{4-35}$$

$$V = \begin{bmatrix} -0.85 & -0.53 & 0 \\ 0 & 0 & 1 \\ -0.53 & 0.85 & 0 \end{bmatrix}$$

若將矩陣 A 的奇異值分解寫成矩陣形式則為：

$$A = \begin{bmatrix} 1 & 0 & 0 \\ 1 & 1 & 0 \\ 0 & 0 & 1 \end{bmatrix} = \begin{bmatrix} -0.53 & 0 & -0.85 \\ -0.85 & 0 & 0.53 \\ 0 & 1 & 0 \end{bmatrix} \begin{bmatrix} 1.62 & 0 & 0 \\ 0 & 1 & 0 \\ 0 & 0 & 0.62 \end{bmatrix} \begin{bmatrix} -0.85 & -0.53 & 0 \\ 0 & 0 & 1 \\ -0.53 & 0.85 & 0 \end{bmatrix} \tag{4-36}$$

```
import numpy as np
A = np.array([[1, 0, 0],
              [1, 1, 0],
              [0, 0, 1]])
u, s, vh = np.linalg.svd(A, full_matrices=True)
print(f'The U matrix is: \n {u.round(2)}')
print(f'The S matrix is: \n {np.diag(s.round(2))}')
print(f'The U matrix is: \n {vh.round(2)}')
print(f'Validation:\n A-u@s@vh=\n{np.round(A-u@np.diag(s)@vh)}'
```

執行結果如下。

```
The U matrix is:
 [[-0.53  0.   -0.85]
 [-0.85  0.    0.53]
```

```
[ 0.    1.    0. ]]
The S matrix is:
[[1.62 0.    0.  ]
 [0.    1.    0.  ]
 [0.    0.    0.62]]
The U matrix is:
[[-0.85 -0.53 -0. ]
 [ 0.    0.    1. ]
 [-0.53  0.85  0. ]]
Validation:
 A-u@s@vh=
[[0. 0. 0.]
 [0. 0. 0.]
 [0. 0. 0.]]
```

更多有關矩陣運算內容,請讀者參考 MATLAB 系列叢書第三本和第四本。

4.6　一元函數符號運算式

從本節到 4.8 節將介紹符號變數、符號運算式和由符號變數及符號運算式組成的矩陣。使用這些符號物件並建立各種函數,可以用來在 Python 中求解很多數學問題,如求解代數方程、微分方程和進行矩陣運算。在 Python 中,讀者可以借助協力廠商函數庫 SymPy 建立符號物件,並使用這些符號物件來建立函數。本節將重點介紹符號物件的建立以及一元函數符號運算式在 Python 中的應用。

建立符號變數和符號運算式,並使用這些符號運算式,讀者需要借助如表 4-5 所示的 SymPy 函數庫中的函數。

表 4-5　SymPy 函數庫常用的符號函數

操作	函數
建立符號變數	sym.symbol()
求運算式在某一點的數值	sym.evalf()

操作	函數
替換運算式中的變數	sym.subs()
展開符號運算式	sym.expand()
簡化符號運算式	sym.simplify()
求極限	sym.limit()
求導數	sym.diff()
求積分	sym.integrate()
求線性方程組	sym.solve()

下面的程式採用 SymPy 函數庫建立如式 (4-37) 所示的四個符號運算式。

$$\begin{array}{c} \sin(u_1)+4 \\ 3u_2+4 \\ \log(u_3)+6v_1 \\ 3u_4+v_2 \end{array} \tag{4-37}$$

其中，u_1、u_2、u_3、u_4、v_1 和 v_2 是符號變數。具體程式如下。

```
B2_Ch4_5.py

from sympy import symbols, sympify
import sympy

u1, u2, u3, u4, v1, v2 = symbols('u1 u2 u3 u4 v1 v2')

equationsList = ["sin(u1)+4", "(u2*3)+4", "log(u3)+6*v1", "(u4*3)+v2"]

expressions = [sympify(expr) for expr in equationsList]

values = {u1: 1, u2: 2, u3: 3, u4: 4, v1: -1, v2: -2}

for expression in expressions:
    print('{:10s} ->  {:4d}'.format(str(expression),
int(expression.subs(values))))
```

在以上程式中，使用 subs() 函數可以求解運算式的值。運算結果如下。

```
sin(u1) + 4 ->       4
3*u2 + 4   ->      10
6*v1 + log(u3) ->       -4
3*u4 + v2   ->      10
```

subs() 函數還可以用來替換運算式中的變數。

$$f_1(x) = 2\sin(x)$$
$$f_2(x, y, z) = \sin(x) + y^2 + \ln(z)$$
$$f_3(x) = 2\sin(x^2)$$
$$f_4(x, y, z) = \sin(x^2) + (\cos(y))^2 + \ln(\tan(z))$$

(4-38)

以下程式展示了如何使用 subs() 函數構造複雜的符號運算式。

B2_Ch4_6.py

```python
import sympy as sym
x, y, z = sym.symbols("x y z")
f1 = 2*sym.sin(x)
f2 = sym.sin(x)+y**2+sym.log(z)

value1 =f1.evalf(subs={x: 2.4})
value2=f2.evalf(subs={x: 1,y:2,z:3})

f3 = f1.subs(x,x**2)
f4 = f2.subs({x:x**2,y:sym.cos(y),z:sym.tan(z)})
print(value1)
print(value2)
print(f3)
print(f4)
```

以上程式中使用 evalf() 函數計算符號運算式在變數為某一數值時符號運算式的值。執行程式後的結果如下。

```
1.35092636110230
5.94008327347601
2*sin(x**2)
log(tan(z)) + sin(x**2) + cos(y)**2
```

expand() 函數可以用來合併同類項，以下式子進行合併同類項後可得：

$$f(x,y) = (x+y)^2 + (2x-1)^2 + (2y-x)^2$$
$$= 5x^2 + 2xy - 4x + 5y^2 + 4y + 2$$

(4-39)

simplify() 可以用來化簡式子，如：

$$\frac{f(x,y)}{x} = 5x + 2x - 4 + 5\frac{y^2}{x} + 4\frac{y}{x} + \frac{2}{x}$$

(4-40)

以下程式舉出上述合併同類項和簡化式子的結果。

```
from sympy import *
x,y = symbols('x y')
expr=(x+y)**2+(2*x*y+2)**2
simp_expr=expand(expr)
epr2 = simplify(simp_expr/x)
print(simp_expr)
print(epr2)
```

求解函數的極限值也是常見的數學運算。當參數 x 趨近於 0 時，式 (4-41) 所示函數的數值趨近於 1，即：

$$\lim_{x \to 0} \left(\frac{\sin(x)}{x} \right) = 1$$

(4-41)

如圖 4-17 所示為函數 $f(x)$ 在 $-15 \leq x \leq 15$ 時的值。讀者可以觀察到，x 趨近於 0 時，函數值趨近於 0。讀者可以使用 SymPy 函數庫中的 limit() 函數求解極限值。對於 $f(x)$ 函數，使用以下命令可以求解 x 趨近於 0 時，函數的極限值：

```
sympy.limit(sympy.sin(x) / x, x, 0)
```

此外，當參數 x 趨近於無限大時，$f(x)$ 函數趨近於 0，即：

$$\lim_{x \to \infty} \left(\frac{\sin(x)}{x} \right) = 0$$

(4-42)

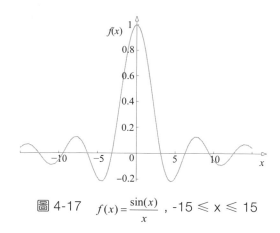

圖 4-17 $f(x) = \dfrac{\sin(x)}{x}$, -15 ⩽ x ⩽ 15

這一極限值可以透過圖 4-18 和圖 4-19 直觀顯示。讀者使用以下程式可以進行求解。

```
sympy.limit(sympy.sin(x) / x, x, sym.oo)
```

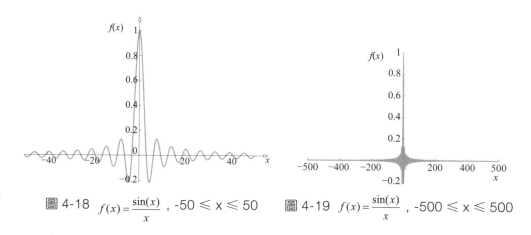

圖 4-18 $f(x) = \dfrac{\sin(x)}{x}$, -50 ⩽ x ⩽ 50   圖 4-19 $f(x) = \dfrac{\sin(x)}{x}$, -500 ⩽ x ⩽ 500

以下程式可以生成圖 4-17、圖 4-18 和圖 4-19，並且計算函數 f (x) 的極限值。

B2_Ch4_7.py

```
From sympy import symbols
from sympy.plotting import plot
import sympy as sym
```

```
import matplotlib.pyplot as plt
x=symbols('x')

plot1=plot(sym.sin(x)/x,(x,-15,15),show=True)

plot1.xlabel='x'
plot1.ylabel='f(x)'
plot2=plot(sym.sin(x)/x,(x,-50,50),nb_of_points=1000,adaptive=False)

plot3=plot(sym.sin(x)/x,(x,-500,500),nb_of_points=1000,adaptive=False)
plot2.show()
plot3.show()
plot2.xlabel='x'
plot2.ylabel='f(x)'
plot3.xlabel='x'
plot3.ylabel='f(x)'
limit1=sym.limit(sym.sin(x)/x,x,0)
limit2=sym.limit(sym.sin(x)/x,x,sym.oo)
print(f'When x approaches 0, f(x) approaches {limit1}')
print(f'When x approaches ∞ , f(x) approaches {limit2}')
```

程式的執行結果如下。

```
When x approaches 0, f(x) approaches 1
When x approaches ∞ , f(x) approaches 0
```

在 SymPy 函數庫中,函數的導數可以透過 diff() 函數實現。以下面的函數為例:

$$f(x) = 3\sin(x) - x \tag{4-43}$$

它的一階導數和二階導數分別是:

$$\begin{aligned} f'(x) &= 3\cos(x) - 1 \\ f''(x) &= -3\sin(x) \end{aligned} \tag{4-44}$$

圖 4-20、圖 4-21 和圖 4-22 分別繪製了 $f(x)$、$f(x)$ 的一階導數、二階導數 $f''(x)$。在圖 4-20 中,藍色區域表示函數 $f(x)$ 處於單調遞增,橙色區域表

示函數 $f(x)$ 處於單調遞減。對應地，在圖 4-21 中，藍色區域表示一階導數大於零，橙色區域表示一階導數小於零。

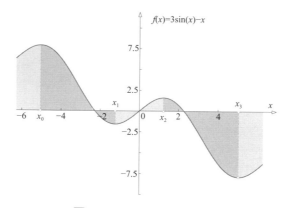

圖 4-20　　$f(x) = 3\sin(x) - x$

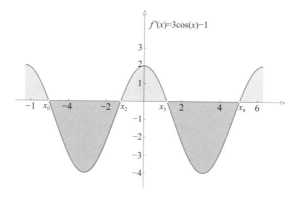

圖 4-21　　$f(x)$ 的一階導數 $f'(x) = 3\cos(x) - 1$

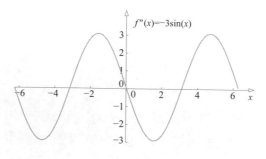

圖 4-22　　$f(x)$ 的二階導數 $f''(x) = -3\sin(x)$

執行以下程式可以生成圖 4-20、圖 4-21 和圖 4-22。可見，這與前面直接
計算得到的結果是一致的。

```python
B2_Ch4_8.py

import sympy as sym
from sympy import *
from sympy import Eq, And
import math
import numpy as np
import matplotlib.pyplot as plt
from sympy.plotting import plot,PlotGrid
plt.close('all')

x,y = symbols('x y')

f_x = 3*sin(x)-x
f_x_diff = sym.diff(f_x,x)
f_x_diff2 = sym.diff(f_x,x,2)

p1 = sym.plot(f_x,(x,-2*sym.pi,2*sym.pi),show=False,title=f_x)
p2 = sym.plot(f_x_diff,(x,-2*sym.pi,2*sym.pi),show=False,title=f_x_diff)
p3 = sym.plot(f_x_diff2,(x,-2*sym.pi,2*sym.pi),show=False,title=f_x_
diff2)

zero_point = acos(1/3)
zero_point_v = [(-zero_point+2*math.pi),-(-zero_point+2*math.pi),zero_
point,
-zero_point]
zero_point_v.sort()

for i in zero_point_v:
    p = sym.plot_implicit(Eq(x,i),(x,-6,6),(y,-8,8),show=False)
    p1.extend(p)
    p2.extend(p)

plot_range = [-6]+zero_point_v+[6]
for i in range(len(plot_range)-1):
    if f_x_diff.evalf(subs={x: plot_range[i]+0.1})>0:
```

```
        pp1 = sym.plot_implicit(And(y<f_x_diff,y>0),
(x,plot_range[i],plot_range[i+1]),
                                (y,-8,8),
                                line_color='blue',
                                show=False)
        pp2 = sym.plot_implicit(And(y<f_x,y>0),
                                (x,plot_range[i],
                                 plot_range[i+1]),
                                (y,-8,8),
                                line_color='blue',
                                show=False)
        pp3 = sym.plot_implicit(And(y>f_x,y<0),
(x,plot_range[i],plot_range[i+1]),
                                (y,-8,8),
                                line_color='blue',
                                show=False)
    else:
        pp1 = sym.plot_implicit(And(y>f_x_diff,y<0),
(x,plot_range[i],plot_range[i+1]),
                                (y,-8,8),
                                line_color='red',
                                show=False)
        pp2 = sym.plot_implicit(And(y<f_x,y>0),
(x,plot_range[i],plot_range[i+1]),
                                (y,-8,8),
                                line_color='red',
                                show=False)
        pp3 = sym.plot_implicit(And(y>f_x,y<0),
                                (x,plot_range[i],
                                 plot_range[i+1]),
                                (y,-8,8),
                                line_color='red',
                                show=False)
    p2.extend(pp1)
    p1.extend(pp2)
    p1.extend(pp3)

p1.xlim=(-6,6)
p2.xlim=(-6,6)
```

```
p1.ylim=(-10,10)
p2.ylim=(-6,3)

p1.show()
p2.show()
p3.show()

def f1(x):
    return -3*math.sin(x)
def trap(f, n,start,end):
    h = (end-start) / float(n)
    intgr = 0.5 * h * (f(start) + f(end))
    for i in range(1, int(n)):
        intgr = intgr + h * f(i * h+start)
    return intgr

Integral_sympy = integrate(f_x_diff2,(x,0,2*math.pi))
Integral_trap = trap(f1,n=1000,start = 0,end=2*math.pi)
print(f'The integration of {f_x_diff2} by using SymPy integration
function is: {Integral_sympy}')
print(f'The integration of {f_x_diff2} by using trapezium rule is: {np.
round(Integral_trap)}')
```

以上程式中還採用了兩種方法計算二階導數的定積分，積分區域為 [0, 2π]，第一種方法是使用 SymPy 函數庫中的 integrate() 函數求解定積分，第二種方法是使用梯形積分法求解。以下是執行結果，這兩種求解定積分的方法獲得的結果是一樣的。

```
The integration of -3*sin(x) by using SymPy integration function is: 0
The integration of -3*sin(x) by using trapezium rule is: 0.0
```

4.7 多元函數符號運算式

4.6 節討論了一元函數的符號運算式及其使用，本節將介紹如何建立多元函數的符號運算式及其使用。一般而言，多元函數有兩種方式，第一種方式是使用標準方程式，第二種方式是使用參數方程式。本節將重點介紹如何在 Python 中建立多元函數的標準方程式及其使用。

以下方程式是一個二元函數的標準方程式，它包含兩個參數：x 和 y。

$$f(x, y) = x^2 y^2 \tag{4-45}$$

由於是二元函數，因此 $f(x, y)$ 的一階偏導數既可以是對 x 的偏導數，也可以是對 y 的偏導數，如式 (4-46) 所示。

$$\frac{\partial f(x, y)}{\partial x} = f_x = 2xy^2$$
$$\frac{\partial f(x, y)}{\partial y} = f_y = 2x^2 y \tag{4-46}$$
$$\frac{\partial f(x, y)}{\partial x \partial y} = f_y = 4xy$$

在 Python 裡，使用 SymPy 函數庫中的函數 diff() 可以求解多元函數的偏導數，使用格式是：

```
sympy.diff(expression, (x, m), (y, n))
```

其中，expression 是二元函數 $f(x, y)$ 的符號運算式，它包含 x 和 y 兩個參數，m 表示對 x 的偏導數的階數，n 表示對 y 的偏導數的階數。

對於上述的二元函數 $f(x, y)$，它對 x 和 y 的定積分是：

$$\int_{-1}^{1} f(x, y) \, \mathrm{d}x = 2y^{\frac{2}{3}}$$
$$\int_{-1}^{1} f(x, y) \, \mathrm{d}y = 2x^{\frac{2}{3}} \tag{4-47}$$

在 Python 裡，使用 SymPy 函數庫中的 integrate() 函數可以求解多元函數的不定積分或定積分。具體的使用格式是：

```
sympy.integrate(expression, (x, a,b), (y, c,d))
```

其中，a 和 b 分別是參數 x 的定積分上下限，c 和 d 分別是參數 y 的定積分上下限。

使用 SymPy 函數庫中的 plot3d() 函數可以繪製二元函數 $f(x, y)$ 及其一階偏導數和二階偏導數，如圖 4-23 ～圖 4-26 所示。

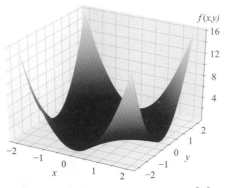

圖 4-23　二元函數 $f(x,y) = x^2y^2$

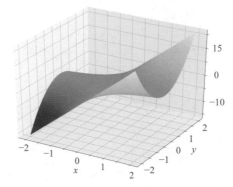

圖 4-24　二元函數 $f(x,y)$ 對 x 一階偏導數 $\dfrac{\partial f(x, y)}{\partial x} = 2xy^2$

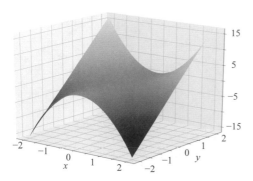

圖 4-25　二元函數 $f(x, y)$ 對 y 一階偏導數 $\dfrac{\partial f(x, y)}{\partial y} = 2x^2y$

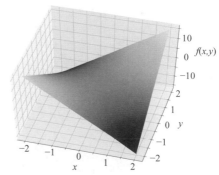

圖 4-26　二元函數 $f(x, y)$ 二階混合偏導數 $\dfrac{\partial f(x, y)}{\partial x \partial y} = 4xy$

以下程式展示了如何計算二元函數的一階偏導數、二階偏導數、定積分，以及繪製圖 4-23、圖 4-24、圖 4-25 和圖 4-26。此外，更多有關多元函數和偏導微分在金融建模方面的應用，請讀者參考本書第 11 章。

B2_Ch4_9.py

```python
import sympy as sym
from sympy import symbols
from sympy.plotting import plot3d, PlotGrid
import numpy as np
import matplotlib.pyplot as plt
x, y = symbols("x y")

plt.close('all')

f_xy = x**2*y**2
#Calculate df(x,y)/dx
f_xy_diff_x = sym.diff(f_xy,x)
#Calculate df(x,y)/dy
f_xy_diff_y = sym.diff(f_xy,y)
#Calculate df(x,y)/dxdy
f_xy_diff_xy = sym.diff(f_xy_diff_x,y)

print(f'f(xy)={f_xy}')
print(f'df/dx={f_xy_diff_x}')
print(f'df/dy={f_xy_diff_y}')
print(f'df/dxdy={f_xy_diff_xy}')

#Evaluate f(x,y) at x=1,y=1
value1=f_xy.evalf(subs={x: 1,y:1})
print(f'f(xy) at x=1,y=1 is equal to {value1}')

#Calculate the integration of f(x,y) along x = [-1,1]
Integration1 = sym.integrate(f_xy,(x,-1,1))
#Calculate the integration of f(x,y) along y = [-1,1]
Integration2 = sym.integrate(f_xy,(y,-1,1))
#Calculate the integration of f(x,y) along x = [-1,1] and y = [-1,1]
Integration3 = sym.integrate(f_xy,(x,-1,1),(y,-1,1))
print(f'Calculate the integration of f(x,y) along x = [-1,1] :
{Integration1}')
print(f'Calculate the integration of f(x,y) along x = [-1,1] :
{Integration2}')
print(f'Calculate the integration of f(x,y) along x = [-1,1] and y =
[-1,1]: {Integration3}')
```

```
p1=plot3d(f_xy,(x,-2,2),(y,-2,2),show=False)
p2=plot3d(f_xy_diff_x,(x,-2,2),(y,-2,2),show=False)
p3=plot3d(f_xy_diff_y,(x,-2,2),(y,-2,2),show=False)
p4=plot3d(f_xy_diff_xy,(x,-2,2),(y,-2,2),show=True)
PlotGrid(4,1,p1,p2,p3,p4)
```

執行結果如下。

```
f(x)=x**2*y**2
df/dx=2*x*y**2
df/dy=2*x**2*y
df/dxdy=4*x*y
f(xy) at x=1,y=1 is equal to 1.00000000000000
Calculate the integration of f(x,y) along x = [-1,1] and y = [-1,1]: 4/9
```

4.8 符號函數矩陣

在 4.6 節和 4.7 節的基礎上,本節將討論如何使用 SymPy 函數庫建立符號函數矩陣及其使用。

符號函數矩陣,顧名思義,矩陣的每個元素可以是符號函數運算式或常數。在以下範例中,M 是一個 3×3 的符號函數矩陣,每個元素都是以 x 和 y 為參數的一元函數或多元函數。

$$M(x,y) = \begin{bmatrix} xy & 1 & e^x + y \\ x^2 & y^2 & \sin(x) \\ e^x y & x^2 + y^2 & \ln(x) \end{bmatrix} \tag{4-48}$$

式 (4-48) 所示函數在 $x = 1$, $y = 2$ 時,符號函數矩陣中每個符號函數的數值都可以求解,如式 (4-49) 所示:

$$M(x,y) = \begin{bmatrix} 2 & 1 & 2+e \\ 1 & 4 & \sin(1) \\ 2e & 5 & 0 \end{bmatrix} \tag{4-49}$$

式 (4-49) 所示符號函數矩陣還可以對指定的變數求解偏導數。比如，$M(x, y)$ 中每個元素對 x 求一階偏導結果如下。

$$\frac{\partial M(x, y)}{\partial x} = \begin{bmatrix} y & 0 & e^x \\ 2x & 0 & \cos(x) \\ ye^x & 2x & \dfrac{1}{x} \end{bmatrix} \tag{4-50}$$

$M(x, y)$ 中每個元素對 y 求一階偏導結果如下。

$$\frac{\partial M(x, y)}{\partial y} = \begin{bmatrix} x & 0 & 1 \\ 0 & 2y & 0 \\ e^x & 2y & 0 \end{bmatrix} \tag{4-51}$$

$M(x, y)$ 中每個元素對 x 和 y 求二階混合偏導結果如下。

$$\frac{\partial M(x, y)}{\partial x \partial y} = \begin{bmatrix} 1 & 0 & 0 \\ 0 & 0 & 0 \\ e^x & 0 & 0 \end{bmatrix} \tag{4-52}$$

同樣地，符號函數矩陣的每一個函數都可以計算不定積分或定積分。

下列為 $M(x, y)$ 中每個元素對 x 的一重定積分。

$$\int_0^1 M(x, y)\,\mathrm{d}x = \begin{bmatrix} \dfrac{y}{2} & 1 & y-1+\mathrm{e} \\ \dfrac{1}{3} & y^2 & 1-\cos(1) \\ -y+\mathrm{e}y & y^2+\dfrac{1}{3} & -1 \end{bmatrix} \tag{4-53}$$

下列為 $M(x, y)$ 中每個元素對 x 和 y 的二重定積分。

$$\int_0^1 \int_0^1 M(x, y)\,\mathrm{d}x\,\mathrm{d}y = \begin{bmatrix} \dfrac{1}{4} & 1 & \mathrm{e}-\dfrac{1}{2} \\ \dfrac{1}{3} & \dfrac{1}{3} & 1-\cos(1) \\ \dfrac{\mathrm{e}-1}{2} & \dfrac{2}{3} & -1 \end{bmatrix} \tag{4-54}$$

使用 SymPy 函數庫中的 subs() 函數、diff() 函數和 integrate() 函數可以分別計算符號矩陣的數值、偏導數和不定積分或定積分。以下程式展示了如何具體使用這些函數獲得以上偏導數和定積分計算結果。

```
B2_Ch4_10.py
```
```python
import sympy as sym
from sympy import symbols, Matrix
x,y=symbols('x y')

f11,f12,f13=x*y,1,sym.exp(x)+y
f21,f22,f23=x**2,y**2,sym.sin(x)
f31,f32,f33=sym.exp(x)*y,x**2+y**2,sym.log(x)

M=Matrix([[f11,f12,f13],[f21,f22,f23],[f31,f32,f33]])
#Evaluate the values of the symbolic matrix at x = 1,y=2
points = {x:1,y:2}
values = M.subs(points)
print(f'The symbolic matrix at x=1,y=2 is equal to: \n {values}')

#Calculate the derivative of Matrix with respect to x
M_diff_x = sym.diff(M,x)
print(f'dM/dx is\n {M_diff_x}')

#Calculate the derivative of Matrix with respect to y
M_diff_y = sym.diff(M,y)
print(f'dM/dy is\n {M_diff_y}')
#Calculate the derivative of Matrix M with respect to x and then y
M_diff_xy = sym.diff(M_diff_x,y)
print(f'dM/dxdy is\n {M_diff_xy}')
#Calculate the indefinite integral of M with respect to x
M_integration_x = sym.integrate(M,(x,0,1))
print(f'The integral of M for x in the range of (1,2) is {M_integration_x}')

#Calculate the indefinite integral of M in the ranges of (0,1) for x and y
M_integration_xy = sym.integrate(M_integration_x,(y,0,1))
print(f'The integral of M for x and y in the range of (0,1) is {M_
integration_xy}')
```

本章討論了如何使用 NumPy、Scipy 和 SymPy 進行常用的基本數學和矩陣運算，這些操作將在本叢書的其他章節使用。

Pandas
與資料分析 I

我們只信奉上帝，其他人都必須攜資料而來。

In God we trust, all others must bring data.

—— 威廉·愛德華茲·戴明 (William Edwards Deming)

正所謂「套件」如其名，Pandas 運算套件在資料處理領域的受歡迎程度完全可與善於賣萌的大熊貓相媲美。當然，Pandas 的名稱其實來自經濟學術語——面板資料 (panel data)。眾所皆知，金融領域存在巨量的資料處理與分析，而 Pandas 運算套件就是當時就職於 AQR Capital Management 的韋斯·麥金尼 (Wes McKinney) 為了金融資料的定量分析從 2008 年開始開發的，它本質上是在 NumPy 陣列結構基礎上建構的，並納入了大量的套件以及標準資料模型。在 2009 年底，Pandas 實現了開放原始碼。如今它已經應用於許多領域的資料探勘、篩選、處理、統計和輸出。本章，我們會介紹 Pandas 運算套件對資料以及檔案的基本操作。

 Biography: Wes McKinney is an open source software developer focusing on data analysis tools. He created the Python pandas project and is a co-creator of Apache Arrow, his current development focus. Previously, he worked for Two Sigma, Cloudera, and AQR Capital Management, and he was co-founder and CEO of the startup DataPad.
(Sources: https://wesmckinney.com/pages/about.html)

本章核心命令程式

▶ "+"、"-"、"×"、"/" 和 DataFrame.add()、DataFrame.sub()、DataFrame. mul()、DataFrame.div() 對應四則運算

▶ DataFrame.at[] 和 DataFrame.iat[] 快速定位某一資料元素，前者是支持行列名稱，後者則是支援行列索引號

▶ DataFrame.ColumnName 或 DataFrame['ColumnName'] 顯示 DataFrame 的一列或多列

▶ DataFrame.describe() 和 DataFrame.info() 查看 DataFrame 的統計資訊和特徵資訊

▶ DataFrame.dropna() 捨去 DataFrame 中所有包含 NaN 的值

▶ DataFrame.fillna() 把 DataFrame 中的 NaN 填充為所需要的值

▶ DataFrame.index.get_loc() 根據行名稱獲得行索引號

▶ Series/DataFrame.head() 和 Series/DataFrame.tail() 選取序列或 DataFrame 前 n 個或最後 n 個資料，預設為 5 個

▶ Import 匯入運算套件

▶ Series/DataFrame.index() 和 Series/DataFrame.values() 顯示序列或 DataFrame 的索引或資料

▶ len() 顯示序列或 DataFrame 的資料數量；shape 顯示序列或 DataFrame 的維度；count 顯示每行或列中非 NaN 資料的個數；unique() 顯示序列非重復資料的個數；dtypes 列出資料型態

▶ DataFrame.loc[] 和 DataFrame.iloc[] 選取 DataFrame 的行，前者是透過行名稱索引，而後者是透過行號索引

▶ DataFrame.rename() 改變列名稱或索引名稱

▶ DataFrame.set_index() 設定索引為任意與 DataFrame 行數相同的陣列

▶ DataFrame.reindex() 建立一個適應新索引的新物件，並透過這種方法根據新索引的順序重新排序

▶ DataFrame.reset_index() 重建連續整數索引

▶ DataFrame.sort_index() 和 DataFrame.sort_values() 按 DataFrame 索引和數值排序

▶ DataFrame.sum()，DataFrame.mean()，DataFrame.max()，DataFrame.min() 以及 DataFrame.median() 獲得 DataFrame 每一行或列的和、平均值、最大值、最小值以及中值

▶ DataFrame.T 實現 DataFrame 的行列轉置

▶ pandas.DataFrame() 建立 DataFrame

▶ pandas.Series() 建立序列

▶ Pip install pandas/conda install pandas 安裝 pandas 運算套件

▶ s[] 選取序列中單一、多個或片斷資料值

5.1 Pandas 的安裝和匯入

作為非常流行的運算套件，Pandas 一般都會跟隨 Python 編譯器的安裝，而預先安裝進電腦中，比如如果安裝了本書使用的 Anaconda，即不再需要單獨安裝 Pandas。但是如果需要單獨安裝，也是非常容易的。在 terminal program (蘋果系統) 或 command line (Windows 系統) 中，輸入以下命令之一即可。

```
pip install pandas
conda install pandas
```

執行下面敘述可以匯入 Pandas。因為 Pandas 會被頻繁呼叫，一般會簡記為 pd，如下所示。在之後的介紹中，為節省篇幅，都將預設其已經匯入，並被標記為 pd。

```
import pandas as pd
```

5.2 序列及其建立

Pandas 包含兩種基本的資料結構：序列 (series) 和 DataFrame (dataframe)。首先從序列開始介紹。

序列本質上就是對應索引值 (index) 的一維陣列。以下面的程式所示，用 Series() 函數建立了一個包含 4 個資料元素的簡單序列，並在圖 5-1 展示了這個序列。因為沒有為資料指定索引，Pandas 會自動建立一個從 0 開始的整數索引，來對應陣列中的每一個資料元素。通常在 Python 中，一維結構是代表一行的值，但值得注意的是，序列卻是代表一列的值。來自 Numpy，序列也有軸 (axis) 的概念，因為序列只有一維，它的軸為 axis0。

```
s = pd.Series(['AAPL', 'TSLA', 'GOOG', 'SBUX'])
```

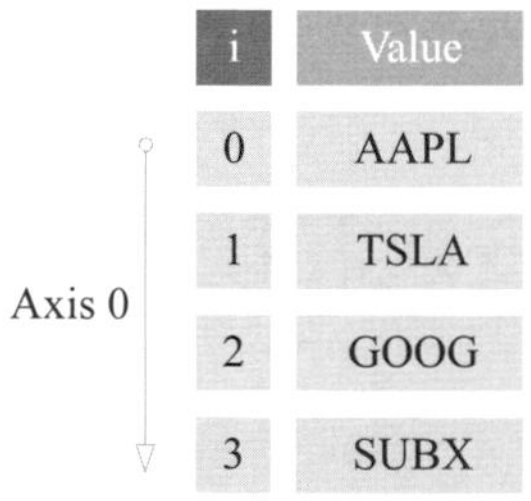

i	Value
0	AAPL
1	TSLA
2	GOOG
3	SUBX

Axis 0

圖 5-1　序列範例

序列可以透過多種方式建立。比如上面的範例就是透過一個串列 (list) 建立的，另外還可以透過一維 numpy 陣列、字典等方式建立。

以下程式用 numpy 陣列方式建立了一個從 0 到 4 包含 5 個整數的序列，其中首先利用了 Numpy 運算套件來產生整數。

```
import numpy as np
n = np.arange(5)
pd.Series(n)
```

執行結果如下。

```
0    0
1    1
2    2
3    3
4    4
dtype: int32
```

以下程式則是用字典方式建立了一個包含四個元素的序列。程式的大括號中，是建立的字典。

```
pd.Series({'Symbol1':'AAPL', 'Symbol2':'TSLA', 'Symbol3':'GOOG',
'Symbol4':'SBUX'})
```

執行結果如下。

```
Symbol1    AAPL
Symbol2    TSLA
Symbol3    GOOG
Symbol4    SBUX
dtype: object
```

5.3 序列的資料選取

透過索引可以選取序列中的任意資料。下面的範例首先建立了一個包含 50 個隨機數的序列。透過索引值，可以實現單一、多個及部分資料的選取。此外，透過 head() 和 tail() 函數，可以選取最前或最後的資料元素，具體個數可以在括號中設定，預設值為 5。

```
import numpy as np
np.random.seed(5)
s = pd.Series(np.random.randn(50))
pd.set_option('display.max_rows', 10)
s
```

以上程式建立了一個包含 50 個隨機數的序列，執行結果如下。

```
0      0.441227
1     -0.330870
2      2.430771
3     -0.252092
4      0.109610

45     1.291963
46     1.139343
47     0.494440
48    -0.336336
49    -0.100614
Length: 50, dtype: float64
```

因為此序列資料過多，在程式中使用了 set_option() 函數，設定只顯示 10 行資料 (省略了中間部分)。

對於序列，可以直接根據索引值，選取對應的資料。下面的範例，展示了選取上面序列中索引值為 1 的資料元素，程式如下。

```
s[1]
```

執行結果如下。

```
0.2212541228509997
```

接下來這個範例則是選取了上面序列中索引值為 2、3 和 48 的資料元素，程式如下。

```
s[[2,3,48]]
```

執行結果如下。

```
2    -1.310773
3    -0.689565
48    0.493558
dtype: float64
```

下面，再介紹一個部分資料選取的範例。透過下面程式，可以選取索引值為 4 到 6 的資料。大家或許已經注意到了，這種部分資料選取是不包括結束索引值的，即範例中不包括索引值 7。程式如下。

```
s[4:7]
```

執行結果如下。

```
4    -0.577513
5     1.152205
6    -0.107164
dtype: float64
```

如圖 5-2 舉出了上面幾個範例的直觀展示。

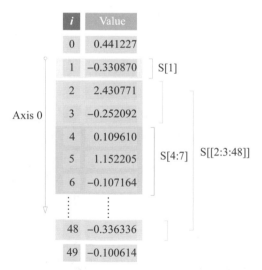

圖 5-2　序列的單一、多個和部分資料選取

head() 函數可以預設選取序列中前 5 個索引值對應的資料，以下面的範例，索引值從 0 到 4 的資料被選取出來。如圖 5-3 所示為 head() 函數對序列元素的選取示意。

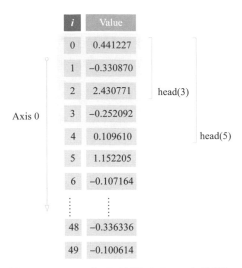

圖 5-3　head() 函數對序列元素的選取

程式如下。

```
s.head()
```

執行結果如下。

```
0     0.441227
1    -0.330870
2     2.430771
3    -0.252092
4     0.109610
dtype: float64
```

tail() 函數可以預設選取序列後 5 個索引值對應的資料，以下面的範例，索引值為 45 到 49 的資料被選取出來。tail() 函數與 head() 函數非常類似，大家可以參照 head() 函數的示意圖加深對 tail() 函數的理解。程式如下。

```
s.tail()
```

執行結果如下。

```
45    1.291963
46    1.139343
47    0.494440
48   -0.336336
49   -0.100614
dtype: float64
```

區別於串列，序列的特點是可以自訂索引。實際上，在前面章節利用字典建立序列就是自訂索引的範例。字典的關鍵字 (key) 即為序列的索引。下面的程式對序列的索引進行了自訂。

```
s = pd.Series(['AAPL', 'TSLA', 'GOOG', 'SBUX'], index=['Symbol1',
'Symbol2',
'Symbol3', 'Symbol4'])
s
```

執行結果如下。

```
Symbol1    AAPL
Symbol2    TSLA
Symbol3    GOOG
Symbol4    SBUX
dtype: object
```

利用屬性方法 index() 和 values() 可以列出前面建立的序列 s 的索引以及資料值。展示索引值的程式如下。

```
s.index
```

索引值如下。

```
Index(['Symbol1', 'Symbol2', 'Symbol3', 'Symbol4'], dtype='object')
```

展示資料值的程式如下。

```
s.values
```

資料值如下。

```
array(['AAPL', 'TSLA', 'GOOG', 'SBUX'], dtype=object)
```

Pandas 也提供了許多有用的函數和屬性方法以便獲知序列的資訊。舉例來說，len() 函數可以獲知序列的資料數量；shape 方法可以獲知維度；count() 方法可以獲知非 NaN 資料的個數；unique() 函數可獲知非重復資料的個數；dtypes() 方法可以列出其資料型態。

下面的程式建立了一個包含 10 個資料的序列，用來說明前面提及的函數以及屬性方法。

```
s = pd.Series([8, np.nan, 9, 6, 3, 2, 2, 5, np.nan, 4])
s
```

上面程式產生的序列為。

```
0    8.0
1    NaN
2    9.0
3    6.0
4    3.0
5    2.0
6    2.0
7    5.0
8    NaN
9    4.0
dtype: float64
```

執行命令 len(s)，可以得到序列 s 的元素個數。

```
10
```

執行命令 s.shape，可以得到序列 s 的維度為 10 行 0 列。

```
(10,)
```

執行命令 s.count，可以得到序列 s 的非 NaN 資料的個數為 8。

```
<bound method Series.count of 0    8.0
1    NaN
2    9.0
3    6.0
```

```
4    3.0
5    2.0
6    2.0
7    5.0
8    NaN
9    4.0
dtype: float64>
```

執行命令 s.unique()，可以得到序列 s 非重複的元素。

```
array([ 8., nan,  9.,  6.,  3.,  2.,  5.,  4.])
```

執行命令 s.dtypes，可以得到序列 s 的元素的資料型態為 float64。

```
dtype('float64')
```

前面的章節中介紹過 Numpy 中的 ndarray 矩陣物件，這裡需要著重指出序列與之的不同：序列之間的操作是基於索引的。比如，兩個 ndarray 矩陣物件的相加是相同位置的資料值直接相加，而兩個序列的相加則是索引相同的數值相加，沒有共同索引的則會被標記為 NaN。為便於理解，利用以下範例說明。

對於 Numpy 的陣列，是沒有索引的，所以兩個 ndarray 矩陣物件相加是相同位置的資料值直接相加，如圖 5-4 所示。

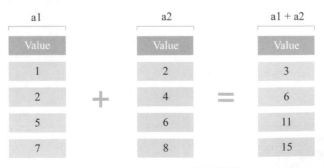

圖 5-4　NumPy 陣列相加

具體程式如下。

```
a1 = np.array([1, 3, 5, 7])
a2 = np.array([2, 4, 6, 8])
a1 + a2
```

執行結果如下。

```
array([ 3,  7, 11, 15])
```

而兩個序列的相加是索引相同的數值相加，沒有共同索引的會被標記為 NaN，如圖 5-5 所示。

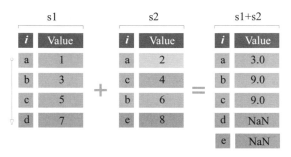

圖 5-5　序列相加

兩個序列相加的程式如下。

```
s1 = pd.Series([1, 3, 5, 7], index=['a', 'b', 'c', 'd'])
s2 = pd.Series([2, 4, 6, 8], index=['a', 'c', 'b', 'e'])
s1 + s2
```

執行結果如下，可以發現是按照相同索引進行運算的。

```
a    3.0
b    9.0
c    9.0
d    NaN
e    NaN
dtype: float64
```

5.4 DataFrame 及其建立

接下來介紹 pandas 中另外一種基本的資料型態：DataFrame。DataFrame 是一種類似於表格的二維資料結構，它的直行稱為列 (columns)，橫行稱為行 (row)，而每一列為一個單獨的序列，因此也可以說 DataFrame 是序列的「容器」。為了方便理解，如圖 5-6 舉出了簡單的範例。DataFrame 既有索引，又有列名稱，另外，DataFrame 有兩個軸：axis0 和 axis1，分別對應列和行。

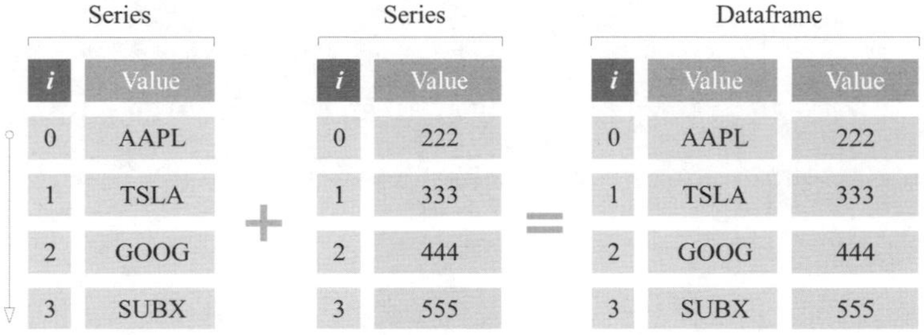

圖 5-6　DataFrame 與序列的關係示意圖

由 DataFrame 與序列之間的密切關係，可以很自然地推斷出 DataFrame 的建立也可以由 Numpy 陣列、字典等方法實現。參見下面範例。

先建立一個序列 a，然後用 DataFrame() 函數轉變為 DataFrame。

```
import numpy as np
a = pd.Series([['AAPL', 264.14], ['TSLA', 334.87], ['GOOG', 1289.92],
['SBUX', 84.57]])
df = pd.DataFrame(a)
df
```

執行結果如下。

```
0    [AAPL, 264.14]
1    [TSLA, 334.87]
2    [GOOG, 1289.92]
3    [SBUX, 84.57]
```

先建立一個字典 d，然後用 DataFrame() 函數轉變為 DataFrame。

```
d = {'AAPL':[264.14],
     'TSLA':[334.87],
     'GOOG':[1289.92],
     'SBUX':[84.57]
    }
df = pd.DataFrame(d)
df
```

執行結果如下。

```
    AAPL      GOOG    SBUX    TSLA
0  264.14  1289.92  84.57  334.87
```

而對於序列的一些函數和屬性方法，也同樣適用於 DataFrame，譬如 len()、shape、count、index、values 等，這裡不再贅述，建議讀者自行練習。

5.5 DataFrame 的資料選擇

DataFrame 中的行、列及任意資料都可以透過索引值靈活地調取。下面用 pandas_datareader 套件從雅虎財經資料庫下載蘋果公司從 2018 年 12 月 1 日到 2019 年 12 月 1 日一年之間的股價資料來建構一個 DataFrame。為了避免喧賓奪主，這裡暫且不對這個套件做詳細介紹。並利用 head(10) 命令展示前十個股價記錄。緊接著，使用 index 和 columns 屬性方法，分別展示了這個 DataFrame 的行索引值和列索引值 (列名稱)。

在以下程式中，因為列比較多，程式會自動省略中間的列名稱，所以使用 set_option() 函數來設定展示所有的列。

```
from pandas_datareader import data
df = data.DataReader('AAPL', 'yahoo', '2018-12-1', '2019-12-1')
pd.set_option('max_columns', None)
df.head(10)
```

前十個股價記錄如下。

```
Date        High        Low         Open        Close       Volume      Adj Close
2018-12-03  184.940002  181.210007  184.460007  184.820007  40802500.0  181.653076
2018-12-04  182.389999  176.270004  180.949997  176.690002  41344300.0  173.662369
2018-12-06  174.779999  170.419998  171.759995  174.720001  43098400.0  171.726135
2018-12-07  174.490005  168.300003  173.490005  168.490005  42281600.0  165.602905
2018-12-10  170.089996  163.330002  165.000000  169.600006  62026000.0  166.693863
2018-12-11  171.789993  167.000000  171.660004  168.630005  47281700.0  165.740494
2018-12-12  171.919998  169.020004  170.399994  169.100006  35627700.0  166.202438
2018-12-13  172.570007  169.550003  170.490005  170.949997  31898600.0  168.020721
2018-12-14  169.080002  165.279999  169.000000  165.479996  40703700.0  162.644440
2018-12-17  168.350006  162.729996  165.449997  163.940002  44287900.0  161.130859
```

Index 屬性可以直接顯示索引值,在下面的結果中的最後一行可以看到一共有 250 個索引值,而顯示的則遠少於 250,這是因為中間的索引值在顯示時已經被自動省略。

```
df.index
```

執行結果如下。

```
DatetimeIndex(['2018-12-03', '2018-12-04', '2018-12-06', '2018-12-07',
               '2018-12-10', '2018-12-11', '2018-12-12', '2018-12-13',
               '2018-12-14', '2018-12-17',
               ...
               '2019-11-15', '2019-11-18', '2019-11-19', '2019-11-20',
               '2019-11-21', '2019-11-22', '2019-11-25', '2019-11-26',
               '2019-11-27', '2019-11-29'],
              dtype='datetime64[ns]', name='Date', length=250, freq=None)
```

以下程式顯示所有的列名稱。

```
df.columns
```

執行結果如下。

```
Index(['High', 'Low', 'Open', 'Close', 'Volume', 'Adj Close'],
dtype='object')
```

選取前述 DataFramedf 的後十個資料組成一個新的 DataFramedf_stock。

```
df_stock = df.tail(10)
df_stock
```

新的 DataFramedf_stock 如下。

```
Date        High    Low     Open    Close   Volume       Adj Close
2019-11-15  265.77  263.01  263.67  265.76  25051600.0   265.13
2019-11-18  267.42  264.23  265.79  267.10  21675800.0   266.46
2019-11-19  268.00  265.39  267.89  266.29  19041800.0   265.65
2019-11-20  266.07  260.39  265.54  263.19  26558600.0   262.56
2019-11-21  264.01  261.17  263.69  262.01  30348800.0   261.38
2019-11-22  263.17  260.83  262.58  261.77  16331300.0   261.16
2019-11-25  266.44  262.51  262.70  266.36  21005100.0   265.73
2019-11-26  267.16  262.50  266.94  264.29  26301900.0   263.66
2019-11-27  267.98  265.30  265.57  267.83  16308900.0   267.20
2019-11-29  268.00  265.89  266.60  267.25  11654400.0   266.61
```

可以用 df_stock.Close 或 df_stock['Close'] 兩種方法來顯示這個 DataFrame
的其中一列。從結果可以看到，它們得到的結果完全一致，都是
DataFrame 中列名為 Close 的所有資料元素值。如圖 5-7 展示了這兩種方
法對列的選取。程式如下。

```
df_stock.Close
```

執行結果如下。

```
Date
2019-11-15    265.760010
2019-11-18    267.100006
2019-11-19    266.290009
2019-11-20    263.190002
2019-11-21    262.010010
2019-11-22    261.779999
2019-11-25    266.369995
2019-11-26    264.290009
2019-11-27    267.839996
2019-11-29    267.250000
Name: Close, dtype: float64
```

程式如下。

```
df_stock['Close']
```

執行結果如下。

```
Date
2019-11-15      265.760010
2019-11-18      267.100006
2019-11-19      266.290009
2019-11-20      263.190002
2019-11-21      262.010010
2019-11-22      261.779999
2019-11-25      266.369995
2019-11-26      264.290009
2019-11-27      267.839996
2019-11-29      267.250000
Name: Close, dtype: float64
```

也可以同時顯示若干列的元素資料值，下面的範例就同時顯示了三列：
Close、Volume 和 Adj Close 的所有資料元素值。大家可以參見圖 5-7 理
解對於多列的同時選取。

df_stock[['Close','Volume','Adj Close']]

df_stock.Close or df_stock['Close']

Index	High	Low	Open	Close	Volume	Adj Close
2019-11-15	265.779999	263.010010	263.679993	265.760010	25051600.0	265.130768
2019-11-18	267.429993	264.230011	265.799988	267.100006	21675800.0	266.467590
2019-11-19	268.000000	265.390015	267.899994	266.290009	19041800.0	265.659515
2019-11-20	266.079987	260.399994	265.540009	263.190002	26558600.0	262.566864
2019-11-21	264.010010	261.179993	263.690002	262.010010	30348800.0	261.389648
2019-11-22	263.179993	260.839996	262.589996	261.779999	16331300.0	261.160187
2019-11-25	266.440002	262.519989	262.709991	266.369995	21005100.0	265.739319
2019-11-26	267.160004	262.500000	266.940002	264.290009	26301900.0	263.664246
2019-11-27	267.980011	265.309998	265.579987	267.839996	16308900.0	267.205841
2019-11-29	268.000000	265.899994	266.600006	267.250000	11654400.0	266.617249

圖 5-7   DataFrame 列的選取示意圖

具體程式如下。

```
df_stock[['Close', 'Volume', 'Adj Close']]
```

執行結果如下。

```
Date            Close       Volume    Adj Close
2019-11-15   265.760010   25051600.0   265.130768
2019-11-18   267.100006   21675800.0   266.467590
2019-11-19   266.290009   19041800.0   265.659515
2019-11-20   263.190002   26558600.0   262.566864
2019-11-21   262.010010   30348800.0   261.389648
2019-11-22   261.779999   16331300.0   261.160187
2019-11-25   266.369995   21005100.0   265.739319
2019-11-26   264.290009   26301900.0   263.664246
2019-11-27   267.839996   16308900.0   267.205841
2019-11-29   267.250000   11654400.0   266.617249
```

而對於行的選擇，首先需要特別注意操作符號 [] 不可以進行單一或多個行的選擇，只可以進行切片選擇。通常會使用 loc 和 iloc 來選取 DataFrame 的行，其中前者是透過行名稱索引，而後者是透過行號索引。這裡的 DataFramedf_stock 是以時間戳記為索引的。使用 df_stock.loc['2019-11-26'] 可以選取行索引名稱為 "2019-11-26" 的行；df_stock.loc['2019-11-20' : '2019-11-25'] 則切片選取了從 2019 年 11 月 20 日到 2019 年 11 月 25 日的 4 行資料 (只有工作日有資料)。接著，透過使用 df_stock.iloc[5] 選取了行號索引為 5 的資料，透過 df_stock.iloc[2:6] 切片選取了行號索引從 2 到 5 的資料，注意此種情況下不選取最後一個索引號對應的行，在這裡即索引號為 6 的行。如果想多行選取，可以使用命令 df_stock. iloc[[2,6]]，這裡選取的是索引號為 2 和 6 的資料，請注意與前面的切片選取進行區分。

按照行索引名稱選取，具體程式如下。

```
df_stock.loc['2019-11-26']
```

執行結果如下。

```
High        2.671600e+02
Low         2.625000e+02
Open        2.669400e+02
Close       2.642900e+02
Volume      2.630190e+07
Adj Close   2.636642e+02
Name: 2019-11-26 00:00:00, dtype: float64
```

按照行索引名稱切片選取。可以注意到，由於列數過多，顯示結果自動省略了中間部分，但是在最下行，顯示了完整結果為 4 行 6 列。下面有類似的省略，請讀者注意，之後不再重複介紹。程式如下。

```
df_stock.loc['2019-11-20':'2019-11-25']
```

執行結果如下。

```
Date              High         Low    ...      Volume    Adj Close
2019-11-20   266.079987  260.399994  ...  26558600.0   262.566864
2019-11-21   264.010010  261.179993  ...  30348800.0   261.389648
2019-11-22   263.179993  260.839996  ...  16331300.0   261.160187
2019-11-25   266.440002  262.519989  ...  21005100.0   265.739319
[4 rows x 6 columns]
```

按照行號索引選取，具體程式如下。

```
df_stock.iloc[5]
```

執行結果如下。

```
High        2.631800e+02
Low         2.608400e+02
Open        2.625900e+02
Close       2.617800e+02
Volume      1.633130e+07
Adj Close   2.611602e+02
Name: 2019-11-22 00:00:00, dtype: float64
```

按照行號索引切片選取，具體程式如下。

```
df_stock.iloc[2:6]
```

執行結果如下。

```
Date               High        Low    ...      Volume   Adj Close
2019-11-19  268.000000  265.390015    ...   19041800.0  265.659515
2019-11-20  266.079987  260.399994    ...   26558600.0  262.566864
2019-11-21  264.010010  261.179993    ...   30348800.0  261.389648
2019-11-22  263.179993  260.839996    ...   16331300.0  261.160187

[4 rows x 6 columns]
```

按照行號索引多重選取，具體程式如下。

```
df_stock.iloc[[2,6]]
```

執行結果如下。

```
Date               High        Low    ...      Volume   Adj Close
2019-11-19  268.000000  265.390015    ...   19041800.0  265.659515
2019-11-25  266.440002  262.519989    ...   21005100.0  265.739319

[2 rows x 6 columns]
```

透過函數 get_loc()，可以根據行名稱，獲得行索引號。繼續上例，如果想知道行索引名稱為 "2019-11-20" 和 "2019-11-26" 的行索引號，可以分別使用 df_stock.index.get_loc('2019-11-20') 和

df_stock. index. get_loc('2019-11-26') 命令得知它們的行索引號為 3 和 7。同樣，可以透過列的名稱獲取列的索引號。下面範例中，獲得了列名稱 "Close" 和 "Adj Close" 的列索引號分別為 3 和 5。其程式和結果如下。

程式如下。

```
df_stock.index.get_loc('2019-11-20')
```

執行結果如下。

```
3
```

程式如下。

```
df_stock.index.get_loc('2019-11-26')
```

執行結果如下。

```
7
```

程式如下。

```
df_stock.columns.get_loc('Close')
```

執行結果如下。

```
3
```

程式如下。

```
df_stock.columns.get_loc('Adj Close')
```

執行結果如下。

```
5
```

然後，再回到 loc() 和 iloc() 的介紹，這兩個命令非常有用，它們還可以實現對行和列的同時選取。比如，可以用 df_stock.loc['2019-11-20':'2019-11-25', 'Open':'Adj Close'] 選取行索引在 2019 年 11 月 20 日到 2019 年 11 月 25 日，而行名稱在 "Open" 和 "Adj Close" 之間的資料。如果用 df_stock.loc[: , 'Open':'Adj Close']，則會獲得行名稱在 "Open" 和 "Adj Close" 之間的所有列的資料。同樣的，df_stock.loc['2019-11-20':'2019-11-25', :] 獲得的是行索引在 2019 年 11 月 20 日到 2019 年 11 月 25 日之間的所有行的資料。

程式如下。

```
df_stock.loc['2019-11-20':'2019-11-25', 'Open':'Adj Close']
```

執行結果如下。

```
Date            Open        Close       Volume      Adj Close
2019-11-20   265.540009   263.190002   26558600.0   262.566864
```

```
2019-11-21   263.690002   262.010010   30348800.0   261.389648
2019-11-22   262.589996   261.779999   16331300.0   261.160187
2019-11-25   262.709991   266.369995   21005100.0   265.739319
```

程式如下。

```
df_stock.loc[ : , 'Open':'Adj Close']
```

執行結果如下。

```
Date                Open        Close       Volume      Adj Close
2019-11-15   263.679993   265.760010   25051600.0   265.130768
2019-11-18   265.799988   267.100006   21675800.0   266.467590
2019-11-19   267.899994   266.290009   19041800.0   265.659515
2019-11-20   265.540009   263.190002   26558600.0   262.566864
2019-11-21   263.690002   262.010010   30348800.0   261.389648
2019-11-22   262.589996   261.779999   16331300.0   261.160187
2019-11-25   262.709991   266.369995   21005100.0   265.739319
2019-11-26   266.940002   264.290009   26301900.0   263.664246
2019-11-27   265.579987   267.839996   16308900.0   267.205841
2019-11-29   266.600006   267.250000   11654400.0   266.617249
```

程式如下。

```
df_stock.loc['2019-11-20':'2019-11-25', : ]
```

執行結果如下。

```
Date               High          Low     ...       Volume      Adj Close
2019-11-20   266.079987   260.399994   ...   26558600.0   262.566864
2019-11-21   264.010010   261.179993   ...   30348800.0   261.389648
2019-11-22   263.179993   260.839996   ...   16331300.0   261.160187
2019-11-25   266.440002   262.519989   ...   21005100.0   265.739319

[4 rows x 6 columns]
```

如前所述，iloc 與 loc 非常類似，只不過前者是透過行號和列號索引選取，而後者是透過行名稱和列名稱選取。如果把前面範例中的行和列的名稱換成行號以及列號，可見其結果完全一致。

程式如下。

```
df_stock.iloc[2:6, 2:6]
```

執行結果如下。

```
Date              Open        Close       Volume    Adj Close
2019-11-19   267.899994   266.290009   19041800.0   265.659515
2019-11-20   265.540009   263.190002   26558600.0   262.566864
2019-11-21   263.690002   262.010010   30348800.0   261.389648
2019-11-22   262.589996   261.779999   16331300.0   261.160187
```

程式如下。

```
df_stock.iloc[:, 2:6]
```

執行結果如下所示。

```
Date              Open        Close       Volume    Adj Close
2019-11-15   263.679993   265.760010   25051600.0   265.130768
2019-11-18   265.799988   267.100006   21675800.0   266.467590
2019-11-19   267.899994   266.290009   19041800.0   265.659515
2019-11-20   265.540009   263.190002   26558600.0   262.566864
2019-11-21   263.690002   262.010010   30348800.0   261.389648
2019-11-22   262.589996   261.779999   16331300.0   261.160187
2019-11-25   262.709991   266.369995   21005100.0   265.739319
2019-11-26   266.940002   264.290009   26301900.0   263.664246
2019-11-27   265.579987   267.839996   16308900.0   267.205841
2019-11-29   266.600006   267.250000   11654400.0   266.617249
```

程式如下。

```
df_stock.iloc[2:6, :]
```

執行結果如下。

```
Date              High          Low     ...       Volume    Adj Close
2019-11-19   268.000000   265.390015   ...    19041800.0   265.659515
2019-11-20   266.079987   260.399994   ...    26558600.0   262.566864
2019-11-21   264.010010   261.179993   ...    30348800.0   261.389648
2019-11-22   263.179993   260.839996   ...    16331300.0   261.160187
```

```
[4 rows x 6 columns]
```

另外，還可以用 iloc 實現對特定的多行或多列的選擇，下面以兩個簡單的範例來做說明。df_stock.iloc[[2,6], 2] 選取了索引號對應 2 和 6 的行及列索引號對應 2 的資料。df_stock.iloc[2, [2,5]] 則選取了索引號對應 2 及列索引號對應 2 和 5 的資料。

程式如下。

```
df_stock.iloc[[2,6], 2]
```

執行結果如下。

```
Date
2019-11-19    267.899994
2019-11-25    262.709991
Name: Open, dtype: float64
```

程式如下。

```
df_stock.iloc[2, [2,5]]
```

執行結果如下。

```
Open        267.899994
Adj Close   265.659515
Name: 2019-11-19 00:00:00, dtype: float64
```

接下來，介紹另外一組可以快速定位某一資料元素的命令：at 和 iat。與 loc 和 iloc 類似，at 支持行列名稱，而 iat 支援行列索引號。因為，下面範例中的 DataFrame df_stock 中的行索引值為資料戳，因此在使用 at 時需要註明其類型，或用 df_stock.index 的形式。而 iat 則可以直接使用索引號。

程式如下。

```
df_stock.at[pd.Timestamp('2019-11-25'),  'Adj Close']
```

執行結果如下。

```
265.73931884765625
```

程式如下。

```
df_stock.at[df_stock.index[5], 'Adj Close']
```

執行結果如下。

```
261.1601867675781
```

程式如下。

```
df_stock.iat[5, 5]
```

執行結果如下。

```
261.1601867675781
```

作為對比，下面舉出了 loc 和 iloc 的範例，可以發現，它們可以獲得同樣的結果。

程式如下。

```
df_stock.loc['2019-11-25', 'Adj Close']
```

執行結果如下。

```
265.73931884765625
```

程式如下。

```
df_stock.iloc[5, 5]
```

執行結果如下。

```
261.1601867675781
```

布林選擇也常常用來處理序列或 DataFrame。使用 df_stock.Close > 265.0，可以判斷所有記錄的收盤價格是否高於 265 美金，而用 df_ stock[df_stock.Close > 265.0] 則可以產生一個所有收盤價格高於 265 美金記錄的新 DataFrame。

程式如下。

```
df_stock.Close > 265.0
```

執行結果如下。

```
Date
2019-11-15      True
2019-11-18      True
2019-11-19      True
2019-11-20     False
2019-11-21     False
2019-11-22     False
2019-11-25      True
2019-11-26     False
2019-11-27      True
2019-11-29      True
Name: Close, dtype: bool
```

程式如下。

```
df_stock[df_stock.Close > 265.0]
```

執行結果如下。

```
Date               High          Low  ...       Volume   Adj Close
2019-11-15   265.779999   263.010010  ...   25051600.0  265.130768
2019-11-18   267.429993   264.230011  ...   21675800.0  266.467590
2019-11-19   268.000000   265.390015  ...   19041800.0  265.659515
2019-11-25   266.440002   262.519989  ...   21005100.0  265.739319
2019-11-27   267.980011   265.309998  ...   16308900.0  267.205841
2019-11-29   268.000000   265.899994  ...   11654400.0  266.617249

[6 rows x 6 columns]
```

更複雜的多重限定可以應用這種形式，例如 df_stock[(df_stock. Close > 263.0)&(df_stock.Close < 266.0)] 舉出了收盤價格在 263 美金和 266 美金

之間的所有記錄。df_stock[(df_stock.Close > 263.0)&(df_stock. Close < 266.0)]['Open'] 則會顯示此收盤價格區間中的開盤價格。

程式如下。

```
df_stock[(df_stock.Close > 263.0)&(df_stock.Close < 266.0)]
```

執行結果如下。

```
Date              High          Low  ...      Volume   Adj Close
2019-11-15   265.779999   263.010010  ...   25051600.0  265.130768
2019-11-20   266.079987   260.399994  ...   26558600.0  262.566864
2019-11-26   267.160004   262.500000  ...   26301900.0  263.664246
[3 rows x 6 columns]
```

程式如下。

```
df_stock[(df_stock.Close > 263.0)&(df_stock.Close < 266.0)]['Open']
```

執行結果如下。

```
Date
2019-11-15     263.679993
2019-11-20     265.540009
2019-11-26     266.940002
Name: Open, dtype: float64
```

5.6 序列和 **DataFrame** 的基本運算

序列本質上是 DataFrame 的列，因此本節將主要以 DataFrame 為例介紹其基本的運算。

首先，建構兩個 DataFramedf1 和 df2，其中 df1 是 5 行 4 列，列名稱分別是 "A","B","C","D"；df2 是 4 行 3 列，列名稱分別是 "B","C","D"。資料元素均為隨機數。

```
import pandas as pd
import numpy as np
```

```
np.random.seed(5)
df1 = pd.DataFrame(np.random.randn(5,4), columns=['A','B','C','D'])
df2 = pd.DataFrame(np.random.randn(4,3), columns=['B','C','D'])
```

DataFramedf1，如下所示。

```
          A          B          C          D
0   0.441227  -0.330870   2.430771  -0.252092
1   0.109610   1.582481  -0.909232  -0.591637
2   0.187603  -0.329870  -1.192765  -0.204877
3  -0.358829   0.603472  -1.664789  -0.700179
4   1.151391   1.857331  -1.511180   0.644848
```

DataFramedf2，如下所示。

```
          B          C          D
0  -0.980608  -0.856853  -0.871879
1  -0.422508   0.996440   0.712421
2   0.059144  -0.363311   0.003289
3  -0.105930   0.793053  -0.631572
```

DataFrame 與一個常數相加，可以直接用加法運算子。其運算為這個 DataFrame 的所有元素與這個常數分別相加。下面的範例是用 DataFramedf1 與常數 1.0 相加，可見結果是 df1 中所有的資料元素都與 1.0 相加。程式如下。

```
df1 + 1.0
```

執行結果如下。

```
          A          B          C          D
0   1.441227   0.669130   3.430771   0.747908
1   1.109610   2.582481   0.090768   0.408363
2   1.187603   0.670130  -0.192765   0.795123
3   0.641171   1.603472  -0.664789   0.299821
4   2.151391   2.857331  -0.511180   1.644848
```

而對於兩個 DataFrame 的相加，也可以用加號運算子，DataFrame 的相加遵循相同行索引和列名稱的元素格相加的原則，對於沒有相對應元素的資料格,其結果為 NaN。下面的範例,是把建立的兩個 DataFramedf1 和 df2 相加,得到一個新的 DataFramedf,可見有相同索引和列名稱的元素 之間相加,其餘的則為 NaN。

i	A	B	C	D
0	0.441227	−0.330870	2.430771	−0.252092
1	0.109610	1.582481	−0.909232	−0.591637
2	0.187603	−0.329870	−1.192765	−0.204877
3	−0.358829	0.603472	−1.664789	−0.700179
4	1.151391	1.857331	−1.511180	0.644848

df1

i	B	C	D
0	−0.980608	−0.856853	−0.871879
1	−0.422508	0.996440	0.712421
2	0.059144	−0.363311	0.003289
3	−0.105930	0.793053	−0.631572

df2

+

＝

i	A	B	C	D
0	NaN	−1.311478	1.573918	−1.123971
1	NaN	1.159973	0.087207	0.120785
2	NaN	−0.270726	−1.556075	−0.201588
3	NaN	0.497541	−0.871735	−1.331751
4	NaN	NaN	NaN	NaN

df1+df2

圖 5-8　DataFrame 相加示意圖

程式如下。

```
df = df1 + df2
```

執行結果如下。

```
    A         B         C         D
0 NaN -1.311478  1.573918 -1.123971
1 NaN  1.159973  0.087207  0.120785
2 NaN -0.270726 -1.556075 -0.201588
3 NaN  0.497541 -0.871735 -1.331751
4 NaN       NaN       NaN       NaN
```

另外，add 也可以實現相加，例如 df1.add(1.0) 可以實現所有 DataFrame 中的元素加上常數 1.0 的運算。

程式如下。

```
df1.add(1.0)
```

執行結果如下。

```
          A          B          C          D
0  1.441227   0.669130   3.430771   0.747908
1  1.109610   2.582481   0.090768   0.408363
2  1.187603   0.670130  -0.192765   0.795123
3  0.641171   1.603472  -0.664789   0.299821
4  2.151391   2.857331  -0.511180   1.644848
```

df1.add(df2) 可以進行兩個 DataFrame 的相加運算，其結果與前述方法相同。其區別為這種方法更加靈活，可以支援參數，例如 df1.add(df2, fill_value=0.0)，在計算前會自動把 DataFrame 中沒有對應的元素格填充為指定的數值。在下面範例中，設定填充值為 0.0。

程式如下。

```
df1.add(df2, fill_value=0.0)
```

執行結果如下。

```
           A          B          C          D
0   0.441227  -1.311478   1.573918  -1.123971
1   0.109610   1.159973   0.087207   0.120785
2   0.187603  -0.270726  -1.556075  -0.201588
3  -0.358829   0.497541  -0.871735  -1.331751
4   1.151391   1.857331  -1.511180   0.644848
```

序列可以增加進 DataFrame。下面的範例，首先建構了一個序列 s，然後用 append() 函數把它增加進由以上兩個 DataFramedf1 和 df2 相加得到的 DataFramedf，組成了一個新的 DataFramedfa。

程式如下。

```
s = pd.Series([0.793053, 0.631572, 0.006195, 0.101068],
index=['A','B','C','D'])
dfa = df.append(s, ignore_index=True)
```

執行結果如下。

```
        A         B         C         D
0     NaN -1.311478  1.573918 -1.123971
1     NaN  1.159973  0.087207  0.120785
2     NaN -0.270726 -1.556075 -0.201588
3     NaN  0.497541 -0.871735 -1.331751
4     NaN       NaN       NaN       NaN
5  0.793053  0.631572  0.006195  0.101068
```

使用 fillna() 可以把 DataFrame 中的 NaN 填充為所需要的值。使用 dropna() 可以捨去 DataFrame 中所有包含 NaN 的行。

程式如下。

```
dfa.fillna(0.0)
```

執行結果如下。

```
          A         B         C         D
0  0.000000 -1.311478  1.573918 -1.123971
1  0.000000  1.159973  0.087207  0.120785
2  0.000000 -0.270726 -1.556075 -0.201588
3  0.000000  0.497541 -0.871735 -1.331751
4  0.000000  0.000000  0.000000  0.000000
5  0.793053  0.631572  0.006195  0.101068
```

程式如下。

```
dfa.dropna()
```

執行結果如下。

```
          A         B         C         D
5  0.793053  0.631572  0.006195  0.101068
```

下面是用 iloc[] 選擇 DataFrame 的一行，然後用此 DataFrame 減去這一行，注意這種情況下，這個 DataFrame 中的每一行都會減去這一行。

程式如下。

```
dfa.iloc[0]
```

執行結果如下。

```
A        NaN
B    -1.311478
C     1.573918
D    -1.123971
Name: 0, dtype: float64
```

程式如下。

```
dfa - dfa.iloc[0]
```

執行結果如下。

```
    A         B         C         D
0 NaN  0.000000  0.000000  0.000000
1 NaN  2.471451 -1.486711  1.244756
2 NaN  1.040752 -3.129994  0.922384
3 NaN  1.809019 -2.445653 -0.207779
4 NaN       NaN       NaN       NaN
5 NaN  1.943050 -1.567723  1.225039
```

DataFrame 之間的相減同樣遵循相同行索引和列名稱的元素格相減的原則，而沒有相對應元素的資料格，其結果為 NaN。下面範例中截取了 DataFramedf 的第 1 到第 3 行和列名為 "B" 和 "C" 的列建構了新的 DataFramedf_sub，然後 df 與其做相減運算。

程式如下。

```
df_sub = df[1:4][['B','C']]
df_sub
```

執行結果如下。

```
          B         C
1   1.159973   0.087207
2  -0.270726  -1.556075
3   0.497541  -0.871735
```

程式如下。

```
df - df_sub
```

執行結果如下。

```
    A    B    C    D
0  NaN  NaN  NaN  NaN
1  NaN  0.0  0.0  NaN
2  NaN  0.0  0.0  NaN
3  NaN  0.0  0.0  NaN
4  NaN  NaN  NaN  NaN
```

與加法類似，sub() 也可以實現減法運算，但因為可以使用參數，所以增加了靈活性。舉例來說，下面範例中的參數 axis = 0 指定了進行列的相減。

程式如下。

```
df.sub(df['B'], axis=0)
```

執行結果如下。

```
    A    B          C          D
0  NaN  0.0   2.885396   0.187507
1  NaN  0.0  -1.072766  -1.039189
2  NaN  0.0  -1.285350   0.069138
3  NaN  0.0  -1.369276  -1.829292
4  NaN  NaN        NaN        NaN
```

對於乘法與除法運算，也是類似的。可以用乘法或除法運算子以及 mul() 或 div() 來實現。讀者可以參見下面的範例。

程式如下。

```
df * 2.0
```

執行結果如下。

```
      A         B         C         D
0 NaN -2.622956  3.147836 -2.247943
1 NaN  2.319946  0.174415  0.241569
2 NaN -0.541451 -3.112151 -0.403175
3 NaN  0.995082 -1.743470 -2.663501
4 NaN       NaN       NaN       NaN
```

程式如下。

```
df.mul(2.0)
```

執行結果如下。

```
      A         B         C         D
0 NaN -2.622956  3.147836 -2.247943
1 NaN  2.319946  0.174415  0.241569
2 NaN -0.541451 -3.112151 -0.403175
3 NaN  0.995082 -1.743470 -2.663501
4 NaN       NaN       NaN       NaN
```

程式如下。

```
df1.mul(df2)
```

執行結果如下。

```
      A         B         C         D
0 NaN  0.324454 -2.082814  0.219794
1 NaN -0.668611 -0.905995 -0.421495
2 NaN -0.019510  0.433344 -0.000674
3 NaN -0.063926 -1.320266  0.442213
4 NaN       NaN       NaN       NaN
```

程式如下。

```
df/2.0
```

執行結果如下。

```
      A         B          C          D
0 NaN -0.655739   0.786959 -0.561986
1 NaN  0.579987   0.043604  0.060392
2 NaN -0.135363  -0.778038 -0.100794
3 NaN  0.248771  -0.435868 -0.665875
4 NaN       NaN        NaN       NaN
```

程式如下。

```
df.div(2.0)
```

執行結果如下。

```
      A         B          C          D
0 NaN -0.655739   0.786959 -0.561986
1 NaN  0.579987   0.043604  0.060392
2 NaN -0.135363  -0.778038 -0.100794
3 NaN  0.248771  -0.435868 -0.665875
4 NaN       NaN        NaN       NaN
```

程式如下。

```
df1.div(df2)
```

執行結果如下。

```
      A         B          C          D
0 NaN  0.337413  -2.836859   0.289137
1 NaN -3.745447  -0.912481  -0.830459
2 NaN -5.577381   3.283041 -62.294404
3 NaN -5.696867  -2.099214   1.108630
4 NaN       NaN        NaN       NaN
```

Pandas 本身還內嵌了許多屬性與方法來對 DataFrame 進行統計分析。仍然使用前面 DataFrame df 的範例，首先用 df.fillna(0.0, inplace=True) 直接將 DataFrame 上的 NaN 替換為 0.0。其中參數 inplace = True 是設定替換發生在原來的 DataFrame 上。

程式如下。

```
df.fillna(0.0, inplace=True)
```

DataFramedf,如下所示。

```
     A         B          C         D
0  0.0 -1.311478   1.573918 -1.123971
1  0.0  1.159973   0.087207  0.120785
2  0.0 -0.270726  -1.556075 -0.201588
3  0.0  0.497541  -0.871735 -1.331751
4  0.0  0.000000   0.000000  0.000000
```

為了了解一個 DataFrame,通常首先會使用 describe() 和 info() 來查看其基本的統計資訊和特徵資訊。當然,前面已經介紹過,使用 index、columns、values 等屬性命令,可以查看其行索引、列名稱以及資料值等。這裡不再贅述。

程式如下。

```
df.describe()
```

執行結果如下。

```
         A         B          C         D
count  5.0  5.000000   5.000000  5.000000
mean   0.0  0.015062  -0.153337 -0.507305
std    0.0  0.919948   1.177769  0.671808
min    0.0 -1.311478  -1.556075 -1.331751
25%    0.0 -0.270726  -0.871735 -1.123971
50%    0.0  0.000000   0.000000 -0.201588
75%    0.0  0.497541   0.087207  0.000000
max    0.0  1.159973   1.573918  0.120785
```

程式如下。

```
df.info()
```

執行結果如下。

```
<class 'pandas.core.frame.DataFrame'>
Int64Index: 5 entries, 0 to 4
Data columns (total 4 columns):
A    5 non-null float64
B    5 non-null float64
C    5 non-null float64
D    5 non-null float64
dtypes: float64(4)
memory usage: 200.0 bytes
```

另外，還可以使用 sum()、mean()、max()、min() 及 median() 函數來獲得 DataFrame 每一列的和、平均值、最大值、最小值及中值。這幾個函數，其參數 axis 預設為列，即 axis=0。如果設定 axis=1，則所有操作均是對於行。

程式如下。

```
df.sum()
```

對列求和，結果如下。

```
A    0.000000
B    0.075311
C   -0.766685
D   -2.536525
dtype: float64
```

程式如下。

```
df.sum(axis=1)
```

對行求和，結果如下。

```
0   -0.861531
1    1.367965
2   -2.028389
3   -1.705945
4    0.000000
dtype: float64
```

對列求平均值，程式如下。

```
df.mean()
```

執行結果如下。

```
A    0.000000
B    0.015062
C   -0.153337
D   -0.507305
dtype: float64
```

對行求平均值，程式如下。

```
df.mean(axis=1)
```

執行結果如下。

```
0   -0.215383
1    0.341991
2   -0.507097
3   -0.426486
4    0.000000
dtype: float64
```

對列求最大值，程式如下。

```
df.max()
```

執行結果如下。

```
A    0.000000
B    1.159973
C    1.573918
D    0.120785
dtype: float64
```

對行求最大值，程式如下。

```
df.max(axis=1)
```

執行結果如下。

```
0    1.573918
1    1.159973
2    0.000000
3    0.497541
4    0.000000
dtype: float64
```

對列求最小值,程式如下。

```
df.min()
```

執行結果如下。

```
A    0.000000
B   -1.311478
C   -1.556075
D   -1.331751
dtype: float64
```

對行求最小值,程式如下。

```
df.min(axis=1)
```

執行結果如下。

```
0   -1.311478
1    0.000000
2   -1.556075
3   -1.331751
4    0.000000
dtype: float64
```

對列求中值,程式如下。

```
df.median()
```

執行結果如下。

```
A    0.000000
```

```
B    0.000000
C    0.000000
D   -0.201588
dtype: float64
```

對行求中值,程式如下。

```
df.median(axis=1)
```

執行結果如下。

```
0   -0.561986
1    0.103996
2   -0.236157
3   -0.435868
4    0.000000
dtype: float64
```

Pandas 中 DataFrame 的行列轉置可以透過屬性 T 實現。程式如下。

```
df.T
```

執行結果如下。

```
           0          1          2          3     4
A   0.000000   0.000000   0.000000   0.000000   0.0
B  -1.311478   1.159973  -0.270726   0.497541   0.0
C   1.573918   0.087207  -1.556075  -0.871735   0.0
D  -1.123971   0.120785  -0.201588  -1.331751   0.0
```

rename() 提供了改變列名稱或索引名稱的方便方法。下面範例把列名稱 "A" 和 "B" 分別改為 "AA" 和 "BB"。同理,另外一個範例把索引 0 和 1 分別改為了 "a" 和 "b"。程式如下。

```
df.rename(columns={'A':'AA', 'B':'BB'})
```

執行結果如下。

```
     AA         BB          C          D
0   0.0  -1.311478   1.573918  -1.123971
```

```
1   0.0   1.159973   0.087207   0.120785
2   0.0  -0.270726  -1.556075  -0.201588
3   0.0   0.497541  -0.871735  -1.331751
4   0.0   0.000000   0.000000   0.000000
```

程式如下。

```
df.rename(index={0:'a', 1:'b'})
```

執行結果如下。

```
     A        B         C          D
a   0.0  -1.311478   1.573918  -1.123971
b   0.0   1.159973   0.087207   0.120785
2   0.0  -0.270726  -1.556075  -0.201588
3   0.0   0.497541  -0.871735  -1.331751
4   0.0   0.000000   0.000000   0.000000
```

對於 DataFrame，可以透過 sort_index() 或 sort_values() 實現對其按照索引或數值排序。第一個範例，設定參數 ascending=False，實現了對索引從大到小的排序。第二個範例，是按照列名為 'B' 的列進行了從大到小的排序。程式如下。

```
df.sort_index(ascending=False)
```

執行結果如下。

```
     A        B         C          D
4   0.0   0.000000   0.000000   0.000000
3   0.0   0.497541  -0.871735  -1.331751
2   0.0  -0.270726  -1.556075  -0.201588
1   0.0   1.159973   0.087207   0.120785
0   0.0  -1.311478   1.573918  -1.123971
```

程式如下。

```
df.sort_values(by=['B'], ascending=False)
```

執行結果如下。

```
     A         B         C         D
1  0.0  1.159973  0.087207  0.120785
3  0.0  0.497541 -0.871735 -1.331751
4  0.0  0.000000  0.000000  0.000000
2  0.0 -0.270726 -1.556075 -0.201588
0  0.0 -1.311478  1.573918 -1.123971
```

5.7 設定索引，重新索引與重建索引

索引是 Pandas 中非常重要的概念。透過前面的介紹，相信大家已經有了一些感觸。無論是對於 DataFrame 的行、列或元素資料格的獲取，還是對於序列和 DataFrame 的運算，都會牽涉到對於索引的理解。在本節中，會透過具體的範例，幫助大家更進一步地掌握相關知識。同時，還會介紹三個重要的函數設定索引 (set_index())、重新索引 (reindex()) 和重建索引 (reset_index())。

首先，用下面程式建構一個 5 行 3 列，以隨機數為資料元素的 DataFrame，其列名為 A、B、C，而其索引為預設產生的從 0 開始的整數。

```
import pandas as pd
import numpy as np
np.random.seed(5)
df = pd.DataFrame(np.random.randn(5,3), columns=['A','B','C'])
```

DataFramedf 展示如下。

```
        A         B         C
0  0.441227 -0.330870  2.430771
1 -0.252092  0.109610  1.582481
2 -0.909232 -0.591637  0.187603
3 -0.329870 -1.192765 -0.204877
4 -0.358829  0.603472 -1.664789
```

可以利用 set_index(df.A) 把索引設定為 A 列的資料，這樣其索引變為

了 A 列的資料，此時索引為浮點數；也可以透過 df.set_index (pd.Index(
['a','b','c','d','e'])) 把索引設定為指定的陣列，但是這個陣列的元素個數必
須與 DataFrame 的行數相同。

程式如下。

```
df.set_index(df.A)
```

執行結果如下。

```
          A          B          C          D
 0.441227   0.441227  -0.330870   2.430771
-0.252092  -0.252092   0.109610   1.582481
-0.909232  -0.909232  -0.591637   0.187603
-0.329870  -0.329870  -1.192765  -0.204877
-0.358829  -0.358829   0.603472  -1.664789
```

程式如下。

```
df.set_index(pd.Index(['a','b','c','d','e']))
```

執行結果如下。

```
          A          B          C
a  0.441227  -0.330870   2.430771
b -0.252092   0.109610   1.582481
c -0.909232  -0.591637   0.187603
d -0.329870  -1.192765  -0.204877
e -0.358829   0.603472  -1.664789
```

重新索引是指建立一個適應新索引的新物件，Pandas 會透過這種方法
根據新索引的順序重新排序，如果新的索引中存在原索引中不存在的索
引，將使用 NaN 值進行填充。下面的範例中，新索引值包含 1、2、3、a
和 b，其中 1, 2, 3 是原 DataFrame 中已有的索引，所以新 DataFrame 會直
接調取，而 a 和 b 則在原索引中不存在，所以會以 NaN 值填充。另外，
也可以透過參數 fill_value 來設定填充值。在下面的範例中設定 0.0 來進
行填充。同理，透過設定參數 axis='columns'，也可以對列索引 (列名稱)

進行重新索引操作，大家可以參看下面的範例。

程式如下。

```
df.reindex([1,2,3,'a','b'])
```

執行結果如下。

```
          A         B          C
1 -0.252092  0.109610   1.582481
2 -0.909232 -0.591637   0.187603
3 -0.329870 -1.192765  -0.204877
a       NaN       NaN        NaN
b       NaN       NaN        NaN
```

程式如下。

```
df.reindex([1,2,3,'a','b'], fill_value=0.0)
```

執行結果如下。

```
          A         B          C
1 -0.252092  0.109610   1.582481
2 -0.909232 -0.591637   0.187603
3 -0.329870 -1.192765  -0.204877
a  0.000000  0.000000   0.000000
b  0.000000  0.000000   0.000000
```

程式如下。

```
df.reindex(['A','B','C','D','E'], axis='columns')
```

執行結果如下。

```
          A         B          C   D   E
0  0.441227 -0.330870   2.430771 NaN NaN
1 -0.252092  0.109610   1.582481 NaN NaN
2 -0.909232 -0.591637   0.187603 NaN NaN
3 -0.329870 -1.192765  -0.204877 NaN NaN
4 -0.358829  0.603472  -1.664789 NaN NaN
```

在實際運用當中，由於行的增加、刪除等操作，序列及 DataFrame 經常會遇到索引不再連續的情況，此時，重建索引的方法可以幫助重置它們的索引，以便後續的操作。在下面的範例中，首先建立一個索引不連續的 DataFramedf。然後利用 reset_index() 重建連續整數的索引，其預設值依然儲存原有的索引。如果只想保留重建後的索引，可以設定參數 drop=True。

程式如下。

```
import pandas as pd
import numpy as np
np.random.seed(5)
df = pd.DataFrame(np.random.randn(5,3), index=[1,3,6,8,10],
columns=['A','B','C'])
```

DataFramedf 展示如下。

```
          A         B         C
1   0.441227 -0.330870  2.430771
3  -0.252092  0.109610  1.582481
6  -0.909232 -0.591637  0.187603
8  -0.329870 -1.192765 -0.204877
10 -0.358829  0.603472 -1.664789
```

程式如下。

```
df.reset_index()
```

執行結果如下。

```
   index        A         B         C
0      1  0.441227 -0.330870  2.430771
1      3 -0.252092  0.109610  1.582481
2      6 -0.909232 -0.591637  0.187603
3      8 -0.329870 -1.192765 -0.204877
4     10 -0.358829  0.603472 -1.664789
```

程式如下。

```
df.reset_index(drop=True)
```

執行結果如下。

```
          A          B          C
0   0.441227  -0.330870   2.430771
1  -0.252092   0.109610   1.582481
2  -0.909232  -0.591637   0.187603
3  -0.329870  -1.192765  -0.204877
4  -0.358829   0.603472  -1.664789
```

本章介紹了 Pandas 套件的安裝和匯入，其基本的資料結構——序列和 DataFrame。在此基礎上主要以 DataFrame 為範例，探討了一些基本的操作和運算。另外，著重介紹了與索引有關的幾個操作，即設定索引、重新索引和重建索引，希望加深讀者對索引概念的理解。第 6 章會繼續討論 Pandas 其他的一些重要概念。

Pandas
與資料分析 II

拷問資料，它會坦白一切。

Torture the data, and it will confess to anything.

—— 羅奈爾得·哈裡·科斯 (Ronald Harry Coase)

Pandas 運算套件不但涵蓋的內容涉及廣泛，而且功能上也普遍非常強大。不得不説，它完全具備「功夫熊貓」的身手。在第 5 章中，介紹了 Pandas 運算套件的安裝與匯入，針對序列和 DataFrame 的資料選擇，序列與 DataFrame 的基本操作，以及與索引有關的幾種操作。在本章中，會繼續對其介紹。

資料的視覺化極大地幫助我們實現了對資料的理解。不需要借助額外的運算套件，Pandas 本身即擁有實現資料視覺化的能力，在本章中將首先介紹。接著，本章會介紹 Pandas 運算套件對不同格式檔案強大的寫出與讀取能力。在實際的資料分析處理中，單一資料來源往往無法提供所需要的完整的資料，因此經常會利用不同的資料來源來獲取完整資料，這樣就需要合併、拼接等後續操作來整合這些不同來源的資料。另外，對於不同的資料應用，常常也要對所得到的資料進行再構、重組等操作。因此，本章的最後，將詳細探討這些資料操作。

本章核心命令程式

▶ dataFrame.groupby() 資料分組分析

▶ dataFrame.groupby().aggregate() 資料分組後的聚合

▶ dataFrame.groupby().apply() 資料分組後對某數值的單獨操作

▶ dataFrame.join() 透過列索引合併 DataFrame

▶ dataFrame.pivot() 和 Pandas.pivot_table() 實現樞紐分析表的功能

▶ dataFrame.plot() 視覺化 DataFrame

▶ dataFrame.to_csv(),Pandas.read_csv() 寫出、讀取 CSV 檔案

▶ dataFrame.to_excel(),Pandas.read_excel 寫出、讀取 EXCEL 檔案

▶ dataFrame.to_hdf(),Pandas.read_hdf() 寫出、讀取 HDF 檔案

▶ dataFrame.to_json(),Pandas.read_json() 寫出、讀取 JSON 檔案

▶ pandas.concat() 拼接 DataFrame

▶ pandas.merge() 合併 DataFrame

▶ pandas.pivot_table().query() 從樞紐分析表中檢索

6.1 資料的視覺化

毫無疑問，Python 資料視覺化最為常用的是 Matplotlib 運算函數庫，但是實際上 Pandas 本身即可實現資料視覺化，相對 Matplotlib 運算函數庫來説，不但更加簡單，而且功能足夠強大，可以應付實際工作中絕大部分的視覺化工作。

下面透過實際的應用範例介紹。首先，使用以下程式從雅虎金融資料庫中選取 2019 年全年蘋果股票的資料。

```
from pandas_datareader import data
df = data.DataReader('AAPL', 'yahoo', '2019-1-1', '2019-12-31')
```

對於此類資料量相對較大的 DataFrame，如果只單純地觀察資料，往往會無從下手，還會很容易遺漏一些關鍵資訊，而視覺化則有助快速準確地

形成對資料整體的了解，因此顯得非常必要。如圖 6-1 所示即為對一個 DataFrame 的視覺化。

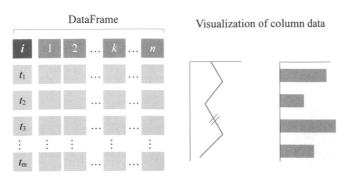

圖 6-1　DataFrame 的視覺化

下面的程式，僅有一行，但是功能卻非常強大，它實現了對 DataFramedf 的日成交量 (Volume) 一列的視覺化，執行結果如圖 6-2 所示。

```
df['Volume'].plot()
```

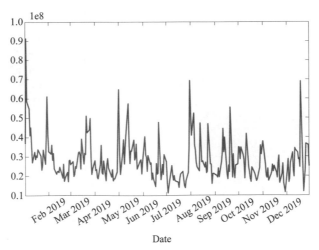

圖 6-2　2019 年蘋果股票日成交量

如果希望進一步完善圖形，可以透過設定 plot() 函數的參數來實現。下面的程式，設定了顯示格線，以及增加了標題，執行結果如圖 6-3 所示。

```
df['Volume'].plot(grid=True, title='Volume of AAPL in 2019')
```

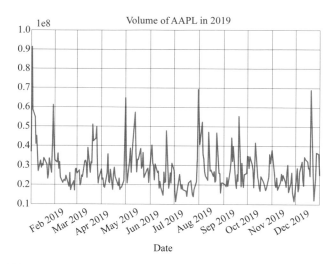

圖 6-3　2019 年蘋果股票日成交量（包含標題與網格）

顯然，plot() 函數預設為繪製線型圖，如果想繪製其他類型的影像，只需對參數 kind 進行設定。舉例來說，可以設定 kind='hist' 來得到柱狀圖。執行下列程式，結果如圖 6-4 所示。

```
df['Volume'].plot(kind='hist', grid=True, title='Volume of AAPL in 2019')
```

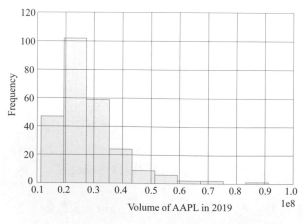

圖 6-4　2019 年蘋果股票日成交量柱狀圖

實際上也可以對整個 DataFrame 的所有列同時繪圖，但是因為此時共用坐標軸，為了能把所有的列都在同一坐標系上更清晰地展示出來，各列的值不能相差過大 (如果相差幾個數量級，顯然在同一坐標系上，較小的值將無法適當地顯示)，因此在這裡會預先移除列 "Volume"，只保留跟價格有關的其他各列，從而建立一個新的 DataFramedf_Price。下面的程式可以實現建立一個隻包含價格的新 DataFrame，並對整個 DataFrame 實現視覺化。程式執行結果顯示，以索引為水平座標，所有五列以不同顏色的線同時顯示在了一幅圖中，如圖 6-5 所示。

```
df_Price = df.drop('Volume', axis=1)
df_Price.plot()
```

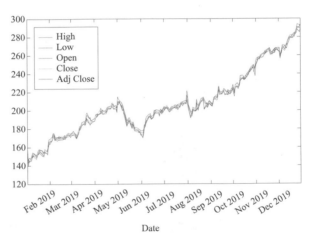

圖 6-5　DataFrame 多列在同一幅圖中顯示

如果需要把所有的列顯示到同一幅大圖的不同小圖中，可以透過設定參數 subplots=True 來實現。程式如下所示。

```
df.plot(kind='line', subplots=True, layout=(3,2), rot=90, title='AAPL
Stock in 2019')
```

在這個範例中，還使用參數 layout 指定了 6 幅圖的排列方式為 3 行 2 列，並且用 rot 設定水平座標的標識為旋轉 90 度的直排，以避免標識重疊。程式執行後，結果如圖 6-6 所示。

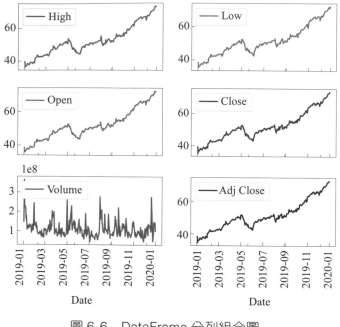

圖 6-6　DataFrame 分列組合圖

6.2 Pandas 檔案寫出和讀取

Pandas 是檔案操作的「多面手」，可以支援現在流行的絕大多數檔案格式，將不同格式的檔案讀取為 DataFrame，或將 DataFrame 寫出為不同格式的檔案。本節將選取介紹幾種格式的檔案：CSV、TXT、EXCEL、JSON 和 HDF。

對於 Pandas 檔案操作的講解，將牽涉到多種不同格式的資料檔案。毫無疑問，讓大家能非常容易地建立與本書完全相同的檔案範例對於更快更進一步地理解 Pandas 對檔案操作非常重要。因此區別於多數書籍的先講讀取再講寫出的順序，本書將首先介紹寫出。透過寫出操作，讀者將把不同格式的檔案寫出到自己電腦的指定位置儲存，這樣，讀者將得到每種格式的檔案範例。這些檔案隨後會用於對檔案讀取的講解。

逗點分隔值 (Comma-Separated Values, CSV)，因其簡單，並且可以用於不同程式之間的資料互動，從而在金融、商業、科學研究等領域被廣泛應用。這種檔案是一個字元序列，以純文字形式儲存表格資料（數字和文字），即這種檔案不含諸如二進位數字那樣需要被解讀的資料。CSV 檔案可以由任意數目的記錄組成，而每一行都是一個資料記錄。每個記錄則由一個或多個欄位組成，用逗點分隔。這也是逗點分隔符號名稱的來源，但是實際上其分隔字元並非必須是逗點，因此有時也被稱為字元分隔值。

在這裡，選取 2019 年 1 月 1 日到 7 日蘋果股票的資料作為範例。

```
df = data.DataReader('AAPL', 'yahoo', '2020-1-1', '2020-1-7')
```

DataFramedf 展示如下。

```
Date        High        Low         ...   Volume      Adj Close
2020-01-02  300.600006  295.190002  ...   33870100    299.638885
2020-01-03  300.579987  296.500000  ...   36580700    296.725769
2020-01-06  299.959991  292.750000  ...   29596800    299.090149
2020-01-07  300.899994  297.480011  ...   27218000    297.683533

[4 rows x 6 columns]
```

使用下面簡單的命令就可以把這個包含蘋果股票資料的 DataFrame 寫出到電腦中指定的位置，並儲存為 CSV 格式檔案。

```
df.to_csv('C:\FileExample\StockPrice.csv')
```

在這個資料夾中會出現新生成的檔案 StockPrice.csv。用記事本開啟這個檔案，很明顯地可以看到此檔案包含蘋果股票 2020 年前七天的資料。

寫出命令 to_csv 也包含豐富的參數，可以對寫出格式以及內容等進行控制。比以下面的程式，參數 columns 限定寫入出 "Open"、"Close" 和 "Volume" 三列；參數 sep 標定分隔符號不再是預設的逗點，而為空白字元；參數 index 設定不再是預設的 True，而是 False，即不會在檔案中寫出索引 ('Date')。

```
df.to_csv('C:\FileExample\StockPrice_2.csv', columns=['Open', 'Close',
'Volume'], sep=' ', index=False)
```

同樣的,用記事本開啟剛剛寫出的檔案 StockPrice_2.csv,可見只有寫出時限定的三列,作為索引的日期沒有寫出,並且分隔符號由逗點變成了空格。

對於 csv 格式的檔案,下面的程式可以對其讀取,並儲存為 DataFramedf_csv。

```
df_csv = pd.read_csv('C:\FileExample\StockPrice.csv')
```

DataFramedf_csv 展示如下。

```
     Date       High     Low     ...   Close    Volume     Adj Close
0   2020-01-02  300.60   295.19  ...   300.35   33870100   299.64
1   2020-01-03  300.58   296.50  ...   297.43   36580700   296.73
2   2020-01-06  299.96   292.75  ...   299.80   29596800   299.09
3   2020-01-07  300.90   297.48  ...   298.39   27218000   297.68

[4 rows x 7 columns]
```

可見,讀取的 DataFrame 的索引不再是日期。利用參數的設定,可以選擇需要讀取的 DataFrame。下面的範例透過參數 usecols 限定只讀取 "Date"、"High"、"Low"、"Open" 和 "Close" 五列,並且參數 index_col 指定用 "Date" 列作為索引,同時設定參數 skiprows 不讀取第 1 行和第 3 行。

```
df_csv = pd.read_csv('C:\FileExample\StockPrice.csv', index_col='Date',
usecols=['Date', 'High', 'Low', 'Open', 'Close'], skiprows=[1,3])
```

DataFramedf_csv 展示如下。

```
Date        High    Low     Open    Close
2020-01-03  300.58  296.50  297.15  297.43
2020-01-07  300.90  297.48  299.84  298.39
```

而要讀取分隔符號不是逗點的檔案,例如前面建立的 StockPrice_2.csv,

需要對參數 sep 進行對應的設定。程式如下。

```
df_csv = pd.read_csv('C:\FileExample\StockPrice_2.csv', sep=' ')
```

DataFramedf_csv 展示如下。

```
     Open    Close   Volume
0  296.24  300.35  33870100
1  297.15  297.43  36580700
2  293.79  299.80  29596800
```

TXT 即文字檔，它實質上並不是一種格式，而是指只有字元原生編碼組成的二進位電腦檔案，它不包含格式等富檔案所包含的資訊，因此能夠被最簡單的文字編輯器直接讀取。其最大的特點就是結構簡單，因此成為最常使用的資料格式之一。

對於 TXT 檔案的寫出，與 CSV 格式檔案其實完全相同，只不過檔案的尾碼名變為 txt，以下面程式所示。

```
df.to_csv('C:\FileExample\StockPrice.txt')
```

可以用記事本開啟建立的 StockPrice.txt 檔案。檔案讀取的程式和結果展示如下，可見，同樣地與 CSV 格式完全一致。

```
df_txt = pd.read_csv('C:\FileExample\StockPrice.txt')
```

DataFramedf_txt 如下所示。

```
     Date        High    Low    ...  Close   Volume    Adj Close
0  2020-01-02  300.60  295.19  ...  300.35  33870100  299.64
1  2020-01-03  300.58  296.50  ...  297.43  36580700  296.73
2  2020-01-06  299.96  292.75  ...  299.80  29596800  299.09
3  2020-01-07  300.90  297.48  ...  298.39  27218000  297.68

[4 rows x 7 columns]
```

對於寫出和讀取參數的設定，也是與 CSV 格式檔案完全一樣的，大家可以自行嘗試。

EXCEL 是 Microsoft Office Excel 的簡稱，它是微軟公司開發的一款辦公表格軟體，因為其快捷方便，所以非常受歡迎並廣泛流行。根據不同的版本和用途，EXCEL 檔案的尾碼名包括 XLSX、XLSM、XLS 等。這裡以 XLSX 為例介紹。當然，Python 有 Xlwings 和 Openpyxl 等專門的運算套件處理 EXCEL 檔案，但是在這裡只介紹 Pandas 套件對 XLSX 檔案的寫出和讀取。

下面的範例即是把 DataFramedf 寫出到檔案 StockPrice.xlsx 中。執行下面的程式後，到路徑指定的位置找到檔案，用 EXCEL 軟體開啟，可以看到資料已經寫出到了檔案的 "Sheet1" 頁面。

```
df.to_excel('C:\FileExample\StockPrice.xlsx')
```

透過設定參數，可以更加精確地控制寫出過程。以下例所示，可以設定參數 sheet_name 指定寫出 XLSX 檔案的頁面名稱為 "StockPrice"，參數 columns 指定唯讀取 "Open"、"Close" 和 "Volume" 三列，參數 index 設定不寫出索引，參數 startrow 和 startcol 設定從表的第 2 行和第 3 列開始寫出。其程式和結果展示如下。

```
df.to_excel('C:\FileExample\StockPrice2.xlsx', sheet_name='StockPrice',
columns=['Open', 'Close', 'Volume'], index=False, startrow=2, startcol=3)
```

使用 read_excel() 函數可以讀取 XLSX 檔案，並儲存為 DataFrame。

```
df_excel = pd.read_excel('C:\FileExample\StockPrice.xlsx')
```

DataFramedf_excel 展示如下。

```
    Date        High      Low    ...   Close    Volume    Adj Close
0 2020-01-02   300.60   295.19   ...   300.35   33870100   299.64
1 2020-01-03   300.58   296.50   ...   297.43   36580700   296.73
2 2020-01-06   299.96   292.75   ...   299.80   29596800   299.09
3 2020-01-07   300.90   297.48   ...   298.39   27218000   297.68

[4 rows x 7 columns]
```

而透過設定參數，也可以順利讀取前面儲存的檔案 StockPrice2.xlsx。具
體程式如下。

```
df_excel = pd.read_excel('C:\FileExample\StockPrice2.xlsx', sheet_
name='StockPrice', skiprows=2, usecols=['Open','Close','Volume'])
```

DataFramedf_excel 展示如下。

```
        Open       Close      Volume
0  296.239990  300.350006  33870100
1  297.149994  297.429993  36580700
2  293.790009  299.799988  29596800
3  299.839996  298.390015  27218000
```

JSON (JavaScript Object Notation)，即 JavaScript 物件標記法，是由道格
拉斯‧克羅克福特 (Douglas Crockford) 構想和設計的一種簡便的適用於
網路傳輸的資料交換格式。相比於當時通用的 XML 格式，JSON 有著簡
潔清晰的層次結構，語法也更簡單，故而更加便於閱讀和撰寫，也便於
機器解析和生成，因此有效地提升了網路傳輸效率，很快便在網路資料
傳輸領域獲得了廣泛應用。JSON 格式在語法上與建立 JavaScript 物件的
程式相同，但 JSON 本質上是一堆字串，採用完全獨立於程式語言的文字
格式來儲存和表示資料，因此它是一種獨立於語言的文字格式。

下面就是把 DataFramedf 寫出檔案的命令，檔案的名字為 StockPrice.
json。用記事本開啟，可以看到記錄的內容。

```
df.to_json('C:\FileExample\StockPrice.json')
```

對於上面的命令，其預設的 JSON 的字串格式為 column，即遵從以
下格式 {column → {index → value}}。也可以透過設定參數 orient 來
選擇不和的字串格式，比以下面的範例中我們選擇了 "split" 格式，即
{'index' → [index], 'columns' → [columns], 'data' → [values]}。開啟檔案
StockPrice2.json，可以明顯地看到兩種字串格式的差別。

```
df.to_json('C:\FileExample\StockPrice2.json', orient='split')
```

透過 read_json 函數可以讀取 json 檔案，並儲存為 DataFrame。參見下面
程式及結果 DataFrame。

```
df_json = pd.read_json('C:\FileExample\StockPrice.json')
```

DataFramedf_json 展示如下。

```
            Adj Close        Close   ...        Open     Volume
2020-01-02  299.638885   300.350006  ...  296.239990   33870100
2020-01-03  296.725769   297.429993  ...  297.149994   36580700
2020-01-06  299.090149   299.799988  ...  293.790009   29596800
2020-01-07  297.683533   298.390015  ...  299.839996   27218000

[4 rows x 6 columns]
```

如果寫出時的字串格式非預設，就需要選擇對應的 orient 參數。因此，
對於 StockPrice2.json 檔案，只有正確地設定 orient='split'，才能正確地讀
取。

```
df_json = pd.read_json('C:\FileExample\StockPrice2.json', orient='split')
```

DataFramedf_json 展示如下。

```
                 High          Low   ...     Volume   Adj Close
2020-01-02  300.600006   295.190002  ...   33870100  299.638885
2020-01-03  300.579987   296.500000  ...   36580700  296.725769
2020-01-06  299.959991   292.750000  ...   29596800  299.090149
2020-01-07  300.899994   297.480011  ...   27218000  297.683533

[4 rows x 6 columns]
```

HDF (Hierarchical Data Format) 是用於儲存和分發科學資料的一種層級
式、類似檔案系統的格式，它最初由美國國家超級計算應用中心 (NCSA)
開發，旨在滿足不同領域科學家對於不同工程專案的需求，目前流行的
版本是 HDF5。這種格式檔案是為了儲存和處理巨量資料而設計，因此具
有極高的壓縮率，另外還具有自述性、通用性、靈活性、擴充性及跨平
台性。HDF5 檔案由兩種基本資料物件，即 dataset 和 group 組成。dataset

代表資料集，一個檔案當中可以存放不同種類的資料集，這些資料集利用 group 進行管理。對其理解可以類比檔案系統的目錄層次結構，dataset 表示的是不同分類的具體資料，而 group 表示目錄，根目錄可包含其他子目錄，節點目錄裡存放對應的資料集，從而對這些資料集進行管理和區分。

下面的程式可以把 DataFramedf 以 HDF5 格式寫出到檔案 StockPrice.h5。在這裡，指定其標識為 "AAPL"，指定寫出模式為 "w"，即直接建立一個新的檔案 (在此模式下，如果已經存在同名檔案，則其將被覆蓋)。另外，如果指定模式為 "r+"，則要求檔案必須已經存在。預設的模式為 "a"，即追加讀寫，如果檔案尚未存在，則首先會進行建立。

```
df.to_hdf('C:\FileExample\StockPrice.h5', key='AAPL', mode='w')
```

讀取 HDF5 格式的檔案可以用下面的程式。

```
df_hdf = pd.read_hdf('C:\FileExample\StockPrice.h5')
```

DataFramedf_hdf 展示如下。

```
Date        High        Low        ...   Volume      Adj Close
2020-01-02  300.600006  295.190002 ...   33870100    299.638885
2020-01-03  300.579987  296.500000 ...   36580700    296.725769
2020-01-06  299.959991  292.750000 ...   29596800    299.090149
2020-01-07  300.899994  297.480011 ...   27218000    297.683533

[4 rows x 6 columns]
```

6.3 DataFrame 的合併

Pandas 中提供的合併操作方法可以根據一個或多個列的資料值 (連接鍵) 將兩個 DataFrame 中的其他列合併，組成一個新的 DataFrame，這個新的 DataFrame 包含原來兩個 DataFrame 的所有列，但是作為連接鍵的列只出現一次。

而兩個 DataFrame 的合併可以有以下四種方式：內合併、外合併、左合
併和右合併。內合併和外合併分別指透過連接鍵選取兩個 DataFrame 的
交集和合集，而左合併和右合併是指以左 DataFrame 或右 DataFrame 的
連接鍵為基準對兩個 DataFrame 執行合併操作。如圖 6-7 所示為這四種合
併方式。

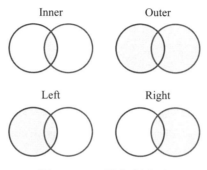

圖 6-7　四種合併方式

這裡仍然是從雅虎金融資料庫中選取蘋果股票的資料對這些合併方式
進行講解。首先使用下面的程式建立兩個 DataFramedf_AAPL1 和 df_
AAPL2。

```
from pandas_datareader import data
df_AAPL1 = data.DataReader('AAPL', 'yahoo', '2019-12-15', '2019-12-21')
[['High',
'Low']]
df_AAPL2 = data.DataReader('AAPL', 'yahoo', '2019-12-18', '2019-12-24')
[['Open',
'Close']]
```

第一個 DataFramedf_AAPL1 包含從 2019 年 12 月 15 日到 21 日一周時間
裡蘋果股票的最高價與最低價，第二個 DataFramedf_AAPL2 包含從 2019
年 12 月 18 日到 24 日一周時間內蘋果股票的開盤價和收盤價。

DataFramedf_AAPL1 如下所示。

```
Date        High        Low
2019-12-16  280.790009  276.980011
2019-12-17  281.769989  278.799988
2019-12-18  281.899994  279.119995
2019-12-19  281.179993  278.950012
2019-12-20  282.649994  278.559998
```

DataFramedf_AAPL2 如下所示。

```
Date        Open        Close
2019-12-18  279.799988  279.739990
2019-12-19  279.500000  280.019989
2019-12-20  282.230011  279.440002
2019-12-23  280.529999  284.000000
2019-12-24  284.690002  284.269989
```

這兩個 DataFrame 的索引是日期，把索引日期變為 DataFrame 中的一列。程式如下。

```
df_AAPL1.reset_index(inplace=True)
df_AAPL2.reset_index(inplace=True)
```

DataFramedf_AAPL1 如下所示。

```
   index  Date        High        Low
0      0  2019-12-16  280.790009  276.980011
1      1  2019-12-17  281.769989  278.799988
2      2  2019-12-18  281.899994  279.119995
3      3  2019-12-19  281.179993  278.950012
4      4  2019-12-20  282.649994  278.559998
```

DataFramedf_AAPL2 如下所示。

```
   index  Date        Open        Close
0      0  2019-12-18  279.799988  279.739990
1      1  2019-12-19  279.500000  280.019989
2      2  2019-12-20  282.230011  279.440002
3      3  2019-12-23  280.529999  284.000000
4      4  2019-12-24  284.690002  284.269989
```

然後執行下面這個最簡單的合併操作。

```
df_AAPL = pd.merge(df_AAPL1, df_AAPL2)
```

合併後的 DataFramedf_AAPL 如下所示。

```
          Date       High          Low         Open        Close
0 2019-12-18  281.899994   279.119995   279.799988   279.739990
1 2019-12-19  281.179993   278.950012   279.500000   280.019989
2 2019-12-20  282.649994   278.559998   282.230011   279.440002
```

從結果中可以看到此種情況的合併，預設的連接鍵為共同的列 "Date"，預設的合併方式為內合併。第一個 DataFrame 的列 "High" 和 "Low"，與第二個 DataFrame 的列 "Open" 和 "Close" 合併在一起，同時，共同的連接鍵 "Date" 只保留一個。並且只有具有相同連接鍵值日期的 2019 年 12 月 18 日、19 日和 20 日三行被保留了下來。

如圖 6-8 所示是 DataFrame 內合併過程示意圖。

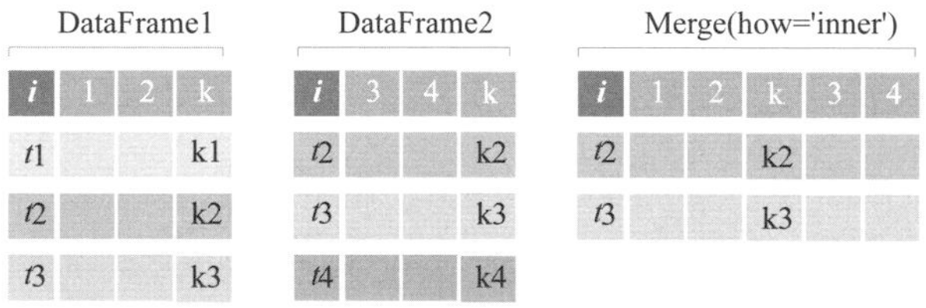

圖 6-8　DataFrame 的內合併

在合併操作中，可以透過參數 on 和 how 來指定連接鍵以及合併方式。所以上面的合併操作等於下面的命令。

```
df_AAPL = pd.merge(df_AAPL1, df_AAPL2, how='inner', on='Date')
```

內合併後的 DataFramedf_AAPL 如下所示。

```
Date             High          Low
2019-12-16  280.790009   276.980011
2019-12-17  281.769989   278.799988
2019-12-18  281.899994   279.119995
```

```
2019-12-19   281.179993   278.950012
2019-12-20   282.649994   278.559998
```

如圖 6-9 所示為外合併，對應的程式如下。

```
df_AAPL = pd.merge(df_AAPL1, df_AAPL2, how='outer', on='Date')
```

圖 6-9　DataFrame 的外合併

外合併後的 DataFramedf_AAPL 如下所示。

```
         Date        High         Low        Open       Close
0 2019-12-16   280.790009  276.980011         NaN         NaN
1 2019-12-17   281.769989  278.799988         NaN         NaN
2 2019-12-18   281.899994  279.119995  279.799988  279.739990
3 2019-12-19   281.179993  278.950012  279.500000  280.019989
4 2019-12-20   282.649994  278.559998  282.230011  279.440002
5 2019-12-23          NaN         NaN  280.529999  284.000000
6 2019-12-24          NaN         NaN  284.690002  284.269989
```

如圖 6-10 所示為左合併，對應的程式如下。

```
df_AAPL = pd.merge(df_AAPL1, df_AAPL2, how='left', on='Date')
```

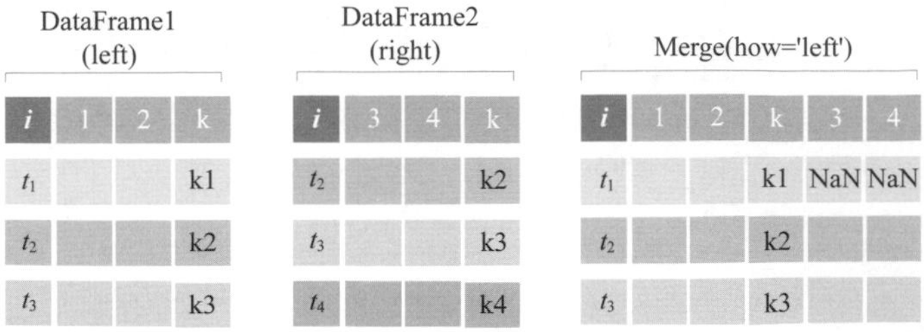

圖 6-10　DataFrame 的左合併

左合併後的 DataFramedf_AAPL 如下所示。

```
        Date         High          Low         Open        Close
0 2019-12-16   280.790009   276.980011          NaN          NaN
1 2019-12-17   281.769989   278.799988          NaN          NaN
2 2019-12-18   281.899994   279.119995   279.799988   279.739990
3 2019-12-19   281.179993   278.950012   279.500000   280.019989
4 2019-12-20   282.649994   278.559998   282.230011   279.440002
```

如圖 6-11 所示為右合併，對應的程式如下。

```
df_AAPL = pd.merge(df_AAPL1, df_AAPL2, how='right', on='Date')
```

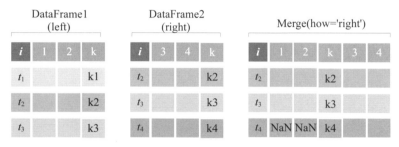

圖 6-11　DataFrame 的右合併

右合併後的 DataFramedf_AAPL 如下所示。

```
        Date         High          Low         Open        Close
0 2019-12-18   281.899994   279.119995   279.799988   279.739990
1 2019-12-19   281.179993   278.950012   279.500000   280.019989
2 2019-12-20   282.649994   278.559998   282.230011   279.440002
3 2019-12-23          NaN          NaN   280.529999   284.000000
4 2019-12-24          NaN          NaN   284.690002   284.269989
```

另外，也可以任意指定兩個 DataFrame 的不同名的列作為連接鍵。用下面的程式，把前面用到的 DataFramedf_AAPL1 和 df_AAPL2 的列名稱 "Date" 分別改稱為 "Date1" 和 "Date2"，作為範例講解。

```
df_AAPL1.rename(columns={"Date" : "Date1"}, inplace=True)
df_AAPL2.rename(columns={"Date" : "Date2"}, inplace=True)
```

DataFramedf_AAPL1 如下所示。

```
       Date1        High         Low
0  2019-12-16  280.790009  276.980011
1  2019-12-17  281.769989  278.799988
2  2019-12-18  281.899994  279.119995
3  2019-12-19  281.179993  278.950012
4  2019-12-20  282.649994   278.55999
```

DataFramedf_AAPL2 如下所示。

```
       Date2        Open       Close
0  2019-12-18  279.799988  279.739990
1  2019-12-19  279.500000  280.019989
2  2019-12-20  282.230011  279.440002
3  2019-12-23  280.529999  284.000000
4  2019-12-24  284.690002  284.269989
```

然後，以每一個 DataFrame 的 "Date1" 和第二個 DataFrame 的 "Date2"
作為連接鍵進行合併。結果顯示這兩個 DataFrame 的所有列都獲得了保
留，而因為是內合併，所以合併後的新 DataFrame 只保留了 2019 年 12
月 18 日、19 日和 20 日三行。

如圖 6-12 所示是不同名的列作為連接鍵的 DataFrame 合併的示意圖。

```
df_AAPL = pd.merge(df_AAPL1, df_AAPL2, how='inner', left_on='Date1', right
on='Date2')
```

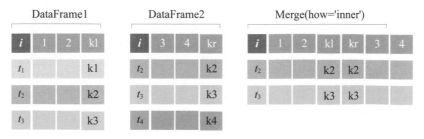

圖 6-12　不同名的列作為連接鍵的 DataFrame 合併

合併後的 DataFramedf_AAPL 如下所示。

```
     Date1       High     Low    Date2       Open    Close
0 2019-12-18   281.89   279.11  2019-12-18  279.79   279.73
1 2019-12-19   281.17   278.95  2019-12-19  279.50   280.01
2 2019-12-20   282.64   278.55  2019-12-20  282.23   279.44
```

Pandas 的合併操作也可以基於多個連接鍵，這時只需要把這些連接鍵組成串列傳入參數即可。首先建構範例 DataFrame，透過下列程式把前面的 DataFramedf_AAPL1 和 df_AAPL2 各加入名為 "DayOfWeek" 的一列。這裡用到了 Pandas 的關於星期的屬性 dt.weekday，當它應用於一個序列時，會傳回對應於星期幾的數字，星期一為 0，星期日為 6，其他依此類推。

```
from pandas_datareader import data
df_AAPL1 = data.DataReader('AAPL', 'yahoo', '2019-12-15', '2019-12-21')
[['High',
'Low']]
df_AAPL2 = data.DataReader('AAPL', 'yahoo', '2019-12-18', '2019-12-24')
[['Open',
'Close']]
df_AAPL1.reset_index(inplace=True)
df_AAPL2.reset_index(inplace=True)
df_AAPL1['DayOfWeek'] = df_AAPL1['Date'].dt.weekday
df_AAPL2['DayOfWeek'] = df_AAPL2['Date'].dt.weekday
```

然後，執行以下程式，實現基於兩個連接鍵的合併。如圖 6-13 所示為這種合併方式。

```
df_AAPL_2Keys = pd.merge(df_AAPL1, df_AAPL2, how='inner', on=['Date',
'DayOfWeek'] )
```

圖 6-13　基於兩個連接鍵的 DataFrame 合併

基於兩個連接鍵的合併後的 DataFramedf_AAPL_2Keys 如下所示。

```
   Date         High      Low    DayOfWeek   Open     Close
0 2019-12-18   281.90   279.12          2   279.80   279.74
1 2019-12-19   281.18   278.95          3   279.50   280.02
2 2019-12-20   282.65   278.56          4   282.23   279.44
```

6.4 DataFrame 的列連接

列連接 (join) 方法是用於將兩個 DataFrame 中的不同的列索引合併成為一個新 DataFrame 的簡便方法，除去其預設連接為左連接外，其參數的意義與合併 (merge) 方法中的參數意義基本一樣。

本節，繼續以 6.3 節中用到的蘋果股票的範例來講解，兩個 DataFrame 如下所示。

```
from pandas_datareader import data
df_AAPL1 = data.DataReader('AAPL', 'yahoo', '2019-12-15', '2019-12-21')
[['High', 'Low']]
df_AAPL2 = data.DataReader('AAPL', 'yahoo', '2019-12-18', '2019-12-24')
[['Open', 'Close']]
```

DataFramedf_AAPL1 如下所示。

```
Date                High           Low
2019-12-16   280.790009   276.980011
2019-12-17   281.769989   278.799988
2019-12-18   281.899994   279.119995
2019-12-19   281.179993   278.950012
2019-12-20   282.649994   278.559998
```

DataFramedf_AAPL2 如下所示。

```
Date                Open         Close
2019-12-18   279.799988   279.739990
2019-12-19   279.500000   280.019989
2019-12-20   282.230011   279.440002
```

```
2019-12-23   280.529999   284.000000
2019-12-24   284.690002   284.269989
```

如果執行下面的程式，結果表明 DataFramedf_AAPL1 和 df_AAPL2 連接成為一個新的 DataFrame。這個連接是以預設的左連接，即基於左 DataFramedf_AAPL1 的索引進行的，連接後缺失的資料以 NaN 填充，如圖 6-14 所示。

```
df_AAPL = df_AAPL1.join(df_AAPL2)
```

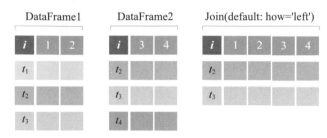

圖 6-14　DataFrame 的連接

連接後的 DataFramedf_AAPL 如下所示。

```
Date          High          Low          Open          Close
2019-12-16   280.790009   276.980011          NaN          NaN
2019-12-17   281.769989   278.799988          NaN          NaN
2019-12-18   281.899994   279.119995   279.799988   279.739990
2019-12-19   281.179993   278.950012   279.500000   280.019989
2019-12-20   282.649994   278.559998   282.230011   279.440002
```

之所以前面提到 join 方法是一種簡便的合併方法，是因為使用 merge，可以得到與上面完全相同的結果。大家可以執行下面的程式，結果與前面完全一致。

```
df_AAPL = pd.merge(df_AAPL1, df_AAPL2, left_index=True, right_index=True,
how='left')
```

下面展示使用其他連接方式將 DataFrame 連接的範例，其程式和連接結果如下。

先講右連接。基於右邊 DataFramedf_AAPL2 的索引，與左邊 DataFramedf_ AAPL1 連接，這兩個 DataFrame 所有的列組成新的 DataFrame，缺失的資料用 NaN 補足，程式如下。

```
df_AAPL = df_AAPL1.join(df_AAPL2, how='right')
```

右連接後的 DataFramedf_AAPL 如下所示。

```
Date              High          Low         Open        Close
2019-12-18   281.899994   279.119995   279.799988   279.739990
2019-12-19   281.179993   278.950012   279.500000   280.019989
2019-12-20   282.649994   278.559998   282.230011   279.440002
2019-12-23          NaN          NaN   280.529999   284.000000
2019-12-24          NaN          NaN   284.690002   284.269989
```

對於內連接，基於兩個 DataFramedf_AAPL1 和 df_AAPL2 索引的交集，將這兩個 DataFrame 所有的列連接組成新的 DataFrame，程式如下。

```
df_AAPL = df_AAPL1.join(df_AAPL2, how='inner')
```

內連接後的 DataFramedf_AAPL 如下所示。

```
Date              High          Low         Open        Close
2019-12-18   281.899994   279.119995   279.799988   279.739990
2019-12-19   281.179993   278.950012   279.500000   280.019989
2019-12-20   282.649994   278.559998   282.230011   279.440002
```

外連接是基於兩個 DataFramedf_AAPL1 和 df_AAPL2 索引的聯集，將這兩個 DataFrame 所有的列連接組成新的 DataFrame，缺失的資料用 NaN 補足，程式如下。

```
df_AAPL = df_AAPL1.join(df_AAPL2, how='outer')
```

外連接後的 DataFramedf_AAPL 如下所示。

```
Date              High          Low         Open        Close
2019-12-16   280.790009   276.980011          NaN          NaN
2019-12-17   281.769989   278.799988          NaN          NaN
2019-12-18   281.899994   279.119995   279.799988   279.739990
```

```
2019-12-19   281.179993   278.950012   279.500000   280.019989
2019-12-20   282.649994   278.559998   282.230011   279.440002
2019-12-23          NaN          NaN   280.529999   284.000000
2019-12-24          NaN          NaN   284.690002   284.269989
```

列連接方法預設的連接是基於索引的，但是當然也可以連接除索引外的其他列，這時可以用參數 on 指明作為連接鍵的列名稱。用下面的範例說明。首先透過對 DataFramedf_AAPL1 重設索引建構一個包含列名為 "Date" 的 DataFramedf_AAPL3，然後設定 on='Date' 指明其與 df_AAPL2 連接時以 "Date" 列作為連接鍵，而 df_AAPL2 的連接鍵依然為索引，其程式如下。

```
df_AAPL3 = df_AAPL1.reset_index()
```

DataFramedf_AAPL3 如下所示。

```
        Date        High         Low
0 2019-12-16   280.790009   276.980011
1 2019-12-17   281.769989   278.799988
2 2019-12-18   281.899994   279.119995
3 2019-12-19   281.179993   278.950012
4 2019-12-20   282.649994   278.559998
```

使用的程式如下。

```
df_AAPL = df_AAPL3.join(df_AAPL2, on='Date')
```

連接後的 DataFramedf_AAPL 如下所示。

```
        Date        High         Low         Open        Close
0 2019-12-16   280.790009   276.980011          NaN          NaN
1 2019-12-17   281.769989   278.799988          NaN          NaN
2 2019-12-18   281.899994   279.119995   279.799988   279.739990
3 2019-12-19   281.179993   278.950012   279.500000   280.019989
4 2019-12-20   282.649994   278.559998   282.230011   279.440002
```

如果要連接 df_AAPL3 和 df_AAPL1 兩個 DataFrame，因為這兩個 DataFrame 有列同名的列 "High" 和 "Low"，這時需要透過設定參數

lsuffix 和 rsuffix 來進行區分，然後才能連接。

```
df_AAPL = df_AAPL3.join(df_AAPL1, on='Date', lsuffix='_3', rsuffix='_1')
```

連接後的 DataFramedf_AAPL 如下所示。

```
        Date      High_3       Low_3      High_1       Low_1
0 2019-12-16  280.790009  276.980011  280.790009  276.980011
1 2019-12-17  281.769989  278.799988  281.769989  278.799988
2 2019-12-18  281.899994  279.119995  281.899994  279.119995
3 2019-12-19  281.179993  278.950012  281.179993  278.950012
4 2019-12-20  282.649994  278.559998  282.649994  278.559998
```

6.5 DataFrame 的拼接

有些情況下只會對 DataFrame 進行簡單的拼接，這時可以使用 concat() 函數。concat() 函數可以透過設定軸參數 axis 來指定按行或按列將多個物件拼接到一起，組成新的 DataFrame。如圖 6-15 所示為這種拼接方法的預設方式，即行拼接且為外拼接的示意圖。

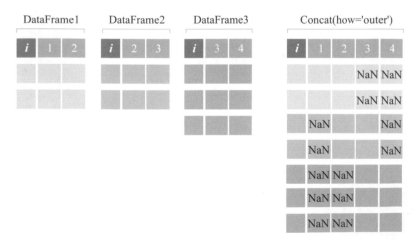

圖 6-15　DataFrame 的拼接

這裡仍然以蘋果股票的範例來講解，用下述程式產生三個 DataFrame。

```
from pandas_datareader import data
df_AAPL1 = data.DataReader('AAPL', 'yahoo', '2019-12-15', '2019-12-21')
[['High', 'Low', 'Open', 'Close']]
df_AAPL2 = data.DataReader('AAPL', 'yahoo', '2019-12-17', '2019-12-23')
[['Open', 'Close', 'Adj Close']]
df_AAPL3 = data.DataReader('AAPL', 'yahoo', '2019-12-19', '2019-12-25')
[['Open', 'Close', 'Adj Close']]
```

DataFramedf_AAPL1 含有 "High"、"Low"、"Open"、"Close" 四列，而 df_AAPL2 和 df_AAPL3 包含 "Open"、"Close"、"Adj Close" 三列。

DataFramedf_AAPL1 如下所示。

```
Date             High          Low         Open        Close
2019-12-16  280.790009  276.980011  277.000000  279.859985
2019-12-17  281.769989  278.799988  279.570007  280.410004
2019-12-18  281.899994  279.119995  279.799988  279.739990
2019-12-19  281.179993  278.950012  279.500000  280.019989
2019-12-20  282.649994  278.559998  282.230011  279.440002
```

DataFramedf_AAPL2 如下所示。

```
Date             Open         Close    Adj Close
2019-12-17  279.570007  280.410004  279.746094
2019-12-18  279.799988  279.739990  279.077667
2019-12-19  279.500000  280.019989  279.356995
2019-12-20  282.230011  279.440002  278.778381
2019-12-23  280.529999  284.000000  283.327576
```

DataFramedf_AAPL3 如下所示。

```
Date             Open         Close    Adj Close
2019-12-19  279.500000  280.019989  279.356995
2019-12-20  282.230011  279.440002  278.778381
2019-12-23  280.529999  284.000000  283.327576
2019-12-24  284.690002  284.269989  283.596924
```

用下面的程式可以對上述三個 DataFrame 進行拼接。

```
df_AAPL = pd.concat([df_AAPL1, df_AAPL2, df_AAPL3], sort=False)
```

對於 concat() 函數，軸參數預設 axis=0，是指行拼接，拼接方式預設 join='outer'，是外拼接。另外一個參數 sort 是指定是否對拼接後的列進行 排序，這裡的範例選擇了不排序。從結果可見，所有三個 DataFrame 的 行單純地全部拼接在一起，對於缺失的資料，用 NaN 進行了補足。

拼接後的 DataFramedf_AAPL 如下所示。

```
Date          High      Low     Open    Close   Adj Close
2019-12-16   280.79   276.98   277.00   279.86      NaN
2019-12-17   281.77   278.80   279.57   280.41      NaN
2019-12-18   281.90   279.12   279.80   279.74      NaN
2019-12-19   281.18   278.95   279.50   280.02      NaN
2019-12-20   282.65   278.56   282.23   279.44      NaN
2019-'12-17    NaN      NaN    279.57   280.41   279.75
2019-12-18     NaN      NaN    279.80   279.74   279.08
2019-12-19     NaN      NaN    279.50   280.02   279.36
2019-12-20     NaN      NaN    282.23   279.44   278.78
2019-12-23     NaN      NaN    280.53   284.00   283.33
2019-12-19     NaN      NaN    279.50   280.02   279.36
2019-12-20     NaN      NaN    282.23   279.44   278.78
2019-12-23     NaN      NaN    280.53   284.00   283.33
2019-12-24     NaN      NaN    284.69   284.27   283.60
```

參數 keys 可以指明拼接後的 DataFrame 中資料的來源，具體說明可以看 下面的範例。

```
df_AAPL = pd.concat([df_AAPL1, df_AAPL2, df_AAPL3], axis=0, sort=False,
keys=['df_AAPL1', 'df_AAPL2', 'df_AAPL3'])
```

拼接後的結果與前一個範例唯一的區別就是指明了資料的來源。

如果設定軸參數 axis=1，連接方式 join='inner'，此時將拼接所有的列，並 且只取行索引的交集。

```
df_AAPL = pd.concat([df_AAPL1, df_AAPL2, df_AAPL3], axis=1, join='inner')
```

結果顯示三個 DataFrame 所有的列都被拼接起來，而只取了行的交集 2019-12-19 和 2019-12-20。

內拼接後的 DataFramedf_AAPL 如下所示。

```
Date          High     Low   ...   Close   Adj Close
2019-12-19   281.18  278.95  ...   280.02   279.36
2019-12-20   282.65  278.56  ...   279.44   278.78
[2 rows x 10 columns]
```

6.6 DataFrame 的分組分析

在實際應用中,經常需要對資料進行分組處理。groupby() 函數就是 Pandas 提供的資料分組分析的利器。它可以根據指定的或多個鍵值,對 DataFrame 進行分組,然後依照需要,進行諸如記數、平均值、標準差、極值,甚至自訂函數等統計操作。如圖 6-16 所示即為資料分組分析的流程示意圖。

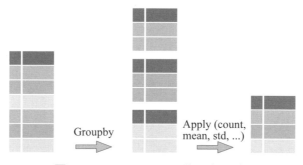

圖 6-16　DataFrame 的分組分析

下面用具體的範例來說明,首先建立一個 DataFrame。這個 DataFrame 包含蘋果、特斯拉和 Google 三個公司在 2020 年 1 月 1 日到 7 日的股票資料。之後將用這個 DataFrame 對分組分析函數進行講解。

```
from pandas_datareader import data
import pandas as pd

#extract stock data from Yahoo
df_AAPL = data.DataReader('AAPL', 'yahoo', '2020-1-1', '2020-1-6')
```

```
df_GOOG = data.DataReader('GOOG', 'yahoo', '2020-1-1', '2020-1-6')
#add 'Symbol' column
df_AAPL['Symbol'] = 'AAPL'
df_TSLA['Symbol'] = 'TSLA'
df_GOOG['Symbol'] = 'GOOG'
#concat three dataframes, and drop 'Volume' column
df = pd.concat([df_AAPL, df_TSLA, df_GOOG])
df.drop('Volume', axis=1, inplace=True)
```

建立的 DataFramedf 如下所示。

```
Date              High          Low    ...     Adj Close   Symbol
2020-01-02   300.600006   295.190002   ...    299.638885     AAPL
2020-01-03   300.579987   296.500000   ...    296.725769     AAPL
2020-01-06   299.959991   292.750000   ...    299.090149     AAPL
2020-01-02   430.700012   421.709991   ...    430.260010     TSLA
2020-01-03   454.000000   436.920013   ...    443.010010     TSLA
2020-01-06   451.559998   440.000000   ...    451.540009     TSLA
2020-01-02  1368.140015  1341.550049   ...   1367.369995     GOOG
2020-01-03  1372.500000  1345.543945   ...   1360.660034     GOOG
2020-01-06  1396.500000  1350.000000   ...   1394.209961     GOOG

[9 rows x 6 columns]
```

下面用 groupby() 函數按照公司 (即列 "Symbol") 進行分組。在這裡需要著重指出，groupby() 函數傳回的結果是 DataFrameGroupBy 物件，而非 DataFrame 或序列物件，因此無法直接呼叫 DataFrame 或序列的屬性及函數。

為了更加直觀方便，用 plot() 函數可以快速展示按照公司分組後的每個公司的股票資料，如圖 6-17 所示。

```
df.groupby('Symbol').plot()
```

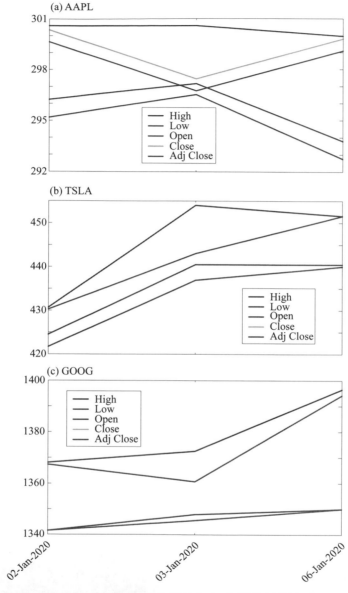

圖 6-17　按照公司分組後每個公司的股票資訊

對於使用 **groupby()** 函數分組後的資料，可以方便地進行多種統計分析。
下面的範例舉出了程式及結果。

分組後記數的程式如下。

```
df.groupby('Symbol').count()
```

執行結果如下。

Symbol	High	Low	Open	Close	Adj Close
AAPL	3	3	3	3	3
GOOG	3	3	3	3	3
TSLA	3	3	3	3	3

分組後計算平均值的程式如下。

```
df.groupby('Symbol').mean()
```

執行結果如下。

Symbol	High	Low	Open	Close	Adj Close
AAPL	300.38	294.81	295.73	299.19	298.48
GOOG	1379.05	1345.70	1346.47	1374.08	1374.08
TSLA	445.42	432.88	435.16	441.60	441.60

分組後尋找最大值的程式如下。

```
df.groupby('Symbol').max()
```

執行結果如下。

Symbol	High	Low	Open	Close	Adj Close
AAPL	300.60	296.5	297.15	300.35	299.64
GOOG	1396.50	1350.0	1350.00	1394.21	1394.21
TSLA	454.00	440.0	440.50	451.54	451.54

分組後尋找最小值的程式如下。

```
df.groupby('Symbol').min()
```

執行結果如下。

Symbol	High	Low	Open	Close	Adj Close
AAPL	299.96	292.75	293.79	297.43	296.73

```
GOOG    1368.14  1341.55  1341.55  1360.66  1360.66
TSLA     430.70   421.71   424.50   430.26   430.26
```

分組後計算標準方差的程式如下。

```
df.groupby('Symbol').std()
```

執行結果如下。

```
Symbol   High    Low   Open   Close   Adj Close
AAPL     0.36   1.90   1.74    1.55    1.55
GOOG    15.27   4.23   4.39   17.75   17.75
TSLA    12.81   9.79   9.23   10.71   10.71
```

當然，可以用 plot() 函數視覺化這些統計結果，在這裡只展示標準方差，
具體如圖 6-18 所示，程式如下。

```
df.groupby('Symbol').std().plot()
```

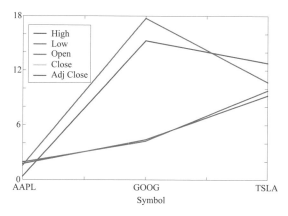

圖 6-18　按照分司分組後每個公司的股票資料的標準差

groupby() 函數經常會與匯總函數 aggregate() 結合使用，實現對每一列
的特定操作。下面的程式就是對 DataFramedf 先用 groupby() 函數按照
"Symbol" 進行分組，然後傳遞 Numpy 的各個函數分別對其各列進行取最
大值、最小值、平均值、中值以及求和操作。最後，對得到的結果視覺
化，如圖 6-19 所示。

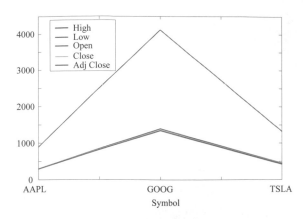

圖 6-19　分組後應用匯總函數 aggregate() 產生的 DataFrame 的視覺化

```
import numpy as np
dfga = df.groupby('Symbol').aggregate({
                                        'High': np.max,
                                        'Low': np.min,
                                        'Open': np.mean,
                                        'Close': np.median,
                                        'Adj Close': np.sum
                                      })
dfga.plot()
```

DataFramedfga 如下所示。

Symbol	High	Low	Adj Close	Close	Open
AAPL	300.60	292.75	895.45	299.80	295.73
GOOG	1396.50	1341.55	4122.24	1367.37	1346.47
TSLA	454.00	421.71	1324.81	443.01	435.16

aggregate() 函數實現的是對某列中所有的數值的整體的操作，而要對每個數值進行單獨的操作，則需要用到 apply() 函數。比以下面的範例，利用 apply() 函數將分組後 "Close" 列的所有資料值變為 2 倍。並將結果視覺化，如圖 6-20 所示。

```
dfgp = df.groupby('Symbol').apply(lambda x: x['Close']*2.0)
dfgp.plot()
```

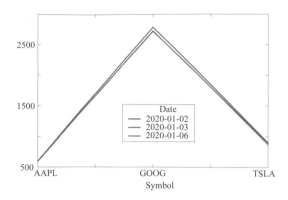

圖 6-20　分組後應用 apply() 函數產生的 DataFrame 的視覺化

DataFramedfgp 如下所示。

```
Date       2020-01-02    2020-01-03    2020-01-06
Symbol
AAPL        600.700012    594.859985    599.599976
GOOG       2734.739990   2721.320068   2788.419922
TSLA        860.520020    886.020020    903.080017
```

接下來這個範例則對分組後 "Close" 列進行了排序。其結果為包含雙重索引的序列，程式如下。

```
dfgp = df.groupby('Symbol').apply(lambda x: x['Close'].sort_
values(ascending=False))
```

DataFramedfgp 如下所示。

```
Symbol  Date
AAPL    2020-01-02     300.350006
        2020-01-06     299.799988
        2020-01-03     297.429993
GOOG    2020-01-06    1394.209961
        2020-01-03    1367.369995
        2020-01-03    1360.660034
TSLA    2020-01-06     451.540009
        2020-01-03     443.010010
        2020-01-02     430.260010
Name: Close, dtype: float64
```

6.7 樞紐分析表

樞紐分析表 (pivot table) 是一種統計列表，它可以對資料進行分組並統計分析和計算，使其可以靈活清晰地展示相關的資料分類整理結果。如果你使用過微軟的 Excel 軟體，或許已經體會過其強大功能。在 Pandas 中，同樣可以實現此類樞紐分析表的功能，它是透過 pivot() 或 pivot_table() 函數來實現。圖 6-21 為將 DataFrame 的 O 和 C 列按照 S 進行分類的示意圖。

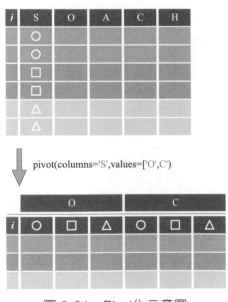

圖 6-21　Pivot() 示意圖

接下來，繼續用 6.6 節建立的 DataFramedf，使用 pivot() 函數，可以對這個 DataFrame 中的 "Open" 和 "Close" 的列值依照 "Symbol" 進行分類，這裡沒有指定索引，所以會用原 DataFrame 的索引。

```
df.pivot(columns='Symbol', values=['Open', 'Close'])
```

分類整理後結果如下所示。

```
              Open                ...     Close
Symbol        AAPL      GOOG      ...     GOOG      TSLA
Date                              ...
2020-01-02  296.24    1341.55     ...   1367.37   430.26
2020-01-03  297.15    1347.86     ...   1360.66   443.01
2020-01-06  293.79    1350.00     ...   1394.21   451.54

[3 rows x 6 columns]
```

而使用 pivot_table() 函數，可以實現完全相同的功能。

```
table = pd.pivot_table(df, values=['Open', 'Close'], index='Date',
columns=['Symbol'])
```

但是 pivot() 函數所能處理的資料相同索引值只能對應唯一的資料值，否則會顯示出錯。pivot_table() 函數則更加靈活，它提供了 aggfunc 參數，其預設為取平均值，即如果有非唯一的資料值，pivot_table() 函數可以進行預設的取平均或其他設定的運算。

下面的範例就展示了透過設定 aggfunc 參數實現更加豐富的資料統計操作。對資料中的 "Open" 列分別進行了取最小值、最大值和平均值操作；對 "Close" 列則進行求和、取中值和標準方差的操作。其程式如下。

```
table = pd.pivot_table(df, values=['Open', 'Close'], index='Date',
aggfunc={'Open': [min, max, np.mean], 'Close': [sum, np.median, np.std]})
```

分類整理後結果如下所示。

```
              Close                 ...     Open
              median      std       ...     mean        min
Date                                ...
2020-01-02  430.260010  582.177434  ...   687.430013  296.239990
2020-01-03  443.010010  576.445029  ...   695.169993  297.149994
2020-01-06  451.540009  592.928447  ...   694.753337  293.790009

[3 rows x 6 columns]
```

在獲得了所需的樞紐分析表之後，如果想存取或過濾資料，可以利用
query() 函數進行。下面的範例就是從上面建立的透視表中，選取了日期
為 "2020-01-03" 的分析資料。這種方法對於存在大量資料的透視表，會
大大提高檢索效率。

```
table.query('Date == ["2020-01-03"]')
```

檢索結果如下所示。

```
                 Close               ...      Open
               median        std     ...      mean          min
Date                                 ...
2020-01-03   443.01001  576.445029   ...  695.169993   297.149994

[1 rows x 6 columns]
```

本章延續了第 5 章，繼續探索 Pandas 的應用。首先介紹了 Pandas 對資
料的視覺化功能。其次，以幾種常見的檔案格式為例，討論了 Pandas 對
檔案的寫入和讀出操作。再次，詳細說明了資料的合併、連接以及拼接
等操作。最後，介紹了資料處理分析中常用的分組、透視表等功能。至
此，已經用了兩章的篇幅與「功夫熊貓」周旋，相信大家已經對它的強
大有了初步的認識。但是這也僅是管中窺豹，希望這兩章的知識，為大
家繼續挑戰「功夫熊貓」提供紮實的基礎。

資料視覺化

如果說 Matplotlib 讓繪製簡單的圖形變得容易，繪製複雜的圖形變得可能，那麼 seaborn 則使複雜圖形的繪製變得簡單。

If Matplotlib tries to make easy things easy and hard things possible, seaborn tries to make a well-defined set of hard things easy too.

——麥克 · 瓦斯科姆 (Michael Waskom)

本章核心命令程式

▶ pandas.Series.autocorr(A) 計算自相關性，並繪製火柴棒狀圖

▶ ax.grid(linewidth=0.5,linestyle='--') 設定繪圖網格

▶ ax.tick_params(which='major', length=7,width = 0.5) 設定坐標軸主刻度值

▶ ax.tick_params(which='minor', length=4,width = 0.5) 設定坐標軸次刻度值

▶ ax2=ax1.twinx() 增加第二根 x 軸

▶ ax2=ax1.twiny() 增加第二根 y 軸

▶ axs[0,1].axhline(3) 繪製水平輔助線

▶ axs[0,1].axvline(5) 繪製垂直輔助線

▶ axs[1,0].vlines([3, 7],[0],[5],'r',linestyle = ':') 繪製垂直輔助線

▶ axs[1,0].hlines([1, 4],[0],[10],'b',linestyle = '--') 繪製水平輔助線

▶ axs[1,1].axhspan(2.5,3, color = 'r') 增加水平填充區域

▶ axs[1,0].vlines([3, 7],[0],[5],'r',linestyle = ':') 增加垂直填充區域

▶ ax[0].bar(x - width/2, goog_means, width, label='Google') 使用 Matplotlib 繪製橫條圖

▶ axs[1].scatter(normal_2D_data[:, 0], normal_2D_data[:, 1], s=10, c=T, edgecolors = 'none',alpha=.6, cmap='Set1') 繪製散點圖

▶ ax.axis('off') 不顯示坐標軸

▶ ax2=fig.add_axes([left,bottom,width,height]) 增加第二根軸

▶ ax[0].errorbar(x, y_sin, 0.2) 繪製線圖時增加錯誤曲線

▶ C1 = ax[0].contour(X,Y,f1(X,Y),cmap = 'cool') 繪製等溫線圖

▶ df.plot.bar(rot=0,color={'Google':'red','Amazon':'blue'},ax=ax[0]) 使用 pandas 繪製橫條圖

▶ fig, axs = plt.subplots(1, 2,figsize=(8,5)) 增加子圖

▶ fig_title = r'$\frac{1}{3\sqrt{\2pi}}e^{-\frac{1}{2}(\frac{\mathit{x}-10}{3})^2}$' 在圖裡增加公式

▶ fig.subplots_adjust(hspace=0.4,wspace=.3) 調整子圖之間的空間

▶ ax1.pie(sizes, labels=labels, autopct='%1.1f%%',shadow=True, startangle=90) 繪製圓形圖

▶ markerline2, stemlines2, baseline2 =ax[1].stem(x2, np.cos(x2), use_line_collection=False) 繪製火柴棒圖

▶ plt.subplot(211) 增加子圖

▶ plt.yticks([-5,0,5]) 設定縱軸刻度值

▶ plt.hist(x,bins=50,color=colors) 繪製長條圖

▶ plt.legend(['White noise 1', 'White noise 2'],edgecolor = 'none', facecolor = 'none',loc='upper center') 增加圖例

▶ sns.barplot(x='Quarter', y='Adjusted closing price',hue='Stock',data=df,ci=None,palette="Set2",ax=ax[0]) 使用 seaborn 函數庫繪製橫條圖

▶ numpy.random.normal(5,2,200*(1+i*10)) 生成隨機數

7.1　**Matplotlib** 繪圖函數庫

Python 有許多的開放原始碼繪圖函數庫，可以滿足不同 Python 使用者的資料視覺化需求。在這些 Python 繪圖函數庫中，以 Matplotlib 歷史最悠久。Matplotlib 的作者是美國神經生物學家 John Hunter，他具有長期使用 MATLAB 進行資料分析和資料視覺化的經驗，因此 Matplotlib 與 MATLAB 的繪圖命令十分類似，熟悉 MATLAB 的讀者在使用 Matplotlib 時很快就能上手。Matplotlib 的第一個穩定版本發佈於 2003 年。

John Hunter, (1968-2012), American neurobiologist, original author of Matplotlib.

Matplotlib 主要用於繪製二維圖或三維圖，它的重要性表現在它是許多其他 Python 繪圖函數庫的基礎，如 seaborn 等。Matplotlib 主要使用 Python 語言撰寫。它還大量地使用 NumPy 中的程式作為基礎，因此 Matplotlib 的繪圖功能在處理大型矩陣資料時性能良好。正是因為這個原因，Matplotlib 和 NumPy、pandas、SciPy 等其他函數庫的聯繫緊密，一併成為 Python 的基礎函數庫。

讀者使用 Matplotlib 函數庫能較為方便地繪製各種常見的二維圖和三維圖，如線圖、橫條圖、長條圖、圓形圖和散點圖等。本章的前八節將對其進行詳細介紹。本章的第九節將介紹如何在 Matplotlib 中進行互動式繪圖。

7.2 繪製二維線圖

如圖 7-1 所示是一個典型的二維線圖，它包含很多主要的繪圖元素，包括坐標軸、坐標軸刻度、坐標軸名稱、圖的名稱、圖例、圖形元素的顏色和線型、圖中字型的樣式和字型大小等。使用者需要掌握如何使用 Matplotlib 實現這些繪圖功能。

以下程式可以繪製圖 7-1。

```
B1_Ch7_1.py
import numpy as np
import matplotlib as mp
import matplotlib.pyplot as plt
from matplotlib.ticker import (MultipleLocator, FormatStrFormatter,
                               AutoMinorLocator)
#Fixing random state for reproducibility
np.random.seed(19680801)

t = np.arange(0, 30, 0.01)
nse1 = np.random.randn(len(t))                    #white noise 1
nse2 = np.random.randn(len(t))                    #white noise 2

#Two signals with a coherent part at 2Hz and a random part
s1 = np.sin(2 * np.pi * 2 * t) + nse1
s2 = np.sin(2 * np.pi * 2 * t) + nse2

fig,ax = plt.subplots(figsize=(11/2.54,7/2.54))
plt.plot(t, s1, t, s2)

font = {'family':'Times New Roman','weight':'normal', 'size'   : 8}
mp.rc('font', **font)
mp.rcParams['axes.linewidth'] = 0.5
ax.set_xlim(0,2)
ax.set_ylim(-4,4)
ax.set(xlabel='Time [s]', ylabel='Magnitude',title='Figure Title: White
Noise')
```

```
ax.xaxis.set_major_locator(MultipleLocator(0.5))
ax.xaxis.set_minor_locator(MultipleLocator(0.25))
ax.yaxis.set_major_locator(MultipleLocator(1))
ax.yaxis.set_minor_locator(MultipleLocator(0.5))
ax.tick_params(which='major', length=7,width = 0.5)
ax.tick_params(which='minor', length=4,width = 0.5)
ax.grid(linewidth=0.5,linestyle='--')
plt.legend(['White noise 1', 'White noise 2'],edgecolor = 'none',
facecolor = 'none',
loc='upper center')
plt.show()
```

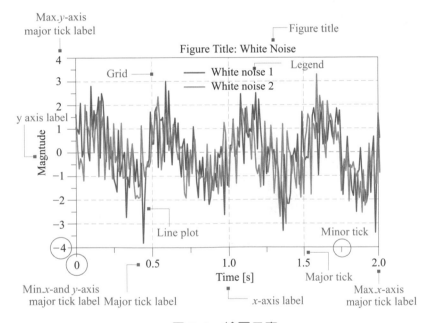

圖 7-1　繪圖元素

線圖可以使用 Matplotlib 中的 plot() 函數進行繪製，還可以指定線圖中線的各種屬性，如線的透明度、顏色、線型、線寬、資料點標記的類型等。這些屬性對應的程式如表 7-1 所示。

表 7-1 線圖屬性設定

程式	描述
alpha	透明度
color	顏色
label	每根線的標籤，用於生成圖例
linestyle	線型
linewidth	線寬
marker	資料點標記的類型
markeredgecolor	資料點標記邊的顏色
markerwidth	資料點標記的線寬
makerfacecolor	資料點標記面的顏色
markersize	資料點標記大小

Matplotlib 支持實現多種線型，包括實線、短線、短點虛間線和虛線。這些線型對應的程式符號如表 7-2 所示。

表 7-2 線型選擇

線型	程式符號	描述
實線	'-'	
短線	'——'	
短點虛間線	'-.'	
虛線	':'	

線圖的基本顏色可以使用程式符號來指定，如紅色可以使用 'r' 來指定，其他顏色對應的程式符號如圖 7-2 所示。

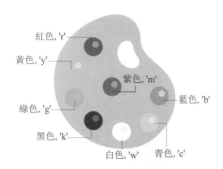

圖 7-2　常見的線型顏色和程式符號

線圖中資料點的標記可以是各種不同的圖形，讀者可以透過表 7-3 所示的程式符號來指定資料點標記的符號。

表 7-3　資料點標記對應的程式符號

程式	標記	程式	標記
'.'	點	'H'	六邊形
'+'	加號	'p'	五邊形
'o'	圓圈	'^'	上三角形
's'	正方形	'v'	下三角形
'D'	大四邊形	'<'	左三角形
'd'	小四邊形	'>'	右三角形
'x'	交叉	'*'	星星

在繪製多根線條時，若這些線條的 x 座標範圍類似，但 y 座標範圍相差較大時，讀者可以考慮使用雙 y 軸用以表示不同線條對應的不同的 y 座標範圍。執行以下程式可以生成圖 7-3 中的雙 y 軸的範例。

B1_Ch7_2.py

```
import numpy as np
import matplotlib.pyplot as plt
```

```
import math
import matplotlib as mp

x1 = np.linspace(0, 6, 20)
x2 = np.linspace(0,4*math.pi,60)
y1 = np.exp(x1)-5
y2 = np.sin(x2)*5

fig,ax1 = plt.subplots(figsize=(11/2.54,7/2.54))
ax1.plot(x1, y1,'b',linewidth = 1)
ax1.set_xlabel('X',color = 'b')
ax1.set_ylabel('Y1',color='b')
#Add the second y axis
ax2=ax1.twinx()
ax2.set_ylabel('Y1',color='r')
ax2.plot(x2, y2,'r:')
plt.show()
```

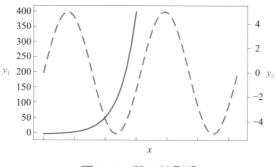

圖 7-3　雙 y 軸影像

同樣地，讀者可以使用 twiny() 函數來實現建立雙 x 軸的功能，執行以下程式可以生成圖 7-4 中的雙 x 軸的範例。

B1_Ch7_3.py

```
import numpy as np
import matplotlib.pyplot as plt
import math

x1 = np.linspace(0, 6, 20)
```

```
x2 = np.linspace(0,4*math.pi,60)
y1 = np.exp(x1)-5
y2 = np.sin(x2)*5

fig,ax1 = plt.subplots(figsize=(11/2.54,7/2.54))
ax1.plot(x1, y1,'b',linewidth = 1)
ax1.set_xlabel('X1',color = 'b')
ax1.set_ylabel('Y1',color='b')
#Add the second y axis
ax2=ax1.twiny()
ax2.set_xlabel('X2',color='r')
ax2.plot(x2, y2,'r:')

plt.show()
```

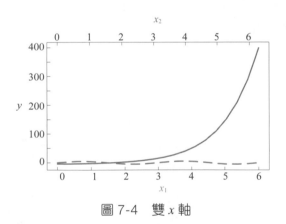

圖 7-4　雙 x 軸

7.3　子圖繪製

在繪製影像時，常常需要在同一頁面中放置多張子圖，用來對比多張子圖中的資料和影像。根據不同的場合，這些子圖可以是如圖 7-5 所示的不同的佈置，它們可以是兩張子圖左右平行佈置，如圖 7-5(a) 所示；可以是上下兩張子圖，如圖 7-5 (b) 所示；也可以是四張子圖均勻分佈，如圖 7-5 (c) 所示。讀者甚至可以根據需要靈活地佈置子圖排列方式，如圖 7-5 (d) 到圖 7-5 (f) 所示。

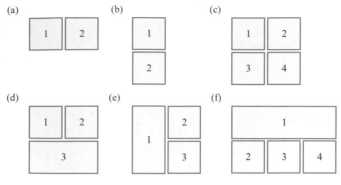

圖 7-5　子圖佈置

建立子圖通常可以用三種方法。第一種方法使用 subplots() 函數建立子圖，這時候搭配子圖的軸物件來建立子圖，生成的範例包括如圖 7-6 所示的左右佈置兩個子圖和圖 7-7 所示的上下佈置的三個子圖。

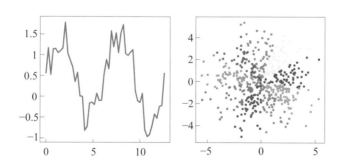

圖 7-6　左右佈置的兩子圖，使用 subplots() 函數

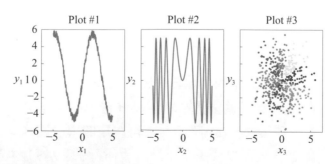

圖 7-7　左右佈置的三子圖，使用 subplots() 函數

第二種建立子圖的方法是使用 subplot() 函數，這時候不需要呼叫子圖的軸物件來繪製子圖。此外，呼叫 subplot() 函數時需要給定一個三位數，用來表示子圖的佈置和當前繪製的子圖的序號。如圖 7-8 展示了如何使用 subplot() 函數建立子圖，繪製第一張子圖時需要使用 plt.subplot(211)，表示繪製 2×1 佈置的圖，即 2 行 1 列，參數 "211" 的第三個數字 1 表示當前繪製的是第一張子圖。同理，繪製圖 7-8 的第二張子圖時，需要使用 plt.subplot(212)，表示當前繪製的是 2×1 佈置的第二張子圖。

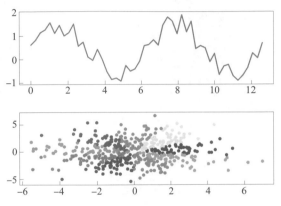

圖 7-8　上下佈置的兩子圖，使用 subplot() 函數

第三種繪製子圖的方法是使用 add_subplot() 函數，生成的範例如圖 7-9 所示。

此外，當某一圖中的資料較多、影像較為複雜時，讀者可以增加局部放大圖來顯示影像的局部細節，使用 add_subplot() 函數可以建立局部放大圖。使用 add_subplot() 函數時需要給定局部放大圖的位置、寬度和高度。局部放大圖的範例如圖 7-10 所示。生成圖 7-10 時，add_subplot() 函數中的參數設定為：left, bottom, width, height = 0.3, 0.65, 0.25, 0.2，這些參數用來指定局部放大圖的位置和大小：0.3 表示局部放大圖的左下角的橫軸 x 座標的位置是在全域圖的 0.3 倍影像寬度的位置；0.65 表示局部放大圖的左下角的縱軸 y 座標的位置是全域圖的 0.65 倍影像高度的位置；

0.25 和 0.2 用來表示局部放大圖的寬度和高度分別是全域圖的寬度和高度的 0.25 倍和 0.2 倍。

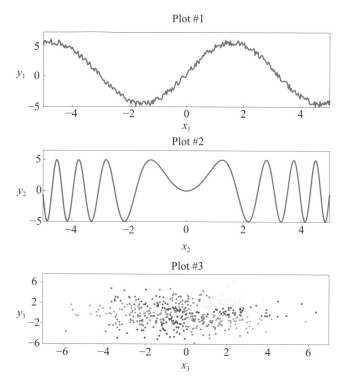

圖 7-9　上下佈置的三子圖,使用 add_subplot() 函數

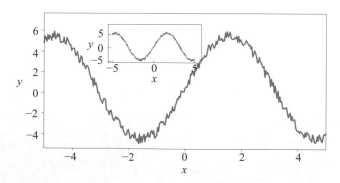

圖 7-10　使用 add_axes() 函數建立局部放大圖

以下程式可繪製圖 7-6 ～圖 7-10。

B1_Ch7_4.py

```
import numpy as np
import matplotlib.pyplot as plt
import matplotlib as mp

plt.close('all')
font = {'family':'Times New Roman','weight':'normal', 'size'   : 10}
mp.rc('font', **font)

t = np.linspace(-5,5,300)
y1 = np.sin(t)+np.random.ranf(size = t.size)*0.2
y2 = np.sin(t ** 2)
n = 500
normal_2D_data =  np.random.normal(0, 2, (n, 2))
T = np.arctan2(normal_2D_data[:, 0],normal_2D_data[:, 1]) #for color
value

#plot #1
fig, axs = plt.subplots(1, 2,figsize=(8,5))
axs[0].plot(t,y1)
axs[0].set_xlim(-6,6)
axs[0].set_ylim(-1,2)
axs[0].set_xlabel(r'$\mathit{x}_1$')
axs[0].set_ylabel(r'$\mathit{y}_1$')
axs[0].set_title('Plot#1')
axs[0].set_yticks([-1.5,-1,0,1,1.5])
axs[1].scatter(normal_2D_data[:, 0], normal_2D_data[:, 1], s=10, c=T,
edgecolors =
'none',alpha=.6, cmap='Set1')
axs[1].set_xlim(-7,7)
axs[1].set_ylim(-6,6)
axs[1].set_xlabel(r'$\mathit{x}_2$')
axs[1].set_ylabel(r'$\mathit{y}_2$')
axs[1].set_title('Plot#2')

#plot #2
```

```python
plt.figure(2,figsize=(8,6))
plt.subplot(211)
plt.xlim(-6,6)
plt.ylim(-1.5,1.5)
plt.xlabel(r'$\mathit{x}_1$')
plt.ylabel(r'$\mathit{y}_1$')
plt.title('Plot#1')
plt.plot(t,y1)
plt.show()

plt.subplot(212)
plt.scatter(normal_2D_data[:, 0], normal_2D_data[:, 1], s=10, c=T,
edgecolors = 'none',alpha=.6, cmap='Set1')
plt.show()
plt.xlim(-7,7)
plt.ylim(-6,6)
plt.xlabel(r'$\mathit{x}_2$')
plt.ylabel(r'$\mathit{y}_2$')
plt.title('Plot#2')

#plot #3
fig, axs = plt.subplots(1, 3,sharex=True,sharey=True,figsize=(8,5))
axs[0].plot(t,y1*5)
axs[0].set_xlim(-6,6)
axs[0].set_ylim(-7,7)
axs[0].set_xlabel(r'$\mathit{x}_1$')
axs[0].set_ylabel(r'$\mathit{y}_1$')
axs[0].set_title('Plot#1')

axs[1].plot(t,y2*5)
axs[1].set_xlim(-6,6)
axs[1].set_ylim(-6,6)
axs[1].set_xlabel(r'$\mathit{x}_2$')
axs[1].set_ylabel(r'$\mathit{y}_2$')
axs[1].set_title('Plot#2')

axs[2].scatter(normal_2D_data[:, 0], normal_2D_data[:, 1], s=10, c=T,
edgecolors = 'none',alpha=.6, cmap='Set1')
axs[2].set_xlim(-7,7)
```

```
axs[2].set_ylim(-6,6)
axs[2].set_xlabel(r'$\mathit{x}_3$')
axs[2].set_ylabel(r'$\mathit{y}_3$')
axs[2].set_title('Plot#3')

#plot #4
fig,ax=plt.s*ubplots(figsize=(8,8))
ax.axis('off')
fig.add_subplot(3,1,1)
plt.plot(t,y1*5)
plt.xlim(-5,5)
plt.ylim(-5,5)
plt.yticks([-5,0,5])
plt.xlabel(r'$\mathit{x}_1$')
plt.ylabel(r'$\mathit{y}_1$')
plt.title('Plot#1')

fig.add_subplot(3,1,2)
plt. plot(t,y2*5)
plt.xlim(-5,5)
plt.ylim(-5,5)
plt.yticks([-5,0,5])
plt.xlabel(r'$\mathit{x}_2$')
plt.ylabel(r'$\mathit{y}_2$')
plt.title('Plot#2')

fig.add_subplot(3,1,3)
plt.scatter(normal_2D_data[:, 0], normal_2D_data[:, 1], s=10, c=T,
edgecolors = 'none',alpha=.6, cmap='Set1')
plt.xlim(-7,7)
plt.ylim(-6,6)
plt.xlabel(r'$\mathit{x}_3$')
plt.ylabel(r'$\mathit{y}_3$')
plt.yticks([-6,-2,2,6])
plt.title('Plot#3')

#plot #5
fig,ax=plt.subplots()
fig.add_subplot()
```

```
ax.axis('off')
ax.set_xlabel('x')
ax.set_ylabel('y')
plt.plot(t,y1*5)
plt.xlim(-5,5)
plt.title('Plot')
left, bottom, width, height = 0.3, 0.65, 0.25, 0.2
ax2=fig.add_axes([left,bottom,width,height])
ax2.plot(t,y1*5)
ax2.set_xlabel('x')
ax2.set_ylabel('y')
```

7.4 繪製輔助線

繪製輔助線是繪圖時常用的操作，這些輔助線包括水平輔助線、垂直輔助線、垂直參考區域和縱軸參考區域。對於繪製水平輔助線和垂直輔助線，共有三種方法繪製。第一種方法是使用 plot() 函數。

如圖 7-11(a) 所示為使用 plot() 函數繪製水平輔助線和垂直輔助線。其中，水平輔助線由 plot([0, 10], [2, 2]) 繪製，[0, 10] 表示水平輔助線的起始點和終止點對應的水平座標分別時 0 和 10，[2, 2] 表示水平輔助線的起始點和終止點的垂直座標都是 2。同樣地，圖 7-11(a) 中的垂直輔助線由命令 axs[0,0].plot([3, 3], [0, 5]) 產生，[3,3] 表示垂直輔助線的起始點和終止點的水平座標都是 3，而 [0, 5] 表示垂直輔助線的起始點和終止點的垂直座標分別為 0 和 5。需要注意的是，使用這種方法繪製水平輔助線和垂直輔助線時需要搭配設定影像 x 和 y 座標的設定值範圍。

第二種繪製水平輔助線或垂直輔助線的方法是分別使用 axhline() 函數和 axvline() 函數，這種方法較為簡單，只需要分別給定水平輔助線的縱軸座標或垂直輔助線的橫軸座標。如圖 7-11(b) 所示，使用 axhline(3) 和 axvline(5) 即可繪製 $y = 3$ 的水平輔助線和 $x = 5$ 的垂直輔助線。

第三種繪製輔助線的方法是使用 vlines() 函數和 hlines () 函數。這種方法適用於同時繪製多筆水平輔助線或垂直輔助線。圖 7-11(c) 是使用這兩個函數繪製的影像。程式命令 hlines([1, 4],[0],[10]) 中，[1,4] 表示繪製兩條水平輔助線 $y = 1$ 和 $y = 4$，[0] 和 [10] 表示水平輔助線的起始點和終止點的水平座標分別是 0 和 10。同理，vlines([3, 7],[0],[5]) 中，[3,7] 表示繪製兩條垂直輔助線 $x = 3$ 和 $x = 7$，[0] 和 [5] 表示垂直輔助線的起始點和終止點的垂直座標分別是 0 和 5。

圖 7-11(d) 展示了如何繪製水平和垂直參考填充區域，其中水平區域是使用程式命令 axhspan(2.5,3) 繪製，2.5 和 3 表示填充縱軸範圍是 2.5 到 3 之間的區域；垂直區域是使用程式命令 axvspan(5,6) 繪製，5 和 6 表示填充橫軸範圍為 5 到 6 之間的區域。

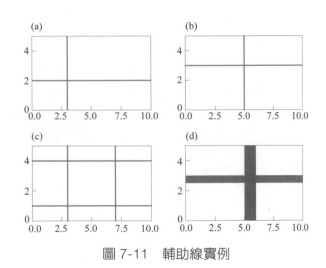

圖 7-11　輔助線實例

執行以下程式可以生成圖 7-11。

```python
import matplotlib.pyplot as plt

fig, axs = plt.subplots(2, 2)
```

```
axs[0,0].plot([0, 10], [2, 2])
axs[0,0].plot([3, 3], [0, 5])
axs[0,0].set_xlim([0,10])
axs[0,0].set_ylim([0,5])

axs[0,1].axhline(3)
axs[0,1].axvline(5)
axs[0,1].set_xlim([0,10])
axs[0,1].set_ylim([0,5])

axs[1,0].vlines([3, 7],[0],[5],'r',linestyle = ':')
axs[1,0].hlines([1, 4],[0],[10],'b',linestyle = '--')
axs[1,0].set_xlim([0,10])
axs[1,0].set_ylim([0,5])

axs[1,1].axhspan(2.5,3, color = 'r')
axs[1,1].axvspan(5,6,color = 'b')
axs[1,1].set_xlim([0,10])
axs[1,1].set_ylim([0,5])
```

如圖 7-12 所示為 Google 和 Amazon 在 2020 年全年的股價變化，圖中的兩條輔助線分別為 Google 和 Amazon 的年平均股價。

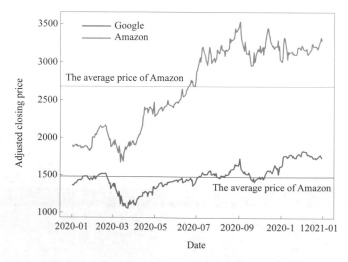

圖 7-12　2020 年 Google 和 Amazon 股價圖中的年平均股價作為水平輔助線

以下程式可繪製圖 7-12。

```
B1_Ch7_6.py
import pandas_datareader as pdr
import numpy as np
import matplotlib.pyplot as plt
plt.close('all')

tickers = ['goog', 'amzn']
df = pdr.DataReader(tickers, data_source='yahoo', start='2020-01-01',
end='2020-12-30')
fig, ax = plt.subplots()
ax.plot(df.index,df['Adj Close']['goog'],label='Google')
ax.plot(df.index,df['Adj Close']['amzn'],label='Amazon')
goog_mean= np.mean(df['Adj Close']['goog'])
amzn_mean = np.mean(df['Adj Close']['amzn'])
ax.set_xlabel('Date')
ax.set_ylabel('Adjusted closing price')
[ax.axhline(y=i, color = j) for i,j in zip([goog_mean,amzn_mean],
['blue','orange']) ]
fig.text(0.15,0.62,'The average price of Amazon')
fig.text(0.67,0.22,'The average price of Google')
ax.legend(loc='upper left')
```

此外，圖例的位置可以透過位置字元來指定。圖 7-12 中的圖例是透過
legend(loc='upper left') 命令來指定圖例的位置在圖的左上方。讀者也可以
透過其他位置字元或數字來指定圖例的位置，具體細節請查看表 7-4。

表 7-4　圖例的位置字元和數字

位置字元	數字
'best'	0
'upper right'	1
'upper left'	2
'lower left'	3
'lower right'	4

位置字元	數字
'right'	5
'center left'	6
'center right'	7
'lower center'	8
'upper center'	9
'center'	10

7.5 增加數學公式

在繪製影像時，常常需要在圖中插入數學公式。由於數學公式中常常包含希臘字母和數學符號，使用常規的文字很難準確地顯示它們。此外，數學公式中常常有一些約定俗成的字型格式，如字型常常是 Times New Roman 和斜體。讀者可以使用 Matplotlib 附帶的 Tex 運算式解譯器和公式版面配置引擎來方便地在 Matplotlib 圖中顯示需要的數學公式。

一個完整的數學公式包括以下部分：(a) 常規文字，如 x、y 等英文字母；(b) 數學符號，如積分符號、開根、無限大等；(c) 特殊字元，如希臘字母；(d) 公式版面配置，如 n 次方、分數、積分上下限等；(e) 字型格式。

在 Matplotlib 中，讀者可以使用一些特定的程式來表示數學符號、特殊字元、公式版面配置和字型格式，具體如表 7-5 ～表 7-7 所示。

表 7-5　數學符號

數學表達	程式	數學表達	程式
∞	\infty	一重積分	\int
求和	\sum	二重積分	\iint
求積	\prod	三重積分	\iiint
求極限值	\lim	開根號	\sqrt{}
開 n 次方	\sqrt[n]	開立方	\sqrt[3]

表 7-6　常用希臘字母對應的書寫符號

希臘字母符號	程式	希臘字母符號	程式
α	\alpha	γ	\gamma
θ	\theta	ρ	\rho
β	\beta	χ	\chi
π	\pi	λ	\lambda
σ	\sigma	υ	\upsilon
τ	\tau	ω	\omega
η	\eta	φ	\phi

表 7-7　字型和格式

字型或格式	程式	字型或格式	程式
分數	\frac	下標	_
上標	^	字型斜體	\mathit{}
		羅馬字型	\mathrm{}

表 7-5 ～表 7-7 所示的各種數學公式符號對應的程式表達常常需要和常規符號搭配使用，使用時需要在字串的引號前增加 r，用來告訴 Matplotlib 隨後的字串需要使用 Tex 運算式解譯器來解釋，在引號裡還需要使用兩個美金符號 ($) 來包圍這些數學文字，如以下字串。

```
R'$\alpha > \beta$'
```

Matplotlib 將使用 Tex 運算式解譯器解釋為 $\alpha > \beta$。

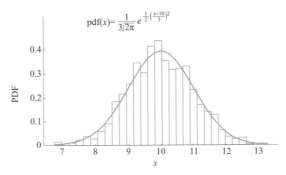

圖 7-13　正態分佈及其機率密度函數

在圖 7-13 中,將以下的正態分佈的機率密度函數公式顯示在圖的標題中。

$$\text{pdf}(x) = \frac{1}{3\sqrt{2\pi}} e^{-\frac{1}{2}\left(\frac{x-10}{3}\right)^2} \tag{7-1}$$

式 (7-1) 對應的程式如下。

```
fig_title = r'$\frac{1}{3\sqrt{2\pi}}e^{-\frac{1}{2}(\frac{\mathit{x}-10}
{3})^2}$
```

其中 \frac{1}{3} 表示分數三分之一,\sqrt{2} 表示根號 2,^2 表示某個數的平方。同理,在圖 7-14 中,將式 (7-2) 學生 t- 分佈的機率密度函數顯示在公式標題中。

$$\text{pdf}(x) = \frac{\Gamma\left(\frac{\nu+1}{2}\right)}{\sqrt{\nu\pi}\,\Gamma(\frac{\nu}{2})}\left(1+\frac{x^2}{\nu}\right)^{-\frac{\upsilon+1}{2}} \tag{7-2}$$

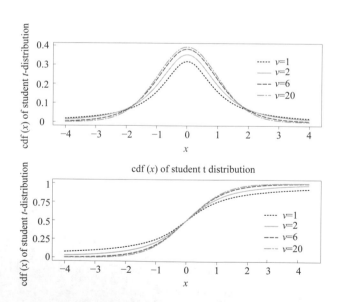

圖 7-14 學生 t- 分佈的機率密度函數公式表達

執行以下程式可以生成圖 7-13 和圖 7-14。

B1_Ch7_7.py

```python
import numpy as np
import matplotlib.pyplot as plt
import scipy.stats
import matplotlib as mp
plt.close('all')

font = {'family':'Times New Roman','weight':'normal', 'size'   : 10}
mp.rc('font', **font)

plt.figure(1)
plt.subplot()
data = np.random.normal(10, 3, 1200)
_, bins, _ = plt.hist(data, 20, density=1, alpha=1,fill=0)
mu, sigma = scipy.stats.norm.fit(data)
best_fit_line = scipy.stats.norm.pdf(bins, mu, sigma)
plt.plot(bins, best_fit_line,'b--')
plt.xlabel('x')
plt.ylabel('PDF of a Normal Distribution')
fig_title = r'$\frac{1}{3\sqrt{2\pi}}e^{-\frac{1}{2}(\frac{\mathit{x}-10}
{3})^2}$'
plt.title(fig_title)

df_list = [1,2,6,20]
linstyles = ['k:','-b','r--','g-.']
x = np.linspace(-4,4,100)
fig, axs = plt.subplots(2, 1)
pdf_title =
(r'$pdf(x)=\frac{\Gamma(\frac{\nu+1}{2})}{\sqrt{\nu\pi}\Gamma(\f
rac{\nu}{2})}(1+\frac{x^2}{\nu})^{-(\frac{\nu+1}{2})}$')
axs[0].set_xlabel(r'$\mathit{x}$')
axs[0].set_ylabel('pdf(x) of student t distribution')
axs[0].set_title(pdf_title)
ax_legend=[r'$\nu=1$',r'$\nu=2$',r'$\nu=6$',r'$\nu=20$']
axs[1].set_xlabel (r'$\mathit{x}$')
axs[1].set_title('cdf(x) of student t distribution')
axs[1].set_ylabel('cdf(x) of student t distribution')
fig.tight_layout(pad=1)
for mu,line,legend in zip(df_list,linstyles,ax_legend):
```

```
    norm_pdf = scipy.stats.t.pdf(x, mu)
    axs[0].plot(x, norm_pdf,line,label=legend)
    norm_cdf = scipy.stats.t.cdf(x, mu)
    axs[1].plot(x, norm_cdf,line,label=legend)

axs[0].legend(loc="upper right")
axs[1].legend(loc="lower right")
```

7.6 常見二維影像

在 7.1 節中重點介紹了如何建立基本的線圖。本節中將介紹如何建立一些常見的二維影像，包括包含誤差曲線的線圖和包含圖形填充的線圖、火柴棒圖、等溫線圖和散點圖。

使用 errorbar() 函數和 fill_between() 函數可以分別用來建立包含誤差曲線的線圖和包含圖形填充的線圖，如圖 7-15 所示。

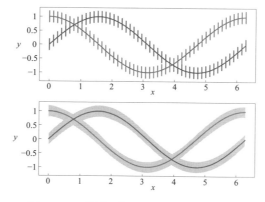

圖 7-15　增加誤差曲線和圖形填充

執行以下程式可以生成圖 7-15。

B1_Ch7_8.py

```
import numpy as np
import matplotlib.pyplot as plt
```

```
import matplotlib
plt.close('all')
fig,ax = plt.subplots(2,1,figsize=(13/2.54,2*7/2.54))
font = {'family':'Times New Roman','weight':'normal', 'size'    : 8}
matplotlib.rc('font', **font)
x = np.linspace(0, 2 * np.pi)
y_sin = np.sin(x)
y_cos = np.cos(x)
#subplot_1
ax[0].errorbar(x, y_sin, 0.2)
ax[0].errorbar(x, y_cos, 0.2)
ax[0].set(xlabel='X', ylabel='Y')
#subplot_2
ax[1].plot(x,y_sin,x,y_cos)
ax[1].fill_between(x,y_sin+0.2, y_sin-0.2,alpha=0.2)
ax[1].fill_between(x,y_cos+0.2, y_cos-0.2,alpha=0.2)
ax[1].set(xlabel='X', ylabel='Y')
```

火柴棒圖 (stem plot) 常常用來表示一些離散的資料點，用以強調資料點之間的離散關係。在 Matplotlib 中，讀者可以使用 stem() 函數繪製火柴棒圖，離散資料點的標記符號同樣可以指定，這些標記符號對應的程式和線圖類似，具體見表 7-3。如圖 7-16 是一個火柴棒圖的範例。

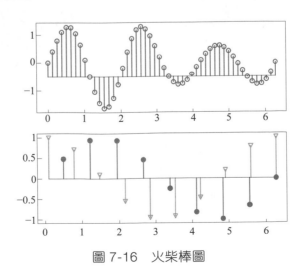

圖 7-16　火柴棒圖

執行以下程式可以生成圖 7-16。

```
B1_Ch7_9.py

import matplotlib.pyplot as plt
import numpy as np
import matplotlib

plt.close('all')
x1 = np.linspace(0, 2 * np.pi, 50)
y1 = np.exp(0.5*np.sin(x1))*np.sin(3*x1)

fig,ax = plt.subplots(2,1,figsize=(13/2.54,2*7/2.54))
font = {'family':'Times New Roman','weight':'normal', 'size'   : 8}
matplotlib.rc('font', **font)

#subplot#1
markerline1, stemlines1, baseline1 =ax[0].stem(x1, y1, use_line_
collection=False,bottom = -0.5)
plt.setp(markerline1, fillstyle = 'none',mec = 'g')
plt.setp(stemlines1, color = 'b',linewidth = 1)
plt.setp(baseline1,color = 'r',linestyle = '--')

#subplot#2
x2 = np.linspace(0.1,2*np.pi,10)
x3 = np.linspace(0.5,2*np.pi,9)
markerline2, stemlines2, baseline2 =ax[1].stem(x2, np.cos(x2), use_line_
collection=False)
markerline3, stemlines3, baseline2 =ax[1].stem(x3, np.sin(x3), use_line_
collection=False)
plt.setp(markerline2, marker = 'v',fillstyle = 'none',mec = 'c')
plt.setp(stemlines2, color = 'm',linewidth = 1)
```

等值線圖是一種特殊的二維圖,它是在一個二維平面上將數值相等的各點連成的閉合曲線;等值線圖可以看作三維圖的平面化顯示。在 Matplotlib 中,讀者可以使用 contour() 函數繪製等值線圖。如圖 7-17 所示是一個等值線圖的範例。

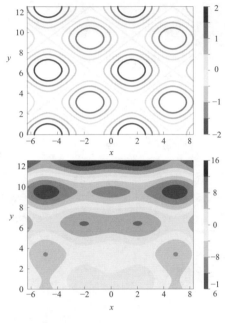

圖 7-17　等值線圖

執行以下程式可以生成圖 7-17。

```python
import matplotlib.pyplot as plt
import numpy as np
import math
import matplotlib
plt.close('all')
dx = 0.01; dy = 0.01
x = np.linspace(-2*math.pi,2*math.pi,100)
y = np.linspace(0,4*math.pi,100)
X,Y = np.meshgrid(x,y)
def f1(x,y):
    return (np.sin(x)+np.cos(y))
def f2(x,y):
    return (x*np.sin(x)+y*np.cos(y))
fig,ax = plt.subplots(2,1,figsize=(13/2.54,2*7/2.54))
#subplot #1
```

```
C1 = ax[0].contour(X,Y,f1(X,Y),cmap = 'cool')
#plt.clabel(C, inline=1, fontsize=10)
ax[0].set(xlabel='X', ylabel='Y')
#The following code is used to plot the continuous colorbar
norm= matplotlib.colors.Normalize(vmin=C1.cvalues.min(), vmax=C1.cvalues.max())
sm = plt.cm.ScalarMappable(norm=norm, cmap = C1.cmap)
sm.set_array([])
fig.colorbar(sm, ax=ax[0],ticks=C1.levels)
#subplot #2
C2 = ax[1].contourf(X,Y,f2(X,Y),cmap = 'RdBu_r')
ax[1].set(xlabel='X', ylabel='Y')
fig.colorbar(C2,ax=ax[1])
```

7.7 常見三維影像

本節將介紹如何繪製一些常見的三維圖，包括線圖、散點圖、火柴棒圖、曲面圖、線方塊圖和三維向二維投影圖。在 Matplotlib 中，這些三維圖的繪製和二維圖繪製有一些類似之處。

類似於二維線圖，三維空間線圖同樣需要使用 plot() 函數，但使用時有兩個不同之處。第一個是建立空白圖時需要指定圖的屬性 projection='3d'，此外繪製三維線圖時需要給定每個資料點的三維座標，即 x、y 和 z。如圖 7-18 所示是兩個三維空間線圖的範例。

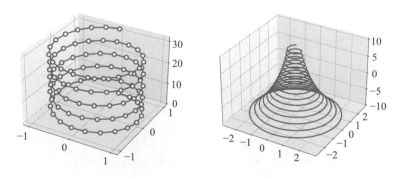

圖 7-18　三維空間線圖

執行以下程式可以生成圖 7-18。

```
import matplotlib as mpl
from mpl_toolkits.mplot3d import Axes3D
import numpy as np
import matplotlib.pyplot as plt
import math

mpl.rcParams['legend.fontsize'] = 10

fig = plt.figure(figsize=plt.figaspect(0.5))
ax1 = fig.add_subplot(1, 2, 1, projection='3d')
t = np.linspace(0, 10*math.pi, 100)
x = np.sin(t)
y = np.cos(t)
ax1.plot(x, y, t, 'o-',markerfacecolor='#D9FFFF')
ax1.set_xticks([-1,0,1])
ax1.set_yticks([-1,0,1])
ax1.set_zticks([0,10,20,30])

ax2 = fig.add_subplot(1, 2, 2, projection='3d')
t = np.linspace(-10, 10, 1000)
x = np.exp(-1*t/10)*np.sin(5*t)
y = np.exp(-1*t/10)*np.cos(5*t)
ax2.plot(x, y, t, markerfacecolor='#D9FFFF')
ax2.set_xticks([-2,-1,0,1,2])
ax2.set_yticks([-2,-1,0,1,2])
ax2.set_zticks([-10,-5,0,5,10])
plt.show()
```

建立如圖 7-19 所示的三維散點圖和火柴棒圖時需要分別使用 scatter()
和 art3d.Line3D() 函數，建立這些影像時同樣需要指定圖的屬性，即
projection='3d'。

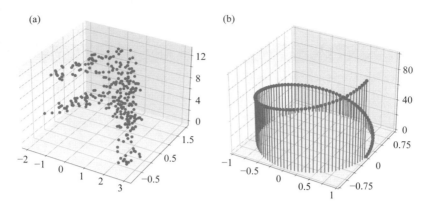

圖 7-19　(a) 三維散點圖，(b) 三維火柴棒圖

以下程式可以生成圖 7-19。

B1_Ch7_12.py

```python
import matplotlib.pyplot as plt
import numpy as np
import mpl_toolkits.mplot3d.art3d as art3d

z = np.linspace(0,4*np.pi,300)
x = 2*np.cos(z) + np.random.rand(1,300)
y = np.cos(x) + np.random.rand(1,300)

fig = plt.figure()
ax = fig.add_subplot(121, projection='3d')
ax.scatter(x, y, z)

ax = fig.add_subplot(1, 2, 2, projection='3d')
N = 100
theta = np.linspace(0, 2*np.pi, N, endpoint=False)
x = np.cos(theta)
y = np.sin(theta)
z = range(N)
for xi, yi, zi in zip(x, y, z):
    line=art3d.Line3D(*zip((xi, yi, 0), (xi, yi, zi)), marker='o',
markevery=(1, 1))
    ax.add_line(line)
```

```
ax.set_xlim3d(-1, 1)
ax.set_ylim3d(-1, 1)
ax.set_zlim3d(0, N)
plt.show()
```

三維的曲面圖和線方塊圖能更進一步地展示三維資料。這兩種影像最大的不同之處在於立體曲面圖的顏色往往代表對應資料點 z 軸數值的大小，而線方塊圖的線的顏色不代表 z 軸數值。這兩種三維圖分別可以使用 plot_surface() 函數和 plot_wireframe() 函數實現。如圖 7-20 所示對比了使用立體曲面圖和三維線方塊圖來展示歐式看漲 / 看跌選擇權 Gamma 隨到期時間和標的物價格的變化。使用立體曲面圖和三維線方塊圖往往能夠更形象地展示三維資料。

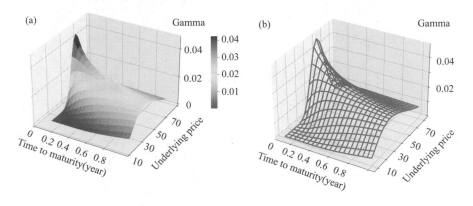

圖 7-20　(a) 立體曲面圖，(b) 三維線方塊圖

此外，立體曲面圖還可以向某二維平面投影。如圖 7-21(a) 展示了立體曲面圖投影到垂直於 Time to maturity 軸的二維平面上。這時候使用的函數是 contour()，並且使用這個函數時指定 zdir='x'，表示投影平面垂直於 x 軸，即 Time to maturity 軸。為了更清楚地展示，圖 7-21(b) 繪製出了這個投影圖。繪製這個投影圖時需要給定角度的方向，這時候需要使用 view_init() 函數，並分別透過 elev 參數和 azim 參數將角度的仰角和方位角傳入 view_init() 函數中。

圖 7-22 舉出了某一角度下的仰角 θ 和方位角 α 的定義。view_init(elev=0, azim=0) 表示角度為沿著 x 軸反方向，view_init(elev=0, azim=90) 表示角度為沿著 y 軸反方向，view_init(elev=90, azim=0) 表示角度為沿著 z 軸反方向。對於其他角度，讀者可以透過改變 elev 和 azim 的參數，靈活設定。

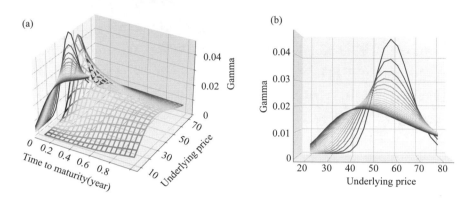

圖 7-21　(a) 立體曲面圖向二維平面投影，(b) 二維投影圖

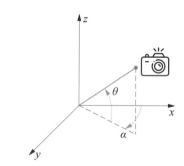

圖 7-22　仰角 θ 和方位角 α 示意圖

執行以下程式可以生成圖 7-20 和圖 7-21。

B1_Ch7_13.py

```
import math
import numpy as np
```

```python
import matplotlib as mpl
import matplotlib.pyplot as plt
from scipy.stats import norm
from mpl_toolkits.mplot3d import axes3d
from matplotlib import cm,ticker

plt.close('all')
#Gamma of European option

def blsgamma(St, K, tau, r, vol, q):
    d1 = (math.log(St / K) + (r - q + 0.5 * vol ** 2)\
          *tau) / (vol * math.sqrt(tau));

    Gamma = math.exp(-q*tau)*norm.pdf(d1)/St/vol/math.sqrt(tau);

    return Gamma

#Initialize
tau_array = np.linspace(0.1,1,20);
St_array  = np.linspace(20,80,20);
tau_Matrix,St_Matrix = np.meshgrid(tau_array,St_array)

Delta_call_Matrix = np.empty(np.size(tau_Matrix))
Delta_put_Matrix  = np.empty(np.size(tau_Matrix))

K = 60;     #strike price
r = 0.025;  #risk-free rate
vol = 0.45; #volatility
q = 0;      #continuously compounded yield of the underlying asset

blsgamma_vec = np.vectorize(blsgamma)
Gamma_Matrix = blsgamma_vec(St_Matrix, K, tau_Matrix, r, vol, q)

fig = plt.figure(figsize=(8,12))
ax1 = fig.add_subplot(2, 1, 1, projection='3d')
sur=ax1.plot_surface(tau_Matrix, St_Matrix, Gamma_Matrix,
cmap='coolwarm')
sur.set_facecolor((0,0,0,0))
cb = fig.colorbar(sur,ax=ax1, shrink=0.4, aspect=10)
```

```
tick_locator = ticker.MaxNLocator(nbins=5)
cb.locator = tick_locator
cb.update_ticks()

ax1.set_xticks([0,0.2,0.4,0.6,0.8])
ax1.set_yticks([10,30,50,70,90])
ax1.set_zticks([0,0.02,0.04])
ax1.set_xlabel('Time to maturity (year)')
ax1.set_ylabel('Underlying price')
ax1.set_zlabel('Gamma')

ax2 = fig.add_subplot(2, 1, 2, projection='3d')
ax2.plot_wireframe(tau_Matrix, St_Matrix, Gamma_Matrix, linewidth=1)
ax2.set_xlabel('Time to maturity (year)')
ax2.set_ylabel('Underlying price')
ax2.set_zlabel('Gamma')
#%%
fig = plt.figure(figsize=(8,12))
ax1 = fig.add_subplot(2, 1, 1, projection='3d')
ax1.contour(tau_Matrix, St_Matrix, Gamma_Matrix, levels = 20, zdir='x', \
        offset=0.2, cmap=cm.coolwarm)
ax1.view_init(azim=0, elev=0)
ax1.set_xticks([])
ax1.w_xaxis.line.set_lw(0.)
ax1.set_ylabel('Underlying price')
ax1.set_zlabel('Gamma')

norm = plt.Normalize(Gamma_Matrix.min(), Gamma_Matrix.max())
colors = cm.coolwarm(norm(Gamma_Matrix))
ax2 = fig.add_subplot(2, 1, 2, projection='3d')
sur=ax2.plot_surface(tau_Matrix, St_Matrix, Gamma_Matrix,
facecolors=colors, shade=False)
sur.set_facecolor((0,0,0,0))
ax2.contour(tau_Matrix, St_Matrix, Gamma_Matrix, levels = 20, zdir='x', \
        offset=0, cmap=cm.coolwarm)
ax2.set_xlabel('Time to maturity (year)')
ax2.set_ylabel('Underlying price')
ax2.set_zlabel('Gamma')
```

7.8 統計資料視覺化

本節介紹統計資料中圓形圖、柱狀圖和長條圖的繪製。圓形圖可以使用 Matplotlib 中的 pie() 函數來繪製。透過 pie() 函數中的 explode 參數可以指定生成的圓形圖是否為爆炸圖，如圖 7-23 所示。

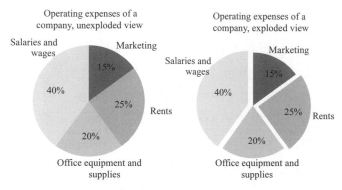

圖 7-23　圓形圖

執行以下程式可以生成圖 7-23。

B1_Ch7_14.py

```python
import matplotlib.pyplot as plt
#Pie chart, where the slices will be ordered and plotted counter-
clockwise:
labels = 'Salaries and Wages', 'Office Equipment and Supplies', 'Rents',
'Marketing'
sizes = [40, 20, 25, 15]
explode = (0.1, 0.1, 0, 0)  #only "explode" the 2nd slice (i.e. 'Hogs')

fig1, ax1 = plt.subplots()
ax1.pie(sizes, labels=labels, autopct='%1.1f%%',
        shadow=True, startangle=90)
ax1.axis('equal')  #Equal aspect ratio ensures that pie is drawn as a circle.
ax1.set_title('Operating Expenses of a company, unexploded')
plt.show()
```

```
fig1, ax1 = plt.subplots()
ax1.pie(sizes, explode=explode, labels=labels, autopct='%1.1f%%',
        shadow=True, startangle=90)
ax1.axis('equal')  #Equal aspect ratio ensures that pie is drawn as a
circle.
ax1.set_title('Operating Expenses of a company, partially exploded')
plt.show()
```

柱狀圖也是一類常見的統計繪圖，柱狀圖的高度表示資料的數量，寬度則沒有實際意義。柱狀圖的柱子可以是垂直的，也可以是水平的。Matplotlib、Pandas 和 Seaborn 均可以繪製柱狀圖。如圖 7-24 展示了使用 Matplotlib 或 Pandas 繪製的柱狀圖，而圖 7-25 則展示了使用 Seaborn 繪製的柱狀圖。這是因為相對於 Matplotlib，使用 Pandas 或 Seaborn 繪製的柱狀圖更為簡單，使用的程式行數更少；此外，Seaborn 繪製的柱狀圖更為美觀。另外，對比圖 7-24 和圖 7-25 的兩張水平柱狀圖，不難發現，柱狀圖的垂直座標是季，圖 7-24 和圖 7-25 季的排序是相反的。

Seaborn 是另外一個經常使用的 Python 繪圖函數庫，它建立在 Matplotlib 的基礎上，但是，相對於 Matplotlib，Seaborn 可以使用更少的程式繪製更為美觀的影像。此外，Seaborn 高度地相容其他 Python 基礎函數庫，如 NumPy、Pandas 和 SciPy 等。Seaborn 是由神經學專家 Michael Waskom 於 2012 年建立並發佈第一個穩定版本。

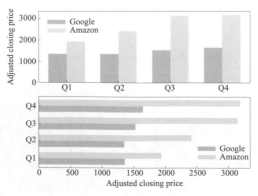

圖 7-24　使用 Matplotlib 或 Pandas 繪製的柱狀圖

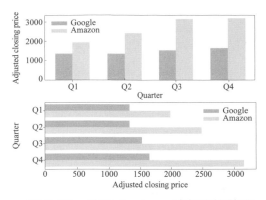

圖 7-25 使用 Seaborn 繪製的柱狀圖

Michael Waskom, postdoctoral researcher in the Center for Neural Science at New York University, creator of the Seaborn package.
(Source: https://www.cns.nyu.edu/~mwaskom/)

執行以下程式可生成圖 7-24 和圖 7-25。

B1_Ch7_15.py

```python
import matplotlib
import matplotlib.pyplot as plt
import numpy as np
import pandas as pd
import seaborn as sns
import pandas_datareader as pdr
plt.close('all')

tickers = ['goog', 'amzn']
df = pdr.DataReader(tickers, data_source='yahoo', start='2020-01-01',
end='2020-12-30')

goog_Q1_mean= np.mean(df['Adj Close']['goog']['2020-01-02':'2020-03-31'])
goog_Q2_mean= np.mean(df['Adj Close']['goog']['2020-04-01':'2020-06-30'])
goog_Q3_mean= np.mean(df['Adj Close']['goog']['2020-07-01':'2020-08-30'])
```

```python
goog_Q4_mean= np.mean(df['Adj Close']['goog']['2020-09-01':'2020-12-30'])
amzn_Q1_mean= np.mean(df['Adj Close']['amzn']['2020-01-02':'2020-03-31'])
amzn_Q2_mean= np.mean(df['Adj Close']['amzn']['2020-04-01':'2020-06-30'])
amzn_Q3_mean= np.mean(df['Adj Close']['amzn']['2020-07-01':'2020-08-30'])
amzn_Q4_mean= np.mean(df['Adj Close']['amzn']['2020-09-01':'2020-12-30'])

labels = ['Q1', 'Q2', 'Q3', 'Q4']
goog_means = [goog_Q1_mean, goog_Q2_mean, goog_Q3_mean, goog_Q4_mean]
amazn_means = [amzn_Q1_mean, amzn_Q2_mean, amzn_Q3_mean, amzn_Q4_mean]

x = np.arange(len(labels))  #the label locations
width = 0.35  #the width of the bars

#Bar chart using Matplotlib
fig, ax = plt.subplots(2,1)
ax[0].bar(x - width/2, goog_means, width, label='Google')
ax[0].bar(x + width/2, amzn_means, width, label='Amazon')
ax[0].set_ylabel('Adjusted closing price')
ax[0].set_xticks(x)
ax[0].set_xticklabels(labels)
ax[0].legend()

ax[1].barh(x - width/2, goog_means, width, label='Google')
ax[1].barh(x + width/2, amzn_means, width, label='Amazon')
ax[1].set_xlabel('Adjusted closing price')
ax[1].set_yticks(x)
ax[1].set_yticklabels(labels)
ax[1].legend()
#%% bar chart by using seaborn
plt.subplot
price = goog_means + amzn_means
stock = ['Google']*4 + ['Amazon']*4
Quarter = labels*2
df = pd.DataFrame({'Quarter':Quarter,'Adjusted closing
price':price,'Stock':stock})
fig, ax = plt.subplots(2,1)
sns.barplot(x='Quarter', y='Adjusted closing price',hue='Stock',data=df,
ci=None, palette="Set2",ax=ax[0])
sns.barplot(y='Quarter', x='Adjusted closing price',hue='Stock',data=df,
```

```
ci=None, palette="Set2",ax=ax[1])
#%% bar chart by using pandas
df = pd.DataFrame({'Google':goog_means,'Amazon':amazn_means},
index=labels)
fig, ax = plt.subplots(2,1)
df.plot.bar(rot=0,color={'Google':'red','Amazon':'blue'},ax=ax[0])
ax[0].set_ylabel("Adjusted closing price")
df.plot.barh(rot=0,color={'Google':'red','Amazon':'blue'},ax=ax[1])
ax[1].set_xlabel("Adjusted closing price")
```

長條圖也是一類常見的統計繪圖。長條圖用於展示資料的分佈情況，類似柱狀圖，長條圖的柱子高度表示資料的大小。但不同於柱狀圖的是，長條圖的寬度有實際的意義。長條圖的寬度表示一個資料區間，長條圖的高度或長度常常用於表示出現在該區間的資料的頻數或頻率。如圖 7-26 所示，每一個子圖表示某種分佈的隨機數，子圖中每一個柱子表示隨機數的區間，而縱軸則表示出現在該區間的頻數。

執行以下程式可以生成圖 7-26。

```
B1_Ch7_16.py

import numpy as np
import matplotlib.pyplot as plt
dist_list = ['uniform','normal','exponential','lognormal','chisquare','be
ta']
param_list = ['-2,2','0,1','1','0,1','2','0.5,0.9']
colors_list = ['green','blue','yellow','cyan','magenta','pink']
fig,ax = plt.subplots(nrows=2, ncols=3,figsize=(12,7))
plt_ind_list = np.arange(6)+231

for dist, plt_ind, param, colors in zip(dist_list, plt_ind_list, param_
list,
colors_list):
    x = eval('np.random.'+dist+'('+param+',5000)')
    plt.subplot(plt_ind)
    plt.hist(x,bins=50,color=colors)
    plt.title(dist)
```

```
fig.subplots_adjust(hspace=0.4,wspace=.3)
plt.suptitle('Random Data from Various Distributions',fontsize=20)
plt.show()
```

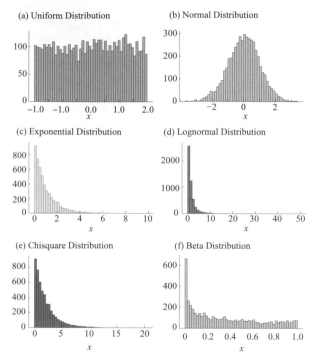

圖 7-26　符合不同分佈的隨機數的長條圖

7.9　互動式繪圖簡介

本章前邊介紹的繪圖功能都是用於生成非互動式的影像，也就是說影像一旦透過程式生成後，使用者不能互動式地改變影像。對於互動式繪圖 (interactive plot)，在影像生成後，使用者仍可以透過影像介面的操作來修改影像中的細節。互動式繪圖是 Python 進行資料視覺化的重要特點，因此本節將以幾個範例來展示 Python 互動式繪圖。在這些範例中，使用者可以即時地調節函數的某些參數並繪製出新的曲線。

如圖 7-27 所示，餘弦曲線的強度、頻率、相位角和偏移量均可以透過影像中的滑條即時地調節，曲線也會即時地更新，這樣使用者即可方便地調整參數來更進一步地觀察曲線隨參數的變化而變化的情況。

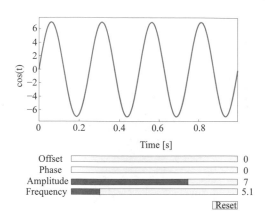

圖 7-27　餘弦曲線互動式繪圖

執行以下程式可以生成圖 7-27。

```
B1_Ch7_17.py
```

```python
import numpy as np
import matplotlib.pyplot as plt
import math
from matplotlib.widgets import Slider, Button, RadioButtons

fig, ax = plt.subplots()
plt.subplots_adjust(bottom=0.4)
t = np.arange(0.0, 1.0, 0.001)
a0,f0,fi0,p0 = 7,4,0,0
delta_f = 5.0
s = a0 * np.sin(2 * np.pi * f0 * t + fi0) + p0
l, = plt.plot(t, s, lw=2)
ax.margins(x=0)
plt.xlabel('Time [s]')
plt.ylabel(r'$\it{sin(t)}$')

axcolor = 'lightgoldenrodyellow'
```

```
axfreq = plt.axes([0.25, 0.1, 0.65, 0.03], facecolor=axcolor)
axamp = plt.axes([0.25, 0.15, 0.65, 0.03], facecolor=axcolor)
axfi = plt.axes([0.25, 0.2, 0.65, 0.03], facecolor=axcolor)
axp = plt.axes([0.25, 0.25, 0.65, 0.03], facecolor=axcolor)

sfreq = Slider(axfreq, 'Frequency', 0.1, 30.0, valinit=f0, valstep=delta_
f)
samp = Slider(axamp, 'Amplitude', 0.1, 10.0, valinit=a0,valstep = 0.5)
sfi = Slider(axfi,'Phase',0,2*math.pi,valinit=fi0,valstep = math.pi/20)
sp = Slider(axp,'Offset',0,4,valinit=p0,valstep = 0.5)

def update(val):
    amp = samp.val
    freq = sfreq.val
    fi = sfi.val
    p = sp.val
    l.set_ydata(amp*np.cos(2*np.pi*freq*t+fi)+p)
    fig.canvas.draw_idle()
sfreq.on_changed(update)
samp.on_changed(update)
sfi.on_changed(update)
sp.on_changed(update)

resetax = plt.axes([0.8, 0.025, 0.1, 0.04])
button = Button(resetax, 'Reset', color=axcolor, hovercolor='0.975')

def reset(event):
    sfreq.reset()
    samp.reset()
button.on_clicked(reset)
plt.show()
```

如圖 7-28 展示了歐式看漲 / 看跌選擇權價值的二維線圖，水平座標是標的物價值 S、縱軸是歐式看漲或看跌選擇權價值。在圖 7-28 中，可以透過調整執行價格 K、到期時間 τ、無風險利率 r、波動率 vol 和連續紅利 q 即時地更新線圖。

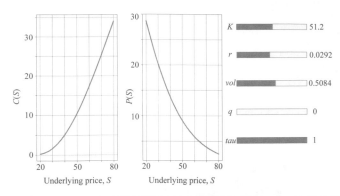

圖 7-28　歐式看漲／看跌選擇權價值隨標的物價值 S、執行價格 K、
　　　　到期時間 τ、無風險利率 r、波動率 vol 和連續紅利 q 變化

如圖 7-29 展示了歐式看漲／看跌選擇權價值的等值線圖。水平座標是標的物價值 S，垂直座標是到期時間 τ。同樣地，使用者透過滑條可以調整多個參數的數值，等值線圖可以即時地獲得更新。

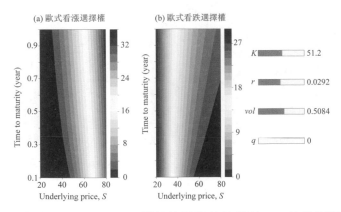

圖 7-29　歐式看漲／看跌選擇權價值隨標的物價值 S、執行價格 K、到
　　　　期時間 τ、無風險利率 r、波動率 vol 和紅利 q 變化

執行以下程式可以生成圖 7-28 和圖 7-29。

B1_Ch7_18.py

```
import matplotlib.pyplot as plt
from matplotlib.widgets import Slider, Button
```

```python
import math
import numpy as np
from scipy.stats import norm
from matplotlib.font_manager import FontProperties

font = FontProperties()
font.set_family('serif')
font.set_name('Times New Roman')
font.set_size(12)

S0 = 50;    #spot price
S_array  = np.linspace(20,80,26);
delta_S = S_array[1]-S_array[0];

K0 = 50;    #strike price
K_array  = np.linspace(20,80,26);
delta_K = K_array[1]-K_array[0];

r0 = 0.03;  #risk-free rate
r_array  = np.linspace(0.01,0.05,26);
delta_r = r_array[1]-r_array[0];

vol0 = 0.5; #volatility
vol_array  = np.linspace(0.01,0.9,26);
delta_vol = vol_array[1]-vol_array[0];

q0 = 0;     #continuously compounded yield of the underlying asset
q_array  = np.linspace(0,0.02,26);
delta_q = q_array[2]-q_array[1];

tau0 = 1;      #time to maturity
tau_array  = np.linspace(0.1,1,26);
delta_tau = tau_array[2]-tau_array[1];

#Delta of European option

def blsprice(St, K, tau, r, vol, q):

    d1 = (math.log(St / K) + (r - q + 0.5 * vol ** 2)\
          *tau) / (vol * math.sqrt(tau));
```

```
    d2 = d1 - vol*math.sqrt(tau);

    Call = norm.cdf(d1, loc=0, scale=1)*St*math.exp(-q*tau) - \
        norm.cdf(d2, loc=0, scale=1)*K*math.exp(-r*tau)

    Put  = -norm.cdf(-d1, loc=0, scale=1)*St*math.exp(-q*tau) + \
        norm.cdf(-d2, loc=0, scale=1)*K*math.exp(-r*tau)

    return Call, Put

def plot_curve(S_array,Call_array,Put_array,text):

    fig, axs = plt.subplots(1,3,figsize=(13,7))

    a1, = axs[0].plot(S_array, Call_array)
    x_label = '$\it{' + text + '}$'
    axs[0].set_xlabel(x_label, fontname="Times New Roman", fontsize=12)
    y_label = '$\it{C}$($\it{' + text + '}$)'
    axs[0].set_ylabel(y_label, family="Times New Roman", fontsize=12)
    axs[0].grid(linestyle='--', linewidth=0.25, color=[0.5,0.5,0.5])

    a2,=axs[1].plot(S_array, Put_array)
    axs[1].set_xlabel(x_label, family="Times New Roman", fontsize=12)
    y_label = '$\it{P}$($\it{' + text + '}$)'
    axs[1].set_ylabel(y_label, fontname="Times New Roman", fontsize=12)
    axs[1].grid(linestyle='--', linewidth=0.25, color=[0.5,0.5,0.5])
    axs[2].axis('off')
    return fig,a1,a2,axs[2]

def plot_contour(S_array,Call_array,Put_array,label1,label2):

    fig, axs = plt.subplots(1,3,figsize=(13,7))
    cntr1 = axs[0].contourf(S_Matrix, tau_Matrix, Call_Matrix, levels = 20,
cmap="RdBu_r")
    cntr2 = axs[1].contourf(S_Matrix, tau_Matrix, Put_Matrix, levels = 20,
cmap="RdBu_r")
    fig.colorbar(cntr2, ax=axs[1])
    fig.colorbar(cntr1, ax=axs[0])
    axs[2].axis('off')
    x_label1 = '$\it{' + label1 + '}$'
```

```
        axs[0].set_xlabel(x_label1, fontname="Times New Roman", fontsize=12)
        y_label1 = '$\it{C}$($\it{' + label1+','+label2+ '}$)'
        axs[0].set_ylabel(y_label1, family="Times New Roman", fontsize=12)
        x_label2 = '$\it{' + label2 + '}$'
        axs[1].set_xlabel(x_label2, fontname="Times New Roman", fontsize=12)
        y_label1 = '$\it{P}$($\it{' + label1+','+label2+ '}$)'
        axs[1].set_ylabel(y_label1, family="Times New Roman", fontsize=12)
        plt.show()
        return fig,axs[0],axs[1],axs[2]


blsprice_vec = np.vectorize(blsprice)
#%% option vs S


plt.close('all')


Call_array, Put_array = blsprice_vec(S_array, K0, tau0, r0, vol0, q0)


S_plot,S_ax1,S_ax2,a3 = plot_curve(S_array,Call_array,Put_array,'S')


axcolor = 'lightgoldenrodyellow'
ax_K = plt.axes([0.7, 0.7+0.1, 0.2, 0.03], facecolor=axcolor)
ax_r = plt.axes([ 0.7,0.55+0.1, 0.2, 0.03], facecolor=axcolor)
ax_vol = plt.axes([ 0.7,0.4+0.1, 0.2, 0.03], facecolor=axcolor)
ax_q = plt.axes([ 0.7, 0.25+0.1,0.2, 0.03], facecolor=axcolor)
ax_tau = plt.axes([ 0.7, 0.1+0.1,0.2, 0.03], facecolor=axcolor)


K_slider = Slider(ax_K, r'$\it{K}$', K_array[0], K_array[-1], valinit=K0,
valstep=delta_K)
r_slider = Slider(ax_r, r'$\it{r}$', r_array[0], r_array[-1], valinit=r0,
valstep=delta_r)
vol_slider = Slider(ax_vol, r'$\it{vol}$', vol_array[0], vol_array[-1],
valinit=vol0, valstep=delta_vol)
q_slider = Slider(ax_q, r'$\it{q}$', q_array[0], q_array[-1], valinit=q0,
valstep=delta_q)
tau_slider = Slider(ax_tau,  r'$\it{tau}$', tau_array[0], tau_array[-1],
valinit=tau0, valstep=delta_tau)


def update(val):
    K = K_slider.val
    tau = tau_slider.val
```

```
    r = r_slider.val
    vol = vol_slider.val
    q = q_slider.val
    Call_array, Put_array = blsprice_vec(S_array, K, tau, r, vol, q)
    S_ax1.set_ydata(Call_array)
    S_ax2.set_ydata(Put_array)
    S_plot.canvas.draw_idle()

K_slider.on_changed(update)
tau_slider.on_changed(update)
r_slider.on_changed(update)
q_slider.on_changed(update)
vol_slider.on_changed(update)

resetax = plt.axes([0.75, 0.1, 0.1, 0.04])
button = Button(resetax, 'Reset', color=axcolor, hovercolor='0.975')

def reset(event):
    K_slider.reset()
    tau_slider.reset()
    r_slider.reset()
    vol_slider.reset()
    q_slider.reset()

button.on_clicked(reset)
#%%
S_Matrix,tau_Matrix = np.meshgrid(S_array,tau_array)
Call_Matrix, Put_Matrix = blsprice_vec(S_Matrix, K0, tau_Matrix, r0,
vol0, q0)
C_plot,C_ax1,C_ax2,C_ax3 = plot_contour(S_array,Call_Matrix,Put_
Matrix,'S','Tau')

ax_K2 = plt.axes([0.7, 0.7+0.1, 0.2, 0.03], facecolor=axcolor)
ax_r2 = plt.axes([ 0.7,0.55+0.1, 0.2, 0.03], facecolor=axcolor)
ax_vol2 = plt.axes([ 0.7,0.4+0.1, 0.2, 0.03], facecolor=axcolor)
ax_q2 = plt.axes([ 0.7, 0.25+0.1,0.2, 0.03], facecolor=axcolor)

K_slider2 = Slider(ax_K2, r'$\it{K}$', K_array[0], K_array[-1],
valinit=K0, valstep=delta_K)
r_slider2 = Slider(ax_r2, r'$\it{r}$', r_array[0], r_array[-1],
```

```
                        valinit=r0, valstep=delta_r)
vol_slider2 = Slider(ax_vol2, r'$\it{vol}$', vol_array[0], vol_array[-1],
valinit=vol0, valstep=delta_vol)
q_slider2 = Slider(ax_q2, r'$\it{q}$', q_array[0], q_array[-1],
valinit=q0, valstep=delta_q)

def update(val):
    K = K_slider2.val
    r = r_slider2.val
    vol = vol_slider2.val
    q = q_slider2.val
    Call_Matrix, Put_Matrix = blsprice_vec(S_Matrix, K, tau_Matrix, r,
vol, q)
    C_ax1.cla()
    C_ax2.cla()
    C_ax1.contourf(S_Matrix, tau_Matrix, Call_Matrix, levels = 20,
cmap="RdBu_r")
    C_ax2.contourf(S_Matrix, tau_Matrix, Put_Matrix, levels = 20,
cmap="RdBu_r")

K_slider2.on_changed(update)
r_slider2.on_changed(update)
q_slider2.on_changed(update)
vol_slider2.on_changed(update)

resetax = plt.axes([0.75, 0.2, 0.1, 0.04])
button = Button(resetax, 'Reset', color=axcolor, hovercolor='0.975')

def reset(event):
    K_slider2.reset()
    r_slider2.reset()
    vol_slider2.reset()
    q_slider2.reset()
button.on_clicked(reset)
```

本章重點介紹了如何使用 Matplotlib 繪製各種常見影像，這些繪圖功能將
在本書其他章節中被大量使用。此外，還簡單地介紹了如何在 Python 中
進行互動式繪圖，感興趣的讀者可以進一步深入地了解和學習。

機率與統計 I

08
Chapter

用資料來撒謊很容易，不用資料就想闡述真理卻很難。

It is easy to lie with statistics. It's hard to tell the truth without statistics.

——安得爾斯·唐柯爾斯 (Andrejs Dunkels)

機率和統計經常被放在一起討論，二者有著緊密的聯繫，但是卻是截然不同的兩個概念。通俗地說，機率是已知規律，去推測結果；統計則是已知結果，去找到規律。Python 在概率論與數理統計中的運算，以及與視覺化相結合方面，具有簡單並且強大的功能，相關的運算包包括 Scipy、Numpy、Matplotlib 和 Seaborn 等。

Biography: Gerolamo (24 September 1501 – 21 September 1576) was an Italian polymath, whose interests and proficiencies ranged from being a mathematician, physician, biologist, physicist, chemist, astrologer, astronomer, philosopher, writer, and gambler. He was one of the most influential mathematicians of the Renaissance, and was one of the key figures in the foundation of probability and the earliest introducer of the binomial coefficients and the binomial theorem in the western world. He wrote more than 200 works on science. (Sources: https://peoplepill.com/people/gerolamo-cardano/)

Biography: Jacob Bernoulli (6 January 1655—16 August 1705) Bernoulli greatly advanced algebra, the infinitesimal calculus, the calculus of variations, mechanics, the theory of series, and the theory of probability. He was self-willed, obstinate, aggressive, vindictive, beset by feelings of inferiority, and yet firmly convinced of his own abilities. With these characteristics, he necessarily had to collide with his similarly disposed brother. He nevertheless exerted the most lasting influence on the latter.Bernoulli was one of the most significant promoters of the formal methods of higher analysis. Astuteness and elegance are seldom found in his method of presentation and expression, but there is a maximum of integrity. (Sources: https://www.thocp.net/biographies/bernoulli.html and http://mathshistory.st-andrews.ac.uk/Biographies/Bernoulli_Jacob.html)

本章核心命令程式

▶ ax.hlines() 繪製垂直線

▶ ax.spines[].set_visible() 設定是否顯示某邊框

▶ ax.vlines() 繪製水平線

▶ cmf() 產生累積密度函數

▶ matplotlib.pyplot.bar() 繪製柱狀圖

▶ matplotlib.pyplot.gca().spines[].set_visible() 設定是否顯示某邊框

▶ matplotlib.pyplot.scatter() 繪製散點圖

▶ numpy.average() 得到平均值

▶ pdf() 產生機率密度函數

▶ pmf() 產生機率質量函數

▶ ppf() 產生分位數函數 (累積密度函數的逆函數)

▶ random.expovariate() 產生服從指數分佈的隨機數

▶ random.gauss() 產生服從正態分佈的隨機數

▶ random.randint() 產生隨機整數

▶ random.random() 產生隨機浮點數

▶ random.randrange() 傳回指定遞增基數集合中的隨機數

▶ random.seed() 初始化隨機狀態

▶ random.shuffle() 將序列的所有元素重新隨機排序

▶ random.uniform() 產生服從均勻分佈的隨機數

▶ set_major_formatter() 設定主坐標軸刻度的具體格式

▶ set_major_locator() 設定主坐標軸刻度的數值定位方式

▶ stats(, moments='mvsk') 產生期望、方差、偏度和峰度

8.1 機率與隨機事件

機率是日常生活中經常說起的概念，比如明天下雨的機率是多少；投資某股票賺錢的機率有多大；路上堵車的機率有多大；等等。這個看似簡單的概念，實際上對其本質一直存在著爭論，有興趣的讀者可以了解其中的貝氏學派和客觀機率學派各自的觀點。這些爭論，或許要更多地留給哲學家們去探討。在這裡，我們聚焦在沒有爭議的部分：機率是用 0 到 1 之間的實數對隨機事件發生的可能性進行的度量。

所謂隨機事件 (event)，是指在一定條件下，可能不發生，也可能發生的試驗結果。如果此隨機事件不可能發生，那麼機率為 0；如果一定發生，則機率為 1。如圖 8-1 描述了隨機事件發生的機率。豬能上天，作為不可能發生的事件，機率為 0。太陽每天都會升起，它是一定發生事件，機率為 1。擲硬幣會有相同的機率得到正面或反面，機率各為 0.5。拋骰子則只有 1/6 的機率得到某個確定數字。從裝著 3 個白球和 1 個黑球的袋子中，抓到白球的機率是 3/4。

圖 8-1　隨機事件

討論機率時，常用擲骰子作為範例，每擲一次骰子為一次試驗 (trial)。每次擲出的結果，為隨機事件。很明顯，這裡的隨機事件包括擲出數字為 1、2、3、4、5 和 6。擲出的結果不可能是這 6 個數字之外的任何數字，這稱為不可能事件。不可能事件也是隨機事件，用機率度量，其機率為 0；而其結果一定是從 1 到 6 中的六個數字之一，所以擲出 1 到 6 中六個數字之一為必然事件，其機率為 1。那麼擲到某特定數字，比如 3 的機率是多少呢？理論認為擲出這六個數字任意一個的機率是相同的，都是 1/6。我們可以親自擲骰子進行試驗，但是這個過程人為地執行起來非常費時費力，而用 Python 則可以模擬這個過程快速地進行驗證。

```
B1_Ch8_1.py
```

```python
import random
import pandas as pd

#total trial number
trials_total = 1000
#number of outcome 3
outcome_freq = 0
#define seed random number generator
random.seed(1)
#generate random integer in [1,6]
outcomes=pd.Series([], dtype=int)
for _ in range (trials_total):
    outcome = random.randint(1,6)
    if outcome == 3:
        outcome_freq = outcome_freq + 1
print('Probability of outcome 3: ', outcome_freq/trials_total)
```

上面的程式就是這個過程的模擬，從 1000 次模擬可以得出，擲出數字 3 的機率為 0.165，接近 1/6。這是基於機率的頻率定義進行的模擬，得到的機率值為近似值。程式中用到了 random.seed(1) 來初始化隨機狀態，透過設定同樣的種子，可以保證產生的隨機數可以重現，random.randint(1,6) 用來產生從 1 到 6 的隨機整數。

想必大家都聽說過蒙提霍爾問題 (Monty Hall problem)，即三門問題。作為機率史上最有爭議的問題之一，它看似簡單，但是結論卻是非常反常識的。

這個問題是以 Monty Hall 命名的，因為其來源是他在美國 CBS 電視台一檔名為 "Let's Make a Deal" 節目中的遊戲。參加遊戲的嘉賓面前有三扇關閉的門，其中一扇門的後面是一輛汽車，另外兩扇門後面則各有一隻山羊，如果嘉賓選中後面是汽車的那扇門，可贏得該汽車。遊戲開始後，當嘉賓選定了一扇門，但尚未開啟時，主持人 Monty Hall 會開啟剩下兩扇門中後面是山羊的一扇門。接著，Monty Hall 會給嘉賓一個換選另一扇仍然關著的門的機會。於是，「換」與「不換」就成為了一個問題。哪種選擇，得到汽車的機率大？如果只憑直覺，似乎這是篩除了一個後面是山羊的門，那麼剩下兩個門一個是汽車，一個是山羊，機率都是 1/2，所以換與不換沒有區別。

但是，如果仔細思考，我們可以分成下面幾種情況分析。嘉賓最初選中汽車的機率是 1/3，選中山羊的機率是 2/3，而如果嘉賓最初選擇了山羊，Monty Hall 開啟後面有山羊的門後，嘉賓只要換，就可以選中汽車，因此換後，得到汽車的機率為 2/3。因此，「換」得到汽車的機率要遠大於「不換」。圖 8-2 可以幫助我們更直觀地理解這個問題。

Python 也可以用來解決蒙提霍爾問題，下面的程式用了 1000 次模擬，得到「不換」和「換」贏得

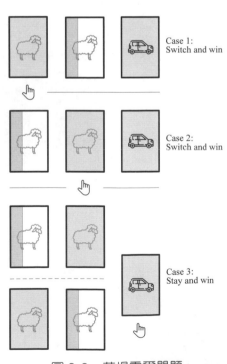

圖 8-2 蒙提霍爾問題

汽車的機率分別為 0.334 和 0.666，這與前面的分析結果是一致的。

```
B1_Ch8_2.py
import random

trials = 1000 #total number of simulations/trials

wins_stick = 0  #number of wins if stick to the door picked initially
wins_switch = 0 #number of wins if switch the door

random.seed(1)

for _ in range(trials):
    #0: door with goat behind
    #1: door with car behind
    doors = [1,0,0]              #one car and two goats
    random.shuffle(doors)        #shuffling doors randomly

    initial_pick = random.randrange(3) #picking a random door

    door_initial_pick = doors[initial_pick] #storing initially picked door

    del(doors[initial_pick]) #remaining doors (excluding initial pick)

    counter = 0
    for door in doors:
        if door == 0:
            del(doors[counter]) #deleting a door if a goat behind: door == 0
            break
        counter+=1

    if door_initial_pick == 1: #wins_stick adds 1 if initial pick is 1 (goat)
        wins_stick+=1

    if doors[0] == 1: #wins_switch adds 1 if it is goat after switch
        wins_switch+=1

print("Probability of Stay to Win =", wins_stick/trials)
print("Probability of Switch to Win = ", wins_switch/trials)
```

8.2 貝氏定理

前面透過直觀的分析解釋了蒙提霍爾問題，其實這個問題用貝氏定理 (Bayes' theorem) 也可以進行解釋。

 Thomas Bayes (1702—1761) was an English clergyman who set out his theory of probability in 1764. His conclusions were accepted by Laplace in 1781, rediscovered by Condorcet, and remained unchallenged until Boole questioned them. Since then Bayes' techniques have been subject to controversy. (Sources: https://mathshistory.st-andrews.ac.uk/Biographies/Bayes/)

統計學中的貝氏定理是關於兩個隨機事件條件機率的定理，它是描述在已知一些條件下，某事件發生的機率。其公式為：

$$P(A|B) = P(A)\frac{P(B|A)}{P(B)} \tag{8-1}$$

其中，A 和 B 代表兩個隨機事件，並且 $P(B)$ 不為零。$P(A)$ 被稱為事件 A 的先驗機率 (prior probability)，或邊緣機率，之所以稱為「先驗」是因為它與事件 B 是否發生無關。同樣的，$P(B)$ 是事件 B 的先驗機率。$P(A|B)$ 是指在事件 B 發生的情況下事件 A 發生的機率，因為事件 A 發生於事件 B 後面，所以被稱作事件 A 的後驗機率 (posterior probability)，後驗機率可以視為在事件 B 發生之後，對事件 A 發生機率的重新評估。同樣的，$P(B|A)$ 被稱作事件 B 的後驗機率。

為了得到事件 A 的後驗機率，需要用到調整因數 $P(B|A)/P(B)$，對其先驗機率進行調整，這個因數被稱為標準似然度 (standardised likelihood)，即要透過這個與事件 B 相關的標準似然度對先驗機率進行調整。從這個角度，貝氏定理可以通俗地寫成以下關係式。

$$\text{Posterior probability} = \text{Prior probability} \times \text{Standardised likelihood} \tag{8-2}$$

分析式 (8-2)，如果標準似然度大於 1，表示先驗機率得到增強，事件 A 發生的可能性變大，也就是在事件 B 已經發生的情況下，事件 A 的後驗機率要大於先驗機率；如果標準似然度恰好為 1，則事件 A 的先驗機率與後驗機率相同，表明事件 B 是否發生，對事件 A 發生的機率無影響；如果標準似然度小於 1，說明事件 B 的發生使得事件 A 的先驗機率被削弱，事件 A 發生的可能性變小。如圖 8-3 直觀地闡釋了先驗機率、後驗機率以及標準似然度之間的關係。

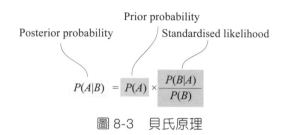

圖 8-3　貝氏原理

在蒙提霍爾問題中，在 A、B 和 C 三扇門中，開啟任意一扇門，後面是汽車的機率是相同的，即 P(CarA)、P(CarB) 和 P(CarC) 均為 1/3。

假如，嘉賓選擇 A 門，而 B 門後面為羊，主持人開啟的是 B 門，那麼 A 門後面是汽車的機率為：

$$\mathrm{P}\left(CarA \mid B\right) = \mathrm{P}\left(B \mid CarA\right) \times \mathrm{P}\left(CarA\right) / \mathrm{P}\left(B\right) \tag{8-3}$$

在嘉賓已經選擇了 A 門的情況下，主持人開啟 B 門的機率為：

$$\begin{aligned}\mathrm{P}\left(B\right) = {}& \mathrm{P}\left(B \mid CarA\right) \times \mathrm{P}\left(CarA\right) \\ & + \mathrm{P}\left(B \mid CarB\right) \times \mathrm{P}\left(CarB\right) \\ & + \mathrm{P}\left(B \mid CarC\right) \times \mathrm{P}\left(CarC\right)\end{aligned} \tag{8-4}$$

其中，P(B|CarA) 為 A 門後面為汽車，主持人開啟 B 門的機率，因為這種情況下，主持人可以從 B 門和 C 門中任選一個開啟，所以機率為 1/2。P(B|CarB) 為 B 門後面為汽車，主持人開啟 B 門的機率，主持人不可能開啟後面為汽車的 B 門，所以其機率為 0。P(B|CarC) 為 C 門後面為汽車，主持人開啟 B 門的機率，這種情況下，主持人只有一種選擇，只能開啟門後為羊的 C 門，所以機率為 1。

由上面的分析，可以得到：

$$
\begin{aligned}
\mathrm{P}(B) &= \mathrm{P}(B\,|\,CarA)\times\mathrm{P}(CarA)\\
&+\mathrm{P}(B\,|\,CarB)\times\mathrm{P}(CarB)\\
&+\mathrm{P}(B\,|\,CarC)\times\mathrm{P}(CarC)\\
&=1/2\times1/3+0\times1/3+1\times1/3\\
&=1/2
\end{aligned}
\tag{8-5}
$$

因此，有下面的結果。

$$
\mathrm{P}(CarA\,|\,B)=\mathrm{P}(CarA)\frac{\mathrm{P}(B\,|\,CarA)}{\mathrm{P}(B)}=\frac{1}{3}\times\frac{1/2}{1/2}=1/3
\tag{8-6}
$$

利用同樣的分析方法，如果嘉賓選擇 A 門，主持人開啟 B 門，而 C 門後面為汽車的機率 P(CarC|B) = 2/3。因此，有同樣的結論，「換」得到汽車的機率要遠大於「不換」。

用下面的程式也可得到與前述分析完全一樣的結果。

B1_Ch8_3.py

```python
#calculate the probability of Monty Hall problem

#function of Bayes theorem
def bayes_theorem(p_x, p_y_given_x, p_y):
    p_x_given_y = p_x * (p_y_given_x / p_y)
    return p_x_given_y

#P(CarA) P(CarB) P(CarC)
p_a = 1/3
p_b = 1/3
p_c = 1/3

#P(B|CarA) P(B|CarB) P(B|CarC)
p_b_given_a = 1/2
p_b_given_b = 0
p_b_given_c = 1

#calculate P(B)
```

```
p_b = p_b_given_a*p_a + p_b_given_b*p_b + p_b_given_c*p_c

#calculate P(A|B)
p_a_given_b = bayes_theorem(p_a, p_b_given_a, p_b)

#calculate P(C|B)
p_c_given_b = bayes_theorem(p_c, p_b_given_c, p_b)

#summary
print('Probability of Stay to Win : P(A|B) = %.3f%%' % (p_a_given_b * 100))
print('Probability of Switch to Win : P(C|B) = %.3f%%' % (p_c_given_b * 100))
```

執行結果如下。

```
Probability of Stay to Win : P(A|B) = 33.333%
Probability of Switch to Win : P(C|B) = 66.667%
```

8.3 隨機變數

從樣本空間的元素到實數域進行映射，這個實數的值根據樣本空間中的元素不同而隨機產生，這就引入了隨機變數 (random variable) 的概念。也就是說隨機變數就是樣本空間對應的實值的單值的函數。簡單地理解，隨機變數就是隨機現象結果的數量表現。如圖 8-4 展示了隨機事件、隨機變數以及其設定值的關係。

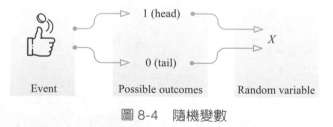

圖 8-4　隨機變數

隨機變數分為兩種基本類型：離散型隨機變數 (discrete random variable) 和連續型隨機變數 (continuous random variable)。離散型隨機變數是指其設定值只能為有限的數量。比如擲骰子，結果只能從 1 到 6 的六個數中選擇。而連續型隨機變數則可以在替定區間內取任意的實數值，其設定值的數量是無限的。比如金融中的回報率，理論上它可以取任何值。如圖 8-5 對比了這兩種類型的隨機變數。

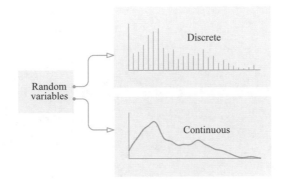

圖 8-5　離散型隨機變數和連續型隨機變數

Python 有多個可以生成隨機變數的運算套件，比如 Random、NumPy 和 Scipy 等。它們在產生隨機變數的功能上是類似的，這裡以 Random 為例介紹。

Random 是最常用的產生隨機數的運算套件之一。其中的 randint() 函數可以產生隨機整數。下面的程式模擬了擲 10 次骰子的結果。

```
B1_Ch8_4_A.py
import random
import pandas as pd

#define seed random number generator
random.seed(1)
#generate random integer in [1,6]
outcomes=pd.Series([], dtype=int)
for _ in range (10):
    outcome = random.randint(1,6)
    print(outcome)
    outcomes[len(outcomes)] = outcome
```

在程式中，如前所述，透過 random.seed(1) 來初始化隨機狀態。randint(1,6) 則限定生成 [1, 6] 內的隨機整數。透過執行上述程式，每次擲骰子的結果顯示以下；這裡建立了一個序列 outcomes，用來儲存產生的結果 (隨機數)。

```
2
5
1
3
1
4
4
4
6
4
```

為了更加直觀地展示結果，這裡用柱狀、散點和線型三種方式繪製了結果圖形，其程式如下所示，如圖 8-6 所示為執行後產生的圖形，供大家參考。

B1_Ch8_4_B.py

```python
import matplotlib.pyplot as plt
import numpy as np

plt.figure(figsize=(14, 3))
toss = ('1st','2nd','3rd','4th','5th','6th','7th','8th','9th','10th')
#bar graph
plt.subplot(131)
plt.xticks(np.arange(10), toss)
plt.bar(np.arange(10), outcomes)
#scatter graph
plt.subplot(132)
plt.scatter(np.arange(10), outcomes)
plt.xticks(np.arange(10), toss)
#line graph
plt.subplot(133)
plt.plot(outcomes)
```

```
plt.xticks(np.arange(10), toss)
#graph title
plt.suptitle('Outcome of 10 Tosses')
plt.show()
```

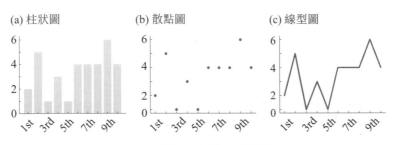

圖 8-6　擲 10 次骰子結果顯示

同樣的，如果需要生成區間 [0,1] 上的隨機浮點數，只需要用 random.random() 函數即可。需要產生服從均勻分佈的隨機數，可以使用 random.uniform() 函數得到；需要生成服從正態分佈的隨機數，可以使用 random.gauss() 函數得到；需要生成服從指數分佈的隨機數，可以用 random.expovariate() 函數得到。讀者可以根據前面隨機整數產生及視覺化的程式，請自行練習。

對於離散型隨機變數，通常用機率質量函數 (Probability Mass Function, PMF) 去描述，其反映的是離散隨機變數在各特定設定值上的機率。對於連續型隨機變數，則用機率密度函數 (Probability Density Function, PDF) 描述隨機變數的輸出值在某個特定設定值點附近的可能性。另外，累積分佈函數 (Cumulative Distribution Function, CDF)，即機率密度函數的積分，常被用來描述一個隨機變數的完整的機率分佈。

以擲骰子為例，每次試驗結果為 1 到 6 的六個整數之一。如果定義變數 X 為試驗結果，那麼六個可能的結果為 $x_1 = 1$, $x_2 = 2$, $\cdots$, $x_6 = 6$。各自的機率為 $P(X = x_i) = 1/6$，$i = 1,2,\cdots,6$。於是 PMF 和 CDF 可以表示為：

$$f(x) = \begin{cases} 1/6, & x=1 \\ 1/6, & x=2 \\ 1/6, & x=3 \\ 1/6, & x=4 \\ 1/6, & x=5 \\ 1/6, & x=6 \\ 0, & \text{otherwise} \end{cases} \Rightarrow F(x) = \begin{cases} 0, & -\infty < x < 1 \\ 1/6, & 1 \le x < 2 \\ 2/6, & 2 \le x < 3 \\ 3/6, & 3 \le x < 4 \\ 4/6, & 4 \le x < 5 \\ 5/6, & 5 \le x < 6 \\ 1, & 6 \le x < \infty \end{cases}$$

下面的程式對 PMF 和 CDF 進行了更加直觀的視覺化展示。

B1_Ch8_5.py

```python
import pandas as pd
import matplotlib.ticker as mticker
import matplotlib.pyplot as plt

f = pd.Series()
F = pd.Series()
F.at[0] = 0.0
for x in range(1, 7):
    f.at[x]= 1/6
    F.at[x] = F.at[x-1] + f[x]

fig, (ax1, ax2) = plt.subplots(nrows=1, ncols=2, figsize=(14, 5))
#set up positions and labels for y ticks
positions = [1/6, 2/6, 3/6, 4/6, 5/6, 1]
labels = ['1/6', '2/6', '3/6', '4/6', '5/6', '1']

#PDF figure
ax1_xticks = range(1,7)

ax1.plot(ax1_xticks, f, 'bo')
ax1.vlines(ax1_xticks, 0, f, color='blue')

ax1.set_xlabel('x')
ax1.set_ylabel('f(x)')
ax1.set_ylim(0.0, 1.0)

ax1.yaxis.set_major_locator(mticker.FixedLocator(positions))
```

```
ax1.yaxis.set_major_formatter(plt.FixedFormatter(labels))
ax1.set_title('PMF')

#CDF figure
ax2_xticks = range(0,8)

ax2.hlines(y=F, xmin=ax2_xticks[:-1], xmax=ax2_xticks[1:], color='red',
zorder=1)
ax2.vlines(x=ax2_xticks[1:-1], ymin=F[:-1], ymax=F[1:], color='red',
linestyle='dashed', zorder=1)

ax2.scatter(ax2_xticks[1:-1], F[1:], color='red', s=20, zorder=2)
ax2.scatter(ax2_xticks[1:-1], F[:-1], color='white', s=20, zorder=2,
edgecolor='red')

ax2.set_xlabel('x')
ax2.set_ylabel('F(x)')

ax2.yaxis.set_major_locator(mticker.FixedLocator(positions))
ax2.yaxis.set_major_formatter(plt.FixedFormatter(labels))
ax2.set_title('CDF')
```

如圖 8-7(a) 所示的機率質量函數圖形顯示了每次擲骰子得到 1 到 6 之間某一數字的機率均為 1/6，而圖 8-7 (b) 累積分佈函數則可以看到累積的機率依次增加，如果擲得的數字為 1 到 6 之間任一數字，其機率為 1。

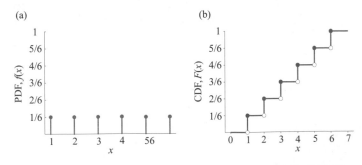

圖 8-7　擲骰子試驗的機率質量函數和累積分佈函數

對於隨機變數，利用其機率分佈函數可以精確地進行描述。然而，因為機率分佈函數包含所有的資訊，所以通常比較複雜。舉個通俗的範例，假若把某人的身材當作一個隨機變數，並對這個隨機變數進行描述。這個人的三維立體圖就相當於分佈函數，可以對這個人的身材進行精確描述，但是分佈函數包含著太多的細節，比如這個人的四肢、髮型、頭型，甚至五官的大小等。但是只需要選擇其中一些最關鍵的描述，比如身高、體重，就可以對這個人的身材有大概的了解，從而大大簡化描述過程。這裡的身高、體重就相當於這個隨機變數的期望、方差等數字特徵。

隨機變數的期望 (expectation) 指以機率值為權重，加權平均隨機變數所有可能的設定值。對於隨機變數 X 的期望 $E(X)$，通常用 $\mu = E(X)$ 來表示，它描述了隨機變數分佈的中心位置。對於離散型隨機變數，其表示式為：

$$E(X) = \sum_i x_i p(x_i) \tag{8-7}$$

其中，X 指離散型隨機變數，x_i 指隨機變數的設定值，$p(x_i)$ 指隨機變數設定值 x_i 對應的機率。

舉個範例，假如有一檔股票，賺 100 塊錢的機率是 10%，賠 10 塊錢的機率是 90%，那麼這檔股票賺錢的期望是多少？首先，把買這檔股票賺錢作為一個隨機變數，那麼賺 100 塊和賠 10 塊這兩個事件，映射成為隨機變數的可能設定值，接著把這兩個事件對應於一個關於收益的線性函數，即收益為 100 或 -10，其各自對應的機率為 10% 和 90%，因此，對於這個離散分佈，其期望為：

$$\begin{aligned} E &= 100 \times 10\% + (-10) \times 90\% \\ &= 1 \end{aligned} \tag{8-8}$$

即這個隨機變數對應的收益期望為賺 1 塊錢。

可以借用 Numpy 裡的 average() 函數來計算這種情況下的期望。

```
import numpy as np
mu = np.average([100, -10], weights=[0.1, 0.9])
```

期望值為。

```
1.0
```

對於連續型隨機變數，其表示式為：

$$E(X) = \int_{-\infty}^{+\infty} x f(x) \mathrm{d}x \tag{8-9}$$

其中，X 指連續型隨機變數，$f(x)$ 指機率密度函數。

舉例來說，有以下一個連續型隨機變數，其機率密度函數為：

$$f(x) = \begin{cases} \dfrac{1}{6}, & 0 \le x \le 6 \\ 0, & \text{otherwise} \end{cases} \tag{8-10}$$

根據上述定義可以得到：

$$
\begin{aligned}
E(X) &= \int_{-\infty}^{+\infty} x f(x) \mathrm{d}x \\
&= \int_{-\infty}^{0} x f(x) \mathrm{d}x + \int_{0}^{6} x f(x) \mathrm{d}x + \int_{6}^{+\infty} x f(x) \mathrm{d}x \\
&= 0 + \int_{0}^{6} \frac{1}{6} x \mathrm{d}x + 0 \\
&= \left[\frac{1}{6} \cdot \frac{1}{2} \cdot x^2 \right]_{0}^{6} \\
&= 3
\end{aligned} \tag{8-11}
$$

隨機變數的方差 (variance) 是用來度量隨機變數與其期望之間偏離程度的量。它反映的是隨機變數的離散程度，方差越大，說明隨機變數的設定值分佈越不均勻；方差越小，說明隨機變數的設定值越趨近於期望值（平均值）。

隨機變數的方差數學表示式為：

$$\mathrm{var}(X) = E\left[\left(X - E[X]\right)^2\right] \tag{8-12}$$

其中，X 為隨機變數。

對於離散型變數，方差可以表示為：

$$\mathrm{var}(X) = \sum_{i=1}^{n}\left[x_i - E(X)\right]^2 p_i \tag{8-13}$$

其中，X 為離散型隨機變數，$E(X)$ 為該隨機變數的期望，p_i 為每一隨機變數的設定值對應的機率。

對於連續型隨機變數，方差的表示為：

$$\mathrm{var}(X) = \int_{-\infty}^{+\infty}\left[x_i - E(X)\right]^2 f(x)\mathrm{d}x \tag{8-14}$$

其中，X 為連續型隨機變數，$E(X)$ 為該隨機變數的期望，p_i 為每一隨機變數的設定值對應的機率，$f(x)$ 為機率密度函數。

方差的算術平方根叫作標準差 (standard deviation) 或均方差。同樣的，標準差也是用來衡量隨機變數的離散程度的度量。之所以在方差基礎上引入標準差，是因為方差與原資料的量綱是不同的，雖然可以描述資料與期望的偏離程度，但是並不符合直觀思維，而標準差則可二者兼顧。隨機變數的標準差的數學表示式為：

$$\sigma = \sqrt{\mathrm{var}(X)} \tag{8-15}$$

其中，X 為隨機變數，$\mathrm{var}(X)$ 為該隨機變數的方差。

在數理統計中，還會經常遇到一個概念——矩 (moment)。這個概念是源於物理學的力矩，大家或許都會想起阿基米德 (Archimedes) 的那句名言「給我一個支點，我可以翹起地球 (Give me a lever long enough and a fulcrum on which to place it, and I shall move the world.)」，他最初用的是

moving power，在後來不同語言的翻譯及演化中，就變成了現在英文中的 moment。物理學中，力矩為力與力臂的乘積，比如，兩個力 F_1 和 F_2 作用於同一點的力臂分別為 r_1 和 r_2，那麼其力矩為 $F_1 \times r_1 + F_2 \times r_2$。對於統計學，假設有一個隨機變數，其兩個設定值 x_1 和 x_2 的機率分別為 w_1 和 w_2，那麼其期望為 $x_1 \times w_1 + x_2 \times w_2$，相信讀者看到了與力矩的相似之處。

下面的數學公式有助讀者進一步的理解。以一個機率密度函數為 $p(x)$ 的隨機變數為例，那麼相對於值 μ 的 n 階矩為：

$$m_n = \int_{-\infty}^{+\infty} (x - \mu) p(x) \mathrm{d}x \tag{8-16}$$

其一階原點距 (相對於原點) 為

$$E(X) = \int_{-\infty}^{+\infty} x \cdot p(x) \mathrm{d}x \tag{8-17}$$

這實際上就是該隨機變數的期望。期望也被稱為隨機變數的中心，顯然，任何隨機變數的一階中心矩皆為 0。

隨機變數的二階中心矩即為方差：

$$\mathrm{var}(x) = \int_{-\infty}^{+\infty} \left[x - E(x) \right]^2 p(x) \mathrm{d}x \tag{8-18}$$

隨機變數的三階中心矩為偏態 (skewness)，描述的是分佈偏離對稱的程度，即分佈的歪斜情況。

$$S(x) = \int_{-\infty}^{+\infty} \left[x - E(x) \right]^3 p(x) \mathrm{d}x \tag{8-19}$$

如果偏度小於 0，稱為負偏 (negative skewness)，則分佈在平均值左側的離散度比右側大，其分佈圖形的左側有長尾；如果偏度大於 0，稱為正偏 (positive skewness)，則分佈在平均值左側的離散度比右側小，其分佈圖形的右側有長尾。對於嚴格對稱的分佈 (例如正態分佈)，偏度為 0。如圖 8-8 展示了這兩種情況的對比。

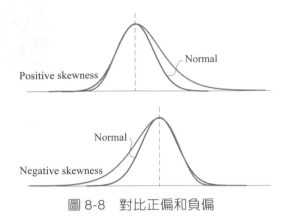

圖 8-8　對比正偏和負偏

隨機變數的四階中心矩為峰態 (kurtosis)，描述的是分佈的尖峰程度，亦即對峰值尖銳或平坦情況的描述。

$$K(x) = \int_{-\infty}^{+\infty} \left[x - E(x) \right]^4 p(x) \mathrm{d}x \tag{8-20}$$

正態分佈的峰態為 3，為了更方便地描述，一般用分佈的峰態與正態分佈的峰態之差來標準化 (減去 3)。如果分佈的峰態標準化後大於 0，表示這種分佈相對正態分佈更平坦 (flatness)；如果分佈的峰態標準化後小於 0，則表示這種分佈相對正態分佈更尖銳 (peakedness)。如圖 8-9 所示為高峰態與低峰態，並與標準正態分佈進行了對比。

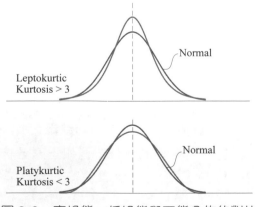

圖 8-9　高峰態、低峰態與正態分佈的對比

8.4 離散型隨機變數的機率分佈

隨機變數的機率分佈可以說是所有量化金融的基礎。無論是離散型隨機
變數還是連續型隨機變數，對它們的分析處理，所依據的原理是相同
的。基於隨機變數的模型在金融領域佔據著重要的地位，這是因為金融
領域中諸如利率、股價、股票的回報率等，都無法透過確定性模型予以
解釋，而隨機模型則可以進行極佳地分析和預測。比如股價，其價格的
波動往往是無法透過確定性模型舉出合理的解釋的。所以通常會用隨機
模型，即透過隨機變數來表示。在隨機模型中，在單一時間單位上對隨
機變數進行採樣，根據這些採樣結果得到隨機模型的參數，即對這種模
型進行校準，從而將這種模型身為金融工具來預測股價的變動。

首先從幾種常用的離散型隨機變數的機率分佈講起。在講解中，會主要
借助 Scipy 運算套件的統計運算子套件 Stats。表 8-1 列舉了 Stats 子包中
部分函數名稱及分佈對照表。表 8-2 則列舉了部分通用函數。

表 8-1　Scipy 運算套件 Stats 子套件部分函數名稱及分佈對照表

函數	對應分佈	PDF	CDF
norm()	正態分佈		
bernoulli()	伯努利分佈		
poisson()	卜松分佈		
uniform()	均勻分佈		
expon()	指數分佈		

函數	對應分佈	PDF	CDF
binom()	二項分佈		
beta()	貝塔分佈		
gamma()	伽馬分佈		
Lognorm()	對數正態分佈		

表 8-2　Scipy 運算套件部分通用函數

函數	作用
pdf()	機率密度函數
cdf()	累計分佈函數
ppf()	分位點函數 (CDF 的逆)
rvs()	產生服從指定分佈的隨機數
sf()	殘存函數 (1 – CDF)
isf()	逆殘存函數 (sf 的逆)
fit()	對一組隨機取樣進行擬合，最大似然估計方法找出最適合取樣資料的機率密度函數係數

均勻分佈 (uniform distribution) 或許是最簡單的機率分佈類型。離散型均勻分佈分配給所有結果相等的權重。如果一個離散型隨機變數 X 有個可能的設定值 $x_1, x_2, \cdots, x_k$，並且其品質密度函數為：

$$P(X = x_i) = \frac{1}{k}, \ \forall i = 1, 2, 3, \cdots, k \tag{8-21}$$

通俗地說，如果這個隨機變數有 k 個設定值，每個設定值的機率為 $1/k$，其他設定值的機率均為 0，那麼這個隨機變數遵從離散均勻分佈。這種分佈的期望、方差為：

$$E(X) = \frac{k+1}{2}$$

$$var(X) = \frac{1}{12}(k^2 - 1)$$

(8-22)

下面的範例用兩種途徑產生了從 1 到 6 的 6 個數字隨機設定值的均勻離散分佈的密度品質函數。

```
B1_Ch8_6.py
```

```python
from scipy.stats import randint
import numpy as np
import matplotlib.pyplot as plt

fig, (ax1, ax2) = plt.subplots(nrows=1, ncols=2, figsize=(14, 5))

low, high = 1, 7
mean, var, skew, kurt = randint.stats(low, high, moments='mvsk')

x = np.arange(low, high)

#plot from a "frozen" object (holding the given parameters fixed) of
discrete uniform
random variable
rv = randint(low, high)
ax1.plot(x, rv.pmf(x), 'ro', label='frozen PMF')
ax1.set_xlabel('x')
ax1.set_ylabel('p(x)')
ax1.set_title('PMF--frozen object')
ax1.spines['right'].set_visible(False)
ax1.spines['top'].set_visible(False)
ax1.yaxis.set_ticks_position('left')
ax1.xaxis.set_ticks_position('bottom')

#plot from random variates
ax2.plot(x, randint.pmf(x, low, high), 'bo', label='randint PMF')
ax2.set_xlabel('x')
ax2.set_ylabel('p(x)')
```

```
ax2.set_title('PMF--randint')
ax2.spines['right'].set_visible(False)
ax2.spines['top'].set_visible(False)
ax2.yaxis.set_ticks_position('left')
ax2.xaxis.set_ticks_position('bottom')
```

如圖 8-10(a) 是用 randint() 函數先建立一個按照給定參數產生的離散均勻隨機數的固定物件 rv，然後用 pmf() 產生這個固定物件的機率質量函數，並作圖。如圖 8-10 (b) 則是直接用 randint.pmf() 產生離散均勻隨機數，並同時作圖。兩種途徑得到的圖是完全一致的。

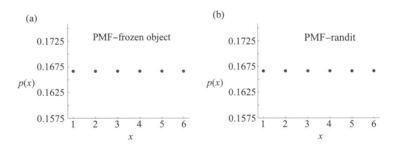

圖 8-10　均勻離散分佈的機率質量函數

伯努利分佈 (Bernoulli distribution)，也叫兩點分佈或 0-1 分佈，是為紀念瑞士科學家雅各‧伯努利 (Jakob Bernoulli) 而命此名。它是一種離散型機率分佈，其形式同樣非常簡單，因為其設定值只有兩個：0 或 1，不同伯努利分佈的差別只是取到這兩個值的機率不同。伯努利分佈機率質量函數為：

$$P(X = x_i) = \begin{cases} 1-p, & x_0 = 0 \\ p, & x_1 = 1 \end{cases} \tag{8-23}$$

或寫為：

$$P(X) = p^x (1-p)^{1-x} \tag{8-24}$$

其中，機率 p 滿足 $0 < p < 1$。

其期望和方差為：

$$E(X) = p$$
$$\text{var}(x) = p(1-p) \tag{8-25}$$

最常見的伯努利分佈的範例大概就是拋硬幣了。比如，定義硬幣正面朝上為 1，反面朝上為 0。那麼對於均勻硬幣，其任意一面朝上的機率均為 0.5。其品質密度函數可以寫為：

$$P(X = x_i) = \begin{cases} 0.5, & x_0 = 0 \\ 0.5, & x_1 = 1 \end{cases} \tag{8-26}$$

用下面的程式可以繪製其機率質量函數，只有設定值為 0 或 1 時的機率為 0.5，取其他任何值則為 0。同時，利用內建函數 stats(p, moments='mvsk') 可以非常容易地得到它的期望、方差、偏度和峰度。

```python
B1_Ch8_7.py

from scipy.stats import bernoulli
import numpy as np
import matplotlib.pyplot as plt


p = 0.5
mean, var, skew, kurt = bernoulli.stats(p, moments='mvsk')
print('Expectation, Variance, Skewness, Kurtosis: ', mean, var, skew,
kurt)


x = np.linspace(0, 1, 6)
plt.plot(x, bernoulli.pmf(x, p), '*')
plt.title('PMF--Bernoulli Distribution (p=0.5)')
plt.xlabel('x')
plt.ylabel('P(x)')
plt.gca().spines['right'].set_visible(False)
plt.gca().spines['top'].set_visible(False)
plt.gca().yaxis.set_ticks_position('left')
plt.gca().xaxis.set_ticks_position('bottom')
```

拋硬幣問題的各階矩 (期望、方差、偏度和峰度) 分別如下。

```
Expectation, Variance, Skewness, Kurtosis:  0.5 0.25 0.0 -2.0
```

如圖 8-11 所示為拋硬幣試驗的機率質量函數，在六次拋硬幣的嘗試中，
每次都會隨機的出現正面或反面。

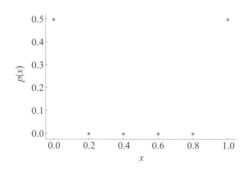

圖 8-11 　拋硬幣試驗（伯努利分佈）的機率質量函數 $(p = 0.5)$

二項分佈 (binomial distribution) 是與伯努利分佈有密切關係的一種離散隨
機分佈，是指在 n 次獨立的伯努利試驗中，所期望的結果出現次數的機
率分佈。如果定義伯努利試驗的兩種結果分別為成功和失敗，在單次伯
努利試驗中，成功的機率為 p，失敗的機率則為 $1 - p$。如果進行 n 次獨立
的試驗，想研究成功 k 次的機率 (k 為從 0 到 n 的整數)，這就是二項分佈
涉及的研究內容。它的數學運算式為：

$$P\left(X = k\right) = \binom{n}{k} p^k \left(1-p\right)^{n-k} \quad (k = 0,1,\cdots,n) \tag{8-27}$$

其中，X 為離散隨機變數。通常把這種遵循二項分佈的隨機變數寫為 $X \sim B(n; p)$，它的期望和方差為：

$$E\left(X\right) = n \cdot p$$
$$\text{var}\left(x\right) = n \cdot p\left(1-p\right) \tag{8-28}$$

假設股票的價格在某一時刻只有上升與下降兩種可能，上升的機率為 p，
那麼下降的機率對應地為 $1 - p$。如果上一時刻股票價格對下一時刻股票

價格沒有任何影響，即每一次交易都是獨立的，而在一段時間內股票價格變化是由 n 個價格變化階段組成，那麼就可以把股票價格變化作為一個 n 重伯努利試驗。如果用隨機變數 X 來代表股票價格上升的次數，那麼出現 k 次上升的機率就服從二項分佈。假設股票上升的機率為 0.6，在一段時間內有 250 次價格變化，那麼每種上升次數的機率是多少？可以用下面的程式幫助解決這個問題。

B1_Ch8_8.py

```python
from scipy.stats import binom
import matplotlib.pyplot as plt
import numpy as np

n = 250
p = 0.6

mean,var,skew,kurt = binom.stats(n,p,moments='mvsk')
print('Expectation, Variance, Skewness, Kurtosis: ', mean, var,
np.around(skew,4),
np.around(kurt,4))

x = np.arange(0, 251)
#scatter graph
plt.plot(x, binom.pmf(x, n, p),'o')

plt.title('Binomial Distribution (n=250, p=0.6)')
plt.xlabel('Number of Stock Price Increase')
plt.ylabel('Probability of Stock Price Increase')
plt.gca().spines['right'].set_visible(False)
plt.gca().spines['top'].set_visible(False)
plt.gca().yaxis.set_ticks_position('left')
plt.gca().xaxis.set_ticks_position('bottom')
```

期望、方差、偏度和峰度如下。

```
Expectation, Variance, Skewness, Kurtosis:  150.0 60.0 -0.0258 -0.0073
```

從圖 8-12 可以看出，不同的股票價格上升的天數對應著不同的機率，股票價格上升天數為 150 天的機率最大。

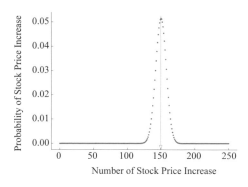

圖 8-12　股票價格上升次數對應的機率（二項分佈：$n = 250$，$p = 0.6$）

幾何分佈 (geometric distribution) 是在 n 次伯努利試驗中，第 k 次試驗才得到第一次成功的機率分佈，換句話說，是前 k - 1 次均失敗，在第 k 次成功的機率分佈。如果 X 為服從參數為 p 的幾何分佈的隨機變數，那麼其機率質量函數的運算式為：

$$P(X = k) = (1-p)^{k-1} p, \quad k = 1, 2, 3, \cdots \tag{8-29}$$

其期望和方差分別為：

$$\begin{aligned} E(X) &= 1/p \\ \mathrm{var}(X) &= 1/p \times (1/p - 1) \end{aligned} \tag{8-30}$$

這裡仍然以拋硬幣為例。透過下面的程式，可以繪製出圖形並得到拋第幾次可以第一次得到正面的機率分佈。

```
B1_Ch8_9.py

from scipy.stats import geom
import matplotlib.pyplot as plt
import numpy as np

p = 0.5
```

```
mean,var,skew,kurt = geom.stats(p,moments='mvsk')
print('Expectation, Variance, Skewness, Kurtosis: ', mean, var, skew,
kurt)

x = np.arange(geom.ppf(0.01, p), geom.ppf(0.99, p))

plt.plot(x, geom.pmf(x, p),'o')
plt.title('Geometric Distribution (p=0.5)')
plt.xlabel('x')
plt.ylabel('Probability')
plt.gca().spines['right'].set_visible(False)
plt.gca().spines['top'].set_visible(False)
plt.gca().yaxis.set_ticks_position('left')
plt.gca().xaxis.set_ticks_position('bottom')
```

期望、方差、偏度和峰度如下。

```
Expectation, Variance, Skewness, Kurtosis:  2.0 2.0 2.12 6.5
```

如圖 8-13 展示了第一次拋得正面的機率分佈，可見，第一次拋得正面的機率最高，為 0.5。而透過更多次嘗試，第一次拋得正面的機率越來越小。

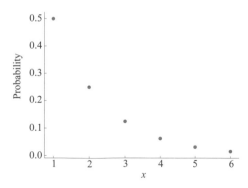

圖 8-13　拋硬幣第一次拋得正面的機率分佈（幾何分佈：$p = 0.5$）

如果二項分佈的試驗次數 n 非常大，事件每次發生的機率 p 非常小，並且它們的乘積 np 存在有限的極限 λ，則這個二項分佈趨近於另一種分佈──卜松分佈 (Poisson distribution)。卜松分佈是離散型分佈，它是由法國著名數學家和物理學家莫恩・德尼・卜松 (Siméon-Denis Poisson) 在 1837 年首先提出來的，它可以用來描述某段時間或某個空間內隨機事件發生的機率，因此適用於預測某些事件的發生，因此在金融、物理、經濟、工程等領域得到廣泛應用。卜松分佈的機率質量函數為：

$$\mathrm{P}\left(X=x\right)=\frac{\lambda^{x}}{x!}\exp(-\lambda) \quad (x=0,1,2,\cdots) \tag{8-31}$$

經常把這種分佈寫作 $X \sim Po(\lambda)$，卜松隨機變數的期望和方差是一樣的：

$$\begin{aligned} E\left(x\right) &= \mathrm{var}\left(x\right) \\ &= \lambda \end{aligned} \tag{8-32}$$

假設有一個投資組合包含 1000 項資產，在一年之中違約的可能性為 0.2%，那麼下面的程式，用卜松分佈，可以得到在一年之中各個違約個數的機率。

```
B1_Ch8_10.py

from scipy.stats import poisson
import matplotlib.pyplot as plt
import numpy as np

lamb = 2
mean,var,skew,kurt = poisson.stats(lamb, moments='mvsk')

x = np.arange(0, 15)

plt.plot(x, poisson.pmf(x, lamb), 'ro', label=r'$\mathit{\lambda}=%i$' %
lamb)
plt.title('Poisson Distribution'+r' ($\mathit{\lambda}=%i$)' % lamb)
plt.xlabel('x')
plt.ylabel('Probability')
plt.gca().spines['right'].set_visible(False)
plt.gca().spines['top'].set_visible(False)
plt.gca().yaxis.set_ticks_position('left')
plt.gca().xaxis.set_ticks_position('bottom')
```

如圖 8-14 展示了參數 $\lambda = 2$ 的卜松分佈的機率分佈圖。圖中展示了這個投資組合在一年中的違約個數為 1 和 2 的機率最大,隨後迅速下降,違約個數從 8 開始會越來越接近於 0。

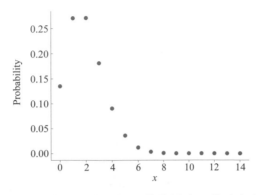

圖 8-14　某投資組合一年中違約個數的機率分佈(卜松分佈:$\lambda = 2$)

8.5　連續型隨機變數的機率分佈

連續型隨機變數與離散型隨機變數相比,最大的不同是連續型隨機變數在某個區間內連續設定值,但是取任何一個特定的值的機率都等於 0,也就是說無法列出每一個值及其對應的機率,而只能討論它在某一個區間上的機率。因此連續型隨機變數用機率密度函數來表徵,而機率密度函數在某個區間上的積分對應的就是隨機變數的設定值落進這個區間的機率。

前面介紹過離散型均勻分佈,其實均勻分佈也可能是連續的。如果一個隨機變數在一個區間 $[a,b]$ 上取得任意一個值的機率相同,則可以稱這個隨機變數在此區間上服從均勻分佈,其機率密度函數可以定義為:

$$p(x)=\begin{cases}\dfrac{1}{b-a}, & a \le x \le b \\ 0, & 其他\end{cases} \qquad (8\text{-}33)$$

通常標記為 $X \sim U(a, b)$，其期望和方差分別為：

$$E(x) = \frac{a+b}{2}$$
$$\mathrm{var}(x) = \frac{(b-a)^2}{12}$$

(8-34)

由式 (8-34) 可知，其機率密度函數與設定值區間實際上組成了一個面積為 1 的矩形，而高度則是寬度的倒數，在考慮某個區間內設定值的機率時，只需要計算這個區間對應的矩形面積即可。

前面的繪圖一般使用 Matplotlib 運算套件。大家或許有些審美疲勞了。這裡結合機率分佈的範例，引入另一個常用的運算套件——Seaborn。Seaborn 是基於 Matplotlib 運算套件的擴充套件，尤其針對統計資料的視覺化。

下面來使用 Seaborn 的 distplot() 函數繪製連續均勻分佈的機率密度函數和累積機率函數。Seaborn 的 distplot() 函數可以接受多個參數自訂繪圖。在下面的程式中，首先建立一個線型繪圖斧頭物件 (ax object)，其中指定了機率密度函數以及線的顏色。然後對這個線型包含的區域填滿顏色。接著，繪製累積機率函數圖形。最後使用 set_title()、set_xlabel() 和 set_ylabel() 函數設定了標題以及 x 軸和 y 軸的標籤，使用 spines[].set_visible() 和 set_ticks_position() 選擇隱去了頂部和右邊的邊框以及刻度。如

圖 8-15 (a) 和 (b) 分別展示了繪製完成的連續均勻分佈的機率密度函數和累積機率函數圖形。

```
B1_Ch8_11.py

from scipy.stats import uniform
import numpy as np
import seaborn as sns

mean,var,skew,kurt = uniform.stats(moments='mvsk')
```

```
print('Expectation, Variance, Skewness, Kurtosis: ', mean,
np.around(var,2), skew, kurt)

x = np.linspace(-0.5, 1.5, 1000)
ax = sns.lineplot(x=x, y=uniform.pdf(x), color='dodgerblue', label='PDF')
ax.fill_between(x,uniform.pdf(x), color='lightblue', alpha=0.5)

ax = sns.lineplot(x=x, y=uniform.cdf(x), color='red', label='CDF')

ax.set_title('Continuous Uniform Distribution')
ax.set_xlabel('x')
ax.set_ylabel('Probability')

ax.spines['right'].set_visible(False)
ax.spines['top'].set_visible(False)
ax.yaxis.set_ticks_position('left')
ax.xaxis.set_ticks_position('bottom')
```

期望、方差、偏度和峰度如下。

```
Expectation, Variance, Skewness, Kurtosis:  0.5 0.08 0.0 -1.2
```

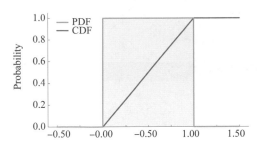

圖 8-15　連續均勻分佈的機率密度函數和累積密度函數

指數分佈 (exponential distribution) 描述了卜松點過程中的事件之間的時間的機率分佈。與卜松分佈相比，其最大的差異就是指數分佈是針對連續隨機變數，即時間這個變數進行定義。時間必須是連續的。而卜松分佈是針對隨機事件發生次數定義的，發生次數是離散的。粗略地可以認為這兩個分佈之間有一種「倒數」的關係。指數分佈有一個參數 λ，稱為

速率參數 (rate parameter)，其機率密度函數的描述為：

$$P_{\exp}\left(x\mid\lambda\right)=\begin{cases}\lambda e^{-\lambda x}, & x\geq 0\\ 0, & x\leq 0\end{cases} \tag{8-35}$$

通常標記為 $X\sim\exp(\lambda)$，其期望和方差分別為：

$$E\left(x\right)=\frac{1}{\lambda}$$
$$\mathrm{var}\left(x\right)=\frac{1}{\lambda^{2}} \tag{8-36}$$

指數函數的累積機率函數為：

$$P_{\exp}\left(x\mid\lambda\right)=\begin{cases}1-e^{-\lambda x}, & x\geq 0\\ 0, & x\leq 0\end{cases} \tag{8-37}$$

假設某銀行的營業廳平均每小時光臨顧客的人數為 10 人。如果想知道在接下來的 5 分鐘內有至少一位顧客光臨的機率，這就可以用指數分佈來解決。於是問題轉化為在少於 5 分鐘時間內，下一位顧客光臨的指數等待時間。因為平均每小時 10 位顧客光臨，則其速率參數 $\lambda = 60/10 = 6$。因此機率為 1 - exp(-6×5)。下面的程式可以產生該情況下的機率密度函數和累積密度函數，並繪製圖 8-16。

```
B1_Ch8_12.py

from scipy.stats import expon
import numpy as np
import seaborn as sns


lam = 6
loc = 0
scale = 1.0/lam

mean,var,skew,kurt = expon.stats(loc, scale, moments='mvsk')
print('Expectation, Variance, Skewness, Kurtosis: ', np.around(mean,2),
np.around(var,2), skew, kurt)

x = np.linspace(0,2,1000)
```

```
ax = sns.lineplot(x=x, y=expon.pdf(x, loc, scale), color='dodgerblue',
label='PDF')
ax.fill_between(x,expon.pdf(x, loc, scale), color='lightblue', alpha=0.5)

ax = sns.lineplot(x=x, y=expon.cdf(x, loc, scale), color='red',
label='CDF')

ax.set_title('Exponential Distribution -- $\lambda=$' + str(lam))
ax.set_xlabel('x')
ax.set_ylabel('Probability')

ax.spines['right'].set_visible(False)
ax.spines['top'].set_visible(False)
ax.yaxis.set_ticks_position('left')
ax.xaxis.set_ticks_position('bottom')
```

期望、方差、偏度和峰度如下。

```
Expectation, Variance, Skewness, Kurtosis:  0.17 0.03 2.0 6.0
```

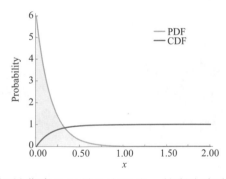

圖 8-16　某銀行營業廳 5 分鐘內有至少一位顧客光臨的機率密度和
　　　　累積密度函數 (指數分佈：λ = 6)

貝塔分佈 (beta distribution)，也稱 B 分佈，是一種設定值在區間 (0,1) 上
的連續機率分佈，它有兩個形態參數 α 和 β。取決於這兩個參數的設定
值，貝塔分佈會表現出差異非常大的不同形狀。貝塔分佈在金融領域有
著重要的應用，尤其是在評估信用風險時的回收率 (recovery rate) 建模
中。

簡短地說，貝塔分佈是一個機率的機率分佈，在預先不知道具體機率時，它反映的是所有機率出現的可能性大小。貝塔分佈的機率密度函數為：

$$p(x) = \frac{1}{\beta(a,b)} x^{a-1} (1-x)^{b-1}$$（8-38）

其中：

$$\beta(a,b) = \int_0^1 x^{a-1} (1-x)^{b-1} \, \mathrm{d}x$$（8-39）

觀察式 8-39，$1/\beta(a, b)$ 為歸一化常數；如果把 $a - 1$ 看成成功的次數，把 $b - 1$ 看成失敗的次數，大家或許注意到這個函數與二項分佈十分相像，只不過二項分佈討論的是成功個數的分佈，而貝塔函數討論的則是成功機率的分佈。另外，很顯然，如果 $a = b = 1$，則貝塔分佈會轉化為均勻分佈。隨機變數 X 服從參數為 α 和 β 的貝塔分佈通常可以記為：$X \sim Be(\alpha, \beta)$。其期望和方差分別為：

$$E(X) = \frac{\alpha}{\alpha + \beta}$$
$$\mathrm{var}(X) = \frac{\alpha\beta}{(\alpha+\beta)^2 (\alpha+\beta+1)}$$（8-40）

下面的程式根據不同的 α 和 β 組合，繪製出了貝塔分佈的機率密度函數。如圖 8-17 所示，可以看到貝塔函數對應著「千奇百怪」的圖形。

B1_Ch8_13.py

```
from scipy.stats import beta
import numpy as np
import seaborn as sns

x = np.linspace(0, 1.0, 100)
#varying alpha and beta
beta1 = beta.pdf(x, 0.5, 0.5)
beta2 = beta.pdf(x, 2.0, 2.0)
beta3 = beta.pdf(x, 1.0, 5.0)
beta4 = beta.pdf(x, 5.0, 1.0)
beta5 = beta.pdf(x, 5.0, 5.0)
ax = sns.lineplot(x=x, y=beta1, label=r'$\alpha=0.5, \beta=0.5$')
```

```
ax = sns.lineplot(x=x, y=beta2, label=r'$\alpha=2.0, \beta=2.0$')
ax = sns.lineplot(x=x, y=beta3, label=r'$\alpha=1.0, \beta=5.0$')
ax = sns.lineplot(x=x, y=beta4, label=r'$\alpha=5.0, \beta=1.0$')
ax = sns.lineplot(x=x, y=beta5, label=r'$\alpha=5.0, \beta=5.0$')

ax.set_title('Beta Distribution')
ax.set_xlabel('x')
ax.set_ylabel('PDF')
ax.spines['right'].set_visible(False)
ax.spines['top'].set_visible(False)
ax.yaxis.set_ticks_position('left')
ax.xaxis.set_ticks_position('bottom')
```

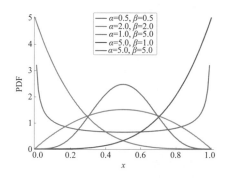

圖 8-17　貝塔分佈的機率密度函數

伽馬分佈 (gamma distribution) 是一種非常重要的連續機率分佈。其參數 α 稱為形狀參數，β 稱為尺度參數。伽馬分佈與指數分佈有著極其密切的關係。指數分佈解決的問題是直到第一個隨機事件發生的等待時間；而伽馬分佈解決的問題是直到第 n 個隨機事件發生的等待時間。所以，伽馬分佈可以看作 n 個指數分佈的獨立隨機變數的和的分佈。

如果一個非負的連續隨機變數的機率密度函數為：

$$P_\gamma(x|\alpha,\beta) = \frac{\beta^\alpha}{\Gamma(\alpha)} x^{(\alpha-1)} e^{-\beta x}, \; \alpha > 0 \,\&\, \beta > 0 \tag{8-41}$$

則其服從伽馬分佈，它的期望和方差分別為：

$$E(X) = \frac{\alpha}{\beta}$$

$$\text{var}(X) = \frac{\alpha}{\beta^2}$$

(8-42)

下面的程式產生了兩組不同參數的伽馬分佈，並繪製了對應圖形，如圖 8-18 所示。

```
B1_Ch8_14.py
from scipy.stats import gamma
import numpy as np
import seaborn as sns

x = np.linspace(0, 10.0, 100)
#varying alpha and beta
gamma1 = gamma.pdf(x, 1.0, 0.0, 1.0)
gamma2 = gamma.pdf(x, 2.0, 0.0, 1/0.5)

ax = sns.lineplot(x=x, y=gamma1, label=r'$\alpha=1.0, \beta=1.0$')
ax = sns.lineplot(x=x, y=gamma2, label=r'$\alpha=2.0, \beta=0.5$')

ax.set_title('Gamma Distribution')
ax.set_xlabel('x')
ax.set_ylabel('PDF')
ax.spines['right'].set_visible(False)
ax.spines['top'].set_visible(False)
ax.yaxis.set_ticks_position('left')
ax.xaxis.set_ticks_position('bottom')
```

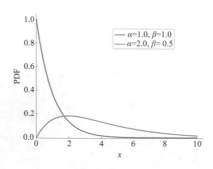

圖 8-18　伽馬分佈的機率密度函數

8.6 正態分佈和對數正態分佈

正態分佈 (normal distribution)，又名高斯分佈 (Gauss distribution)，是最重要、最基本也是應用最廣泛的一種機率分佈。其概念是由德國數學家和天文學家亞伯拉罕·棣莫弗 (Abraham de Moivre) 於 1733 年首先提出的。正態分佈的機率密度函數可以寫為：

$$p(x) = \frac{1}{\sigma\sqrt{2\pi}}\exp\left(-\frac{(x-\mu)^2}{2\sigma^2}\right) \tag{8-43}$$

其中，參數 μ 為其期望，參數 $\sigma2$ 為其方差。正態分佈一般可以記為 $X \sim N(\mu, \sigma2)$。正態分佈的期望值 μ 決定了其位置，其標準差 σ 決定了分佈的幅度。

當 $\mu = 0$，$\sigma = 1$ 時，正態分佈被稱為標準正態分佈 (standard normal distribution)。為了應用方便，常對正態分佈 $N(\mu, \sigma2)$ 做以下的變換：

$$Z = \frac{X-\mu}{\sigma} \sim N(0,1) \tag{8-44}$$

該變換可以使正態分佈轉化為標準正態分佈，這種變換也被稱為 Z 變換。如圖 8-19 所示為 Z 變換的示意圖。

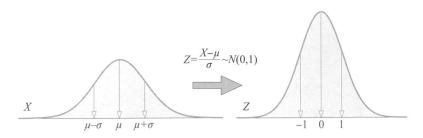

圖 8-19　正態分佈的 Z 變換

下面的程式產生了一個標準正態分佈的機率密度函數，並繪製了如圖 8-20 所示的分佈圖形。

B1_Ch8_15.py

```
from scipy.stats import norm
import seaborn as sns
import numpy as np

mean,var,skew,kurt = norm.stats(moments='mvsk')
print('Expectation, Variance, Skewness, Kurtosis: ', mean, var, skew,
kurt)

x = np.linspace(-4,4,1000)
ax = sns.lineplot(x=x, y=norm.pdf(x), color='dodgerblue')
ax.fill_between(x,norm.pdf(x), color='lightblue', alpha=0.2)

ax.set_title('Normal Distribution')
ax.set_xlabel('x')
ax.set_ylabel('PDF')
ax.spines['right'].set_visible(False)
ax.spines['top'].set_visible(False)
ax.yaxis.set_ticks_position('left')
ax.xaxis.set_ticks_position('bottom')
```

標準正態分佈的期望、方差、偏度和峰度如下。

```
Expectation, Variance, Skewness, Kurtosis:  0.0 1.0 0.0 0.0
```

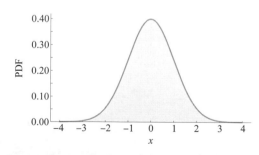

圖 8-20　標準正態分佈的機率密度函數

從圖 8-20 可以看出，正態分佈機率密度函數的形狀為中間高兩邊低的鐘形，其高峰位於正中央，即期望值所在的位置，並以期望值為中心，左右對稱，曲線向左右兩側呈逐漸均勻下降趨勢，其兩端與橫軸無限接近，但永不相交。

對於一般的正態分佈 $N(\mu, \sigma2)$，μ 是正態分佈的位置參數，描述正態分佈的集中趨勢位置，正態分佈是以 $X = \mu$ 為對稱軸，左右完全對稱的。與 μ 越鄰近，其設定值的機率越大，反之，離 μ 越遠，其設定值的機率越小。正態分佈的期望、平均數、中位數、眾數相同，均等於 μ。σ 描述了正態分佈資料資料分佈的離散程度，σ 越大，資料分佈越分散，σ 越小，資料分佈越集中。σ 也被稱為正態分佈的形狀參數，σ 越大，曲線越扁平；反之，σ 越小，曲線越瘦高。

正態分佈有所謂的 68-95-99.7 法則 (68-95-99.7 Rule)，具體是指約 68.3%、95.4% 和 99.7% 的分佈是在距平均值 1 個、2 個和 3 個標準差範圍之內。下面的程式產生了如圖 8-21 所示的圖形，來解釋這個法則。

B1_Ch8_16.py

```python
from scipy.integrate import quad
import numpy as np
import matplotlib.pyplot as plt
from scipy.stats import norm
import seaborn as sns

#integrate pdf to 68%, 95%, and 99.7%
percent68, _ = quad(norm.pdf, -1, 1, limit = 1000)
percent95, _ = quad(norm.pdf, -2, 2, limit = 1000)
percent99, _ = quad(norm.pdf, -3, 3, limit = 1000)

#plot normal profile
x = np.linspace(-3.5, 3.5)
y = norm.pdf(x)

fig, ax = plt.subplots(figsize=(14, 8))
ax.plot(x, y, 'k', linewidth=.5)
ax.set_ylim(ymin=0, ymax=0.53)
ax = sns.lineplot(x=x, y=y, color='#3C9DFF')
ax.vlines(0, 0, norm.pdf(0), color='coral')
```

```
#68% region
a, b = -1, 1

#make shaded region
ix = np.linspace(-1, 1)
iy = norm.pdf(ix)
ax = sns.lineplot(x=ix, y=iy, color='#3C9DFF')
ax.fill_between(ix,norm.pdf(ix), color='#DBEEF4', alpha=0.5)

textheight = 0.41
ax.text(0.0, textheight+0.01, r'{0:.2f}%'.format((percent68)*100),
        horizontalalignment='center', fontsize=18);

ax.annotate(r'',
            xy=(-1, textheight), xycoords='data',
            xytext=(1, textheight), textcoords='data',
            arrowprops=dict(arrowstyle="<|-|>",
                            connectionstyle="arc3",
                            mutation_scale=20,
                            fc="w")
            );
ax.vlines(a, 0, textheight+0.025, color='coral')
ax.vlines(b, 0, textheight+0.025, color='coral')

#95% region
a, b = 1, 2
#make shaded region
ix = np.linspace(1, 2)
iy = norm.pdf(ix)
ax.fill_between(ix,norm.pdf(ix), color='#DBEEF4', alpha=0.5)

a, b = -2, -1
#make shaded region
ix = np.linspace(-2, -1)
iy = norm.pdf(ix)
ax.fill_between(ix,norm.pdf(ix), color='#DBEEF4', alpha=0.5)

textheight = 0.45
ax.text(0.0, textheight+0.01, r'{0:.2f}%'.format((percent95)*100),
        horizontalalignment='center', fontsize=18);
```

```
ax.annotate(r'',
            xy=(-2, textheight), xycoords='data',
            xytext=(2, textheight), textcoords='data',
            arrowprops=dict(arrowstyle="<|-|>",
                            connectionstyle="arc3",
                            mutation_scale=20,
                            fc="w")
            );
ax.vlines(-2, 0, textheight+0.025, color='coral')
ax.vlines(2, 0, textheight+0.025, color='coral')

#95% region
a, b = 2, 3
#make shaded region
ix = np.linspace(2, 3)
iy = norm.pdf(ix)
ax.fill_between(ix,norm.pdf(ix), color='#DBEEF4', alpha=0.5)

a, b = -3, -2
#make shaded region
ix = np.linspace(-3, -2)
iy = norm.pdf(ix)
ax.fill_between(ix,norm.pdf(ix), color='#DBEEF4', alpha=0.5)

textheight = 0.49
ax.text(0.0, textheight+0.01, r'{0:.2f}%'.format((percent99)*100),
        horizontalalignment='center', fontsize=18);

ax.annotate(r'',
            xy=(-3, textheight), xycoords='data',
            xytext=(3, textheight), textcoords='data',
            arrowprops=dict(arrowstyle="<|-|>",
                            connectionstyle="arc3",
                            mutation_scale=20,
                            fc="w")
            );

ax.vlines(-3, 0, textheight+0.025, color='coral')
```

```
ax.vlines(3, 0, textheight+0.025, color='coral')

#title, labels and ticks
ax.set_title(r'68-95-99.7 Rule', fontsize = 24)
ax.set_ylabel(r'Probability Density', fontsize = 18)

xTickLabels = ['',
                r'$\mu - 3\sigma$',
                r'$\mu - 2\sigma$',
                r'$\mu - \sigma$',
                r'$\mu$',
                r'$\mu + \sigma$',
                r'$\mu + 2\sigma$',
                r'$\mu + 3\sigma$']

ax.set_xticklabels(xTickLabels, fontsize = 16)

ax.spines['right'].set_visible(False)
ax.spines['top'].set_visible(False)
ax.yaxis.set_ticks_position('left')
ax.xaxis.set_ticks_position('bottom')
```

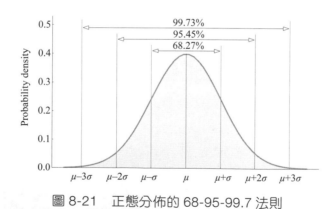

圖 8-21　正態分佈的 68-95-99.7 法則

如圖 8-21 所示，灰色區域是距平均值一個標準差範圍之內分佈的數值，此範圍約佔整個正態分佈的 68%，對應的，兩個標準差之內的分佈佔比約為 95%，三個標準差之內的佔比約為 99.7%。

如果一個隨機變數的對數服從正態分佈，則該隨機變數服從對數正態分佈 (logarithmic normal distribution)。對數正態分佈的隨機變數設定值只能為正值，它的分佈圖形總是右偏的，從短尺度來看，與正態分佈十分接近；但在長尺度上，其設定值的機率比正態分佈更大。也就是說，對數正態分佈向上波動的可能性要大於向下。

對數正態分佈的機率密度函數為：

$$p(x) = \frac{1}{x\sigma\sqrt{2\pi}} \exp\left(-\frac{\left[\ln(x)-\mu\right]^2}{2\sigma^2}\right) \tag{8-45}$$

期望和方差為：

$$E(X) = \exp\left(\mu + \frac{\sigma^2}{2}\right)$$
$$\text{var}(X) = \left[\exp(\sigma^2)-1\right]\exp(2\mu+\sigma^2) \tag{8-46}$$

大家或許會對對數正態分佈的存在產生疑問：已經有了正態分佈，為什麼還需要對數正態分佈？這是因為對數正態分佈在許多情況下能更直觀地解釋客觀現象。以股票投資的長期收益率為例，雖然它每天的增長速度或許非常緩慢，但是對長期過程來說，每次增長都是在前面增長基礎上的乘積，如果用對數來表示，則可以更明顯地感受到這種增長效果。

下面的程式可以產生對數正態分佈的機率密度函數和累積密度函數，並繪製對應的分佈圖形，如圖 8-22 所示。

B1_Ch8_17.py

```
from scipy.stats import lognorm
import numpy as np
import seaborn as sns

#shape parameter
s = 0.9

mean,var,skew,kurt = lognorm.stats(s, moments='mvsk')
```

```
print('Expectation, Variance, Skewness, Kurtosis: ', mean, var, skew,
kurt)

x = np.linspace(0,4,1000)
ax = sns.lineplot(x=x, y=lognorm.pdf(x, s), color='dodgerblue',
label='PDF')
ax.fill_between(x, lognorm.pdf(x, s), color='lightblue', alpha=0.5)
ax = sns.lineplot(x=x, y=lognorm.cdf(x, s), color='red', label='CDF')

ax.set_title('Lognormal Distribution')
ax.set_xlabel('x')
ax.set_ylabel('Probability')
ax.spines['right'].set_visible(False)
ax.spines['top'].set_visible(False)
ax.yaxis.set_ticks_position('left')
ax.xaxis.set_ticks_position('bottom')
```

期望、方差、偏度和峰度如下。

```
Expectation, Variance, Skewness, Kurtosis:
1.5762648   3.688679   5.464256   81.305834
```

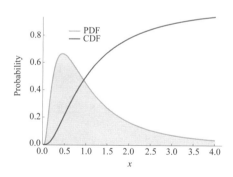

圖 8-22　對數正態分佈的機率密度函數和累積密度函數

本章從概率論最基本的隨機事件談起，介紹了隨機變數及其產生，接著對多種常用的離散型和連續型機率分佈進行了討論。在講解過程中，結合了 Python 對這些過程和分佈的實現。這些內容是機率和統計這座大廈的基石。

機率與統計 II

透過隨機變數的數字特徵，可以去粗取精、由表及裡地快速了解各種隨機變數。在統計學中，整體和樣本是兩個重要的概念，在對整體進行研究時，往往只能透過樣本去預測整體，因此在從整體中取出樣本時，選取適合的抽樣方法非常重要。

現代統計學奠基人羅奈爾得·艾爾默·費舍 (Ronald Aylmer Fisher) 曾經把抽樣分佈、參數估計和假設檢驗作為統計推斷的三大中心內容。在本章中，將詳細說明卡方分佈、t- 分佈、F- 分佈這三大抽樣分佈，並且也對參數估計和假設檢驗進行了探討，並嘗試讓大家深入理解置信區間和 p 值的概念。

本章還將介紹大數定理和中心極限定理，這兩個定理指定了我們可以「管中窺豹」而知「豹」，「瞎子摸象」而知「象」的「神奇」能力。

Karl Pearson (1857—1936) was the founder of biometrics and Biometrika and a principal architect of the mathematical theory of statistics. He developed measures of correlation and discovered the chi- square distribution and used it for tests of goodness of fit and association in contingency tables. (Sources: https://www.researchgate.net/publication/316221761_Pearson_Karl_His_Life_and_Contribution_to_Statistics)

Ronald Aylmer Fisher (1890—1962). British mathematician and biologist who invented revolutionary techniques for applying statistics to natural sciences. In particular, he discovered methods to optimize the evaluation of empirical results. Among his many important discoveries were the analysis of variance technique (ANOVA), extreme value theory, and the P-value. (Sources: http://scienceworld.wolfram.com/biography/FisherRonald.html)

本章核心命令程式

▶ ax.fill_between() 區域填滿顏色

▶ DataFrame.corr() 計算相關係數

▶ DataFrame.cov() 計算方差

▶ DataFrame.pct_change() DataFrame 當前元素與其前一個元素的百分比變化

▶ DataFrame.sort_values() 排序

▶ matplotlib.colors.LinearSegmentedColormap.from_list() 產生指定的顏色映射圖

▶ matplotlib.pyplot.gca().get_yticklabels().set_color() 設定 y 軸標籤顏色

▶ matplotlib.pyplot.yticks() 設定 y 軸刻度

▶ scipy.stats.binom_test() 計算二項分佈的 p 值

▶ scipy.stats.norm.interval() 產生區間估計結果

▶ seaborn.heatmap() 產生熱圖

▶ seaborn.lineplot() 繪製線型圖

▶ seaborn.set_palette() 設定色票面板

▶ scipy.stats.ttest_ind() 兩個獨立樣本平均值的 t- 檢驗

9.1 隨機變數的數字特徵

遇到複雜的隨機變數的機率分佈函數，往往會有無從下手的感覺，而透過它們的數字特徵，則可以快速了解這個隨機變數。大家或許會聯想到第 8 章中對期望、方差以及各階矩的介紹。的確，前面介紹過的期望、方差和各階矩實際上均為一維隨機變數的數字特徵。下面將介紹描述多維隨機變數的另外兩個重要的數字特徵——協方差 (covariance) 和相關係數 (correlation)。

以兩個隨機變數 X 和 Y 為例，它們的協方差的數學運算式為：

$$\mathrm{cov}(X,Y) = E\Big[\big(X-E(X)\big)\big(Y-E(Y)\big)\Big] \tag{9-1}$$

協方差反映了兩個隨機變數 X 與 Y 的相關關係，通俗地説，就是這兩個變數是「同方向」變化還是「反方向」變化以及「同向」和「反向」的程度，如果同向變化，協方差為正，如果反向變化，則協方差為負；而協方差的數值反映了這兩個變數同向或反向的程度。

當然，類似於前面對於期望和方差等的討論，多維隨機變數之間的聯繫也可以由聯合密度或聯合分佈來舉出，但協方差僅用一個數字就直觀地展示出了隨機變數之間的聯繫，在變數數目超過二維時，則可以使用協方差矩陣來方便地展示它們之間的聯繫。

但是，協方差 $\mathrm{cov}(X,Y)$ 有明顯的缺點。如果 X 和 Y 同時增大 n 倍，$\mathrm{cov}(X,Y)$ 會對應增大 n^2 倍，這顯然不是它們之間關係的正確反映。因此，引入了另外一個概念——相關係數 $\mathrm{corr}(X,Y)$，相關係數實際上是 X 與 Y 標準化後的協方差，亦即協方差的標準化，其數學表示式為：

$$\rho(X,Y) = \frac{\mathrm{cov}(X,Y)}{\sqrt{\mathrm{var}(X)\cdot\mathrm{var}(Y)}} \tag{9-2}$$

如圖 9-1 展示了幾種典型相關係數對應的點分佈示意圖。由圖可見，對於相關係數為負的情況，其規律是你大我小，你小我大；對於相關係數為正的情況，是你大我大，你小我小。「完美」的負相關和正相關，相關係數分別為 -1 和 1，點的分佈接近於一條直線。而如果相關係數接近於零，則是你大小與我無關，整個圖形的點分佈顯得雜亂無章。

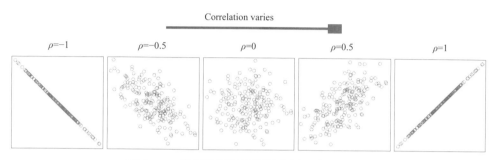

圖 9-1　幾種相關係數對應點分佈示意圖

與協方差一樣，相關係數反映的是兩個隨機變數 X 與 Y 的線性關係，相關係數越大，線性關係越強。但是要著重注意相關係數只涉及變數間的線性關係。如果相關係數為 0，這並不說明 X 與 Y 之間沒有關係，而是它們之間沒有線性關係。

相關性分析是量化交易的重要工具，下面以幾種股票價格為例討論協方差和相關係數。用下面的程式可以得到這一組股票間的協方差和相關係數。

B1_Ch9_1_A.py

```
from pandas_datareader import data
import pandas as pd
import matplotlib.pyplot as plt
import numpy as np

stocks = ['FB', 'NFLX', 'AMZN', 'GLD', 'GE', 'NKE', 'FORD']
df = data.DataReader(stocks, 'yahoo', '2019-1-1', '2019-12-31')['Adj
Close']
dflog = np.log(df)
```

```
stockreturn= dflog.pct_change()
stockreturn = stockreturn[1:]

#covariance and correlation
stockcov = stockreturn.cov()
stockcorr = stockreturn.corr()
pd.options.display.float_format = '${:,.6f}'.format
print(stockcov)
print(stockcorr)
```

股票間的協方差如下。

Symbols	FB	NFLX	AMZN	...	GE	NKE	FORD
FB	$0.000011	$0.000005	$0.000004	...	$0.000009	$0.000003	$0.000154
NFLX	$0.000005	$0.000014	$0.000004	...	$0.000011	$0.000004	$-0.000140
AMZN	$0.000004	$0.000004	$0.000004	...	$0.000007	$0.000003	$-0.000126
GLD	$-0.000001	$-0.000001	$-0.000001	...	$-0.000002	$-0.000001	$0.000033
GE	$0.000009	$0.000011	$0.000007	...	$0.000129	$0.000011	$-0.000978
NKE	$0.000003	$0.000004	$0.000003	...	$0.000011	$0.000009	$-0.000097
FORD	$0.000154	$-0.000140	$-0.000126	...	$-0.000978	$-0.000097	$1.125541

[7 rows x 7 columns]

股票間的相關係數如下。

Symbols	FB	NFLX	AMZN	...	GE	NKE	FORD
FB	$1.000000	$0.422516	$0.621185	...	$0.246980	$0.270951	$0.042725
NFLX	$0.422516	$1.000000	$0.535234	...	$0.263703	$0.347122	$-0.034686
AMZN	$0.621185	$0.535234	$1.000000	...	$0.334641	$0.449719	$-0.061021
GLD	$-0.108412	$-0.172222	$-0.186858	...	$-0.143800	$-0.287697	$0.020320
GE	$0.246980	$0.263703	$0.334641	...	$1.000000	$0.339714	$-0.080767
NKE	$0.270951	$0.347122	$0.449719	...	$0.339714	$1.000000	$-0.030633
FORD	$0.042725	$-0.034686	$-0.061021	...	$-0.080767	$-0.030633	$1.000000

[7 rows x 7 columns]

臉書 (Facebook) 股票與其他股票之間的相關係數降冪排序程式如下。

```
stockreturn.corr()['FB'].sort_values(ascending=False)
```

排序結果如下。

```
Symbols
FB       1.000000
AMZN     0.621185
NFLX     0.422516
NKE      0.270948
GE       0.246979
FORD     0.042725
GLD     -0.108412
Name: FB, dtype: float64
```

下面的程式計算了各股票之間的相關係數，並繪製了如圖 9-2 所示的熱圖。

```python
#generate heat map
from  matplotlib.colors import LinearSegmentedColormap
import seaborn as sns

cmap=LinearSegmentedColormap.from_list('rb',["r", "w", "b"], N=256)

sns.heatmap(stockreturn.corr(), cmap=cmap, vmax=1.0, vmin=-1.0)
plt.yticks(rotation=0)
plt.xticks(rotation=90)
```

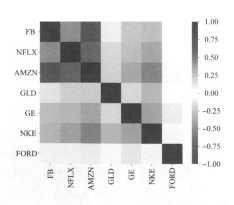

圖 9-2　相關係數熱圖

圖 9-2 的熱圖顯示，臉書、網飛、亞馬遜等網際網路公司的股票之間有較高的相關性，而與黃金價格的相關性較低，這也與直觀的理解一致。

9.2 整體和樣本

在機率與統計中，研究物件的全體稱為整體 (population)，整體是由個體 (individual) 組成。如果個體的數目為有限個，稱為有限整體，否則稱為無限整體。從整體中選取一部分個體，稱為樣本 (sample)。

樣本數量是指有多少個樣本。樣本多少又叫樣本容量，是指每個樣本裡包含多少個個體。每次試驗的結果都是一個個體，而樣本是取出自整體的許多個有代表性的個體的集合。樣本通常被認為具有兩重性，即樣本既可看成具體的數，又可以看成隨機變數。在抽樣前，樣本可以被看成隨機變數；而在抽樣後，樣本可以用具體的數表示。一般用大寫的英文字母表示隨機變數，小寫字母表示具體的觀察值。

整體和樣本對於某些特徵具有不同的表述，比如平均值、方差，在整體中它們被稱為參數 (parameters)，而在樣本中被稱為統計量 (statistics)。雖然最終分析的物件是整體，但是由於整體往往過大，通常無法直接對整體進行分析，因此需要透過樣本分析和統計推斷來研究整體。如圖 9-3 展示了這個過程。

在對於整體研究的實際操作中，很顯然無法對整體中所有個體逐一分析，只能透過從整體中按一定方式取出一部分個體作為樣本進行研究。但是，樣本能否精確地反映整體，會受制於整體的不均勻性和樣本的隨機性，這就造成由樣本推斷整體結論出現差錯。從理論上來講，可以透過使樣本儘量均勻以及確保抽樣的代表性來使樣本客觀地反映整體。因此，樣本的取出方法就顯得尤其重要。對於不同的情況，需要選定適當的抽樣方法。常見的抽樣方法包括簡單隨機抽樣、分層抽樣、整群抽樣、系統抽樣等。

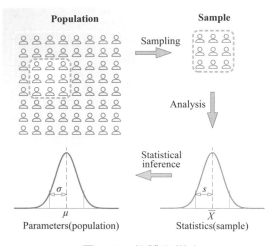

圖 9-3　整體與樣本

最常用的一種抽樣方法叫作簡單隨機抽樣 (Simple Random Sampling, SRS)，也稱為單純隨機抽樣，是透過隨機過程進行抽樣選取，在每次抽樣中，整體中每一個個體被抽入樣本的可能性都相同。也就是，樣本中每個個體與整體具有相同分佈。因此，任一樣本中的個體都具有代表性。另外，樣本中的每個個體需要具有獨立性，即樣本中個體均為相互獨立的隨機變數。由簡單隨機抽樣獲得的樣本，稱為簡單隨機樣本。簡單隨機抽樣是最基本，也是理論上最完美的抽樣形式。如圖 9-4 所示為簡單隨機抽樣示意圖。但是，如果某些重要因素在整體中的分佈不均勻，並且其在整體中所佔比例較少，簡單隨機抽樣有可能會遺漏，從而導致較大的抽樣偏差。

圖 9-4　簡單隨機抽樣示意圖

在簡單隨機抽樣的具體操作時，有重複抽樣 (sampling with replacement) 和不重複抽樣 (sampling without replacement) 兩種方式。重複抽樣是指被抽選的個體，會被重新放回整體中，在之後的抽樣中有可能會被再次取出。不重複抽樣則是指被抽選個體，不會重新放回整體，即每個個體只有一次被取出的機會。如圖 9-5 和圖 9-6 所示分別為重複抽樣和不重複抽樣的示意圖。隨著抽樣的進行，不重複抽樣中，被取出個體增多，對應地，剩餘個體被抽中的機率會變大。但是不重複抽樣相對於重複抽樣會有更小的抽樣誤差。

圖 9-5　重複抽樣
（個體被抽中後，放回整體）

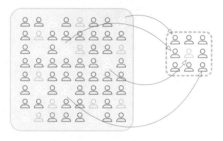

圖 9-6　不重複抽樣
（個體被抽中後，不放回整體）

分層抽樣 (stratified sampling) 是將整體依照某種規則劃分為不同的層，每一層的個體之間具有相似性，而與其他層盡可能不同，然後從分好的不同層中對每一層進行簡單隨機抽樣，從而使樣本與整體儘量保持結構相近，減少樣本的偏移。如圖 9-7 所示為一個最簡單的分為兩層的分層抽樣示意圖。分層抽樣產生的樣本代表性較好，因此抽樣誤差也比較小。分層抽樣方法適用於整體較大，而且個體之間差異也較大的複雜情況。

圖 9-7　分層抽樣示意圖

整群抽樣 (systematic sampling)，也叫分組抽樣，是指將整體按某規則劃分為群，使每個群都與其他群儘量相似，然後透過簡單地隨機抽樣，取出若干群，被取出的群所包含的所有個體作為樣本。如圖 9-8 所示為整群抽樣示意圖。這種抽樣方法比較方便簡單，相對耗費較低。但是受限於不同群的差異狀況，尤其對差異較大的情況，容易引起較大的抽樣誤差。

系統抽樣 (systematic sampling) 也稱等距抽樣，是將整體中的所有個體排序，並在規定的範圍內隨機地取出某個個體作為初始個體，然後按照等距原則依次選取其他個體。舉例來說，從已排序的個體 1 到 n 之間隨機取出 k 作為初始個體，然後依次取 $k + n$、$k + 2n$ 等個體。如圖 9-9 所示為一個系統抽樣的示意圖，從第 3 個開始，每隔 6 個取出一個個體，最終得到一個樣本。這種方法相對於簡單隨機抽樣，操作簡便，在時間和花費上更經濟。但是，如果整體存在某些週期性變化，而恰好抽樣間隔與變化週期吻合，則可能會使得樣本偏差很大。系統抽樣適合對整體有較好的了解，可以用已有資訊對個體進行排隊的情況。

圖 9-8　整群抽樣示意圖

圖 9-9　系統抽樣示意圖
（從第 3 個開始，每隔 6 個取樣一次）

整體的方差即為整體方差 (population variance)，常記為 $\sigma2$，其計算方法就是對整體運用方差的計算方法：

$$\sigma^2 = \frac{1}{N} \sum_{i=1}^{N} (X_i - \mu)^2 \qquad (9\text{-}3)$$

其中，μ 代表整體平均值，N 代表整體的個數。

但實際情況是，通常無法得到整體方差，需要利用樣本方差 (sample variance) 來估計整體方差。為了使估計樣本是無偏的，其計算方法為：

$$s^2 = \frac{1}{n-1}\sum_{i=1}^{n}\left(X_i - \bar{X}\right)^2 \tag{9-4}$$

其中，代表樣本平均值，n 代表樣本容量。

大家或許注意到了，這裡的分母是 n-1 而非更符合直覺的 n。這是因為在樣本方差的計算中，樣本平均值的引入使得差異性減小，原本無偏的資料出現偏差，從而使樣本方差小於整體方差，而透過使用 n-1，對自由度進行補償，可以使該估計無偏，這個校正被稱為貝塞爾校正 (Bessel's correction)。

同樣地，整體和樣本的方差取平方根，可以得到整體標準差 (population standard deviation) 和樣本標準差 (sample standard deviation)，一般習慣用 σ 和 s 分別標記。如圖 9-10 所示為整體標準差和樣本標準差的直觀展示。

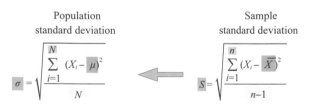

圖 9-10　整體標準差和樣本標準差

在對整體進行抽樣時，每一次抽樣都會得到一個平均值 $\bar{X}$，那麼這個平均值本身也會成為一個隨機變數，有著自己的整體和樣本。而 $\bar{X}$ 的整體方差被稱為抽樣方差 (sampling variance)，整體標準差被稱為標準誤 (standard error)，常記作 SE(X)。

抽樣的平均值標準差和標準差有著緊密的聯繫，參見式 (9-5)：

$$\sigma_{\bar{X}}^2 = \sigma_X^2 \big/ n \qquad\qquad (9\text{-}5)$$

其中，σX 為整體的標準差，n 為樣本大小。

抽樣平均值的標準誤，可以用來衡量樣本平均值的波動大小，其表示式為：

$$SE(\bar{X}) = \sigma_X \big/ \sqrt{n} \qquad\qquad (9\text{-}6)$$

在實際中，一般用樣本的標準差來代替整體的標準差，即有式 (9-7)：

$$SE(\bar{X}) \approx s \big/ \sqrt{n} \qquad\qquad (9\text{-}7)$$

標準誤越大，$\bar{X}$ 的分佈就越離散，因而對整體平均值的估計誤差就會越大。從公式也可以看出，當樣本容量趨近無限大時，根據大數定理，$\bar{X}$ 趨近整體平均值，那麼標準誤就會趨近於 0。

為便於理解，如圖 9-11 展示了整體和樣本及標準差。如圖 9-12 展示了抽樣平均值的分佈及標準誤。整體的標準差反映了個體觀察值的分散程度，標準誤是關於採樣分佈，反映了對於整體參數估計的準確程度。另外，大家或許已經注意到圖 9-12 抽樣平均值為正態分佈，而整體的分佈並非正態分佈。在隨後的中心極限定理一節，對此有更詳細的說明。

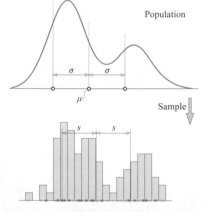

圖 9-11　整體和樣本分佈及標準差

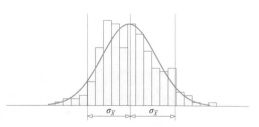

圖 9-12　抽樣平均值分佈及標準誤

9.3 抽樣分佈

抽樣分佈 (sampling distribution) 是指對整體的多次抽樣得到的統計量的分佈。在統計學中，卡方分佈、t- 分佈和 F- 分佈以其重要性並稱為「三大抽樣分佈」，它們均是建立在正態分佈的基礎之上。如圖 9-13 所示。而這三大抽樣分佈與正態分佈共同構築了數理統計的基礎，深刻影響著現代社會的諸多領域。

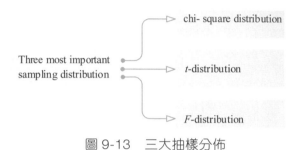

圖 9-13　三大抽樣分佈

卡方分佈 (chi-square distribution or χ^2-distribution) 最早是由德國統計學家赫爾默特 (Friedrich Robert Helmert) 在 1875 年發表的文章中首先提出。後來，英國數學家皮爾森 (Karl Pearson) 在 1900 年發表的文章中也獨立提出了這個分佈。卡方分佈的具體表述如下。

若 n 個相互獨立的隨機變數 ξ_1、ξ_2、$\cdots$、ξ_n 均服從標準正態分佈，則這 n 個隨機變數的平方和組成一個新的隨機變數，並且服從卡方分佈。

$$\sum_{i=1}^{n} \xi_i^2 \sim \chi_n^2 \tag{9-8}$$

其中 n 稱為自由度，卡方分佈一般標記為 χ_n^2。可見，卡方分佈是由正態分佈構造而成，而隨著自由度 n 逐漸增大，卡方分佈趨近於正態分佈。

下面的程式繪製了自由度分別為 1、5、10、30 和 50 時，卡方分佈對應的機率密度分佈。

B1_Ch9_2.py

```python
from scipy.stats import chi2
import numpy as np
import seaborn as sns

listn = [1, 5, 10, 30, 50]
x = np.linspace(0, 70, 500)
sns.set_palette('pastel')

for n in listn:
    ax = sns.lineplot(x=x, y=chi2.pdf(x, n), label='n = '+str(n))
    ax.fill_between(x, chi2.pdf(x, n), alpha=0.58)

ax.set_title('Chi-square Distribution')
ax.legend(frameon=False)
ax.set_ylim(0.0, 0.2)
ax.set_yticks([0.0, 0.1, 0.2])
ax.spines['right'].set_visible(False)
ax.spines['top'].set_visible(False)
ax.yaxis.set_ticks_position('left')
ax.xaxis.set_ticks_position('bottom')

ax.spines['left'].set_position('zero')
ax.spines['bottom'].set_position('zero')
```

從圖 9-14 可以看出，卡方分佈的值均為正值，且呈現右偏態，隨著自由度 n 的增大，卡方分佈趨近於正態分佈。當自由度大於 30 時，已經非常類似於正態分佈。

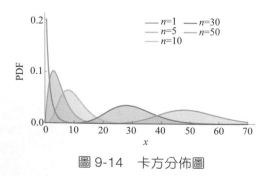

圖 9-14　卡方分佈圖

t- 分佈 (t-distribution) 也稱學生分佈，是由戈賽特 (William Sealy Gosset) 以 Student 為筆名於 1908 年發表的論文上首先提出的。具體描述如下。

假設有兩個相互獨立的隨機變數 X 和 Y，它們分別服從標準正態分佈和卡方分佈，即 $X \sim N(0,1)$，

$Y \sim \chi^2(n)$，那麼其比率服從自由度為 n 的 t- 分佈，常常標記為 $t(n)$，如式 (9-9) 所示。

$$\frac{X}{\sqrt{Y/n}} \sim t(n) \tag{9-9}$$

其中，n 為自由度。

自由度 n 為 1 的 t- 分佈又被稱為柯西分佈 (Cauchy distribution)。隨著自由度 n 的增加，t- 分佈的密度函數越來越趨近於標準正態分佈的密度函數。當自由度大於 30 時，t- 分佈與標準正態分佈就已非常接近。

下面的程式生成的圖 9-15 展示了自由度 (degree of freedom, df) 分別為 1、5、10、30、50 和 100 時，t- 分佈對應的機率密度分佈，並且與標準正態分佈做了對照。

```
B1_Ch9_3.py
```

```python
from scipy.stats import t, norm
import matplotlib.pyplot as plt
import numpy as np
import seaborn as sns

listn = [1, 5, 10, 30, 50, 100]
x = np.linspace(-6, 6, 1000)


rows = 2
cols = 3
fig, ax = plt.subplots(rows, cols, figsize=(14,8))
fign = 0
```

```
for i in range(0, rows):
    for j in range(0, cols):
        sns.lineplot(x=x, y=t.pdf(x, listn[fign]), label='t', ax=ax[i,
j],
color='b', alpha=0.58)
        ax[i, j].fill_between(x, t.pdf(x, listn[fign]), alpha=0.58,
color='lightblue')
        sns.lineplot(x=x, y=norm.pdf(x, 0, 1), label='Std Norm', ax=ax[i,
j],
color='red')
        ax[i, j].set_xticks([-4, 0, 4])
        ax[i, j].set_xticklabels(['-4', '0', '4'])
        ax[i, j].set_yticks([0.0, 0.4, 0.2])
        ax[i, j].set_title(label= "df = " + str(listn[fign]))
        fign+=1

fig.suptitle('t Distribution')
```

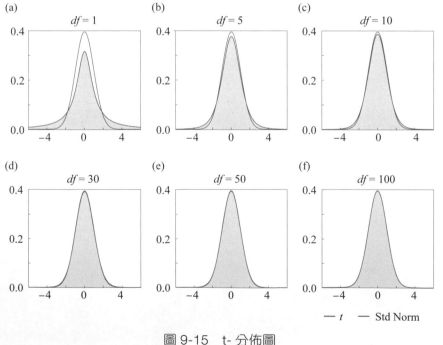

圖 9-15　t- 分佈圖

F- 分佈 (F-distribution) 是英國統計學家羅奈爾得・艾爾默・費舍 (Ronald. A.Fisher) 於 1924 年提出，並以其姓氏的第一個字母命名。其具體描述如下。

假如 X、Y 為兩個相互獨立的隨機變數，它們分別服從自由度為 m 和 n 的 χ^2 分佈，那麼這兩個隨機變數除以各自的自由度後的比率，服從自由度為 (m, n) 的 F- 分佈，常常標記為 $F_{m,n}$，如式 (9-10) 所示。

$$\frac{X/m}{Y/n} \sim F_{m,n} \tag{9-10}$$

F- 分佈的自由度 m 和 n 是有順序的，一般分別稱為第一自由度和第二自由度。下面的程式繪製了對於幾種不同自由度組合的 F- 分佈的機率分佈圖。

B1_Ch9_4.py

```
from scipy.stats import f
import numpy as np
import seaborn as sns

listmn = [[5,10], [10,5], [50, 50], [100, 100]]

customized_palette = ["#3C9DFF","#B7DEE8", "#0070C0","#313695"]
sns.set_palette(customized_palette)

x = np.linspace(0, 5, 1000)
for mn in listmn:
    ax = sns.lineplot(x=x, y=f.pdf(x, mn[0], mn[1]),
label='m='+str(mn[0])+',
n='+str(mn[1]))

ax.set_title('F Distribution')
ax.legend(frameon=False)
ax.spines['right'].set_visible(False)
ax.spines['top'].set_visible(False)
ax.yaxis.set_ticks_position('left')
```

```
ax.xaxis.set_ticks_position('bottom')

ax.spines['left'].set_position('zero')
ax.spines['bottom'].set_position('zero')
```

如圖 9-16 所示，如果 F- 分佈的第一自由度 m 和第二自由度 n 不相等，當把它們順序互換時，會得到兩個完全不同的 F- 分佈。另外，F- 分佈是不對稱的，分佈圖形也不會隨著樣本容量增加而趨近正態分佈。

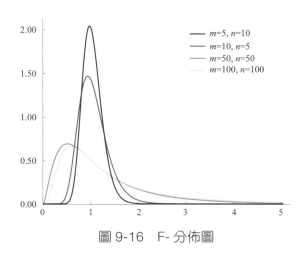

圖 9-16　F- 分佈圖

9.4 大數定律及中心極限定理

在拋硬幣試驗中，如果只嘗試幾次，那麼結果會明顯不同，甚至會出現全部都為正面或反面的情況，但是，如果拋足夠多次呢？大數定律 (law of large numbers) 可以幫助解答這個問題。大數定律最早由伯努利 (Daniel Bernoulli) 在他的著作《推測術》中提出，並舉出了證明。大數定律本質上是由「頻率收斂於機率」引申而來的，其原因是，大量的觀察試驗，可以使得各個單一試驗中個別的、偶然的因素產生的差異相抵消，從而使現象的必然規律顯示出來。如果用統計的語言，可以表達為當樣本資料無限大時，樣本平均值趨於整體平均值。

在現實生活中，由於無法進行無限多次試驗，因此很難估計出整體的參數。而透過大數定律，可以用頻率近似代替機率，用樣本平均值近似代替整體平均值。

還是繼續以拋硬幣為例說明大數定律。模擬拋硬幣 1 到 500 次的試驗，並繪製了正面朝上的機率分佈，如圖 9-17 所示。可見，當拋的次數較小時，結果顯示出很大的不穩定性，而隨著次數的增加，結果會慢慢收斂，當次數增加到「足夠」多後，正面朝上的機率趨近於期望值 0.5。

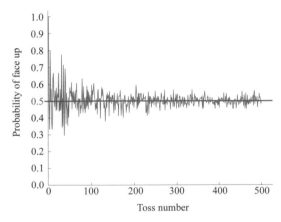

圖 9-17　擲硬幣正面朝上的機率隨次數的趨勢

下面程式模擬拋硬幣試驗，並繪製機率分佈。

B1_Ch9_5.py

```
from scipy.stats import bernoulli
import numpy as np
import matplotlib.pyplot as plt

#maximum toss number
N = 500
#list of trial numbers
trials_total = []
#list of faceup probability in each trial
prob_faceup = []
```

```
for trialnumber in range(1, N+1):
    faceup = 0
    for _ in range(trialnumber):
        if bernoulli.rvs(0.5, size=1) == 1:
            faceup = faceup + 1
    prob_faceup.append(faceup/trialnumber)
    trials_total.append(trialnumber)
#plot
plt.plot(trials_total, prob_faceup, linewidth = 0.5)

plt.gca().spines['left'].set_position('zero')
plt.gca().spines['bottom'].set_position('zero')
#draw y=0.5 red line
plt.axhline(y=0.5, xmin=0.03, xmax=1, color='r', linestyle='--')
plt.yticks(np.arange(0.0, 1.1, step=0.1))
plt.gca().get_yticklabels()[5].set_color('r')

plt.title('Probability of face up in coin toss')
plt.xlabel('Toss number')
plt.ylabel('Probability of face up')

plt.gca().spines['right'].set_visible(False)
plt.gca().spines['top'].set_visible(False)
plt.gca().yaxis.set_ticks_position('left')
plt.gca().xaxis.set_ticks_position('bottom')
```

自然界是非常奇妙的，中心極限定理 (central limit theorem) 就是一個典型的範例。通俗地理解，中心極限定理就是在一定條件下，對於大量獨立隨機變數，無論它們本身服從何種分佈，它們的平均數會趨向於正態分佈。也就是説，在一個整體中取出樣本，不需要考慮整體的分佈，只要樣本的數量足夠大，那麼這些樣本的平均值會呈現以整體平均值為中心的正態分佈。正是這種特性，使得可以透過分析樣本，而對整體進行估計。如圖 9-18 展示了對於幾種不同分佈的整體，在進行大量取樣後，其平均值的分佈均為正態分佈。

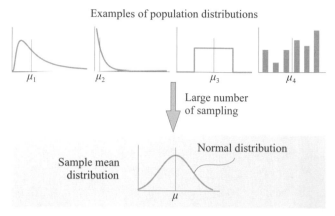

圖 9-18　中心極限定理

下面的範例中，整體服從均勻分佈，樣本大小設定為 30，分別採樣 10、50、100、500、1000 和 5000 次，計算每個樣本的平均值，並繪製如圖 9-19 所示的樣本平均值的分佈圖。可以看到隨著採樣次數的增加，其平均值的分佈趨向於正態分佈。

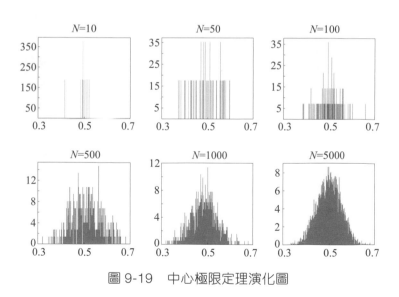

圖 9-19　中心極限定理演化圖

以下程式可以繪製圖 9-19。

B1_Ch9_6.py

```python
#Central Limit Theorem
import matplotlib.pyplot as plt
import scipy.stats as stats

#sample size
samplesize = 30

#different number of sampling
numofsample = [10,50,100,500,1000,5000]
#a list of sample mean
meansample = []

#for each number of sampling (10 to 5000)
for i in numofsample:
    #collect mean of each sample
    eachmeansample = []
    #for each sampling
    for j in range(0,i):
        #sampling 30 sample
        rvs = stats.uniform.rvs(size=samplesize)
        #collect mean of each sample
        eachmeansample.append(sum(rvs)/len(rvs))
    #add mean of each sampling to the list
    meansample.append(eachmeansample)

#draw the graphs
rows = 2
cols = 3
fig, ax = plt.subplots(rows, cols, figsize=(14,8))
n = 0

for i in range(0, rows):
    for j in range(0, cols):
        ax[i, j].hist(meansample[n], bins=200, density=True, alpha=0.2)
        ax[i, j].set_title(label="N: " + str(numofsample[n]))
        n+=1
```

9.5 參數估計

在統計學中，統計推斷是指基於樣本資料推斷出整體的特徵。參數估計 (parameter estimation) 就是一種重要的統計推斷方法，它是根據從整體中取出的樣本的統計量（樣本指標）來對整體分佈的未知參數（整體指標）進行估計的過程。統計量是基於樣本的，其設定值會隨樣本而變化，因此統計量本身也是一個隨機變數，它的機率分佈稱為取樣分佈。根據參數估計的形式不同，參數估計可以分成兩種類型：點估計 (point estimation) 和區間估計 (interval estimation)。

點估計，顧名思義，是指用樣本統計量的某單一具體數值直接作為某未知整體參數的最佳估值。舉個通俗的範例，在對某學校男生身高的研究中，全部男生即為整體，從中隨機取出 100 名男生作為樣本，對此樣本進行研究，可以得到這個樣本的平均身高為 1.75 公尺。那麼直接用這個單一的統計數值 1.75 公尺來代表這所學校所有男生整體的平均身高，這種估計方法就是點估計。

對整體參數進行點估計常用的方法有兩種：矩估計 (method of moments) 和最大似然估計 (Maximum Likelihood Estimation, MLE)。

在第 8 章中介紹過矩的定義，它是一些可以表徵隨機變數特徵的數字。矩估計本質就是簡單的「替換」，用樣本矩代替整體矩，比如平均值為一階矩，用樣本平均值可以估得整體平均值。標準差為二階矩，用樣本標準差 s 可以估得整體標準差 σ。前面提到的推估某校男生身高的範例，就利用了矩估計。這種估計非常簡單，甚至不需要知道整體是如何分佈的，但是其缺點也很明顯，因為它僅能透過樣本表現整體的部分資訊，很難表現整體的分佈特徵，一般適用於大樣本容量的情形。

如圖 9-20 表現了最大似然估計的概念思想。有兩個完全相同的袋子 A 和 B，在袋子 A 中只有一個黑球，其餘全是白球，在袋子 B 中只有一個白球，其餘全是黑球。如果任選一個袋子，摸出了一個黑球，那麼有很大理由可以估計選的袋子為 B。這就是最大似然估計的樸素理解。

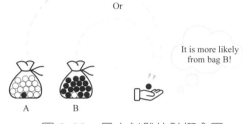

圖 9-20　最大似然估計概念圖

在概率論中，最大似然估計是估測機率模型參數又一種經典的點估計，但與矩估計不同，它需要已知整體的分佈，即它是應用於「模型已定，參數未知」的情況。簡單理解，就是已經知道了樣本的結果，然後以此反推最可能導致這個樣本結果出現的模型參數。其具體操作過程為，把樣本點代入含有未知參數的模型，然後將它們相乘，得到似然函數 (likelihood function)，求得使這個函數取得最大值的參數設定值，即為參數的最大似然估計。一言概之，參數的最大似然估計就是使似然函數得到最大值的參數設定值。

以拋一枚不均勻硬幣為例，假設拋了 10 次，結果分別是「正」、「正」、「正」、「反」、「反」、「正」、「反」、「反」、「正」、「正」。那麼，拋這個不均勻硬幣得到正面的機率是多少呢？大家可能會很自然地回答，拋得正面的機率是 6/10 = 60%。

那麼如果打破砂鍋問到底，繼續問：為什麼用拋到正面的次數除以總次數就是拋得正面的機率呢？最大似然法可以幫助回答這個問題。把每次拋硬幣作為一個抽樣。那麼在 10 次抽樣中，6 次為正面，4 次為反面。假設拋得正面的機率為 p，問題可以轉化為需要找到這個機率 p，從而產生所得到的試驗結果，即拋 10 次 6 正 4 反。這 10 次抽樣結果的機率，就是似然函數，運算式為：

$$
\begin{aligned}
P(X \mid p) &= P(x_1, x_2, \cdots, x_{10} \mid p) \\
&= P(x_1 \mid p) P(x_2 \mid p) \cdots P(x_{10} \mid p) \\
&= p^6 (1-p)^4
\end{aligned}
\tag{9-11}
$$

很明顯，參數 p 可以取不同的數值，似然函數則會對應有不同的設定值。但是透過試驗獲得了拋 10 次有 6 正 4 反的結果，完全有理由認為這個結果出現的可能性是最大的，因此使似然函數得到最大值的 p 設定值，就是估得的這枚不均勻硬幣拋得正面的機率。對這個似然函數求導，可以很容易得到當參數 $p = 0.6$ 時，似然函數的值最大。

區間估計 (interval estimate) 是指在推斷整體參數時，不同於點估計僅估出一個數值，而是根據統計量的抽樣分佈特徵，估算出整體參數的區間範圍，並且估算出整體參數落在這一區間的機率。往往在點估計的基礎上附加誤差限 (margin of error) 來構造區間估計。這個區間，稱為置信區間 (confidence interval)，而這個機率，被稱為置信度 (confidence level)。

還是用前麵點估計時使用的某校男生身高的範例來做説明。假如可能要到的結論為：根據取出的 100 個男生的身高，估計此學校男生身高在 1.70 公尺到 1.80 公尺之間的機率為 90%，那麼這就是用區間估計的方法進行的推斷。結合點估計，這個區間估計的誤差限為 0.5，置信區間為 [1.70, 1.80]，置信度為 90%。

區間估計可以用式 (9-12) 更準確地表達。

$$
\mu = \bar{x} \pm Z_{\alpha/2} \frac{\sigma}{\sqrt{n}}
\tag{9-12}
$$

其中，$\bar{x}$ 是平均值，$Z_{\alpha/2}$ 為臨界值，α 為信心水準，σ 為標準差，n 為樣本大小。

下面的範例探討了區間估計。首先計算了蘋果股票在 2019 年全年的對數增長率，假設其服從正態分佈，接著用 norm.interval() 函數方便地獲得了在 68%、95%、99.7% 置信度下的區間估計。

B1_Ch9_7.py

```python
from pandas_datareader import data
import matplotlib.pyplot as plt
import numpy as np
from scipy.stats import norm

df = data.DataReader('AAPL', 'yahoo', '2019-1-1', '2019-12-31')['Adj
Close']
#log return
dflog = np.log(df)
stockreturn = dflog.pct_change()
stockreturn = stockreturn[1:]
#mean and std
mean, sigma = np.mean(stockreturn), np.std(stockreturn, ddof=1)

confidence_level_list = [0.68, 0.95, 0.997]
customized_palette = ["#3C9DFF","#B7DEE8", "#0070C0"]
i=0
for confidence_level in confidence_level_list:
    confidence_interval = norm.interval(confidence_level, loc=mean,
scale=sigma)
    interval_label = str(confidence_level_list[i])+' confidence interval:
['+str(r'{0:.3f}'.format(confidence_interval[0]))+','+str(r'{0:.3f}'.
format(confidence_interval[1]))+']'
    plt.plot((confidence_interval[0], confidence_interval[0]), (0, norm.
pdf(confidence_interval[0], loc=mean, scale=sigma)), color=customized_
palette[i], linestyle='--')

    plt.plot((confidence_interval[1], confidence_interval[1]), (0, norm.
pdf(confidence_interval[1], loc=mean, scale=sigma)), color=customized_
palette[i], linestyle='--')
    plt.annotate(interval_label,
                xy=(confidence_interval[0], norm.pdf(confidence_
                interval[1], loc=mean, scale=sigma)), xycoords='data',
                xytext=(confidence_interval[1], norm.pdf(confidence_
                interval[1], loc=mean, scale=sigma)), textcoords='data',
                arrowprops=dict(arrowstyle="<|-|>",
                            connectionstyle="arc3",
                            mutation_scale=20,
                            fc="w")
```

```
                )

    i+=1

    print(str(confidence_level*100)+"% "+"Confidence Interval:
["+ str(round(confidence_interval[0],3))+","+str(round(confidence_
interval[1],3))+"]")

x = np.linspace(norm.ppf(0.0001, loc=mean, scale=sigma),
                norm.ppf(0.9999, loc=mean, scale=sigma), 1000)
plt.plot(x, norm.pdf(x, loc=mean, scale=sigma), color='r', label='norm
pdf')

plt.gca().spines['right'].set_visible(False)
plt.gca().spines['top'].set_visible(False)
plt.gca().yaxis.set_ticks_position('left')
plt.gca().xaxis.set_ticks_position('bottom')
plt.gca().spines['bottom'].set_position('zero')
```

上面程式可以計算得到在 68%、95%、99.7% 置信度下的區間估計分別為 [-0.004, 0.005]、[-0.008, 0.009] 、[-0.012, 0.014]，並繪製圖 9-21，直觀展示上述區間估計的結果。

```
68.0% Confidence Interval: [-0.004,0.005]
95.0% Confidence Interval: [-0.008,0.009]
99.7% Confidence Interval: [-0.012,0.014]
```

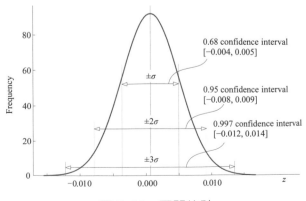

圖 9-21　區間估計

9.6 假設檢驗

假設檢驗 (hypothesis testing) 是除參數估計外，統計推斷的另外一種重要方式。前面討論過的參數估計是用樣本的統計量去估計整體的參數，而假設檢驗則是首先對整體的某個特徵提出一個假設，然後再利用樣本統計量對其進行驗證是否合理。假設檢驗又分為參數假設檢驗 (parametric testing) 和非參數假設檢驗 (non-parametric testing)。參數假設檢驗是在整體的分布已知的情況下，對整體的未知參數進行的假設檢驗；非參數假設檢驗是未知整體分布，而對其分布函數進行假設檢驗。

假設檢驗的原理非常簡單，是基於「小機率事件」原理，利用反證法進行的推斷。首先假設整體參數的某項設定值為真，即定義一個原假設 [或稱零假設 (null hypothesis)，常常記為 H0]，同時定義一個和原假設完全對立的備擇假設 (alternate hypothesis，常常記為 H1)，然後透過取出的樣本進行檢驗，如果樣本結果與假設差別很大，則認為這個原假設 H0 不合理，據此可以拒絕原假設，需要接受備擇假設成立，否則無法拒絕原假設，只能接受原假設。但是應當注意，這裡的「不合理」並不是絕對的，而是基於統計上的「小機率事件」。所謂小機率事件是指幾乎不可能發生的隨機事件，即機率接近於 0，這個機率值一般記為 α，稱為檢驗的顯著性水準 (significance level)，它並沒有統一的界定標準，常設定值 0.1、0.05、0.01 等，取決於具體的問題。

常用的假設檢驗方法包括 Z- 檢驗、卡方檢定、t- 檢驗、F- 檢驗等，下面以一個簡單的 Z- 檢驗為例，幫助理解假設檢驗。

在具體操作中，首先建構統計量，在原假設下，統計量往往有一個分布，當計算出的統計量處於這個分布的小機率區域中時，就可以認定原假設是小機率事件，可以拒絕原假設。對於一個如圖 9-22 所示的抽樣分佈，如果整體的平均值為 10，可以設定如下。

- 原假設 H_0：這個抽樣的平均值為 10。
- 備擇假設 H_1：這個抽樣的平均值不為 10。
- 顯著性水準 α：0.1。

取出的樣本的平均值為 16，那麼從圖 9-22 可知，其發生的機率小於顯著性水準 0.1，屬於小機率事件，因此可推斷原假設不合理，需要接受備擇假設，即這個整體的平均值不可能為 10。

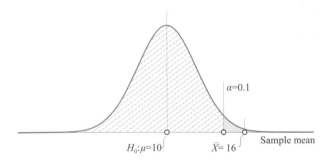

圖 9-22　Z- 檢驗示意圖

根據假設的形式不同，假設檢驗可以分為雙側檢驗 (two-tail test) 和單側檢驗 (one-tail test)。假設整體的未知參數為 θ (例如可以為平均值 μ 等)，另有一個設定值 θ_0。表 9-1 給予了具體説明。

表 9-1　雙側檢驗與單側檢驗對照表

類型	原假設	備擇假設
雙側檢驗	$\theta = \theta_0$	$\theta = \theta_0$
左側檢驗	$\theta \geq \theta_0$	$\theta < \theta_0$
右側檢驗	$\theta \leq \theta_0$	$\theta > \theta_0$

根據統計量的理論機率分佈，可以確定拒絕或接受原假設的檢驗統計量的臨界值，而臨界值會將統計量的設定值區間劃分為互不相交的拒絕域和不拒絕域。如圖 9-23 所示，以一個正態分佈的整體為例，對於整體平均值的雙側 (two-tail)、右側 (right-tail) 和左側 (left-tail) 假設檢驗。

有兩組股票的回報率資料，如果要驗證這兩個樣本的平均值是否顯著不同，就會用到假設檢驗。假設這兩組資料均為獨立均勻分佈，而且都是正態分佈，具有相同的方差。假設檢驗可以設定如下。

- 原假設 H_0：兩個樣本的平均值相同。
- 備擇假設 H_1：兩個樣本的平均值不相同。
- 顯著性水準 α：0.05。

Scipy 運算套件的 Stats 子套件提供了大量的假設檢驗函數，可以方便地進行選取。這個範例適用雙邊 t- 檢驗，即可以使用 ttest_ind() 函數，這個函數可以進行對於兩個獨立樣本平均值的 t- 檢驗。

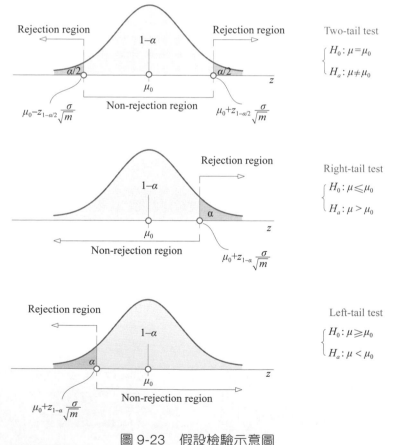

圖 9-23　假設檢驗示意圖

B1_Ch9_8.py

```python
from scipy.stats import ttest_ind, t

alpha = 0.05

stockreturn1 = [-0.020809662379123517, 0.00846703325245679,
-0.000447501087096569, 0.0037943429167992537, 0.00337077454971646,
0.0006366568709006426, -0.001967167012908333, -0.003026737458921125,
0.0040596182036833905, 0.0024232318939352293, 0.0011785909968373698,
0.0012210301746806707, -0.004508716349038044, 0.0008052363515955729,
0.006508926423269834]

stockreturn2 = [-0.001844371674326828, -0.002070621212762691,
0.013163963252311195, 0.0014103778581735504, 9.433813027959204e-05,
0.005497221072897629, 0.003311408623482226, 6.701621195870366e-05,
-0.0037197388299609058, 0.00022932086310833988, -0.0011259319781000698,
0.0016769041143169794, -0.0008123268983916132, 0.0007101444324377759,
-0.00043462154134144004]

#calculate cirtical value
df = len(stockreturn1)+len(stockreturn2)-2
critical_value = t.ppf(1.0-alpha, df)
print('critical_value=%.3f' % (critical_value))

#calculate t stastics and p value
t_stat, p = ttest_ind(stockreturn1, stockreturn2)
print('t-statistic=%.3f, p_value=%.3f' % (t_stat, p))

#conclusion via t statastics
if abs(t_stat) <= critical_value:
    print('Cannot reject Null Hypothesis -- The mean of these two samples
are the same.')
    else:
    print('Reject Null Hypothesis -- The mean of these two samples are
different.')

#conclusion via p value
if p <= alpha:
    print('Reject Null Hypothesis -- The mean of these two samples are
different.')
```

```
else:
    print('Cannot reject Null Hypothesis -- The mean of these two samples
are the same.')
```

檢驗結果如下。

```
critical_value=1.701
t-statistic=-0.476, p_value=0.638
Cannot reject Null Hypothesis -- The mean of these two samples are the same.
```

在上述程式中，函數 ttest_ind() 同時舉出了 t- 檢驗值，透過對比 t- 檢驗值與 t- 檢驗關鍵值 (可透過查表得到，在上述程式中，使用了 ppf() 函數直接得到)，可知不能拒絕原假設，即這兩個樣本的平均值相同。函數 ttest_ind() 也同時舉出了 p 值，透過比較 p 值與顯著性水準，也可以得到相同的結論。對於透過 p 值的判定，在本章後面，會有詳細介紹。

由於假設檢驗是透過樣本統計值對整體參數做出推斷，而樣本相對整體會存在偏差，所以必須考慮假設檢驗中存在的判斷錯誤情況。一般來說，假設檢驗有下面兩類錯誤：

- 第一類錯誤 (Type I error)：也稱為拒真錯誤，即拒絕了一個正確的原假設。顯著性水準 α 是預先設定的允許犯第一類錯誤的最大機率，比如 5% 的顯著性水準表示此假設檢驗有 5% 的機率會拒絕原來為真的原假設。
- 第二類錯誤 (Type II error)：是指接受了一個錯誤的原假設，第二類錯誤的機率一般寫為 β。而 Power $= 1 - \beta$ 被稱為檢驗效力，代表拒絕一個錯誤原假設的機率。

表 9-2 具體說明了這兩類錯誤。

表 9-2　第一類錯誤與第二類錯誤

檢驗結果	原假設：真	原假設：偽
無法拒絕原假設	正確	第二類錯誤
拒絕原假設	第一類錯誤	正確

如圖 9-24 展示了第一類錯誤和第二類錯誤的關係。該圖以單邊假設檢驗為例，顯著性水準設定為 α。當統計量大於 Z 時，因其落入了「小機率事件」區域，可以拒絕 H_0，此時犯第一類錯誤的機率就是 α，即原假設為「真」，但卻被拒絕，即「拒真」。統計量小於 Z，沒有達到拒絕 H_0 的標準，但是其實原假設為「偽」，卻沒有被拒絕，這就是第二類錯誤，即「存偽」。此時，犯第二類錯誤的機率就是 β。

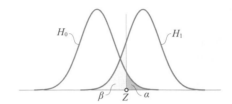

圖 9-24　第一類錯誤與第二類錯誤示意圖

9.7　置信區間、*p* 值與假設檢驗

在前面介紹參數估計時，說明過置信區間，那麼它與假設檢驗有何關係呢？首先，置信區間（區間估計）屬於參數推斷的一種，與假設檢驗均為統計推斷的重要手段，置信區間是根據樣本的統計量估計整體參數，而假設檢驗則利用樣本統計量對預先假設的整體參數進行檢驗。

置信區間一般是以樣本估計為中心的雙側形式，通常是以較高的置信水準給予保證，而假設檢驗通常以很小的顯著性水準去檢驗對整體參數的先驗假設是否成立。

置信區間與假設檢驗也存在明顯的關係。在對同一參數進行推斷時，二者可以互換，置信區間對應假設檢驗的非拒絕域，置信區間之外的區域則為假設檢驗的拒絕域。

p 值的最早出現可以追溯到 18 世紀 70 年代，數學家拉普拉斯 (Pierre-Simon Laplace) 計算了 p 值來探討男孩和女孩出生率的差別。直到 1914

年,皮爾遜 (Karl Pearson) 在卡方檢定中正式介紹了 p 值。但是 p 值在統計領域的真正流行則是始於 1925 年,有著現代統計學之父之稱的英國遺傳學家、統計學家羅奈爾得‧艾爾默‧費舍 (Ronald A. Fisher) 出版了《研究者的統計方法》(*Statistical Methods for Research Workers*) 一書。從此,p 值獲得了更為廣泛的關注和使用。

那麼 p 值到底是什麼呢?它是指在原假設條件為真的條件下,試驗結果可能發生的機率。透過比較 p 值與顯著性水準 α,可以判定是否拒絕原假設。簡單地講,p 值就是在原假設為真的前提下,得出的試驗結果發生的機率,然後與顯著性水準比較。如果 p 值較小,説明這個結果出現的機率為小機率事件,所以應當拒絕原假設;反之,則無法拒絕原假設。如圖 9-25 所示為 p 值與假設檢驗示意圖。

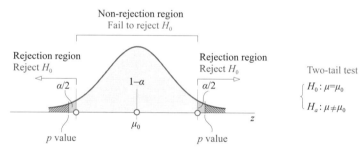

圖 9-25 p 值與假設檢驗示意圖

以拋硬幣為例,如果想驗證一枚硬幣在材質上是否均勻,可以拋硬幣無限次,如果正反面出現的機率相同,均為 50%,那麼就可以判斷這枚硬幣是均勻的。但是,在實際中,只能透過拋有限次的結果來進行判斷。

下面這個簡單的範例可以幫助了解什麼是 p 值。

- 原假設 H_0:此硬幣材質均勻;
- 備則假設 H_1:此硬幣材質不均勻;
- 觀察結果:拋硬幣 5 次,全面正面朝上;
- 顯著性水準 α:0.05。

如果假設原假設為真，那麼拋這枚硬幣 5 次正面朝上的機率為 $0.5^5 =$ 0.03125，這個值即為 p 值，它小於顯著性水準 0.05。也就是説如果這枚硬幣均勻，那麼拋 5 次 5 次正面這個事件的發生為小機率事件，應當拒絕原假設。

Python 的 Scipy 運算套件提供了簡單的命令計算 p 值。下面這個範例還是以拋硬幣為例，但稍微複雜一點。在驗證一枚硬幣是否均勻的試驗中，試驗結果為拋 20 次，正面出現 14 次。

- 原假設 H_0：此硬幣材質均勻；
- 備則假設 H_1：此硬幣材質不均勻；
- 觀察結果：拋硬幣 20 次，14 次正面朝上；
- 顯著性水準 α：0.05。

如果用右側檢驗，p 值為正面出現多於或等於 14 次的機率之和，根據二項分佈的機率計算公式，利用下面的程式得到此時的 p 值。

```
B1_Ch9_9_A.py

from scipy import stats

alpha = 0.05

p_value = stats.binom_test(14, n=20, p=0.5, alternative='greater')
print('p_value=%.3f' % p_value)

if p_value <= alpha:
    print('Reject Null Hypothesis -- Unfair coin')
else:
    print('Cannot reject Null Hypothesis -- Fair coin')
```

檢驗結果如下。

```
p_value=0.058
Cannot reject Null Hypothesis -- Fair coin
```

可見 p 值大於顯著性水準 α，即均勻硬幣出現拋 20 次正面 14 次，並非極端情況，不能拒絕原假設。

當然，如果抛 20 次出現 14 次反面的情況也應當被考慮進去驗證是否這枚硬幣均勻。這就要用到雙側檢驗。此時，計算 p 值的程式如下。

```
B1_Ch9_9_B.py
```

```
p_value = stats.binom_test(14, n=20, p=0.5, alternative='two-sided')
print('p_value=%.3f' % p_value)

if p_value <= alpha/2:
    print('Reject Null Hypothesis -- Unfair coin')
else:
    print('Cannot reject Null Hypothesis -- Fair coin')
```

檢驗結果如下。

```
p_value=0.115
Cannot reject Null Hypothesis -- Fair coin
```

計算得到的 p 值要小於顯著性水準，因此無法拒絕硬幣為均勻的原假設。

在本章中，介紹了協方差、相關係數等多維隨機變數的數字特徵。另外，還說明了統計學中整體和樣本，了解了取出樣本的抽樣方法，以及透過樣本去預測整體。緊接著，詳細討論了統計學中極為重要的大數定理和中心極限定理。然後，介紹了統計推斷的三大中心內容：抽樣分佈、參數估計和假設檢驗。其中，著重説明了卡方分佈、t- 分佈、F- 分佈三大抽樣分佈，而對於統計推斷的參數估計和假設檢驗也進行了深入探討，大家可以參照圖 9-26 系統地理解。

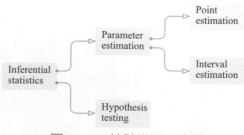

圖 9-26　統計推斷示意圖

金融計算 I

從本章開始，將使用本書之前講解過的 Numpy、Scipy、Pandas、Matplotlib、Statsmodels、Math 等工具套件，和大家探討常見數學方法在量化金融建模上的應用。此外，本章還將介紹使用 Sympy 進行符號計算。

如果不能用數學來推演，任何人類研究都不能稱為真正的科學。

No human investigation can be called real science if it cannot be demonstrated mathe matically.

—— 李奧納多‧達‧芬奇 (Leonardo da Vinci)

本章核心命令程式

▶ matplotlib.axes.Axes.hist() 繪製機率長條圖

▶ matplotlib.pyplot.axhline() 繪製水平線

▶ matplotlib.pyplot.axvline() 繪製垂直線

▶ matplotlib.pyplot.grid() 繪製網格

▶ matplotlib.pyplot.scatter() 繪製散點圖

▶ nump.power() 乘冪運算

▶ numpy.irr() 計算內部收益率

▶ numpy.meshgrid() 獲得網格資料

▶ numpy.multiply() 向量或矩陣逐項乘積

▶ numpy.roots() 多項式求根

▶ numpy.sqrt() 計算平方根

▶ numpy.squeeze() 從陣列形狀中刪除維度為 1 的項目

▶ numpy.vectorize() 將函數向量化

▶ pandas.DataFrame.pct_change() 計算簡單收益率

▶ pandas_datareader.data.get_data_yahoo() 下載金融資料

▶ scipy.interpolate.interp1d() 一維插值

▶ scipy.interpolate.interp2d() 二維插值

▶ scipy.stats.norm.cdf() 正態分佈累積機率分佈 CDF

▶ scipy.stats.norm.fit() 擬合得到正態分佈平均值和均方差

▶ scipy.stats.norm.pdf() 正態分佈機率分佈 PDF

▶ scipy.stats.probplot() 計算機率分位並繪製長條圖

▶ sympy.Eq() 定義符號等式

▶ sympy.plot_implicit()　繪製隱函數方程式

▶ sympy.symbols() 建立符號變數

10.1　利率

量化金融建模中經常用到的利率類型有兩種：簡單複利 (simple compounding) 和連續複利 (continuous compounding)。如圖 10-1 所示為用簡單年複利 y 將終值 (future value) FV 轉化為現值 (present value) PV。

$$PV = FV \left(1 + \frac{y}{m} \right)^{-m \times T} \tag{10-1}$$

其中，m 為年複利頻率 (annual compounding frequency)；T 為期限長度，單位為年。常見的複利頻率為：每年 1 次 (annually, $m = 1$)，半年 / 每年 2 次 (semi-annually, $m = 2$)，季 / 每年 4 次 (quarterly, $m = 4$)，每月 / 每年

12 次 (monthly, $m = 12$)，每週／每年 52 次 (weekly, $m = 52$)，每天／每年 252 次或 365 次 (daily, $m = 252$ 或 365)。

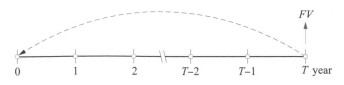

圖 10-1　將終值 FV 用簡單複利轉化為 PV

如圖 10-2 展示由簡單複利 y 將現值 PV 轉化為終值 FV。

$$FV = PV\left(1+\frac{y}{m}\right)^{m \times T}$$
(10-2)

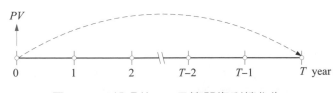

圖 10-2　將現值 PV 用簡單複利轉化為 FV

透過連續複利利率 (continuously compounded interest rate) r 可以把 FV 折算為 PV。

$$PV = FV \exp(-rT)$$
(10-3)

反之，利用連續複利利率 r 也可以將 PV 折算為 FV。

$$FV = PV \exp(rT)$$
(10-4)

有效年利率 (effective rate of return) 指的是以給定的利率和複利頻率計算利息時，產生每年複利一次的年利率。

$$r_{\text{eff}} = \left(1+\frac{y}{m}\right)^{m} - 1$$
(10-5)

連續複利利率也可以轉化為有效年利率。

$$r_{\text{eff}} = \exp(r) - 1 \qquad\qquad (10\text{-}6)$$

如圖 10-3 所示將年利率為 5% 但不同複利頻率 (m = 1, 2, 4, 12, 52, 252) 簡單利率和連續複利轉化為有效年利率。可以發現當複利頻率 m 不斷提高，其有效年利率會不斷接近連續複利的有效年利率。

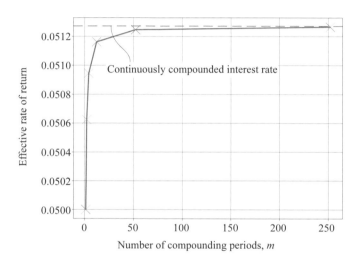

圖 10-3　將利率轉化為有效年利率

以下程式可以獲得圖 10-3。

```
B1_Ch10_1.py

import math
import numpy as np
import matplotlib.pyplot as plt

def eff_rr(r, m):

    '''
    r = annual rate, scalar numeric decimal
    m = number of compounding periods per year
    '''
```

```
    eff_rate = (1 + r/m)**m - 1;

    return eff_rate

m_array = [1, 2, 4, 12, 52, 252]
r = 0.05;

eff_rr_vec = np.vectorize(eff_rr)
eff_rr_array = eff_rr_vec(r,m_array)

eff_rr_from_continuous = math.exp(r) - 1;

fig, ax = plt.subplots()

plt.xlabel("Number of compounding periods, $\it{m}$")
plt.ylabel("Effective rate of return")
plt.plot(m_array,eff_rr_array,marker = 'x', markersize = 12, linewidth =
1.5)
plt.axhline(y=eff_rr_from_continuous, color='r', linestyle='--')
plt.rcParams["font.family"] = "Times New Roman"
plt.rcParams["font.size"] = 10

plt.show()
ax.grid(linestyle='--', linewidth=0.25, color=[0.5,0.5,0.5])
```

10.2 簡單收益率

下面以股票為例講解如何計算收益率。如圖 10-4 所示為某幾天股價走勢，不考慮分紅，股票日簡單回報率 y_i 可以透過式 (10-7) 獲得。

$$y_i = \frac{S_i - S_{i-1}}{S_{i-1}} = \frac{S_i}{S_{i-1}} - 1 \qquad (10\text{-}7)$$

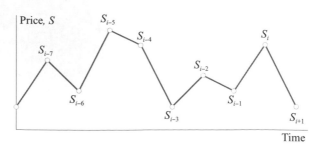

圖 10-4　股價幾天走勢

利用 pandas_datareader 運算套件可以下載股票歷史資料，並繪製如圖 10-5 所示股價走勢圖。沒有安裝這個運算套件的讀者需要提前安裝。

如圖 10-6 展示的是基於圖 10-5 股價資料計算得到的日簡單回報率。圖 10-6 中 5 條紅色畫線從上至下分別為：$\mu + 2\sigma$、$\mu + \sigma$、μ、$\mu\sigma$ 和 $\mu2\sigma$。μ 為日簡單回報率平均值，σ 為日簡單回報率均方差。如圖 10-7 所示為日簡單回報率分佈長條圖；可以發現回報率展現出類似正態分佈的有趣現象。基於 μ 和 σ，可以得到日簡單回報率的常態擬合，如圖 10-8 所示。圖 10-8 長條圖左尾展現出明顯厚尾 (fat tail) 現象。

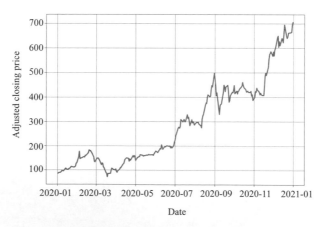

圖 10-5　股價過去一年走勢

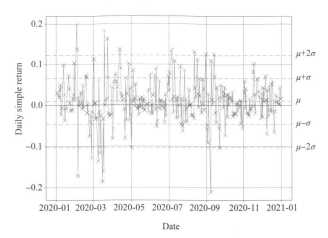

圖 10-6　日簡單回報率

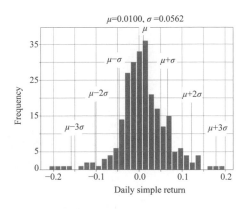

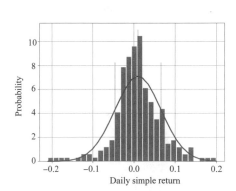

圖 10-7　日簡單回報率分佈　　　圖 10-8　日簡單回報率分佈和常態擬合

周簡單回報率可以透過式 (10-8) 計算獲得。

$$y_{i\_weekly} = \frac{S_i - S_{i-5}}{S_{i-5}} = \frac{S_i}{S_{i-5}} - 1 \tag{10-8}$$

周簡單回報率和日簡單回報率關係為：

$$
\begin{aligned}
y_{i\_weekly} &= \frac{S_i}{S_{i-5}} - 1 \\
&= \frac{S_i}{S_{i-1}} \frac{S_{i-1}}{S_{i-2}} \frac{S_{i-2}}{S_{i-3}} \frac{S_{i-3}}{S_{i-4}} \frac{S_{i-4}}{S_{i-5}} - 1 \\
&= (y_i + 1)(y_{i-1} + 1)(y_{i-2} + 1)(y_{i-3} + 1)(y_{i-4} + 1) - 1
\end{aligned}
\tag{10-9}
$$

如圖 10-9 所示為基於圖 10-5 股價資料計算得到的周簡單回報率。

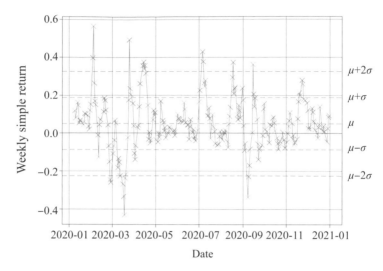

圖 10-9　周簡單回報率

以下程式可以用來獲得圖 10-5 ～圖 10-9。

```
B1_Ch10_2_A.py

import pandas as pd
import numpy as np
import pandas_datareader as web
import matplotlib.pyplot as plt
import scipy.stats as stats
import statsmodels.api as sm
import pylab
import matplotlib.mlab as mlab

df = web.get_data_yahoo('TSLA', start = '2020-01-01', end = '2020-12-31')

#%% Plot price level of stock
plt.close('all')

fig, ax = plt.subplots()
```

```
df['Adj Close'].plot()
plt.xlabel('Date')
plt.ylabel('Adjusted closing price')
plt.show()
plt.rcParams["font.family"] = "Times New Roman"
plt.rcParams["font.size"] = 10

ax.grid(linestyle='--', linewidth=0.25, color=[0.5,0.5,0.5])

#%% simple return of stock price

#daily returns
daily_simple_returns_pct = df['Adj Close'].pct_change()
#daily returns are not in the format of percentage.
values = daily_simple_returns_pct[1:]
mu, sigma = stats.norm.fit(values)

fig, ax = plt.subplots()

ax.plot(daily_simple_returns_pct,marker='x')
plt.axhline(y=0, color='k', linestyle='-')
plt.axhline(y=mu, color='r', linestyle='--')
plt.axhline(y=mu + sigma, color='r', linestyle='--')
plt.axhline(y=mu - sigma, color='r', linestyle='--')
plt.axhline(y=mu + 2*sigma, color='r', linestyle='--')
plt.axhline(y=mu - 2*sigma, color='r', linestyle='--')
plt.xlabel('Date')
plt.ylabel('Daily simple return')
plt.show()
plt.rcParams["font.family"] = "Times New Roman"
plt.rcParams["font.size"] = 10

ax.grid(linestyle='--', linewidth=0.25, color=[0.5,0.5,0.5])

#%% Distribution of daily simple returns

label = '$\it{\mu}$ = %.4f, $\it{\sigma}$ = %.4f' % (mu, sigma)

fig, ax = plt.subplots()
```

```
ax.hist(values, bins=30, rwidth=0.85)
y_lim = ax.get_ylim()
plt.plot([mu,mu],y_lim,'r')
plt.plot([mu + sigma,mu + sigma],0.75*np.asarray(y_lim),'r')
plt.plot([mu - sigma,mu - sigma],0.75*np.asarray(y_lim),'r')
plt.plot([mu + 2.0*sigma,mu + 2.0*sigma],0.5*np.asarray(y_lim),'r')
plt.plot([mu - 2.0*sigma,mu - 2.0*sigma],0.5*np.asarray(y_lim),'r')
plt.plot([mu + 3.0*sigma,mu + 3.0*sigma],0.25*np.asarray(y_lim),'r')
plt.plot([mu - 3.0*sigma,mu - 3.0*sigma],0.25*np.asarray(y_lim),'r')
plt.title(label)
ax.grid(linestyle='--', linewidth=0.25, color=[0.5,0.5,0.5])
plt.xlabel('Daily simple return')
plt.ylabel('Frequency')


#add a normal fit PDF curve

fig, ax = plt.subplots()
#the histogram of the data
n, bins, patches = plt.hist(values, 30, density=1, rwidth=0.85)
y_lim = ax.get_ylim()
best_fit_line = stats.norm.pdf(bins, mu, sigma)
plt.plot(bins, best_fit_line, 'r-', linewidth=2)

plt.plot([mu,mu],y_lim,'r')
plt.plot([mu + sigma,mu + sigma],0.75*np.asarray(y_lim),'r')
plt.plot([mu - sigma,mu - sigma],0.75*np.asarray(y_lim),'r')

plt.show()
plt.rcParams["font.family"] = "Times New Roman"
plt.rcParams["font.size"] = 10
plt.xlabel('Daily simple return')
plt.ylabel('Probability')
ax.grid(linestyle='--', linewidth=0.25, color=[0.5,0.5,0.5])

#%% weekly simple returns

wkly_simple_returns_pct = df['Adj Close'].pct_change(periods = 5)
#not percentage
values = wkly_simple_returns_pct[5:]
```

```
mu, sigma = stats.norm.fit(values)

fig, ax = plt.subplots()

ax.plot(wkly_simple_returns_pct,marker='x')
plt.axhline(y=0, color='k', linestyle='-')
plt.xlabel('Date')
plt.ylabel('Weekly simple return')

plt.axhline(y=mu, color='r', linestyle='--')
plt.axhline(y=mu + sigma, color='r', linestyle='--')
plt.axhline(y=mu - sigma, color='r', linestyle='--')
plt.axhline(y=mu + 2*sigma, color='r', linestyle='--')
plt.axhline(y=mu - 2*sigma, color='r', linestyle='--')

plt.show()
plt.rcParams["font.family"] = "Times New Roman"
plt.rcParams["font.size"] = 10

ax.grid(linestyle='--', linewidth=0.25, color=[0.5,0.5,0.5])
```

10.3 對數收益率

日對數回報率 (daily log return) r_i 可以透過式 (10-10) 獲得。

$$r_i = \ln\left(\frac{S_i}{S_{i-1}}\right) = \ln(S_i) - \ln(S_{i-1}) \tag{10-10}$$

如圖 10-10 所示為基於圖 10-5 股價資料計算得到的日對數回報率。如圖
10-11 所示為日對數回報率的分佈。QQ 圖也常用來比較不同分佈，通常
以正態分佈作為參考分佈。比如，如圖 10-12 所示為日對數回報率 QQ
圖；可以更容易發現左尾呈現的厚尾現象。

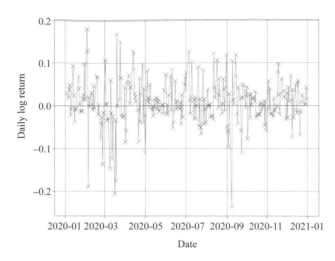

圖 10-10　日對數回報率

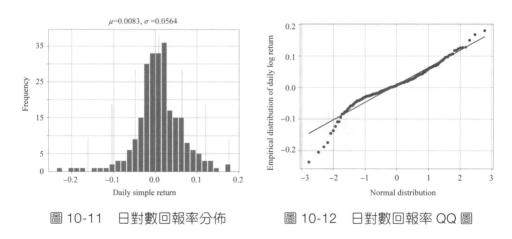

圖 10-11　日對數回報率分佈　　　圖 10-12　日對數回報率 QQ 圖

日簡單回報率和日對數回報率關係為：

$$y_i = \frac{S_i}{S_{i-1}} - 1 \Leftrightarrow \frac{S_i}{S_{i-1}} = y_i + 1$$
$$r_i = \ln\left(\frac{S_i}{S_{i-1}}\right) = \ln(y_i + 1)$$

(10-11)

在本章後面還要透過極限和泰勒進一步討論日簡單回報率和日對數回報率之間的關係。

周對數回報率 (weekly log return) 可以透過式 (10-12) 計算獲得。

$$r_{i\_weekly} = \ln\left(\frac{S_i}{S_{i-5}}\right) \tag{10-12}$$

周對數回報率和日對數回報率關係為：

$$
\begin{aligned}
r_{i\_weekly} &= \ln\left(\frac{S_i}{S_{i-5}}\right) = \ln\left(\frac{S_i}{S_{i-1}}\frac{S_{i-1}}{S_{i-2}}\frac{S_{i-2}}{S_{i-3}}\frac{S_{i-3}}{S_{i-4}}\frac{S_{i-4}}{S_{i-5}}\right) \\
&= \ln\left(\frac{S_i}{S_{i-1}}\right) + \ln\left(\frac{S_{i-1}}{S_{i-2}}\right) + \ln\left(\frac{S_{i-2}}{S_{i-3}}\right) + \ln\left(\frac{S_{i-3}}{S_{i-4}}\right) + \ln\left(\frac{S_{i-4}}{S_{i-5}}\right) \\
&= r_i + r_{i-1} + r_{i-2} + r_{i-3} + r_{i-4}
\end{aligned} \tag{10-13}
$$

如圖 10-13 所示為周對數回報率。

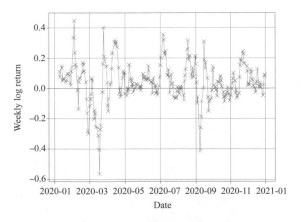

圖 10-13 周對數回報率

配合本節前面程式，以下程式可以獲得圖 10-10 ～圖 10-13。

```
B1_Ch10_2_B.py

#%% daily log return of stock price

df_adj_close = df['Adj Close'];

#shift moves dates back by 1
#daily log returns
```

```
df_log_r = df.apply(lambda x: np.log(x) - np.log(x.shift(1)))
daily_log_returns = df_log_r['Adj Close'];

fig, ax = plt.subplots()

ax.plot(daily_log_returns,marker='x')
plt.axhline(y=0, color='k', linestyle='-')
plt.xlabel('Date')
plt.ylabel('Daily log return')
plt.show()
plt.rcParams["font.family"] = "Times New Roman"
plt.rcParams["font.size"] = 10

ax.grid(linestyle='--', linewidth=0.25, color=[0.5,0.5,0.5])

#%% distribution of daily log returns

values = daily_log_returns[1:]
mu, sigma = stats.norm.fit(values)

label = '$\it{\mu}$ = %.4f, $\it{\sigma}$ = %.4f' % (mu, sigma)

fig, ax = plt.subplots()
ax.hist(values, bins=30, rwidth=0.85)
y_lim = ax.get_ylim()
plt.plot([mu,mu],y_lim,'r')
plt.plot([mu + sigma,mu + sigma],0.75*np.asarray(y_lim),'r')
plt.plot([mu - sigma,mu - sigma],0.75*np.asarray(y_lim),'r')
plt.plot([mu + 2.0*sigma,mu + 2.0*sigma],0.5*np.asarray(y_lim),'r')
plt.plot([mu - 2.0*sigma,mu - 2.0*sigma],0.5*np.asarray(y_lim),'r')
plt.plot([mu + 3.0*sigma,mu + 3.0*sigma],0.25*np.asarray(y_lim),'r')
plt.plot([mu - 3.0*sigma,mu - 3.0*sigma],0.25*np.asarray(y_lim),'r')
plt.title(label)
ax.grid(linestyle='--', linewidth=0.25, color=[0.5,0.5,0.5])
plt.xlabel('Daily log return')
plt.ylabel('Frequency')

fig, ax = plt.subplots()

stats.probplot(values, dist="norm", plot=pylab)
```

```
pylab.show()
ax.grid(linestyle='--', linewidth=0.25, color=[0.5,0.5,0.5])
plt.xlabel('Normal distribution')
plt.ylabel('Empirical distribution of daily log return')
#%% shift moves dates back by 5
#weekly log returns
df_log_r_wkly = df.apply(lambda x: np.log(x) - np.log(x.shift(5)))
wkly_log_returns = df_log_r_wkly['Adj Close'];

fig, ax = plt.subplots()

ax.plot(wkly_log_returns,marker='x')
plt.axhline(y=0, color='k', linestyle='-')
plt.xlabel('Date')
plt.ylabel('Weekly log return')
plt.show()
plt.rcParams["font.family"] = "Times New Roman"
plt.rcParams["font.size"] = 10

ax.grid(linestyle='--', linewidth=0.25, color=[0.5,0.5,0.5])
```

10.4 多項式函數

多項式函數 (polynomial function) 是最常見的函數。量化金融建模中離不開多項式函數。如圖 10-14 所示為一次函數，也稱線性函數 (linear polynomial)；遠期合約收益函數便是一次函數，因此遠期合約是一種線性金融產品。

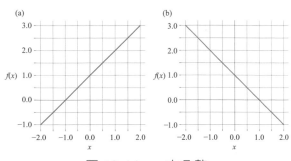

圖 10-14　一次函數

如圖 10-15(a)(b) 兩圖分別展示的開口向上和開口向下的二次函數 (quadratic function)。請讀者關注二次函數的凸凹性和極值特點。這些性質在 MATLAB 系列叢書有詳細討論，本書不再贅述。

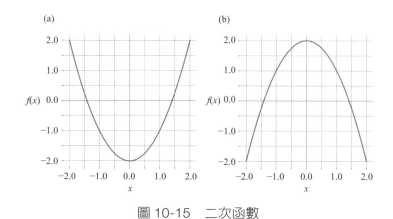

圖 10-15　二次函數

如圖 10-16 所示為三次函數，也叫立方多項式函數 (cubic polynomial function)。請讀者格外注意圖 10-16 所示三次函數趨勢，以及圖 10-16(a) 三次函數 $f(x) = 0$ 的三個根；本章後面將介紹如何求解多項式根。

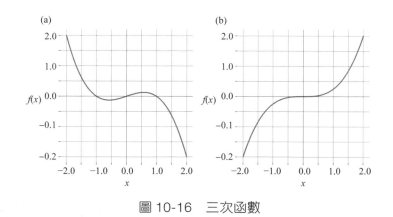

圖 10-16　三次函數

以下程式可以獲得圖 10-14 ～圖 10-16。

```
B1_Ch10_3.py
import math
import numpy as np
from matplotlib import pyplot as plt

x = np.linspace(-2,2,100);

def plot_curve(x, y):

    fig, ax = plt.subplots()

    plt.xlabel("$\it{x}$")
    plt.ylabel("$\it{f}(\it{x})$")
    plt.plot(x, y, linewidth = 1.5)
    plt.axhline(y=0, color='k', linewidth = 1.5)
    plt.axvline(x=0, color='k', linewidth = 1.5)
    ax.grid(linestyle='--', linewidth=0.25, color=[0.5,0.5,0.5])
    plt.axis('equal')
    plt.xticks(np.arange(-2, 2.5, step=0.5))
    plt.yticks(np.arange(y.min(), y.max() + 0.5, step=0.5))
    ax.set_xlim(x.min(),x.max())
    ax.set_ylim(y.min(),y.max())
    ax.spines['top'].set_visible(False)
    ax.spines['right'].set_visible(False)
    ax.spines['bottom'].set_visible(False)
    ax.spines['left'].set_visible(False)
    plt.axis('square')
#%% plot linear, quadratic, and cubic functions

plt.close('all')

#linear function
y = x + 1;

plot_curve(x, y)

#linear function
```

```
y = -x + 1;

plot_curve(x, y)

#quadratic  function, parabola opens upwards
y = np.power(x,2) - 2;

plot_curve(x, y)

#quadratic  function, parabola opens downwards
y = -np.power(x,2) + 2;

plot_curve(x, y)

#cubic function
y = np.power(x,3)/4;

plot_curve(x, y)

#cubic function
y = -(np.power(x,3) - x)/3;

plot_curve(x, y)
```

10.5 插值

本節介紹如何利用 scipy.interpolate.interp1d 和 scipy. interpolate.interp2d 進行一維插值和二維插值 (interpolation)。圖 10-17 中藍色小數點為觀測到的不同期限上的利率值;而藍色線和紅色 X 為透過線性內插得到的資料。

圖 10-18 中藍色線為透過三次樣條插值得到的資料,可以發現每種插值方法有各自的優缺點。更多有關樣條插值數學計算和利率期限結構構造內容,請參考 MATLAB 系列叢書第三本。

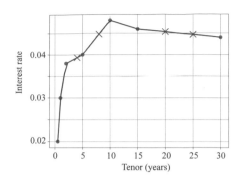

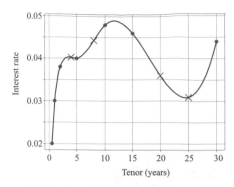

圖 10-17　利率期限結構，一維線　　　　圖 10-18　利率期限結構，一維三
性內插　　　　　　　　　　　　次樣條插值

以下程式可以獲得圖 10-17 和圖 10-18。

B1_Ch10_4.py

```python
import matplotlib.pyplot as plt
from scipy.interpolate import interp1d, interp2d
import numpy as np

tenors = [0.5, 1, 2, 5, 10, 15, 30]
IR     = [0.02, 0.03, 0.038, 0.04, 0.048, 0.046, 0.044]

f_linear = interp1d(tenors,IR) #default is 'linear'
f_cubic  = interp1d(tenors,IR,kind = 'cubic')

tenors_x = [4, 8, 20, 25]
tenors_vec = np.linspace(0.5,30,50)
IR_linear_y     = f_linear(tenors_x)
IR_linear_y_vec = f_linear(tenors_vec)

IR_cubic_y     = f_cubic(tenors_x)
IR_cubic_y_vec = f_cubic(tenors_vec)

#%% visualization

plt.close('all')
```

```
fig, ax = plt.subplots()

plt.xlabel("Tenor (year)")
plt.ylabel("Interest rate")
plt.plot(tenors,IR,marker = 'o', linewidth = 1.5, linestyle="None")
plt.plot(tenors_x,IR_linear_y, color = 'r', marker = 'x',
linestyle="None", markersize = 12)
plt.plot(tenors_vec,IR_linear_y_vec, color = 'b')

plt.rcParams["font.family"] = "Times New Roman"
plt.rcParams["font.size"] = 10

plt.show()
ax.grid(linestyle='--', linewidth=0.25, color=[0.5,0.5,0.5])

fig, ax = plt.subplots()

plt.xlabel("Tenor (year)")
plt.ylabel("Interest rate")
plt.plot(tenors,IR,marker = 'o', linewidth = 1.5, linestyle="None")
plt.plot(tenors_x,IR_cubic_y, color = 'r', marker = 'x',
linestyle="None", markersize = 12)
plt.plot(tenors_vec,IR_cubic_y_vec, color = 'b')

plt.rcParams["font.family"] = "Times New Roman"
plt.rcParams["font.size"] = 10

plt.show()
ax.grid(linestyle='--', linewidth=0.25, color=[0.5,0.5,0.5])
```

圖 10-19 中黑色 × 為隱含波動率 (implied volatility) 觀測值，曲面為採用二維線性內插。如圖 10-20 所示為透過二維三次樣條插值獲得的曲面。隱含波動率和歷史波動率的求取和建模是金融建模重要的內容，Python 系列叢書第二本將詳細介紹波動率計算等內容。此外，MATLAB 系列叢書第五本有波動率建模內容。

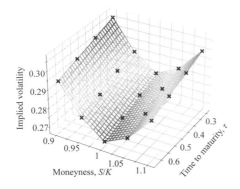

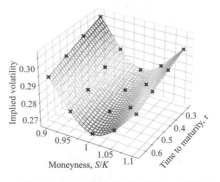

圖 10-19　隱含波動率的二維線性內插　　圖 10-20　隱含波動率的二維三次
樣條插值

以下程式可以獲得圖 10-19 和圖 10-20。

B1_Ch10_5.py

```python
import matplotlib.pyplot as plt
from scipy.interpolate import interp1d, interp2d
import numpy as np
from matplotlib import cm

IV = [[0.306, 0.302, 0.298, 0.294],
      [0.290, 0.287, 0.282, 0.278],
      [0.281, 0.277, 0.273, 0.269],
      [0.287, 0.284, 0.279, 0.275],
      [0.300, 0.296, 0.292, 0.288]]

#surface of implied volatility

tau = [0.25, 0.375, 0.5, 0.625];
#time to maturity

Moneyness = [0.9, 0.95, 1, 1.05, 1.1];
#Moneyness, S/K

xx,yy = np.meshgrid(tau,Moneyness)

x_array = np.squeeze(np.asarray(xx))
```

```python
y_array = np.squeeze(np.asarray(yy))
z_array = np.squeeze(np.asarray(IV))

f_linear = interp2d(tau,Moneyness,IV) #default = linear
f_cubic  = interp2d(tau,Moneyness,IV, kind = 'cubic')

x_q = np.linspace(0.25, 0.625 ,30)
y_q = np.linspace(0.9,  1.1    ,30)

xx_q,yy_q = np.meshgrid(x_q,y_q)

zz_q_linear = f_linear(x_q,y_q)
zz_q_cubic  = f_cubic(x_q,y_q)

#%% visualization

plt.close('all')

#Normalize to [0,1]
norm = plt.Normalize(zz_q_linear.min(), zz_q_linear.max())
colors = cm.coolwarm(norm(zz_q_linear))

fig = plt.figure()
ax = fig.gca(projection='3d')
surf = ax.plot_surface(xx_q, yy_q, zz_q_linear,
    facecolors=colors, shade=False)
surf.set_facecolor((0,0,0,0))

ax.scatter(x_array, y_array, z_array, c='k', marker='x')

plt.show()

plt.tight_layout()
ax.set_xlabel('Time to maturity')
ax.set_ylabel('Moneyness')
ax.set_zlabel('Vol')

ax.xaxis._axinfo["grid"].update({"linewidth":0.25, "linestyle" : ":"})
ax.yaxis._axinfo["grid"].update({"linewidth":0.25, "linestyle" : ":"})
```

```
ax.zaxis._axinfo["grid"].update({"linewidth":0.25, "linestyle" : ":"})

plt.rcParams["font.family"] = "Times New Roman"
plt.rcParams["font.size"] = "10"
ax.view_init(30, 30)

#Normalize to [0,1]
norm = plt.Normalize(zz_q_cubic.min(), zz_q_cubic.max())
colors = cm.coolwarm(norm(zz_q_cubic))

fig = plt.figure()
ax = fig.gca(projection='3d')
surf = ax.plot_surface(xx_q, yy_q, zz_q_cubic,
    facecolors=colors, shade=False)
surf.set_facecolor((0,0,0,0))

ax.scatter(x_array, y_array, z_array, c='k', marker='x')

plt.show()

plt.tight_layout()
ax.set_xlabel('Time to maturity')
ax.set_ylabel('Moneyness')
ax.set_zlabel('Vol')

ax.xaxis._axinfo["grid"].update({"linewidth":0.25, "linestyle" : ":"})
ax.yaxis._axinfo["grid"].update({"linewidth":0.25, "linestyle" : ":"})
ax.zaxis._axinfo["grid"].update({"linewidth":0.25, "linestyle" : ":"})

plt.rcParams["font.family"] = "Times New Roman"
plt.rcParams["font.size"] = "10"
ax.view_init(30, 30)
```

10.6 數列

等差數列 (arithmetic sequence 或 arithmetic progression) 指的是數列中任
何相鄰兩項的差相等，該差值常被稱作公差 (common difference)。等差

數列第 n 項 a_n 的一般式為：

$$a_n = a + (n-1) \cdot d \tag{10-14}$$

其中，a 為第一項，d 為公差。以上等差數列前 n 項之和為 S_n。

$$\begin{aligned}
S_n &= a + (a+d) + (a+2d) + \cdots + (a + (n-1) \cdot d) \\
&= \sum_{k=0}^{n-1} (a + k \cdot d) \\
&= a \cdot n + \frac{n(n-1)}{2} \cdot d
\end{aligned} \tag{10-15}$$

等比數列 (geometric sequence 或 geometric progression) 指的是數列中任何相鄰兩項比值相等，該比值被稱作公比。等比數列第 n 項 a_n 的一般式為：

$$a_n = aq^{n-1} \tag{10-16}$$

其中，a 為首項，q 為公比，注意 q 不為 0。

以上等比數列前 n 項之和 S_n 為：

$$\begin{aligned}
S_n &= a + aq + aq^2 + aq^3 + \cdots + aq^{n-1} \\
&= \sum_{k=0}^{n-1} a \cdot q^k = a\left(\frac{1-q^n}{1-q}\right)
\end{aligned} \tag{10-17}$$

其中，a 為第一項，q 為等比係數。

等比數列求和可以用於計算現金流現值折算。比如，如圖 10-21 所示 n 期現金流，每期期末支付 p，最後支付 FV，每期期內利率 yperiod。對應的現值和的解析式為：

$$PV = \frac{p}{1 + y_{period}} + \frac{p}{(1 + y_{period})^2} + \frac{p}{(1 + y_{period})^3} + \cdots + \frac{p + FV}{(1 + y_{period})^n} \tag{10-18}$$

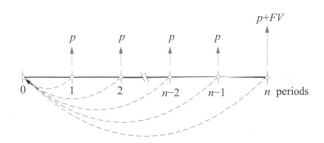

圖 10-21　0 到 n 期，每期期末現金流入 p（期末支付），期末額外
　　　　　流入 FV，期內複利為 y

其中，y_{period} 和 n 可以透過式 (10-19) 獲得。

$$\begin{cases} y_{\text{period}} = \dfrac{y}{m} \\ n = mT \end{cases} \tag{10-19}$$

其中，T 為年數，m 為複利頻率，y 為年簡單複利。

式 (10-20) 為用等比數列求和公式求解圖 10-21 對應的現金流的現值之和
的運算式。

$$\begin{aligned}
PV &= \frac{p}{1+y_{\text{period}}} + \frac{p}{\left(1+y_{\text{period}}\right)^2} + \frac{p}{\left(1+y_{\text{period}}\right)^3} + \cdots + \frac{p}{\left(1+y_{\text{period}}\right)^n} + \frac{FV}{\left(1+y_{\text{period}}\right)^n} \\
&= \frac{p}{1+y_{\text{period}}} \left(\frac{1 - \dfrac{1}{\left(1+y_{\text{period}}\right)^n}}{1 - \dfrac{1}{1+y_{\text{period}}}} \right) + \frac{FV}{\left(1+y_{\text{period}}\right)^n} \\
&= p\, \frac{\left(1+y_{\text{period}}\right)^n - 1}{\left(1+y_{\text{period}}\right)^n y_{\text{period}}} + \frac{FV}{\left(1+y_{\text{period}}\right)^n}
\end{aligned} \tag{10-20}$$

比如，年簡單複利 $y = 5\%$，年複利頻率 $m = 4$，債券距離到期為 5 年，債
券面額為 100，債券年息票率 (annual coupon rate) 為 10%，息票每年支
付 4 次，每季期末支付 $100 \times 10\%/4 = 2.5$，5 年末到期時還要支付債券面
額。可以透過程式設計計算出該債券現值約為 122。

請讀者自行執行以下程式計算獲得債券現值。

```
B1_Ch10_6.py
def pvfix(y_p, nper, pmt, fv):

    '''
    r_p : periodic interest rate
    nper: number of payment periods
    pmt : periodic payment
    fv  : payment received other than pmt
    in the end of the last period
    '''
    pv = pmt*((1.0 + y_p)**nper - 1.0)/(1.0 + y_p)**nper/y_p + \
    fv/(1.0 + y_p)**nper;

    return pv

y = 0.05;    #annual interest rate
m = 4;       #compounding frequency
T = 5;       #years
c = 10;      #annual payment
pmt = c/m    #periodic payment
fv = 100;    #payment at the end

PV = pvfix(y/m, m*T, pmt, fv)
```

此外,指數加權平均 (Exponentially Weighted Moving Average,EWMA) 方法也會用到等比數列求和。EWMA 常用來計算波動率。比如,移動視窗長度為 L 個營業日,EWMA 波動率可以透過式 (10-21) 計算得到。

$$\sigma_n^2 = (1-\lambda)A\left(\lambda^0 r_{n-1}^2 + \lambda^1 r_{n-2}^2 + \cdots + \lambda^{L-2} r_{n-(L-1)}^2 + \lambda^{L-1} r_{n-L}^2\right) \qquad (10\text{-}21)$$

其中,r 為收益率資料,λ 為衰減係數 (decay factor),A 為需要求解的係數。

採用等比數列求和公式，可以求得式 (10-21) 中係數 A：

$$(1-\lambda)A\left(\lambda^0 + \lambda^1 + \cdots + \lambda^{L-2} + \lambda^{L-1}\right) = 1$$
$$\Rightarrow \quad A = \frac{1}{1-\lambda^L} \tag{10-22}$$

EWMA 波動率計算式可以寫為：

$$\sigma_n^2 = \frac{1-\lambda}{1-\lambda^L}\left(\lambda^0 r_{n-1}^2 + \lambda^1 r_{n-2}^2 + \cdots + \lambda^{L-2} r_{n-(L-1)}^2 + \lambda^{L-1} r_{n-L}^2\right) \tag{10-23}$$

r_{n-i}^2 的權重 w_{n-i} 為：

$$w_{n-i} = \left(\frac{1-\lambda}{1-\lambda^L}\right)\lambda^{i-1} \tag{10-24}$$

比如，當衰減係數 λ 為 0.94 時，權重隨時間的變化如圖 10-22 所示。圖 10-22 上可以發現 10 天左右，權重減半，這個減半，就是所謂的 EWMA 半衰期。

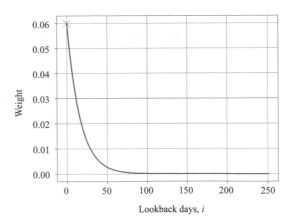

圖 10-22　當衰減係數 λ 為 0.94 時，權重隨時間變化

EWMA 半衰期 (half-life) HF 可以透過式 (10-25) 計算獲得。

$$\lambda^{HL} = \frac{1}{2} \Leftrightarrow HL = \frac{\ln\left(\frac{1}{2}\right)}{\ln(\lambda)} \tag{10-25}$$

如圖 10-23 所示為不同衰減係數 λ 對應半衰期 HL 的變化情況。本系列叢書第二本波動率一章會詳細介紹如何用 EWMA 方法計算波動率。

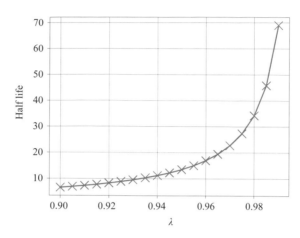

圖 10-23　半衰期 HL 隨衰減係數 λ 變化

以下程式可以獲得圖 10-22 和圖 10-23。

```
B1_Ch10_7.py

import numpy as np
from matplotlib import pyplot as plt

L = 252    #lookback window, 252 business days in a year

lambda_94 = 0.94;

i_days = range(0,L);

weights = (1.0 - lambda_94)/(1 - lambda_94**L)*np.power(lambda_94,i_days)

plt.close('all')

fig, ax = plt.subplots()

plt.plot(i_days, weights, linewidth = 1.5)
plt.plot(i_days[0], weights[0], marker = 'x',markersize = 12)
```

```
plt.axhline(y=weights[0]/2, color='r', linewidth = 0.5)
ax.grid(linestyle='--', linewidth=0.25, color=[0.5,0.5,0.5])


x_label = "Lookback days, $\it{i}$"
ax.set_xlabel(x_label)
y_label = "Weight"
ax.set_ylabel(y_label)
plt.rcParams["font.family"] = "Times New Roman"
plt.rcParams["font.size"] = "10"


lambda_array = np.linspace (0.99,0.9,num = 19)


HL = np.log(1.0/2.0)/np.log(lambda_array)


fig, ax = plt.subplots()


plt.xlabel("$\it{\lambda}$")
plt.ylabel("Half life")
plt.plot(lambda_array, HL, marker = 'x',markersize = 12)


ax.grid(linestyle='--', linewidth=0.25, color=[0.5,0.5,0.5])
plt.rcParams["font.family"] = "Times New Roman"
plt.rcParams["font.size"] = "10"
```

10.7 求根

本節介紹採用 numpy.roots() 計算多項式等式的根。比如，給定如式 (10-26) 所示多項式。

$$p_0 x^n + p_1 x^{n-1} + \cdots + p_{n-1}x + p_n = 0 \qquad (10\text{-}26)$$

可以採用 numpy.roots($[p_0, p_1, \cdots, p_{n-1}, p_n]$) 函數來求根。

容易發現，圖 10-16 (a) 影像對應的函數 $f(x) = 0$ 存在三個根。

$$f(x) = -x^3 + 0 \cdot x^2 + x + 0 = 0 \qquad (10\text{-}27)$$

以下程式可以求解這三個根。

```
import numpy as np

coeff = [-1, 0, 1, 0]
np.roots(coeff)
```

numpy.irr() 函數可以用來計算內部收益率 (internal rate of return, IRR)。實際上，numpy.irr() 函數的核心計算便是 numpy.roots() 函數。如圖 10-24 所示的現金流和內部期內收益率 yperiod 之間的關係為：

$$Investment + \frac{CF_1}{1+y_{\text{period}}} + \frac{CF_2}{\left(1+y_{\text{period}}\right)^2} + \frac{CF_3}{\left(1+y_{\text{period}}\right)^3} + \cdots + \frac{CF_n}{\left(1+y_{\text{period}}\right)^n} = 0 \quad (10\text{-}28)$$

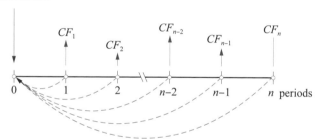

圖 10-24　0 到 n 期，期初投資和期中現金流

令 $x = 1/(1 + y_{\text{period}})$，式 (10-28) 可以寫作：

$$Investment + CF_1 \cdot x + CF_2 \cdot x^2 + CF_3 \cdot x^3 + \cdots + CF_n \cdot x^n = 0 \quad (10\text{-}29)$$

按照多項式次數從高到低，整理式 (10-29) 得到：

$$CF_n \cdot x^n + \cdots + CF_3 \cdot x^3 + CF_2 \cdot x^2 + CF_1 \cdot x + Investment = 0 \quad (10\text{-}30)$$

可以利用 numpy.roots() 函數撰寫程式求解 x，然後可以計算得到 y_{period}。以圖 10-25 為例，計算 y_{period} 並與 numpy.irr() 函數計算結果做對比。

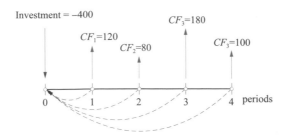

圖 10-25　0 到 4 期，期初投資和期中現金流

以下程式可以計算得到圖 10-25 所示的期內 IRR = 0.07569。注意，如果 $m = 1$，即圖 10-25 中一期長度為一年，則年化 IRR 為 0.07569，即 7.569%；如果 $m = 2$，即一期長度為半年，則年化 IRR = 15.138%。

B1_Ch10_8.py

```python
import numpy as np

CFs = [-400, 120, 80, 180, 100];
CFs_flip = CFs[::-1]

roots = np.roots(CFs_flip)
mask = (roots.imag == 0) & (roots.real > 0)

x = roots[mask].real

irr_replicated = 1/x - 1

irr_result = np.irr(CFs)
print("IRR = " + str(round(irr_result,5)))
```

10.8 分段函數

分段函數 (piecewise function) 指的是分段定義的函數。比如，歐式看漲選擇權和看跌選擇權的到期收益函數 (payoff function) 便是分段函數。歐

式看漲選擇權 (European call option) 到期收益函數 $C(S)$ 可以寫為式 (10-31) 所示分段函數。

$$C(S) = \begin{cases} 0 & \text{if } S \leq K \\ S - K & \text{if } S > K \end{cases} \tag{10-31}$$

也可以寫作：

$$C(S) = \max\left[(S-K), 0\right] \tag{10-32}$$

如圖 10-26 所示為歐式看漲選擇權到期時刻分段函數。

歐式看跌選擇權 (European put option) 到期收益函數 $P(S)$ 可以寫成如式 (10-33) 所示分段函數。

$$P(S) = \begin{cases} K - S & \text{if } S \leq K \\ 0 & \text{if } S > K \end{cases} \tag{10-33}$$

也可以寫作：

$$P(S) = \max\left[(K-S), 0\right] \tag{10-34}$$

如圖 10-27 所示為歐式看跌選擇權到期時刻分段函數。

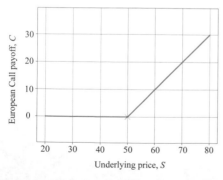 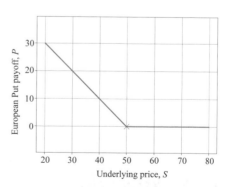

圖 10-26 歐式看漲選擇權到期收益折線　圖 10-27 歐式看跌選擇權到期收益折線

以下程式可以繪製圖 10-26 和圖 10-27。

B1_Ch10_9.py

```python
import math
import numpy as np
from matplotlib import pyplot as plt

St_array = np.linspace(20,80,300);
K = 50; #strike price

#payoff of European call option
C_payoff = np.maximum(St_array - K, 0)

#payoff of European put option
P_payoff = np.maximum(K - St_array, 0)

plt.close('all')

fig, ax = plt.subplots()

plt.xlabel("Underlying price, $\it{S}$")
plt.ylabel("European Put payoff, $\it{C}$")
plt.plot(St_array,C_payoff, linewidth = 1.5)
plt.plot(K,0,'xr',linewidth = 0.25,markersize=12)
plt.plot([K,K],[0,np.max(C_payoff)],'r--',linewidth = 0.25)

plt.axis('equal')

plt.rcParams["font.family"] = "Times New Roman"
plt.rcParams["font.size"] = 10

ax.grid(linestyle='--', linewidth=0.25, color=[0.5,0.5,0.5])
#plt.grid(True)

plt.show()

fig, ax = plt.subplots()

plt.xlabel("Underlying price, $\it{S}$")
plt.ylabel("European Put payoff, $\it{P}$")
plt.plot(St_array,P_payoff,linewidth = 1.5)
```

```
plt.plot(K,0,'xr',linewidth = 0.25,markersize=12)
plt.plot([K,K],[0,np.max(P_payoff)],'r--',linewidth = 0.25)

plt.axis('equal')

plt.rcParams["font.family"] = "Times New Roman"
plt.rcParams["font.size"] = 10

ax.grid(linestyle='--', linewidth=0.25, color=[0.5,0.5,0.5])
#plt.grid(True)

plt.show()
```

10.9 二次曲線

本節簡單介紹二次曲線以及如何利用 Sympy 工具套件中 symbols()、Eq() 和 plot_implicit() 函數定義並繪製二次曲線。本節探討的二次曲線有拋物線 (parabola)、橢圓 (ellipse) 和雙曲線 (hyperbola) 三種。如圖 10-28 所示為四種不同開口朝向的拋物線。

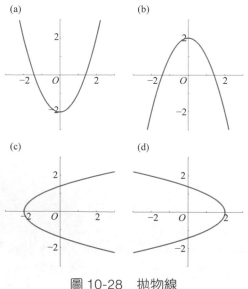

圖 10-28　拋物線

如圖 10-29 所示為主軸在橫軸、縱軸和主軸旋轉的橢圓。式 (10-35) 舉出的是二元正態分佈 PDF 公式。

$$f(x,y) = \frac{\exp\left\{-\frac{1}{2(1-\rho^2)}\left[\left(\frac{x-\mu_X}{\sigma_X}\right)^2 - 2\rho\left(\frac{x-\mu_X}{\sigma_X}\right)\left(\frac{y-\mu_Y}{\sigma_Y}\right) + \left(\frac{y-\mu_Y}{\sigma_Y}\right)^2\right]\right\}}{2\pi\sigma_X\sigma_Y\sqrt{1-\rho^2}} \quad (10\text{-}35)$$

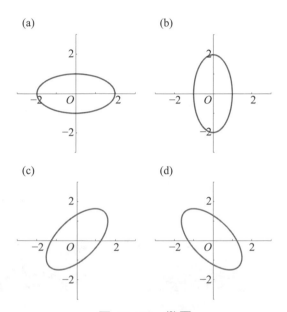

圖 10-29　橢圓

可以發現分子項指數運算式中便含有一個中心位於 (μ_X, μ_Y) 的旋轉橢圓運算式。正因如此，正態分佈也被歸類為橢圓分佈。此外，投資組合的方差也和旋轉橢圓有著千絲萬縷的聯繫。更多橢圓相關內容，請讀者參考本系列叢書第四本。

如圖 10-30 所示為四組雙曲線。雙曲線和投資組合最佳化也有著千絲萬縷的聯繫，實際上，投資組合的有效前端 (efficient frontier) 便是雙曲線的一部分。

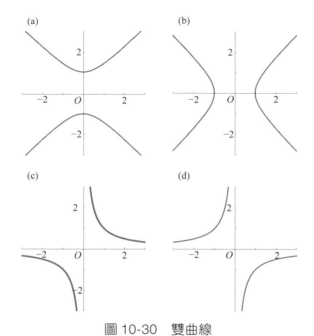

圖 10-30　雙曲線

以下程式可以獲得圖 10-28 ～圖 10-30。對投資組合最佳化和二次曲線的聯繫感興趣的讀者，可以參考 MATLAB 系列叢書第四本。

```
B1_Ch10_10.py
from matplotlib import pyplot as plt
from sympy import plot_implicit, symbols, Eq
x, y = symbols('x y')

def plot_curve(Eq_sym):

    h_plot = plot_implicit(Eq_sym, (x, -3, 3), (y, -3, 3))
    h_plot.show()

#%% plot linear, quadratic, and cubic functions

plt.close('all')

#%% Parabola
```

```
Eq_sym = Eq(x**2 - y,2)
plot_curve(Eq_sym)

Eq_sym = Eq(x**2 + y,2)
plot_curve(Eq_sym)

Eq_sym = Eq(x - y**2,-2)
plot_curve(Eq_sym)

Eq_sym = Eq(x + y**2,2)
plot_curve(Eq_sym)

#%% Ellipse

Eq_sym = Eq(x**2/4 + y**2,1)
plot_curve(Eq_sym)

Eq_sym = Eq(x**2 + y**2/4,1)
plot_curve(Eq_sym)

Eq_sym = Eq(5*x**2/8 -3*x*y/4 + 5*y**2/8,1)
plot_curve(Eq_sym)

Eq_sym = Eq(5*x**2/8 +3*x*y/4 + 5*y**2/8,1)
plot_curve(Eq_sym)

#%% Hyperbola

Eq_sym = Eq(-x**2 + y**2,1)
plot_curve(Eq_sym)

Eq_sym = Eq(x**2 - y**2,1)
plot_curve(Eq_sym)

Eq_sym = Eq(x*y,1)
plot_curve(Eq_sym)

Eq_sym = Eq(-x*y,1)
plot_curve(Eq_sym)
```

10.10 平面

如圖 10-14 所示為一元一次函數,當最高項次數不變,變數提高到二元,得到的便是平面;當變數的數量再次提高,得到的便是超平面 (hyperplane)。

如圖 10-31(a)(b) 兩圖分別展示的是平行於 x 軸和 y 軸的平面。如圖 10-32 所示為圖 10-31 所示平面的等高線。圖 10-32(a) 所示平面等高線平行於 x 軸,而 $f(x,y)$ 隨著 y 增大而增大。圖 10-32(b) 所示平面等高線平行於 y 軸,而 $f(x,y)$ 隨著 x 增大而減小。

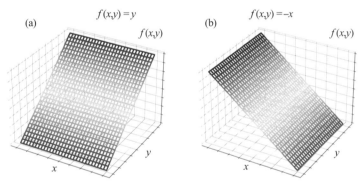

圖 10-31 分別平行於 x 軸和 y 軸的平面

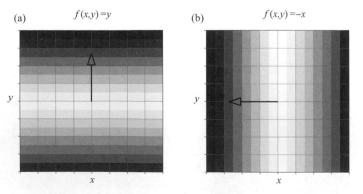

圖 10-32 分別平行於 x 軸和 y 軸的平面等高線

如圖 10-33 (a) 舉出的平面的解析式為 $f(x,y) = x+y$，圖 10-34 (a) 舉出的是這個平面的等高線。可以發現，等高線和 x 軸正方向的夾角為 -45°，而朝著和 x 軸正方向夾角 +45° 方向移動，等高線對應的 $f(x,y)$ 值增大。這個增大的方向，就是所謂的梯度方向。更多有關平面的切向量、法向量和梯度向量等內容，請讀者參考 MATLAB 系列叢書第四本。

如圖 10-33(b) 舉出的平面的解析式為 $f(x,y) = -x+y$，圖 10-34(b) 舉出的是這個平面的等高線。可以發現等高線和 x 軸正方向的夾角為 +45°。讀者可以透過圖 10-34(b) 等高線顏色變化找到 $f(x,y)$ 增大方向。

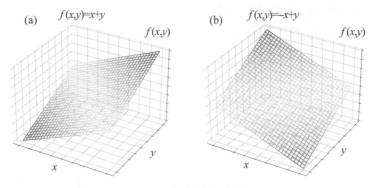

圖 10-33　不平行於坐標軸的兩個平面

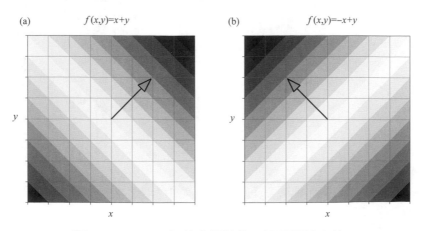

圖 10-34　不平行於坐標軸的兩個平面等高線

有讀者可能會問一次曲面和量化金融建模有什麼關係，下面就以投資組合期望收益率為例講解一次曲面。

假設投資組合由兩個風險資產組成，兩個風險資產的預期收益率分別為：

$$
\begin{cases} E(r_1) = 0.2 \\ E(r_2) = 0.1 \end{cases} \tag{10-36}
$$

兩個風險資產的權重分別為 w_1 和 w_2，因此投資組合的預期收益 $E(r_p)$ 為：

$$
E(r_p) = E(r_1) \cdot w_1 + E(r_2) \cdot w_2 = 0.2w_1 + 0.1w_2 \tag{10-37}
$$

當風險資產權重 w_1 和 w_2 設定值範圍在 -1 和 1 之間變化，投資組合的預期收益 $E(r_p)$ 便是一個平面，具體如圖 10-35 網格面和圖 10-36 等高線所示。如果考慮到 w_1 和 w_2 滿足如式 (10-38) 所示限制條件。

$$
w_1 + w_2 = 1 \tag{10-38}
$$

$E(r_p)$ 變化則如圖 10-35 和圖 10-36 黑色實線所示。

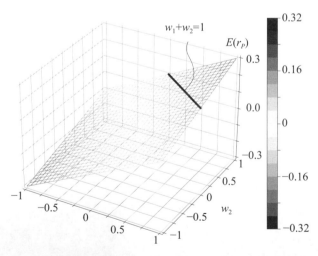

圖 10-35　兩個風險資產組成的投資組合期望收益平面、網格面

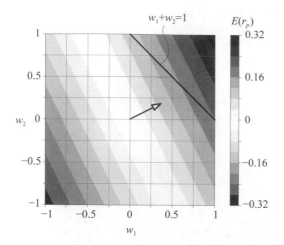

圖 10-36　兩個風險資產組成的投資組合期望收益平面等高線

以下程式可以獲得圖 10-31 ～圖 10-34。請讀者自行繪製圖 10-35 和圖
10-36。

```
B1_Ch10_11.py
import math
import numpy as np
import matplotlib.pyplot as plt
from matplotlib import cm

def mesh_square(x0,y0,r,num):

    #generate mesh using polar coordinates

    rr = np.linspace(-r,r,num)
    xx,yy = np.meshgrid(rr,rr);

    xx = xx + x0;
    yy = yy + y0;

    return xx, yy

def plot_surf(xx,yy,zz,caption):
```

```
norm_plt = plt.Normalize(zz.min(), zz.max())
colors = cm.coolwarm(norm_plt(zz))

fig = plt.figure()
ax = fig.gca(projection='3d')
surf = ax.plot_surface(xx,yy,zz,
facecolors=colors, shade=False)
surf.set_facecolor((0,0,0,0))
#z_lim = [zz.min(),zz.max()]
#ax.plot3D([0,0],[0,0],z_lim,'k')
plt.show()

plt.tight_layout()
ax.set_xlabel('$\it{x}$')
ax.set_ylabel('$\it{y}$')
ax.set_zlabel('$\it{f}$($\it{x}$,$\it{y}$)')
ax.set_title(caption)

ax.xaxis._axinfo["grid"].update({"linewidth":0.25, "linestyle" : ":"})
ax.yaxis._axinfo["grid"].update({"linewidth":0.25, "linestyle" : ":"})
ax.zaxis._axinfo["grid"].update({"linewidth":0.25, "linestyle" : ":"})

plt.rcParams["font.family"] = "Times New Roman"
plt.rcParams["font.size"] = "10"

def plot_contourf(xx,yy,zz,caption):

    fig, ax = plt.subplots()

    cntr2 = ax.contourf(xx,yy,zz, levels = 15, cmap="RdBu_r")

    fig.colorbar(cntr2, ax=ax)
    plt.show()

    ax.set_xlabel('$\it{x}$')
    ax.set_ylabel('$\it{y}$')

    ax.set_title(caption)
    ax.grid(linestyle='--', linew idth=0.25, color=[0.5,0.5,0.5])
```

```
#%% initialization

x0  = 0;   #center of the mesh
y0  = 0;   #center of the mesh
r   = 2;   #radius of the mesh
num = 30;  #number of mesh grids
xx,yy = mesh_square(x0,y0,r,num); #generate mesh

#%% f(x,y) = y
plt.close('all')

zz1 = yy;
caption = '$\it{f} = \it{y}$';
plot_surf (xx,yy,zz1,caption)
plot_contourf (xx,yy,zz1,caption)

#%% f(x,y) = -x

zz1 = -xx;
caption = '$\it{f} = -\it{x}$';
plot_surf (xx,yy,zz1,caption)
plot_contourf (xx,yy,zz1,caption)

#%% f(x,y) = x + y

zz1 = xx + yy;
caption = '$\it{f} = \it{x} + \it{y}$';
plot_surf (xx,yy,zz1,caption)
plot_contourf (xx,yy,zz1,caption)

#%% f(x,y) = -x + y

zz1 = -xx + yy;
caption = '$\it{f} = -\it{x} + \it{y}$';
plot_surf (xx,yy,zz1,caption)
plot_contourf (xx,yy,zz1,caption)
```

10.11 二次曲面

本節主要討論正圓拋物面 (circular paraboloid)、正圓錐面 (circular cone)、橢圓拋物面 (elliptic paraboloid) 三種曲面的特點。

如圖 10-37 所示為開口朝上和開口朝下的正圓拋物面。圖 10-37 (a) 所示曲面存在最小值，圖 10-37 (b) 所示曲面存在最大值。如圖 10-38 所示，正圓拋物面的等高線為正圓。

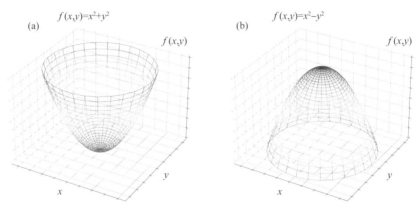

圖 10-37　開口朝上和開口朝下的正圓拋物面

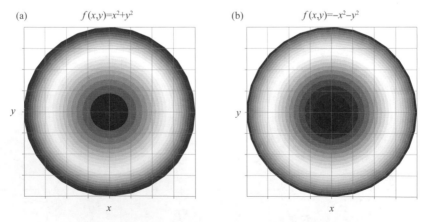

圖 3-38　開口朝上和開口朝下的正圓拋物面等高線

如圖 10-39 所示為兩個拋物面，圖 10-40 所示為圖 10-39 曲面等高線，可以發現等高線為旋轉橢圓。

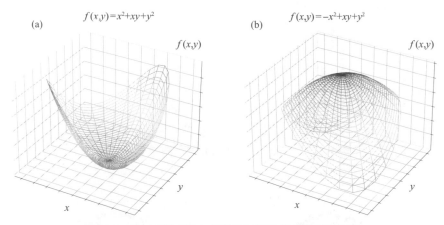

圖 10-39　開口朝上和開口朝下的橢圓拋物面

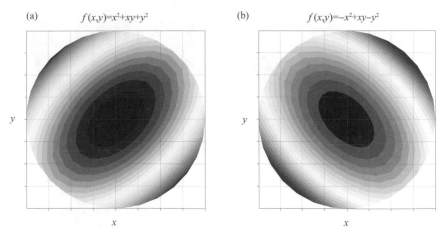

圖 10-40　開口朝上和開口朝下的橢圓拋物面等高線

如圖 10-41 所示為開口朝上和開口朝下的正圓錐面，如圖 10-42 所示，圖 10-41 曲面等高線也是正圓。

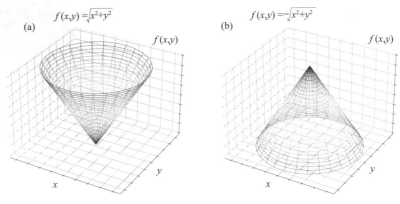

圖 10-41　開口朝上和開口朝下的正圓錐面

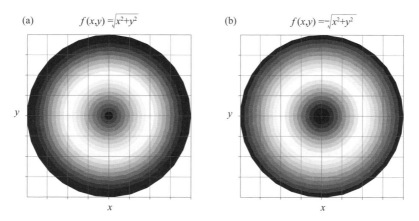

圖 10-42　開口朝上和開口朝下的正圓錐面等高線

下面以投資組合波動率為例，介紹本節之前講過的曲面和投資組合最佳化的關係。假設投資組合由兩個風險資產組成，則投資組合方差為：

$$\sigma_p^2 = w_1^2 \sigma_1^2 + w_2^2 \sigma_2^2 + 2w_1 w_2 \rho_{1,2} \sigma_1 \sigma_2 \tag{10-39}$$

投資組合的均方差為：

$$\sigma_p = \sqrt{w_1^2 \sigma_1^2 + w_2^2 \sigma_2^2 + 2w_1 w_2 \rho_{1,2} \sigma_1 \sigma_2} \tag{10-40}$$

其中：

$$\begin{cases} \sigma_1 = 0.3 \\ \sigma_2 = 0.15 \\ \rho_{1,2} = 0.5 \end{cases} \tag{10-41}$$

如圖 10-43 和圖 10-44 所示為投資組合方差，可以發現這個曲面的等高線為旋轉橢圓。如圖 10-45 和圖 10-46 所示為投資組合均方差。

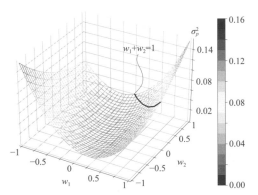

圖 10-43 投資組合方差的網格面

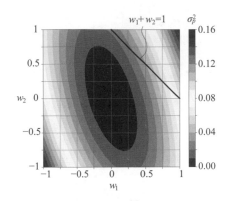

圖 10-44 投資組合方差曲面等高線

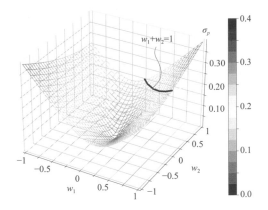

圖 10-45 投資組合均方差的網格面

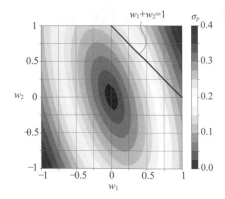

圖 10-46 投資組合均方差曲面等高線

以下程式可以獲得圖 10-37 ～圖 10-42。該程式還可以繪製馬鞍面 (saddle surface 或 hyperbolic paraboloid)、山谷面 (valley surface) 和山脊面 (ridge

surface)。更多有關二次曲線 (橢圓、拋物線和二次曲線) 和二次曲面的
內容，請參考 MATLAB 系列叢書第四本。

```
B1_Ch10_12.py
import math
import numpy as np
import matplotlib.pyplot as plt
from matplotlib import cm

def mesh_circ(x0,y0,r,num):

    #generate mesh using polar coordinates

    theta = np.linspace(0,2*math.pi,num)
    r = np.linspace(0,r,num);

    theta_matrix,r_matrix = np.meshgrid(theta,r);

    xx = np.multiply(np.cos(theta_matrix), r_matrix) + x0;
    yy = np.multiply(np.sin(theta_matrix), r_matrix) + y0;

    return xx, yy

def plot_surf(xx,yy,zz,caption):

    norm_plt = plt.Normalize(zz.min(), zz.max())
    colors = cm.coolwarm(norm_plt(zz))

    fig = plt.figure()
    ax = fig.gca(projection='3d')
    surf = ax.plot_surface(xx,yy,zz,
    facecolors=colors, shade=False)
    surf.set_facecolor((0,0,0,0))
    #z_lim = [zz.min(),zz.max()]
    #ax.plot3D([0,0],[0,0],z_lim,'k')
    plt.show()

    plt.tight_layout()
```

```
        ax.set_xlabel('$\it{x}$')
        ax.set_ylabel('$\it{y}$')
        ax.set_zlabel('$\it{f}$($\it{x}$,$\it{y}$)')
        ax.set_title(caption)

        ax.xaxis._axinfo["grid"].update({"linewidth":0.25, "linestyle" : ":"})
        ax.yaxis._axinfo["grid"].update({"linewidth":0.25, "linestyle" : ":"})
        ax.zaxis._axinfo["grid"].update({"linewidth":0.25, "linestyle" : ":"})

        plt.rcParams["font.family"] = "Times New Roman"
        plt.rcParams["font.size"] = "10"

def plot_contourf(xx,yy,zz,caption):

        fig, ax = plt.subplots()

        cntr2 = ax.contourf(xx,yy,zz, levels = 15, cmap="RdBu_r")

        fig.colorbar(cntr2, ax=ax)
        plt.show()

        ax.set_xlabel('$\it{x}$')
        ax.set_ylabel('$\it{y}$')

        ax.set_title(caption)
        ax.grid(linestyle='--', linewidth=0.25, color=[0.5,0.5,0.5])

#%% initialization

x0  = 0;  #center of the mesh
y0  = 0;  #center of the mesh
r   = 2;  #radius of the mesh
num = 30; #number of mesh grids
xx,yy = mesh_circ(x0,y0,r,num); #generate mesh

#%% f(x,y) = x^2 + y^2, circular paraboloid
plt.close('all')

zz1 = np.multiply(xx, xx) + np.multiply(yy, yy);
```

```
caption = '$\it{f} = \it{x}^2 + \it{y}^2$';
plot_surf (xx,yy,zz1,caption)
plot_contourf (xx,yy,zz1,caption)


#%% f(x,y) = - x^2 - y^2, circular paraboloid

zz1 = -np.multiply(xx, xx) - np.multiply(yy, yy);
caption = '$\it{f} = -\it{x}^2 - \it{y}^2$';
plot_surf (xx,yy,zz1,caption)
plot_contourf (xx,yy,zz1,caption)


#%% f(x,y) = (x^2 + y^2)^(1/2), circular cone

zz1 = np.sqrt(np.multiply(xx, xx) + np.multiply(yy, yy));
caption = '$\it{f} = (\it{x}^2 + \it{y}^2)^{1/2}$';
plot_surf (xx,yy,zz1,caption)
plot_contourf (xx,yy,zz1,caption)


#%% f(x,y) = -(x^2 + y^2)^(1/2), circular cone

zz1 = -np.sqrt(np.multiply(xx, xx) + np.multiply(yy, yy));
caption = '$\it{f} = -(\it{x}^2 + \it{y}^2)^{1/2}$';
plot_surf (xx,yy,zz1,caption)
plot_contourf (xx,yy,zz1,caption)


#%% f(x,y) = x^2 + xy + y^2, elliptic paraboloid

zz1 = np.multiply(xx, xx) + np.multiply(xx, yy) + np.multiply(yy, yy);
caption = '$\it{f} = \it{x}^2 + \it{xy} + \it{y}^2$';
plot_surf (xx,yy,zz1,caption)
plot_contourf (xx,yy,zz1,caption)


#%% f(x,y) = - x^2 + xy - y^2, elliptic paraboloid

zz1 = -np.multiply(xx, xx) + np.multiply(xx, yy) - np.multiply(yy, yy);
caption = '$\it{f} = -\it{x}^2 + \it{xy} - \it{y}^2$';
plot_surf (xx,yy,zz1,caption)
plot_contourf (xx,yy,zz1,caption)
```

```
#%% f(x,y) = x^2 - y^2, hyperbolic paraboloid, saddle surface

zz1 = np.multiply(xx, xx) - np.multiply(yy, yy);
caption = '$\it{f} = \it{x}^2 - \it{y}^2$';
plot_surf (xx,yy,zz1,caption)
plot_contourf (xx,yy,zz1,caption)


#%% f(x,y) = x*y, hyperbolic paraboloid, saddle surface

zz1 = np.multiply(xx, yy);
caption = '$\it{f} = \it{xy}$';
plot_surf (xx,yy,zz1,caption)
plot_contourf (xx,yy,zz1,caption)


#%% f(x,y) = x^2, valley surface

zz1 = np.multiply(xx, xx);
caption = '$\it{f} = \it{x}^2$';
plot_surf (xx,yy,zz1,caption)
plot_contourf (xx,yy,zz1,caption)


#%% f(x,y) = -x^2/2 + xy - y^2/2, ridge surface

zz1 = -np.multiply(xx, xx)/2.0 + np.multiply(xx, yy) - np.multiply(yy,
yy)/2.0;
caption = '$\it{f} = -\it{x}^2/2 + \it{xy} - \it{y}^2/2$';
plot_surf (xx,yy,zz1,caption)
plot_contourf (xx,yy,zz1,caption)
```

本章介紹了一些金融建模中常用和重要的基本數學內容，比如利率、收益率、函數和二次曲線和曲面等。第 11 章將繼續討論這個話題。

金融計算 II

接著第 10 章，我們繼續介紹與金融相關的一些重要的數學計算。本章首先回顧金融建模中常用的部分高等數學相關內容，最後講解利用 scipy 和 pymoo 求解最佳化問題。

依我看來，世間萬物皆數學。

But in my opinion, all things in nature occur mathematically.

——勒內・笛卡兒 (Rene Descartes)

本章核心命令程式

▶ numpy.vectorize() 將函數向量化

▶ pymoo.model.problem.Problem() 定義最佳化問題

▶ pymoo.optimize.minimize() 求解最小化最佳化問題

▶ scipy.optimize.Bounds() 定義最佳化問題中的上下約束

▶ scipy.optimize.LinearConstraint() 定義線性限制條件

▶ scipy.optimize.minimize() 求解最小化最佳化問題

▶ scipy.stats.norm.cdf() 正態分佈累積機率分佈 CDF

▶ scipy.stats.norm.fit() 擬合得到正態分佈平均值和均方差

▶ scipy.stats.norm.pdf() 正態分佈機率分佈 PDF

- ▶ sympy.abc import x 定義符號變數 x
- ▶ sympy.diff() 求解符號導數和偏導解析式
- ▶ sympy.Eq() 定義符號等式
- ▶ sympy.evalf() 將符號解析式中未知量替換為具體數值
- ▶ sympy.limit() 求解極限
- ▶ sympy.plot_implicit() 繪製隱函數方程式
- ▶ sympy.series() 求解泰勒展開級數符號式
- ▶ sympy.symbols() 定義符號變數

11.1 多元函數

多元函數 (multivariable function) 指的是有多個未知變數的函數。本叢書對於多元函數的變化趨勢通常利用下面兩種研究方法。第一種僅保留一個變數，其他變數設為定值，採用二維影像來研究變化趨勢。第二種保留兩個變數，其他變數設為定值，採用三維影像，比如網格、網面或等高線來研究變化趨勢。

本節以 BSM 模型 (Black Scholes Model) 定價函數為例講解多元函數。利用 BSM 模型，在考慮連續分紅 q 的情況下，歐式看漲選擇權和看跌選擇權的理論價格可以透過式 (11-1) 計算得到。

$$\begin{cases} C(S,K,\tau,r,\sigma,q) = N(d_1)S\exp(-q\tau) - N(d_2)PV \\ P(S,K,\tau,r,\sigma,q) = -N(-d_1)S\exp(-q\tau) + N(-d_2)PV \end{cases} \tag{11-1}$$

d_1 和 d_2 可以透過式 (11-2) 計算得到。

$$\begin{cases} d_1 = \dfrac{1}{\sigma\sqrt{\tau}}\left[\ln\left(\dfrac{S}{K}\right) + \left(r - q + \dfrac{\sigma^2}{2}\right)\tau\right] \\ d_2 = d_1 - \sigma\sqrt{\tau} \end{cases} \tag{11-2}$$

其中，S 為標的物價格，K 為執行價格，τ 為距離到期時間，r 為無風險利率，σ 為資產波動率，q 為連續紅利。可以發現歐式選擇權的價值是 S、K、τ、r、σ 和 q 這 6 個變數的函數。

PV 可以透過式 (11-3) 計算得到。

$$PV = K \exp(-r\tau) \tag{11-3}$$

如圖 11-1 所示為其他變數固定 ($K = 50$，$\tau = 1$，$r = 0.03$，$\sigma = 0.5$，$q = 0$)，歐式看漲選擇權價值 C 和歐式看跌選擇權價值 P 隨 S 變化的趨勢。隨著標的物價格 S 增大，歐式看漲選擇權 C 增大；相反的，隨著標的物價格 S 增大，歐式看跌選擇權 P 減小。

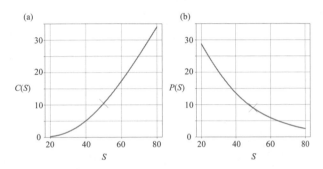

圖 11-1 歐式看漲／看跌選擇權價值隨標的物價值 S 變化

以歐式看漲選擇權為例，如圖 11-2 所示，$C(S)$ 函數可以劃分出三個區段：左側 (淺藍色背景) 為常數，線性區段；中間明顯為非線性段；右側大致為線性區段。這個現象，在後面要用二階導數和凸性來解釋。

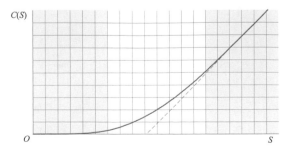

圖 11-2 歐式看漲 S 變化，線性區段和非線性區段

如圖 11-3 所示，固定 $S = 50$，$\tau = 1$，$r = 0.03$，$\sigma = 0.5$，$q = 0$ 這 5 個變數，歐式看漲選擇權價值 C 隨 K 增大而減小，歐式看漲選擇權價值 P 隨 K 增大而增大。

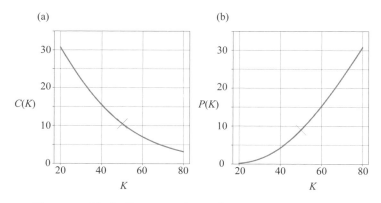

圖 11-3　歐式看漲／看跌選擇權價值隨執行價格 K 變化

如圖 11-4 所示，固定 $S = 50$，$K = 50$，$r = 0.03$，$\sigma = 0.5$，$q = 0$ 這 5 個變數，選擇權價值 C 和 P 均隨 τ 增大而增大。

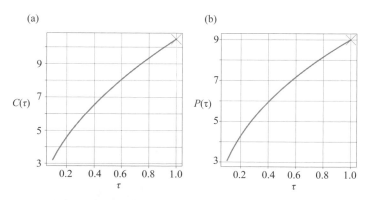

圖 11-4　歐式看漲／看跌選擇權價值隨到期時間 τ 變化

但是請注意用這種方法研究多元函數時，要格外小心，因為變數取不同值時，函數變化趨勢會有變化。也就是透過這種方法得到的結論具有局部性，不能隨意地無限推廣。比如，如圖 11-5(a) 所示，當 $S = 20$ 時，歐

式看跌選擇權 P 隨 τ 增大而減小；但是，如圖 11-5 (b) 所示，當 $S = 30$ 時，歐式看跌選擇權 P 隨 τ 增大而先減少後增大。

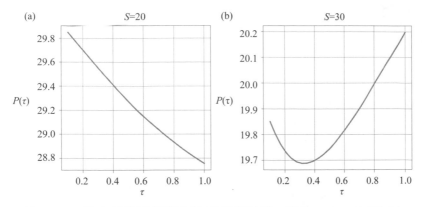

圖 11-5　歐式看跌選擇權價值隨到期時間 τ 變化，$S = 20$ 和 30

如果僅考慮無風險利率 r 時，如圖 11-6 所示，歐式看漲選擇權價值 C 隨 r 增加而增大，歐式看跌選擇權價值 P 隨 r 增大而減小。僅考慮資產波動率 σ 時，如圖 11-7 所示，看漲選擇權和看跌選擇權價值 C 和 P 均隨 σ 增大而增大。如圖 11-8 所示，歐式看漲選擇權價值隨紅利 q 增大而減小，歐式看跌選擇權價值隨 q 增大而增大。本叢書第二本還會繼續深入講解 BSM 模型和選擇權價值相關內容。

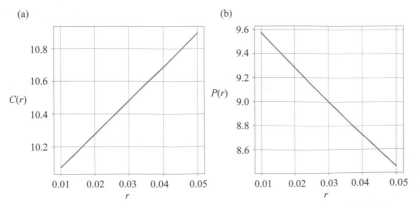

圖 11-6　歐式看漲／看跌選擇權價值隨無風險利率 r 變化

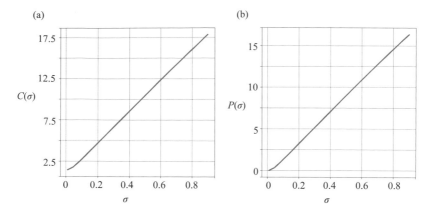

圖 11-7 歐式看漲 / 看跌選擇權價值隨波動率 σ 變化

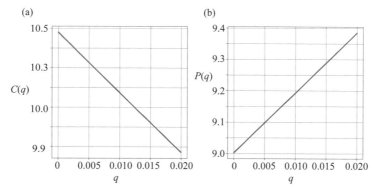

圖 11-8 歐式看漲 / 看跌選擇權價值隨紅利 q 變化

以下程式可以獲得圖 11-1 ～圖 11-8。

B1_Ch11_1.py

```python
import math
import numpy as np
import matplotlib as mpl
import matplotlib.pyplot as plt
from scipy.stats import norm
from mpl_toolkits.mplot3d import axes3d
import matplotlib.tri as tri
from matplotlib.font_manager import FontProperties
```

```
font = FontProperties()
font.set_family('serif')
font.set_name('Times New Roman')
font.set_size(8)

#Delta of European option

def blsprice(St, K, tau, r, vol, q):
    '''
    St: current price of underlying asset
    K:   strike price
    tau: time to maturity
    r: annualized risk-free rate
    vol: annualized asset price volatility
    '''

    d1 = (math.log(St / K) + (r - q + 0.5 * vol ** 2)\
          *tau) / (vol * math.sqrt(tau));
    d2 = d1 - vol*math.sqrt(tau);

    Call = norm.cdf(d1, loc=0, scale=1)*St*math.exp(-q*tau) - \
        norm.cdf(d2, loc=0, scale=1)*K*math.exp(-r*tau)

    Put  = -norm.cdf(-d1, loc=0, scale=1)*St*math.exp(-q*tau) + \
        norm.cdf(-d2, loc=0, scale=1)*K*math.exp(-r*tau)

    return Call, Put

def plot_curve(S_array,Call_array,Put_array,S,Call0,Put0,text):

    fig, axs = plt.subplots(1,2)

    axs[0].plot(S_array, Call_array)
    axs[0].plot(S, Call0,'rx', markersize = 12)
    x_label = '$\it{' + text + '}$'
    axs[0].set_xlabel(x_label, fontname="Times New Roman", fontsize=8)
    y_label = '$\it{C}$($\it{' + text + '}$)'
    axs[0].set_ylabel(y_label, family="Times New Roman", fontsize=8)
    axs[0].grid(linestyle='--', linewidth=0.25, color=[0.5,0.5,0.5])
```

```
    axs[1].plot(S_array, Put_array)
    axs[1].plot(S, Put0,'rx', markersize = 12)
    axs[1].set_xlabel(x_label, family="Times New Roman", fontsize=8)
    y_label = '$\it{P}$($\it{' + text + '}$)'
    axs[1].set_ylabel(y_label, fontname="Times New Roman", fontsize=8)
    axs[1].grid(linestyle='--', linewidth=0.25, color=[0.5,0.5,0.5])

#end of function

blsprice_vec = np.vectorize(blsprice)

S = 50;    #spot price
S_array  = np.linspace(20,80,26);

K = 50;    #strike price
K_array  = np.linspace(20,80,26);

r = 0.03;  #risk-free rate
r_array  = np.linspace(0.01,0.05,26);

vol = 0.5; #volatility
vol_array  = np.linspace(0.01,0.9,26);

q = 0;     #continuously compounded yield of the underlying asset
q_array  = np.linspace(0,0.02,26);

tau = 1;    #time to maturity
tau_array  = np.linspace(0.1,1,26);

Call0, Put0 = blsprice_vec(S, K, tau, r, vol, q)

#%% option vs S

plt.close('all')

Call_array, Put_array = blsprice_vec(S_array, K, tau, r, vol, q)

plot_curve(S_array,Call_array,Put_array,S,Call0,Put0,'S')
```

```
#%% option vs K

Call_array, Put_array = blsprice_vec(S, K_array, tau, r, vol, q)

plot_curve(K_array,Call_array,Put_array,K,Call0,Put0,'K')

#%% option vs tau, time to maturity

Call_array, Put_array = blsprice_vec(S, K, tau_array, r, vol, q)

plot_curve(tau_array,Call_array,Put_array,tau,Call0,Put0,'\u03C4')

#%% option vs r, risk-free rate

Call_array, Put_array = blsprice_vec(S, K, tau, r_array, vol, q)

plot_curve(r_array,Call_array,Put_array,r,Call0,Put0,'r')

#%% option vs vol

Call_array, Put_array = blsprice_vec(S, K, tau, r, vol_array, q)

plot_curve(vol_array,Call_array,Put_array,vol,Call0,Put0,'\sigma')

#%% option vs q, continuous dividend

Call_array, Put_array = blsprice_vec(S, K, tau, r, vol, q_array)

plot_curve(q_array,Call_array,Put_array,q,Call0,Put0,'q')
```

如圖 11-9 ～圖 11-12 所示為歐式選擇權隨標的物價格 S 和到期時間 τ 的變化。圖 11-9 和圖 11-11 展示了 $C(S, \tau)$ 和 $C(S, \tau)$ 的網格曲面。圖 11-10 和圖 11-12 以等高線方式展示了 $C(S, \tau)$ 和 $C(S, \tau)$。請讀者根據本章前文程式自行繪製圖 11-9 ～圖 11-12。

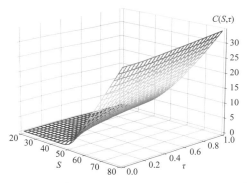

圖 11-9 歐式看漲選擇權價值隨標的物價格 S 和到期時間 τ 變化，三維網格面

圖 11-10 歐式看漲選擇權價值隨標的物價格 S 和到期時間 τ 變化，二維等高線

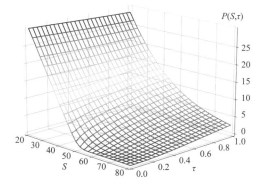

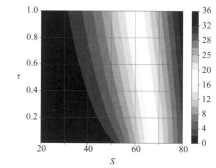

圖 11-11 歐式看跌選擇權價值隨標的物價格 S 和到期時間 τ 變化，三維網格面

圖 11-12 歐式看跌選擇權價值隨標的物價格 S 和到期時間 τ 變化，二維等高線

11.2 極限

本節透過兩個範例探討極限在金融建模方面的應用。透過對第 11 章的學習，大家知道當年複利頻率不斷增大 (m = 1, 2, 4, 12, 52, 365)，簡單收益率的有效年利率會收斂到對數收益率的有效年利率。利用極限，上述關係可以表達為：

$$\lim_{m \to \infty} \left(1 + \frac{y}{m}\right)^m - 1 = e^y - 1 \tag{11-4}$$

此外，簡單收益率 y 和對數收益率 r 存在如式 (11-5) 所示數學關係。

$$r = \ln(y+1) \tag{11-5}$$

數學上，當 r 或 y 趨向於無限小時，兩者大小相等。用 x 來表達 y 和 r，式 (11-6) 所示極限關係可以描述上述關係。

$$\lim_{x \to 0} \frac{\ln(1+x)}{x} = 1 \tag{11-6}$$

如圖 11-13 所示為 x 從左右兩個方向趨近於 0 時，式 (11-6) 極值收斂到 1 的過程。

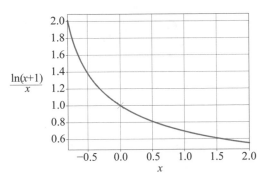

圖 11-13　等式極限

以下程式可以獲得圖 11-13。在程式中，採用了 Sympy 工具套件進行符號運算，利用 limit() 函數計算式 (11-6) 極限值。

```
B1_Ch11_2.py

from sympy import latex, lambdify, limit, log
from sympy.abc import x
import numpy as np
from matplotlib import pyplot as plt

f_x = log(x + 1)/x

x_array = np.linspace(-0.8,2,100)
```

```
f_x_fcn = lambdify(x,f_x)
f_x_array = f_x_fcn(x_array)

f_x_0_limit = limit(f_x,x,0)

f_x_array = f_x_fcn(x_array)

#%% visualization

plt.close('all')

fig, ax = plt.subplots()

ax.plot(x_array, f_x_array, linewidth = 1.5)
ax.axhline(y = f_x_0_limit, color = 'r')
ax.plot(0,f_x_0_limit, color = 'r', marker = 'x', markersize = 12)
ax.grid(linestyle='--', linewidth=0.25, color=[0.5,0.5,0.5])
ax.set_xlim(x_array.min(),x_array.max())

ax.set_xlabel('$\it{x}$',fontname = 'Times New Roman')
ax.set_ylabel('$%s$' % latex(f_x), fontname = 'Times New Roman')
```

11.3 導數

導數 (derivative) 描述的是函數在某一點處的變化率。金融中大量的概念都和導數相關，比如選擇權的希臘字母和債券的存續期間和凸性等。準確來說，希臘字母實際上是偏導數，將會在 11.4 節具體介紹。

如式 (11-7) 所示，對於 $f(x)$ 函數參數 x 在 x_0 點處一個微小增量 Δx，會導致函數值增量。當 Δx 趨向於 0 時，函數值增量和參數 Δx 比值的極限值便是 x_0 點處一階導數值。

$$f'(x)\big|_{x=x_0} = \frac{\mathrm{d}f(x)}{\mathrm{d}x}\bigg|_{x=x_0} = \lim_{\Delta x \to 0}\frac{f(x_0+\Delta x)-f(x_0)}{\Delta x} \tag{11-7}$$

如圖 11-14(a) 所示函數為：

$$f(x) = x^2 + 2 \tag{11-8}$$

該函數為二次函數，它的導數解析式為：

$$f'(x) = 2x \tag{11-9}$$

圖 11-14(b) 所示為二次函數的導數，透過影像可以發現導數為一次函數。當 $x < 0$ 時，隨著 x 增大 $f(x)$ 減小，函數導數為負；$x > 0$ 時，隨著 x 增大 $f(x)$ 增大，函數導數為正。此外，值得注意的是 $x = 0$，$f(x)$ 取得最小值 (minimum)，此處函數 $f(x)$ 導數為 0。

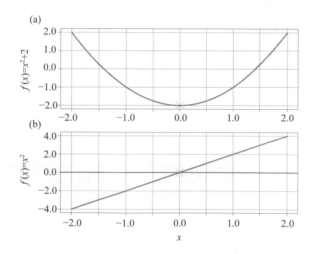

圖 11-14　二次函數及其一階導數

圖 11-15(a) 影像所示函數解析式為：

$$f(x) = \frac{x^3}{3} - \frac{x}{3} \tag{11-10}$$

它的一階導數解析式為：

$$f'(x) = x^2 - \frac{1}{3} \tag{11-11}$$

圖 11-15(b) 為圖 11-15(a) 函數一階導數影像。圖 11-15(a) 所示的 $f(x)$ 函數影像 A 點為極大值 (maxima)，B 點為極小值 (minima)。圖 11-15(b) 中 A 點和 B 點 $f(x)$ 函數導數為 0。

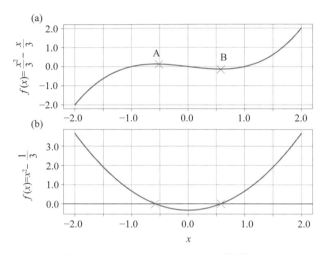

圖 11-15　三次函數及其一階導數

以下程式可以獲得圖 11-14 和圖 11-15。

```
B1_Ch11_3.py

from sympy import latex, lambdify, diff, sin
from sympy.abc import x
import numpy as np
from matplotlib import pyplot as plt

#f_x = x**2 - 2
f_x = x**3/3 - x/3
#f_x = sin(x)

x_array = np.linspace(-2,2,100)
f_x.evalf(subs = {x: 0})

f_x_fcn = lambdify(x,f_x)
f_x_array = f_x_fcn(x_array)
```

```
#%% 1st and 2nd order derivatives

f_x_1_diff = diff(f_x,x)
f_x_1_diff_fcn = lambdify(x,f_x_1_diff)

f_x_1_diff_array = f_x_1_diff_fcn(x_array)

f_x_2_diff = diff(f_x,x,2)
f_x_2_diff_fcn = lambdify(x,f_x_2_diff)

f_x_2_diff_const = f_x_2_diff_fcn(x_array)

#%% plot first order derivative of quadratic function

plt.close('all')

fig, ax = plt.subplots(2,1)

ax[0].plot(x_array, f_x_array, linewidth = 1.5)
ax[0].set_xlabel("$\it{x}$")
ax[0].set_ylabel('$%s$' % latex(f_x))

ax[0].grid(linestyle='--', linewidth=0.25, color=[0.5,0.5,0.5])

ax[1].plot(x_array, f_x_1_diff_array, linewidth = 1.5)
ax[1].set_xlabel("$\it{x}$")
ax[1].set_ylabel('$%s$' % latex(f_x_1_diff))

ax[1].grid(linestyle='--', linewidth=0.25, color=[0.5,0.5,0.5])
x_lim = ax[1].get_xlim()
```

函數 $f(x)$ 在某一點處的一階導數值可以看作函數在該點處切線的斜率值。如圖 11-16 和圖 11-17 所示分別為二次函數和三次函數在若干點的切線。本節程式利用 sympy.abc import x 定義符號變數，然後利用 sympy.diff() 計算得到符號一階導數函數符號式；利用 sympy.lambdify() 將符號式轉換成函數。

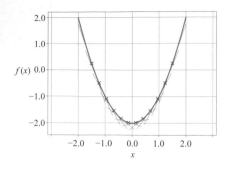

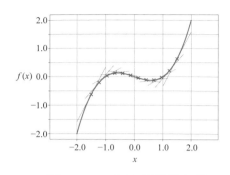

圖 11-16　二次函數及切線　　　　圖 11-17　三次函數及切線

以下程式可以獲得圖 11-16 和圖 11-17。

```
B1_Ch11_4.py
from sympy import lambdify, diff, evalf
from sympy.abc import x
import numpy as np
from matplotlib import pyplot as plt

f_x = x**2 - 2
f_x = x**3/3 - x/3
#f_x = sin(x)

x_array   = np.linspace(-2,2,100)
x_0_array = np.linspace(-1.5,1.5,12)
f_x.evalf(subs = {x: 0})

f_x_fcn = lambdify(x,f_x)
f_x_array = f_x_fcn(x_array)

#%% plot tangent lines

plt.close('all')

f_x_1_diff = diff(f_x,x)
f_x_1_diff_fcn = lambdify(x,f_x_1_diff)

fig, ax = plt.subplots()
```

```
ax.plot(x_array, f_x_array, linewidth = 1.5)
ax.set_xlabel("$\it{x}$")
ax.set_ylabel("$\it{f}(\it{x})$")

for x_0 in x_0_array:

    y_0 = f_x.evalf(subs = {x: x_0})
    x_t_array = np.linspace(x_0-0.5, x_0+0.5, 10)
    a = f_x_1_diff.evalf(subs = {x: x_0})

    tangent_f = a*(x - x_0) + y_0

    tangent_f_fcn = lambdify(x,tangent_f)
    tangent_array = tangent_f_fcn(x_t_array)

    ax.plot(x_t_array, tangent_array, linewidth = 0.25, color = 'r')
    ax.plot(x_0,y_0,marker = 'x', color = 'r')

ax.grid(linestyle='--', linewidth=0.25, color=[0.5,0.5,0.5])
plt.axis('equal')
```

11.4 偏導數

11.3 節介紹一元函數導數時，知道它是函數的變化率。對於多元函數，同樣需要研究它的變化率，這就需要偏導數 (partial derivative) 這個數學概念。多變數函數的偏導數是關於它的某一個特定變數的導數，而保持其他變數恒定。

以 $f(x, y)$ 二元函數為例，如果參數 y 固定，而只有參數 x 變化，則 $f(x, y)$ 相當於是 x 的一元函數。$f(x, y)$ 在 (x_0, y_0) 點對於 x 的偏導可以定義為：

$$f_x(x_0, y_0) = \frac{\partial f}{\partial x}\bigg|_{\substack{x=x_0 \\ y=y_0}} = \lim_{\Delta x \to 0} \frac{f(x_0 + \Delta x, y_0) - f(x_0, y_0)}{\Delta x} \qquad (11\text{-}12)$$

同理，$f(x, y)$ 在 (x_0, y_0) 點對於 y 的偏導可以定義為：

$$f_y\left(x_0, y_0\right) = \left.\frac{\partial f}{\partial y}\right|_{\substack{x=x_0 \\ y=y_0}} = \lim_{\Delta y \to 0} \frac{f\left(x_0, y_0 + \Delta y\right) - f\left(x_0, y_0\right)}{\Delta y} \tag{11-13}$$

如上節所述，選擇權的希臘字母從數學上來說是偏導數，比如，Delta 是選擇權價值 V 對標的物價格 S 的一階偏導數，Gamma 是 V 對 S 的二階偏導數。下面，以以下二元函數 $f(x, y)$ 為例介紹偏導數。

$$f\left(x, y\right) = x \cdot \exp\left(-x^2 - y^2\right) \tag{11-14}$$

如圖 11-18 所示為 $f(x, y)$ 函數曲面，可以發現 $f(x, y)$ 在域記憶體在最大值和最小值。

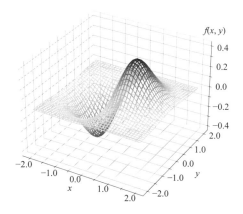

圖 11-18　二元函數 $f(x, y)$ 曲面

$f(x, y)$ 對 x 求一階偏導時，視 y 為常數，根據導數的求導法則，兩個函數 $f(x)$ 和 $g(x)$ 的乘積的導數等於 $f(x)$ 的導數乘以另外一個函數 $g(x)$，加上 $f(x)$ 的函數乘以函數 $g(x)$ 的導數，即：

$$\left(f\left(x\right) \cdot g\left(x\right)\right)' = f'\left(x\right) \cdot g\left(x\right) + f\left(x\right) \cdot g'\left(x\right) \tag{11-15}$$

可以得到如圖 11-18 所示函數 $f(x, y)$ 對於 x 的一階偏導解析式。

$$\frac{\partial f\left(x, y\right)}{\partial x} = \exp\left(-x^2 - y^2\right) - 2x^2 \cdot \exp\left(-x^2 - y^2\right) \tag{11-16}$$

如圖 11-19 所示為二元函數 $f(x, y)$ 對 x 一階偏導解析式的曲面。

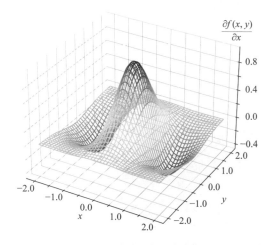

圖 11-19　二元函數 $f(x, y)$ 對 x 一階偏導

同理，可以得到如圖 11-18 所示函數 $f(x, y)$ 對於 y 的一階偏導解析式為：

$$\frac{\partial f(x, y)}{\partial y} = -2xy \cdot \exp\left(-x^2 - y^2\right) \qquad (11\text{-}17)$$

如圖 11-20 所示為二元函數 $f(x, y)$ 對 y 的一階偏導解析式的曲面。

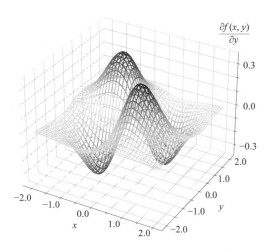

圖 11-20　二元函數 $f(x, y)$ 對 y 一階偏導

另外，需要讀者了解的是混合偏導數。比如，對於 $f(x, y)$ 域內任何一點存在連續二階偏導，則 $f(x, y)$ 對 x 和 y 的二階混合偏導有以下規則。

$$\frac{\partial^2 f}{\partial y \partial x} = \frac{\partial}{\partial y}\left(\frac{\partial f}{\partial x}\right) = \frac{\partial^2 f}{\partial x \partial y} = \frac{\partial}{\partial x}\left(\frac{\partial f}{\partial y}\right) \tag{11-18}$$

如圖 11-18 所示函數 $f(x, y)$ 對於 x 和 y 的二階混合偏導解析式為：

$$\frac{\partial^2 f(x, y)}{\partial x \partial y} = 2y \cdot \left(2x^2 - 1\right) \cdot \exp\left(-x^2 - y^2\right) \tag{11-19}$$

如圖 11-21 所示為 $f(x, y)$ 對於 x 和 y 的二階混合偏導曲面。

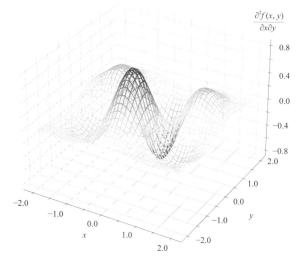

圖 11-21　二元函數 $f(x, y)$ 對 x 和 y 二階混合偏導數

以下程式可以獲得圖 11-18 ～圖 11-21。

B1_Ch11_5.py

```
from sympy import lambdify, diff, exp, latex
from sympy.abc import x, y
import numpy as np
from matplotlib import pyplot as plt
import math
```

```python
from matplotlib import cm

def mesh_square(x0,y0,r,num):

    #generate mesh using polar coordinates

    rr = np.linspace(-r,r,num)
    xx,yy = np.meshgrid(rr,rr);

    xx = xx + x0;
    yy = yy + y0;

    return xx, yy

def plot_surf(xx,yy,zz,caption):

    norm_plt = plt.Normalize(zz.min(), zz.max())
    colors = cm.coolwarm(norm_plt(zz))

    fig = plt.figure()
    ax = fig.gca(projection='3d')
    surf = ax.plot_surface(xx,yy,zz,
    facecolors=colors, shade=False)
    surf.set_facecolor((0,0,0,0))
    #z_lim = [zz.min(),zz.max()]
    #ax.plot3D([0,0],[0,0],z_lim,'k')
    plt.show()

    plt.tight_layout()
    ax.set_xlabel('$\it{x}$',fontname = 'Times New Roman')
    ax.set_ylabel('$\it{y}$',fontname = 'Times New Roman')

    ax.set_zlabel('$%s$' % latex(caption), fontname = 'Times New Roman')

    ax.xaxis._axinfo["grid"].update({"linewidth":0.25, "linestyle" : ":"})
    ax.yaxis._axinfo["grid"].update({"linewidth":0.25, "linestyle" : ":"})
    ax.zaxis._axinfo["grid"].update({"linewidth":0.25, "linestyle" : ":"})

    plt.rcParams["font.family"] = "Times New Roman"
    plt.rcParams["font.size"] = "10"
```

```
#%% Initialization

x0  = 0;  #center of the mesh
y0  = 0;  #center of the mesh
r   = 2;  #radius of the mesh
num = 40; #number of mesh grids
xx,yy = mesh_square(x0,y0,r,num); #generate mesh

#%% plot f(x,y)

plt.close('all')

f_xy = x*exp(- x**2 - y**2);

f_xy_fcn = lambdify([x,y],f_xy)

f_xy_zz = f_xy_fcn(xx,yy)

caption = f_xy

plot_surf(xx,yy,f_xy_zz,caption)

#%% plot partial df/dx

df_dx = f_xy.diff(x)
df_dx_fcn = lambdify([x,y],df_dx)

df_dx_zz = df_dx_fcn(xx,yy)

caption = df_dx

plot_surf(xx,yy,df_dx_zz,caption)

#%% plot partial df/dy

df_dy = f_xy.diff(y)
df_dy_fcn = lambdify([x,y],df_dy)

df_dy_zz = df_dy_fcn(xx,yy)
```

```
caption = df_dy

plot_surf(xx,yy,df_dy_zz,caption)

#%% plot partial d2f/dx/dy

df_dxdy = f_xy.diff(x,y)
#df_dxdy = df_dy.diff(x)
#df_dxdy = df_dx.diff(y)

df_dxdy_fcn = lambdify([x,y],df_dxdy)

df_dxdy_zz = df_dxdy_fcn(xx,yy)

caption = df_dxdy

plot_surf(xx,yy,df_dxdy_zz,caption)
```

11.5　連鎖律

本節以推導 BSM 模型中 Delta 和 Gamma 兩個希臘字母來講解連鎖律 (chain rule)。11.4 節介紹了常用的複合導數求導法則。

$$\left(f(x)\cdot g(x)\right)' = f'(x)\cdot g(x)+f(x)\cdot g'(x) \tag{11-20}$$

另外兩個需要讀者記住的導數求導法則分別是分式和複合函數求導。式 (11-21) 舉出的是分式求導。

$$\left(\frac{f(x)}{g(x)}\right)' = \frac{f'(x)\cdot g(x)-f(x)\cdot g'(x)}{g(x)^2} \tag{11-21}$$

式 (11-22) 舉出的是複合函數 $f(x) = h(g(x))$ 的求導。

$$f'(x) = h'(g(x))\cdot g'(x) \tag{11-22}$$

本章 11.1 節介紹過 BSM 模型 (Black Scholes Model)，以定價函數為例講解了多元函數。下面繼續以此為例進行討論，在不考慮連續分紅 q 的情況下，歐式看漲選擇權和看跌選擇權的理論價格可以透過式 (11-23) 計算得到。

$$\begin{cases} C(S,K,\tau,r,\sigma,q) = N(d_1)S - N(d_2)K\exp(-r\tau) \\ P(S,K,\tau,r,\sigma,q) = -N(-d_1)S + N(-d_2)K\exp(-r\tau) \end{cases} \tag{11-23}$$

d_1 和 d_2 可以透過式 (11-24) 計算得到。

$$\begin{cases} d_1 = \dfrac{1}{\sigma\sqrt{\tau}}\left[\ln\left(\dfrac{S}{K}\right) + \left(r + \dfrac{\sigma^2}{2}\right)\tau\right] \\ d_2 = d_1 - \sigma\sqrt{\tau} \end{cases} \tag{11-24}$$

其中，S 為標的物價格，K 為執行價格，τ 為距離到期時間，r 為無風險利率，σ 為資產波動率。如圖 11-22 所示為未到期歐式看漲選擇權和看跌選擇權價值隨標的物價格 S 變化。

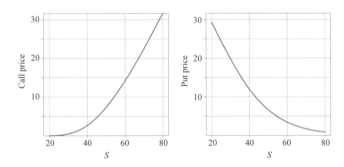

圖 11-22　歐式看漲 / 看跌選擇權價值隨標的物價格 S 變化

下面推導歐式看漲選擇權價格 C 對標的物價格 S 的偏導數，也就是希臘字母 $\text{Delta}_{\text{call}}$。$N()$ 為標準正態分佈累積函數，$N(x)$ 的解析式和一階導數為：

$$\begin{cases} N(x) = \dfrac{1}{\sqrt{2\pi}}\displaystyle\int_{-\infty}^{x}\exp(-t^2/2)\,\mathrm{d}t \\ \dfrac{\mathrm{d}N(x)}{\mathrm{d}x} = \dfrac{1}{\sqrt{2\pi}}\exp\left(-\dfrac{1}{2}x^2\right) = \phi(x) \end{cases} \tag{11-25}$$

$\varphi(x)$ 為標準正態分佈機率密度函數 pdf()。

首先，求得 $N(d_1)$ 對 d_1 的一階導數為：

$$\phi(d_1) = \frac{\mathrm{d}\,N(d_1)}{\partial d_1}$$
$$= \frac{1}{\sqrt{2\pi}}\exp\left(-\frac{1}{2}d_1^2\right) \tag{11-26}$$

然後，求得 $N(d_2)$ 對 d_2 的一階導數，並且用 d_1 表示：

$$\begin{aligned}
\frac{\mathrm{d}\,N(d_2)}{\mathrm{d}\,d_2} &= \frac{1}{\sqrt{2\pi}}\exp\left(-\frac{1}{2}d_2^2\right) \\
&= \frac{1}{\sqrt{2\pi}}\exp\left(-\frac{1}{2}\left(d_1-\sigma\sqrt{\tau}\right)^2\right) \\
&= \frac{1}{\sqrt{2\pi}}\exp\left(-\frac{d_1^2}{2}+\sigma\sqrt{\tau}d_1-\frac{\sigma^2\tau}{2}\right) \\
&= \frac{1}{\sqrt{2\pi}}\exp\left(-\frac{d_1^2}{2}\right)\exp\left(\sigma\sqrt{\tau}d_1\right)\exp\left(-\frac{\sigma^2\tau}{2}\right) \\
&= \frac{1}{\sqrt{2\pi}}\exp\left(-\frac{d_1^2}{2}\right)\exp\left(\ln\left(\frac{S}{K}\right)+\left(r+\frac{\sigma^2}{2}\right)\tau\right)\exp\left(-\frac{\sigma^2\tau}{2}\right) \\
&= \frac{1}{\sqrt{2\pi}}\exp\left(-\frac{d_1^2}{2}\right)\frac{S}{K}\exp(r\tau) \\
&= \phi(d_1)\frac{S}{K}\exp(r\tau)
\end{aligned} \tag{11-27}$$

d_1 對 S 求一階偏導可以得到：

$$\begin{aligned}
\frac{\partial d_1}{\partial S} &= \frac{\partial\left(\frac{1}{\sigma\sqrt{\tau}}\left[\ln\left(\frac{S}{K}\right)+\left(r+\frac{\sigma^2}{2}\right)\tau\right]\right)}{\partial S} \\
&= \frac{K}{S\sigma\sqrt{\tau}}\cdot\left(\frac{1}{K}\right) \\
&= \frac{1}{S\sigma\sqrt{\tau}}
\end{aligned} \tag{11-28}$$

d_2 對 S 求一階偏導可以得到：

$$\frac{\partial d_2}{\partial S} = \frac{1}{S\sigma\sqrt{\tau}} \tag{11-29}$$

C 對 S 求一階導數可以整理為：

$$\begin{aligned} \text{Delta}_{\text{call}} &= \frac{\partial C}{\partial S} = N(d_1) + S\frac{\partial N(d_1)}{\partial S} - K\exp(-r\tau)\frac{\partial N(d_2)}{\partial S} \\ &= N(d_1) + S\frac{dN(d_1)}{\partial d_1}\frac{\partial d_1}{\partial S} - K\exp(-r\tau)\frac{\partial N(d_2)}{\partial d_2}\frac{\partial d_2}{\partial S} \end{aligned} \tag{11-30}$$

將推導得到的幾個偏導和導數結果代入式 (11-30)，整理得到：

$$\begin{aligned} \text{Delta}_{\text{call}} &= N(d_1) + S\frac{\partial N(d_1)}{\partial d_1}\frac{\partial d_1}{\partial S} - K\exp(-r\tau)\frac{\partial N(d_2)}{\partial d_2}\frac{\partial d_2}{\partial S} \\ &= N(d_1) + S\phi(d_1)\frac{1}{S\sigma\sqrt{\tau}} - K\exp(-r\tau)\phi(d_1)\frac{S}{K}\exp(r\tau)\frac{1}{S\sigma\sqrt{\tau}} \\ &= N(d_1) + \frac{\phi(d_1)}{\sigma\sqrt{\tau}} - \frac{\phi(d_1)}{\sigma\sqrt{\tau}} = N(d_1) \end{aligned} \tag{11-31}$$

同理，請讀者自行推導歐式看跌選擇權價格 P 對標的物價格 S 偏導數，即希臘字母 $\text{Delta}_{\text{put}}$。

$$\text{Delta}_{\text{put}} = N(d_1) - 1 \tag{11-32}$$

如圖 11-23 所示為歐式看漲選擇權和看跌選擇權 Delta 隨標的物價格 S 變化趨勢。

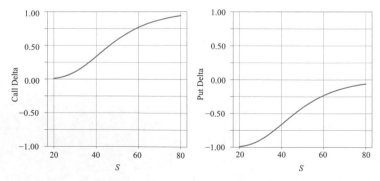

圖 11-23　歐式看漲 / 看跌選擇權 Delta 隨標的物價格 S 變化

而歐式看漲選擇權希臘字母 Gamma 為 C 對 S 的二階偏導，也是 $\text{Delta}_{\text{call}}$ 對 S 的一階偏導。

$$
\begin{aligned}
\text{Gamma}_{\text{call}} &= \frac{\partial^2 C}{\partial S^2} \\
&= \frac{\partial\left(\text{Delta}_{\text{call}}\right)}{\partial S} \\
&= \frac{\partial\left(N(d_1)\right)}{\partial S} \\
&= \frac{\partial N(d_1)}{\partial d_1}\frac{\partial d_1}{\partial S} \\
&= \frac{\phi(d_1)}{S\sigma\sqrt{\tau}}
\end{aligned}
\tag{11-33}
$$

同樣，可以得到歐式看跌選擇權希臘字母 Gamma 解析式為：

$$
\begin{aligned}
\text{Gamma}_{\text{put}} &= \frac{\partial^2 P}{\partial S^2} \\
&= \frac{\partial\left(\text{Delta}_{\text{put}}\right)}{\partial S} \\
&= \frac{\partial\left(N(d_1)-1\right)}{\partial S} \\
&= \frac{\phi(d_1)}{S\sigma\sqrt{\tau}}
\end{aligned}
\tag{11-34}
$$

可以發現歐式看漲選擇權和看跌選擇權的解析式一致。

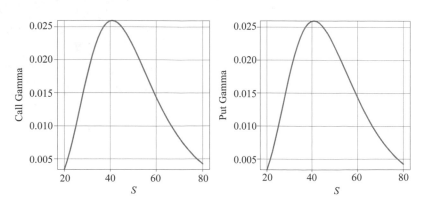

圖 11-24　歐式看漲 / 看跌選擇權 Gamma 隨標的物價格 S 變化

如圖 11-24 所示為歐式看漲選擇權和看跌選擇權 Gamma 隨標的物價格 S 變化趨勢。本系列叢書第二本會繼續展開講解歐式選擇權希臘字母，請有興趣的讀者參考。

以下程式可以獲得圖 11-22 ～圖 11-24。

```
B1_Ch11_6.py
```

```python
import math
import numpy as np
import matplotlib.pyplot as plt
from scipy.stats import norm

def blsprice(St, K, tau, r, vol):
    '''
    St: current price of underlying asset
    K:  strike price
    tau: time to maturity
    r: annualized risk-free rate
    vol: annualized asset price volatility
    '''

    d1 = (math.log(St / K) + (r + 0.5 * vol ** 2)\
         *tau) / (vol * math.sqrt(tau));
    d2 = d1 - vol*math.sqrt(tau);

    Call = norm.cdf(d1, loc=0, scale=1)*St - \
        norm.cdf(d2, loc=0, scale=1)*K*math.exp(-r*tau)

    Put  = -norm.cdf(-d1, loc=0, scale=1)*St + \
        norm.cdf(-d2, loc=0, scale=1)*K*math.exp(-r*tau)

    return Call, Put

def blsdelta(St, K, tau, r, vol):
    '''
    St: current price of underlying asset
    K:  strike price
    tau: time to maturity
```

```
    r: annualized risk-free rate
    vol: annualized asset price volatility
    '''

    d1 = (math.log(St / K) + (r + 0.5 * vol ** 2)\
        *tau) / (vol * math.sqrt(tau));
    d2 = d1 - vol*math.sqrt(tau);
    Delta_call  = norm.cdf(d1, loc=0, scale=1)
    Delta_put   = -norm.cdf(-d1, loc=0, scale=1)
    return Delta_call, Delta_put

def blsgamma(St, K, tau, r, vol):
    '''
    St: current price of underlying asset
    K:   strike price
    tau: time to maturity
    r: annualized risk-free rate
    vol: annualized asset price volatility
    '''

    d1 = (math.log(St / K) + (r + 0.5 * vol ** 2)\
        *tau) / (vol * math.sqrt(tau));

    Gamma = norm.pdf(d1)/St/vol/math.sqrt(tau);

    return Gamma

def plot_curve(x,y1,y2,caption):

    fig, axs = plt.subplots(1,2)

    axs[0].plot(x, y1)
    axs[0].set_xlabel('$\it{S}$', fontname="Times New Roman",
fontsize=10)
    y_label = 'Call ' + caption
    y_joint = np.concatenate((y1, y2))
    axs[0].set_ylim([y_joint.min(),y_joint.max()])
    if caption =='Delta':
        axs[0].set_ylim([-1,1])
```

```
    axs[0].set_ylabel(y_label, fontname="Times New Roman", fontsize=10)
    axs[0].grid(linestyle='--', linewidth=0.25, color=[0.5,0.5,0.5])

    axs[1].plot(x, y2)
    axs[1].set_xlabel('$\it{S}$', fontname="Times New Roman",
fontsize=10)
    y_label = 'Put ' + caption
    axs[1].set_ylim([y_joint.min(),y_joint.max()])
    if caption == 'Delta':
        axs[1].set_ylim([-1,1])
    axs[1].set_ylabel(y_label, fontname="Times New Roman", fontsize=10)
    axs[1].grid(linestyle='--', linewidth=0.25, color=[0.5,0.5,0.5])

#end of function

blsprice_vec = np.vectorize(blsprice)
blsdelta_vec = np.vectorize(blsdelta)
blsgamma_vec = np.vectorize(blsgamma)


S_array  = np.linspace(20,80,50);

K = 50;    #strike price
r = 0.03;  #risk-free rate
vol = 0.5; #volatility
tau = 0.5; #time to maturity


#%% option vs S

plt.close('all')

Call_array, Put_array = blsprice_vec(S_array, K, tau, r, vol)
caption = 'price'
plot_curve(S_array,Call_array,Put_array,caption)

#%% Delta vs S

Call_Delta_array, Put_Delta_array = blsdelta_vec(S_array, K, tau, r, vol)
caption = 'Delta'
plot_curve(S_array,Call_Delta_array,Put_Delta_array,caption)
```

```
#%% Gamma vs S

Gamma_array = blsgamma_vec(S_array, K, tau, r, vol)
caption = 'Gamma'
plot_curve(S_array,Gamma_array,Gamma_array,caption)
```

11.6　泰勒展開

一元函數 $f(x)$ 泰勒展開的形式為：

$$
\begin{aligned}
f(x) &= \sum_{n=0}^{\infty} \frac{f^{(n)}(a)}{n!}(x-a)^n \\
&= f(a) + \frac{f'(a)}{1!}(x-a) + \frac{f''(a)}{2!}(x-a)^2 + \frac{f'''(a)}{3!}(x-a)^3 + \cdots
\end{aligned}
\tag{11-35}
$$

其中，a 為展開點 (expansion point)。

下面介紹兩個常見的泰勒級數 (Taylor series)。首先，指數函數 e^x 在 $x = 0$ 點處的泰勒級數展開為：

$$
e^x = \sum_{n=0}^{\infty} \frac{x^n}{n!} = 1 + x + \frac{x^2}{2!} + \frac{x^3}{3!} + \cdots
\tag{11-36}
$$

如圖 11-25 所示為指數函數 e^x 影像和不同階數泰勒級數展開影像。

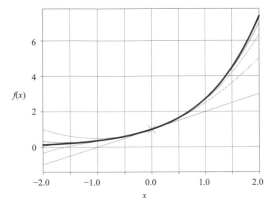

圖 11-25　e^x 在 $x = 0$ 處不同階數泰勒展開影像

對數函數 $\ln(x + 1)$ 在 $x = 0$ 點處的泰勒級數展開，為：

$$\ln(x+1) = \sum_{n=1}^{\infty}\left((-1)^{n+1}\frac{x^n}{n}\right) = x - \frac{x^2}{2} + \frac{x^3}{3} - \frac{x^4}{4} + \cdots \qquad (11\text{-}37)$$

如圖 11-26 所示為對數函數 $\ln(x + 1)$ 影像和不同階數泰勒級數展開影像。

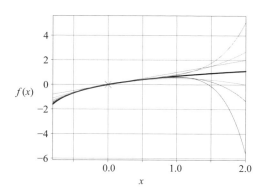

圖 11-26　$\ln(x + 1)$ 在 x = 0 處不同階數泰勒展開影像

以下程式可以獲得圖 11-25 和圖 11-26。

B1_Ch11_7.py

```python
from sympy import latex, lambdify, diff, sin, log, exp, series
from sympy.abc import x
import numpy as np
from matplotlib import pyplot as plt

f_x = exp(x) #y + 1 = exp(r)
x_array = np.linspace(-2,2,100)

f_x = log(x + 1) #ln(y + 1) = r
x_array = np.linspace(-0.8,2,100)

x_0 = 0

y_0 = f_x.evalf(subs = {x: x_0})

f_x_fcn = lambdify(x,f_x)
```

```
f_x_array = f_x_fcn(x_array)

#%% Visualization

plt.close('all')

fig, ax = plt.subplots()

ax.plot(x_array, f_x_array, 'k', linewidth = 1.5)
ax.plot(x_0, y_0, 'xr', markersize = 12)
ax.set_xlabel("$\it{x}$")
ax.set_ylabel("$\it{f}(\it{x})$")

order_array = np.arange(2,8)

for order in order_array:

    f_series = f_x.series(x,x_0,order).removeO()
    f_series_fcn = lambdify(x,f_series)
    f_series_array = f_series_fcn(x_array)
    ax.plot(x_array, f_series_array, linewidth = 0.5)

ax.grid(linestyle='--', linewidth=0.25, color=[0.5,0.5,0.5])
ax.set_xlim(x_array.min(),x_array.max())
```

泰勒展開可以用來進行近似運算。泰勒一階和二階展開可以用來估算選擇權價值。一階泰勒展開可以寫作：

$$f(x) \approx f(a) + f'(a) \cdot (x-a) \tag{11-38}$$

比如，Delta 估算便是泰勒一階泰勒展開，為：

$$V(S) \approx \mathrm{Delta}(S - S_0) + V(S_0) \tag{11-39}$$

其中，V 代表選擇權價值，Delta 是透過 BSM 模型求出，S0 是展開點。

如圖 11-27 和圖 11-28 分別展示的是採用 Delta 估算計算歐式看漲和看跌選擇權價值。

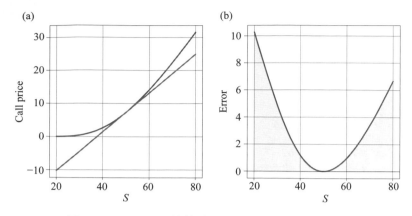

圖 11-27　Delta 估算法計算歐式看漲選擇權價值

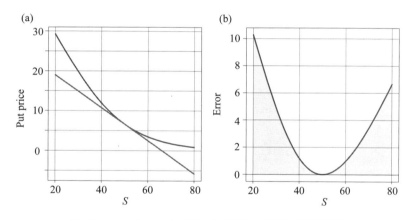

圖 11-28　Delta 估算法計算歐式看跌選擇權價值

二階泰勒展開可以寫作：

$$f(x) \approx f(a) + f'(a) \cdot (x-a) + \frac{f''(a)}{2}(x-a)^2 \qquad (11\text{-}40)$$

Delta-Gamma 估算是泰勒二階展開為：

$$V(S) \approx \text{Delta}(S - S_0) + \frac{1}{2}\text{Gamma}(S - S_0)^2 + V(S_0) \qquad (11\text{-}41)$$

Gamma 也是透過 BSM 模型求出。

如圖 11-29 和圖 11-30 分別展示的是採用 Delta-Gamma 估算計算歐式看漲和看跌選擇權價值。

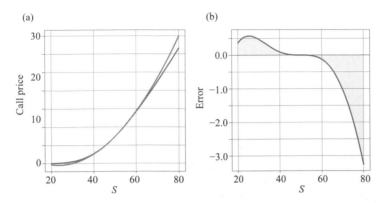

圖 11-29　Delta-Gamma 估算法計算歐式看漲選擇權價值

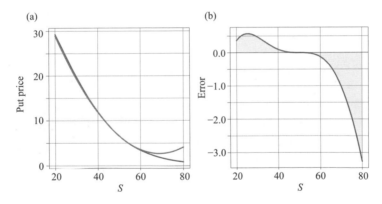

圖 11-30　Delta-Gamma 估算法計算歐式看跌選擇權價值

以下程式可以獲得圖 11-27 ～圖 11-30。

B1_Ch11_8.py

```
import math
import numpy as np
import matplotlib.pyplot as plt
from scipy.stats import norm
```

```python
def blsprice(St, K, tau, r, vol):
    '''
    St: current price of underlying asset
    K:   strike price
    tau: time to maturity
    r: annualized risk-free rate
    vol: annualized asset price volatility
    '''

    d1 = (math.log(St / K) + (r + 0.5 * vol ** 2)\
          *tau) / (vol * math.sqrt(tau));
    d2 = d1 - vol*math.sqrt(tau);

    Call = norm.cdf(d1, loc=0, scale=1)*St - \
        norm.cdf(d2, loc=0, scale=1)*K*math.exp(-r*tau)

    Put  = -norm.cdf(-d1, loc=0, scale=1)*St + \
        norm.cdf(-d2, loc=0, scale=1)*K*math.exp(-r*tau)

    return Call, Put

def blsdelta(St, K, tau, r, vol):
    '''
    St: current price of underlying asset
    K:   strike price
    tau: time to maturity
    r: annualized risk-free rate
    vol: annualized asset price volatility
    '''

    d1 = (math.log(St / K) + (r + 0.5 * vol ** 2)\
          *tau) / (vol * math.sqrt(tau));
    d2 = d1 - vol*math.sqrt(tau);
    Delta_call = norm.cdf(d1, loc=0, scale=1)
    Delta_put  = -norm.cdf(-d1, loc=0, scale=1)
    return Delta_call, Delta_put

def blsgamma(St, K, tau, r, vol):
    '''
    St: current price of underlying asset
```

```
    K:   strike price
    tau: time to maturity
    r: annualized risk-free rate
    vol: annualized asset price volatility
    '''

    d1 = (math.log(St / K) + (r + 0.5 * vol ** 2)\
          *tau) / (vol * math.sqrt(tau));

    Gamma = norm.pdf(d1)/St/vol/math.sqrt(tau);

    return Gamma

def plot_curve(x,y1,y2,x0,y0,caption):

    fig, axs = plt.subplots(1,2)

    axs[0].plot(x, y1)
    axs[0].plot(x, y2)
    axs[0].plot(x0, y0, 'xr', markersize = 12)
    axs[0].set_xlabel('$\it{S}$', fontname="Times New Roman",
fontsize=10)
    y_label = caption + ' price'
    axs[0].set_ylabel(y_label, fontname="Times New Roman", fontsize=10)
    axs[0].grid(linestyle='--', linewidth=0.25, color=[0.5,0.5,0.5])

    axs[1].plot(x, y1 - y2)
    axs[1].plot(x0, 0, 'xr', markersize = 12)
    plt.axhline(y=0, color='k', linewidth = 0.5)
    axs[1].fill_between(x, y1 - y2, 0, facecolor = np.divide([219, 238,
243], 255))
    axs[1].set_xlabel('$\it{S}$', fontname="Times New Roman",
fontsize=10)
    axs[1].set_ylabel('Error', fontname="Times New Roman", fontsize=10)
    axs[1].grid(linestyle='--', linewidth=0.25, color=[0.5,0.5,0.5])

#end of function

blsprice_vec = np.vectorize(blsprice)
blsdelta_vec = np.vectorize(blsdelta)
```

```
blsgamma_vec = np.vectorize(blsgamma)

S_array  = np.linspace(20,80,50);

K = 50;    #strike price
r = 0.03;  #risk-free rate
vol = 0.5; #volatility
tau = 0.5; #time to maturity

S_0 = 50;  #expansion point
C_0, P_0 = blsprice_vec(S_0, K, tau, r, vol)
Delta_C_0, Delta_P_0 = blsdelta_vec(S_0, K, tau, r, vol)
Gamma_0 = blsgamma_vec(S_0, K, tau, r, vol)

Call_array, Put_array = blsprice_vec(S_array, K, tau, r, vol)

#%% Delta approximation

plt.close('all')

Call_delta_apprx = Delta_C_0*(S_array - S_0) + C_0
caption = 'Call'
plot_curve(S_array,Call_array,Call_delta_apprx,S_0,C_0,caption)

Put_delta_apprx = Delta_P_0*(S_array - S_0) + P_0
caption = 'Put'
plot_curve(S_array,Put_array,Put_delta_apprx,S_0,P_0,caption)

#%% Delta-Gamma approximation

Call_delta_gamma_apprx = Delta_C_0*(S_array - S_0) + Gamma_0*np.power
((S_array - S_0),2)/2 + C_0
caption = 'Call'
plot_curve(S_array,Call_array,Call_delta_gamma_apprx,S_0,C_0,caption)

Put_delta_gamma_apprx = Delta_P_0*(S_array - S_0) + Gamma_0*np.power
((S_array - S_0),2)/2 + P_0
caption = 'Put'
plot_curve(S_array,Put_array,Put_delta_gamma_apprx,S_0,P_0,caption)
```

11.7 數值微分

數值微分是採用離散點估算函數某點導數或高階導數近似值的方法。如圖 11-31 所示，常見的數值微分有三種：前向差分 (forward difference)、後向差分 (backward difference) 和中心差分 (central difference)。

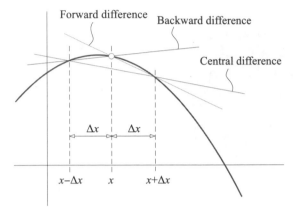

圖 11-31　三種一次導數的數值估計方法（圖片來自 MATLAB 系列叢書第一本）

數值微分在金融建模隨處可見，比如希臘字母和債券敏感度存續期間和凸性常用數值微分方法獲得。本節主要介紹中心差分法，以及採用中心差分估算選擇權希臘字母 Delta 和 Gamma。

中心差分估算一階導數的運算式為：

$$f'(x) \approx \frac{f(x+\Delta x) - f(x-\Delta x)}{2\Delta x} \tag{11-42}$$

其中，Δx 為步進值。利用中心差分可以估算歐式看漲選擇權和看跌選擇權的 Delta 值。

$$\begin{aligned} \text{Delta}_{\text{call}} &\approx \frac{C(S+\Delta S) - C(S-\Delta S)}{2\Delta S} \\ \text{Delta}_{\text{put}} &\approx \frac{P(S+\Delta S) - P(S-\Delta S)}{2\Delta S} \end{aligned} \tag{11-43}$$

如圖 11-32 所示為在不同步進值 ΔS 條件下計算得到的歐式看漲選擇權 Delta，並且解析法計算得到的 Delta（紅色水平線）進行比較。可以發現隨著 ΔS 不斷減小，數值方法計算得到的 Delta 值不斷接近解析法結果。

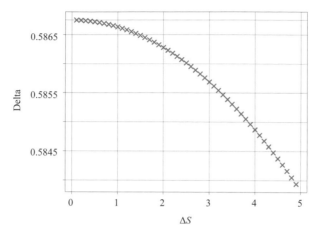

圖 11-32　中心差分法估算歐式看漲選擇權 Delta 值

差分法估算二階導數的計算式為：

$$f''(x) \approx \frac{\dfrac{f(x+\Delta x)-f(x)}{\Delta x} - \dfrac{f(x)-f(x-\Delta x)}{\Delta x}}{\Delta x} \tag{11-44}$$
$$= \frac{f(x+\Delta x)-2f(x)+f(x-\Delta x)}{\Delta x^2}$$

同樣地，採用式 (11-44) 可以估算歐式看漲和看跌兩個選擇權的 Gamma 值。

$$\text{Gamma}_{\text{call}} \approx \frac{C(S+\Delta S)-2C(S)+C(S-\Delta S)}{\Delta S^2}$$
$$\text{Gamma}_{\text{put}} \approx \frac{P(S+\Delta S)-2C(S)+P(S-\Delta S)}{\Delta S^2} \tag{11-45}$$

如圖 11-33 所示比較了在不同步進值 ΔS 條件下計算估算歐式看漲選擇權 Gamma；如圖 11-33 中紅色線為解析法計算得到的 Gamma 值。

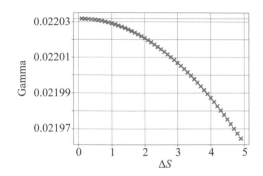

圖 11-33　中心差分法估算歐式看漲選擇權 Gamma 值

以下程式可以獲得圖 11-32 和圖 11-33。

```
B1_Ch11_9.py
```
```python
import numpy as np
import math
import matplotlib.pyplot as plt
from scipy.stats import norm

def blsprice(St, K, tau, r, vol):
    '''
    St: current price of underlying asset
    K:  strike price
    tau: time to maturity
    r: annualized risk-free rate
    vol: annualized asset price volatility
    '''

    d1 = (math.log(St / K) + (r + 0.5 * vol ** 2)\
        *tau) / (vol * math.sqrt(tau));
    d2 = d1 - vol*math.sqrt(tau);

    Call = norm.cdf(d1, loc=0, scale=1)*St - \
        norm.cdf(d2, loc=0, scale=1)*K*math.exp(-r*tau)

    Put  = -norm.cdf(-d1, loc=0, scale=1)*St + \
        norm.cdf(-d2, loc=0, scale=1)*K*math.exp(-r*tau)
```

```
    return Call, Put

def blsdelta(St, K, tau, r, vol):
    '''
    St: current price of underlying asset
    K:  strike price
    tau: time to maturity
    r: annualized risk-free rate
    vol: annualized asset price volatility
    '''

    d1 = (math.log(St / K) + (r + 0.5 * vol ** 2)\
        *tau) / (vol * math.sqrt(tau));
    d2 = d1 - vol*math.sqrt(tau);
    Delta_call  = norm.cdf(d1, loc=0, scale=1)
    Delta_put   = -norm.cdf(-d1, loc=0, scale=1)
    return Delta_call, Delta_put

def blsgamma(St, K, tau, r, vol):
    '''
    St: current price of underlying asset
    K:  strike price
    tau: time to maturity
    r: annualized risk-free rate
    vol: annualized asset price volatility
    '''

    d1 = (math.log(St / K) + (r + 0.5 * vol ** 2)\
        *tau) / (vol * math.sqrt(tau));

    Gamma = norm.pdf(d1)/St/vol/math.sqrt(tau);

    return Gamma

S_0 = 50;  #current spot price
K = 50;    #strike price
r = 0.03;  #risk-free rate
vol = 0.5; #volatility
tau = 0.5; #time to maturity
```

```python
blsprice_vec = np.vectorize(blsprice)
blsdelta_vec = np.vectorize(blsdelta)
blsgamma_vec = np.vectorize(blsgamma)

C_0, _ = blsprice_vec(S_0, K, tau, r, vol)
Delta_C_0, _ = blsdelta_vec(S_0, K, tau, r, vol)
Gamma_0 = blsgamma_vec(S_0, K, tau, r, vol)

Delta_S_array = np.arange(0.1,5.0,0.1)

Delta_apprx = np.full_like(Delta_S_array,0)
Gamma_apprx = np.full_like(Delta_S_array,0)

i = 0;

for Delta_S in Delta_S_array:


    C_up, _ = blsprice_vec(S_0 + Delta_S, K, tau, r, vol)
    C_down, _ = blsprice_vec(S_0 - Delta_S, K, tau, r, vol)

    Delta_apprx[int(i)] = (C_up - C_down)/2/Delta_S

    Gamma_apprx[int(i)] = (C_up - 2.0*C_0+ C_down)/Delta_S**2

    i += 1

#%% visualize numerical Delta and Gamma

plt.close('all')

fig, axs = plt.subplots()

axs.plot(Delta_S_array, Delta_apprx, linestyle = 'none', marker = 'x')
plt.axhline(y=Delta_C_0, color='r', linewidth = 0.5)

axs.set_xlabel('$\Delta\it{S}$', fontname="Times New Roman", fontsize=10)
axs.set_ylabel('Delta', fontname="Times New Roman", fontsize=10)
axs.grid(linestyle='--', linewidth=0.25, color=[0.5,0.5,0.5])
```

```
fig, axs = plt.subplots()

axs.plot(Delta_S_array, Gamma_apprx, linestyle = 'none', marker = 'x')
plt.axhline(y=Gamma_0, color='r', linewidth = 0.5)

axs.set_xlabel('$\Delta\it{S}$', fontname="Times New Roman", fontsize=10)
axs.set_ylabel('Gamma', fontname="Times New Roman", fontsize=10)
axs.grid(linestyle='--', linewidth=0.25, color=[0.5,0.5,0.5])
```

11.8 最佳化

本節和 11.9 節將介紹如何用 Python 工具套件求解最佳化問題。最佳化問題是指採用特定的數學方法在一定範圍內尋找某個最佳化問題的最佳解。最小化最佳化問題可以按照如式 (11-46) 所示格式構造。

$$\underset{x}{\arg\min}\, f(\boldsymbol{x})$$
$$\text{subject to: } \boldsymbol{lb} \leq \boldsymbol{x} \leq \boldsymbol{ub}$$
$$\boldsymbol{Ax} \leq \boldsymbol{b}$$
$$\boldsymbol{A}_{\text{eq}}\boldsymbol{x} = \boldsymbol{b}_{\text{eq}}$$
$$c(\boldsymbol{x}) \leq 0,\, c_{\text{eq}}(\boldsymbol{x}) = 0$$

(11-46)

其中，x 為最佳化變數，最佳化變數可以是一元未知量，也可以是含有多元未知量的向量；$f(x)$ 為最佳化目標 (optimization objective)，最佳化目標可以有一個或多個；lb 為未知量的下界約束 (lower bound)；ub 為未知量的上界約束 (upper bound)；$Ax \leq b$ 為線性不等式約束 (linear inequality constraint)，$A_{\text{eq}}x = b_{\text{eq}}$ 為線性等式約束 (linear equality constraint)；$c(x) \leq 0$ 為非線性不等式約束 (nonlinear inequality constraint)；$c_{\text{eq}}(x) = 0$ 為非線性等式約束 (linear equality constraint)。

Scipy 工具套件可以處理單一目標最佳化問題。下面以最小化投資組合方差來介紹如何使用 Scipy 中有關的最佳化函數。投資組合由兩個風險資產組成，則投資組合方差為：

$$f\left(w_1, w_2\right) = \sigma_p^2 = w_1^2\sigma_1^2 + w_2^2\sigma_2^2 + 2w_1w_2\rho_{1,2}\sigma_1\sigma_2 \tag{11-47}$$

其中：

$$\begin{cases} \sigma_1 = 0.3 \\ \sigma_2 = 0.15 \\ \rho_{1,2} = 0.5 \end{cases} \tag{11-48}$$

構造如式 (11-49) 所示最佳化問題。

$$\underset{w_1,w_2}{\arg\min} f\left(w_1, w_2\right)$$
$$\text{subject to:} \quad -1 \le w_1 \le 1.5$$
$$-1 \le w_2 \le 1.5 \tag{11-49}$$
$$w_1 + w_2 = 1$$

最佳化問題目標為最小化投資組合方差 $f(w_1, w_2)$，最佳化問題變數分別為 w_1 和 w_2。求解最佳化問題所用的函數為 scipy.optimize.minimize()。

兩個變數的下限均為 -1，上限均為 1.5。構造上下限的函數為 scipy.optimize.Bounds()。

$w_1 + w_2 = 1$ 為等式約束，即兩個風險資產的權重之和為 1。構造線性約束的函數為 scipy.optimize.LinearConstraint()。

如圖 11-34 所示為投資組合方差等高線，圖 11-34 所示曲面為旋轉橢圓拋物面，可以發現等高線為同心旋轉橢圓。圖 11-34 中黑色線段為 w1 + w2 = 1 等式約束，也就是最佳化解只能出現在這個黑色線段上。紅色 × 為最佳化解所在位置。圖 11-35 所示為投資組合均方差等高線，該圖曲面為旋轉橢圓錐面。

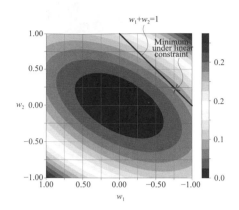

圖 11-34 投資組合方差等高線和　圖 11-35 投資組合均方差等高線和
　　　　　方差最小值　　　　　　　　　　　其最小值

以下程式可以完成最佳化計算，並繪製圖 11-34 和圖 11-35。更多有關最佳化方法和投資組合最佳化內容，請讀者參考 Python 系列叢書第二本和 MATLAB 系列叢書第四本。

B1_Ch11_10.py

```python
import numpy as np
from scipy.optimize import minimize, LinearConstraint, Bounds
import matplotlib.pyplot as plt

def min_var_obj(w, *args):


    sigma_1, sigma_2, rho = args
    w1 = w[0];
    w2 = w[1];

    obj = sigma_1**2*w1**2 + \
    sigma_2**2*w2**2 + \
    2*sigma_1*sigma_2*rho*w1*w2;
    return obj

def mesh_square(x0,y0,r,num):
```

```
#generate mesh using polar coordinates

    rr = np.linspace(-r,r,num)

    xx,yy = np.meshgrid(rr,rr);

    xx = xx + x0;
    yy = yy + y0;

    return xx, yy

#%% optimization

sigma_1 = 0.3;
sigma_2 = 0.4;
rho = 0.5;

x0 = [0,0]; #initial guess
linear_constraint = LinearConstraint([1,1],[1],[1])

bounds = Bounds([-1, -1], [1.5, 1.5])

#Pass in a tuple with the wanted arguments a, b, c
res = minimize(min_var_obj, x0,
               args=(sigma_1,sigma_2,rho),
               method='trust-constr',
               bounds = bounds,
               constraints=[linear_constraint])
optimized_x = res.x;

print("==== Optimized weights ====")
print(res.x)

print("==== Optimized objective ====")
print(res.fun)

#%% Visualize contourf of portfolio variance and volatility

x0  = 0;  #center of the mesh
```

```
y0  = 0;  #center of the mesh
r   = 1;  #radius of the mesh
num = 30; #number of mesh grids
xx,yy = mesh_square(x0,y0,r,num); #generate mesh

plt.close('all')

zz = sigma_1**2*np.multiply(xx,xx) + \
    sigma_2**2*np.multiply(yy,yy) + \
    2*sigma_1*sigma_2*rho*np.multiply(xx,yy);

w1 = np.linspace(-1,1,10)
w2 = 1.0 - w1;

var = sigma_1**2*np.multiply(w1,w1) + \
    sigma_2**2*np.multiply(w2,w2) + \
    2*sigma_1*sigma_2*rho*np.multiply(w1,w2);

fig, ax = plt.subplots()

cntr2 = ax.contourf(xx,yy,zz, levels = 15, cmap="RdBu_r")
plt.plot(w1,w2,'k',linewidth = 1.5)
fig.colorbar(cntr2, ax=ax)
plt.show()
plt.plot(optimized_x[0],optimized_x[1], 'rx', markersize = 12)

ax.set_xlabel('$\it{w}_1$')
ax.set_ylabel('$\it{w}_2$')
ax.axis('square')
ax.grid(linestyle='--', linewidth=0.25, color=[0.5,0.5,0.5])
ax.set_xlim([-r,r])
ax.set_ylim([-r,r])

fig, ax = plt.subplots()

cntr2 = ax.contourf(xx,yy,np.sqrt(zz), levels = 15, cmap="RdBu_r")
plt.plot(w1,w2,'k',linewidth = 1.5)
fig.colorbar(cntr2, ax=ax)
plt.show()
```

```
plt.plot(optimized_x[0],optimized_x[1], 'rx', markersize = 12)

ax.set_xlabel('$\it{w}_1$')
ax.set_ylabel('$\it{w}_2$')
ax.axis('square')
ax.grid(linestyle='--', linewidth=0.25, color=[0.5,0.5,0.5])
ax.set_xlim([-r,r])
ax.set_ylim([-r,r])
```

11.9 多目標最佳化

多目標最佳化指的是涉及多個目標函數同時最佳化的數學問題。這幾個目標一般會相互衝突，即不能同時滿足這幾個目標，因此，多目標最佳化一般沒有一個最佳化解，而是有一系列最佳化解，這些最佳化解被稱作帕雷托最佳解集 (set of Pareto optimal)。在 11.8 節投資組合最佳化問題中，僅考慮投資組合方差最小化這個目標，即最小化 $f_1(w_1, w_2)$：

$$f_1(w_1, w_2) = \sigma_p^2 = w_1^2 \sigma_1^2 + w_2^2 \sigma_2^2 + 2w_1 w_2 \rho_{1,2} \sigma_1 \sigma_2 \tag{11-50}$$

本節在這個基礎上，最佳化問題再增加一個最大化預期收益目標。一般透過取負數，將最大化目標轉化為最小化問題。定義目標函數 $f_2(w_1, w_2)$：

$$f_2(w_1, w_2) = -\mathrm{E}(r_p) = -\left(\mathrm{E}(r_1) \cdot w_1 + \mathrm{E}(r_2) \cdot w_2\right) \tag{11-51}$$

構造最佳化問題：

$$\operatorname*{arg\,min}_{w_1, w_2} \begin{cases} f_1(w_1, w_2) \\ f_2(w_1, w_2) \end{cases}$$
$$\text{subject to:} \quad -1 \le w_1 \le 1.5 \tag{11-52}$$
$$-1 \le w_2 \le 1.5$$
$$w_1 + w_2 = 1$$

上述最佳化問題有兩個目標：最小化投資組合方差 $f_1(w_1, w_2)$ 和最小化投資組合預期收益負值 $f_2(w_1, w_2)$。最佳化問題變數分別為 w_1 和 w_2。求解這個二目標最佳化問題所用的函數為 pymoo 工具箱。

最佳化問題的上下限約束以及等式約束，和 11.8 節最佳化問題一致。如圖 11-36 所示為求解得到的上述最佳化問題的帕雷托最佳解集，可以發現，最小化投資組合方差 $f_1(w_1, w_2)$ 和最小化投資組合預期收益負值 $f_2(w_1, w_2)$ 這兩個目標相互衝突。將如圖 11-36 所示解集繪製在橫軸為方差、縱軸為期望收益的坐標系中，可以得到圖 11-37。圖 11-37 中的散點近似分佈在拋物線上。

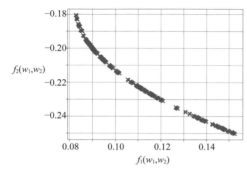

圖 11-36　多目標最佳化 Pareto
前端最佳解集

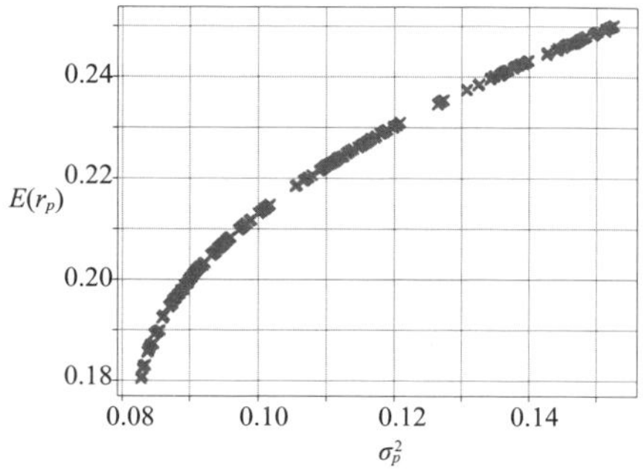

圖 11-37　投資組合方差 - 預期
收益關係

如圖 11-38 所示為圖 11-36 所示帕雷托最佳解在橫軸為均方差、縱軸為期望收益的坐標系的展示方案。圖 11-38 中的散點近似分佈在雙曲線右側部分曲線，該曲線便是投資組合有效前端 (efficient frontier)。

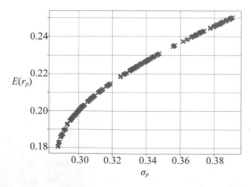

圖 11-38　投資組合均方差 - 預期收益關係

如圖 11-39 所示為將圖 11-36 所示 Pareto 前端最佳解集繪製在投資組合方差等高線上，所有最佳化解都在 w1 + w2 = 1 等式約束直線上。圖 11-40 所示為將圖 11-36 所示 Pareto 前端最佳解集繪製在投資組合預期收益等高線上所有最佳化解都在 w1 + w2 = 1 等式約束直線上。注意，圖 11-39 和圖 11-40 粉色框線內代表的是和有效前端相對應的無效前端，即更大風險條件下獲得更小收益。更多相關內容請參考 MATLAB 系列叢書第四本。

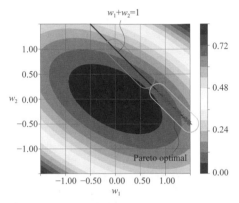

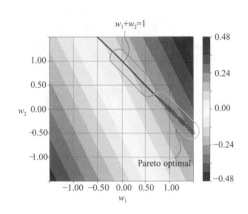

圖 11-39　投資組合方差等高線和　　　　圖 11-40　投資組合預期收益等高線和
　　　　　 Pareto 前端最佳化解集解　　　　　　　　 Pareto 前端最佳化解集解

以下程式可以獲得圖 11-36 ～圖 11-40。

```
B1_Ch11_11.py

import numpy as np

from pymoo.model.problem import Problem
from pymoo.algorithms.nsga2 import NSGA2
from pymoo.optimize import minimize
from pymoo.visualization.scatter import Scatter
import matplotlib.pyplot as plt

def mesh_square(x0,y0,r,num):

#generate mesh using polar coordinates
```

```
    rr = np.linspace(-r,r,num)

    xx,yy = np.meshgrid(rr,rr);

    xx = xx + x0;
    yy = yy + y0;

    return xx, yy

class MyProblem(Problem):

    def __init__(self):
        super().__init__(n_var=2,
                         n_obj=2,
                         n_constr=1,
                         xl=np.array([-1, -1]),
                         xu=np.array([1.5, 1.5]))

    def _evaluate(self, x, out, *args, **kwargs):


        sigma_1 = 0.3;
        sigma_2 = 0.4;
        rho = 0.5;
        Er1 = 0.2;
        Er2 = 0.1;
        f1 = (sigma_1**2*x[:, 0] ** 2 +
              sigma_2**2*x[:, 1] ** 2 +
              2*sigma_1*sigma_2*rho*x[:, 0]*x[:, 1])

        f2 = -(Er1*x[:, 0] + Er2*x[:, 1])
        g1 = (x[:, 0] + x[:, 1] - 1) ** 2 - 1e-5

        out["F"] = np.column_stack([f1, f2])
        out["G"] = g1


problem = MyProblem()
algorithm = NSGA2(pop_size=200)
```

```
res = minimize(problem,
               algorithm,
               ("n_gen", 100),
               verbose=True,
               seed=1)

results = res.F
opt_weights = res.X
opt_variance = results[:,0]
opt_Erp = -results[:,1]

#%% visualization of Pareto front and efficient frontier

plt.close('all')

fig, ax = plt.subplots()

plt.scatter(results[:,0],results[:,1],marker = 'x')
plt.show()

ax.set_xlabel("$\it{f}_1$")
ax.set_ylabel("$\it{f}_2$")

ax.grid(linestyle='--', linewidth=0.25, color=[0.5,0.5,0.5])

fig, ax = plt.subplots()

plt.scatter(opt_variance, opt_Erp,marker = 'x')
plt.show()

ax.set_xlabel("$\it{\sigma}_p^2$")
ax.set_ylabel("$\it{E(r_p)}$")

ax.grid(linestyle='--', linewidth=0.25, color=[0.5,0.5,0.5])

fig, ax = plt.subplots()

plt.scatter(np.sqrt(opt_variance), opt_Erp, marker = 'x')
plt.show()
```

```python
ax.set_xlabel("$\it{\sigma}_p$")
ax.set_ylabel("$\it{E(r_p)}$")

ax.grid(linestyle='--', linewidth=0.25, color=[0.5,0.5,0.5])

#%% confourf of portfolio variance

x0  = 0;   #center of the mesh
y0  = 0;   #center of the mesh
r   = 1.5; #radius of the mesh
num = 30;   #number of mesh grids
xx,yy = mesh_square(x0,y0,r,num); #generate mesh

sigma_1 = 0.3;
sigma_2 = 0.4;
rho = 0.5;
Er1 = 0.2;
Er2 = 0.1;

zz = sigma_1**2*np.multiply(xx,xx) + \
    sigma_2**2*np.multiply(yy,yy) + \
    2*sigma_1*sigma_2*rho*np.multiply(xx,yy);

w1 = np.linspace(-1.5,1.5,10)
w2 = 1.0 - w1;

var = sigma_1**2*np.multiply(w1,w1) + \
    sigma_2**2*np.multiply(w2,w2) + \
    2*sigma_1*sigma_2*rho*np.multiply(w1,w2);

fig, ax = plt.subplots()

cntr2 = ax.contourf(xx,yy,zz, levels = 15, cmap="RdBu_r")
plt.plot(opt_weights[:,0],opt_weights[:,1],linestyle = 'none',
marker = 'x', color = 'r')
plt.plot(w1,w2,'k',linewidth = 1.5)
fig.colorbar(cntr2, ax=ax)
plt.show()
```

```
ax.set_xlabel('$\it{w}_1$')
ax.set_ylabel('$\it{w}_2$')
ax.axis('square')
ax.grid(linestyle='--', linewidth=0.25, color=[0.5,0.5,0.5])
ax.set_xlim([-r,r])
ax.set_ylim([-r,r])

#%% confourf of portfolio expected return

Erp = 0.2*w1 + 0.1*w2;

zz = 0.2*xx + 0.1*yy;

fig, ax = plt.subplots()

cntr2 = ax.contourf(xx,yy,zz, levels = 15, cmap="RdBu_r")
plt.plot(w1,w2,'k',linewidth = 1.5)
fig.colorbar(cntr2, ax=ax)
plt.show()
plt.plot(opt_weights[:,0],opt_weights[:,1],linestyle = 'none',
marker = 'x', color = 'r')

ax.set_xlabel('$\it{w}_1$')
ax.set_ylabel('$\it{w}_2$')
ax.axis('square')
ax.grid(linestyle='--', linewidth=0.25, color=[0.5,0.5,0.5])
ax.set_xlim([-r,r])
ax.set_ylim([-r,r])
```

本章首先講解了量化金融建模常用的高等數學內容，然後介紹了如何求解最佳化問題。至此，透過兩章的介紹，我們對金融數學計算的基本內容進行了討論，這些內容將對處理更為深奧的金融問題提供堅實的基礎。

Fixed Income
固定收益分析

12
Chapter

複利是世界第八大奇蹟。知之者賺、不知之者被賺。

Compound interest is the eighth wonder of the world. He who understands it, earns it; he who doesn't, pays it.

——阿爾伯特·愛因斯坦 (Albert Einstein)

人生就像是滾雪球，重要的是要找到很濕的雪和很長的坡。

Life is like a snowball. The important thing is finding wet snow and a really long hill.

——沃倫·巴菲特 (Warren Buffett)

固定收益 (fixed income)，作為金融領域最常見的詞彙之一，對其最直觀的解讀便是收益是固定的，它可以簡單地理解為投資人在確定的時間中，得到確定的收益。固定收益產品最常見的範例就是定期存款 (term deposit)：存款人將現金存入在銀行開設的定期儲蓄帳戶中，期滿時獲取本金 (notional) 和利息 (interest rate)，而本金和利息均為確定的值。固定收益類產品雖然收益率不高，但是面臨的信用風險較小，並且可以提供比較穩定的現金流，對風險厭惡 (risk averse)、穩健型的投資人來說，它一般是在其投資組合中佔比最多的部分。

固定收益類產品還可以令投資組合更加多元化，因為與其他金融產品（例如股票、大宗商品）的相關性小於 1，可以進一步降低投資風險，因此，固定收益類產品也被稱為避險類資產。除了收益時間固定、收益金額固定的產品，例如固定利率債券 (fixed rate bond)，固定收益類資產還包括收益時間固定而收益金額不固定的產品，例如浮動利率債券 (floating rate bond)。

另外，可贖回債券 (callable bond)、可售回債券 (puttable bond) 也屬於固定收益類產品，對它們來說，贖回或售回的時間無法提前預知，但收益金額固定。比較特殊的是，可轉換公司債券 (convertible bond) 具有債券和股票的雙重特性，其收益時間和金額均不固定。除了傳統的債券類資產，信用衍生品和利率衍生品都屬於固定收益的範圍。由此可見，固定收益類的產品可謂豐富多彩，吸引了大批金融從業人員和投資者的目光。固定收益類交易目前佔據金融衍生品交易中非常重要的一部分。

- ▶ append() 用於在串列尾端增加新的物件
- ▶ len() 傳回物件的長度
- ▶ import numpy 匯入運算套件 numpy
- ▶ import QuantLib 匯入金融衍生品定價分析軟體函數庫
- ▶ matplotlib.pyplot.gca().spines[].set_visible() 設定是否顯示某邊框
- ▶ matplotlib.pyplot.gca().xaxis.set_ticks_position() 設定 x 軸位置
- ▶ matplotlib.pyplot.gca().yaxis.set_ticks_position() 設定 y 軸位置
- ▶ matplotlib.pyplot.xlabel() 設定 x 軸標題
- ▶ matplotlib.pyplot.ylable() 設定 y 軸標題
- ▶ numpy.arange() 根據指定的範圍以及設定的步進值，生成一個等差陣列
- ▶ numpy.zeros() 傳回給定形狀和類型的新陣列，用零填充

12.1 時間價值

在介紹具體的固定收益產品之前，不妨先從金錢的時間價值 (time value of money) 談起。下面是一個通俗的範例，在薪水結算日，老闆給小王兩個選擇，現在替小王 1000 元薪水，或明年給小王 1000 元薪水。相信理性的人都會毫不猶豫的選擇前者。一是因為通貨膨脹會造成貨幣貶值。今天的 1000 元錢比明年的 1000 元錢更值錢，這就是金錢的時間價值，即當前持有的一定量的貨幣，比未來的等量貨幣具有更高的價值。二是因為沒有人能保證老闆不會破產，明年能支付薪水，所以明年承諾的薪水具有不確定性。人們期望為承擔的風險得到補償。信用越差，則風險越大，人們期望得到的風險補償越高。

假如小王同意明年結算薪資，但同時要求老闆支付 5% 的利息。那麼明年小王應得的金額是多少呢？實際的金額會隨著利率計算方式的不同而不同。這裡涉及兩個概念——單利和複利。本書之前金融數學部分介紹過這些內容，本節再回顧並更加深入地講解一下。

單利 (simple rate) 就是利不生利，即本金固定，到期後一次性結算利息，而本金所產生的利息不再計算利息。複利 (compounding) 就是利滾利，即把上一期的本金和利息作為下一期的本金來計算利息。

假設本金用 PV 表示，投資期限用 n 表示，年利率用 R 表示，每年的複利頻次用 m 表示，在簡單複利 (simple compounding) 方式下，最終本金和利息之和為：

$$FV = PV\left(1+\frac{R}{m}\right)^{mn} \qquad (12\text{-}1)$$

其中，PV 為當前價值 (present value)，即現值；FV 為未來價值 (future value)，即終值；R 為年化利率，即回報率 (rate of return)；m 為每年複利頻率 (annual compounding frequency)；n 為期限長度 (number of years)。

下面比較了不同複利頻次下得到的金額,如圖 12-1 所示,隨著複利次數地提高,一年後得到的本金和利息之和也會提高。

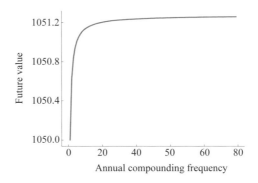

圖 12-1 零時刻投資 1000 元,年利率 5%,不同複利頻次下,一年後的終值

以下程式可以獲得圖 12-1。

B1_Ch12_1.py

```
import numpy as np
import matplotlib.pyplot as plt

r = 0.05
pv = 1000
m = np.arange(1,100)
fv = pv*(1+r/m)**m

plt.figure()
plt.plot(m,fv)
plt.xlabel('Annual compounding frequency',fontsize=8)
plt.ylabel('Future value',fontsize=8)
plt.gca().spines['right'].set_visible(False)
plt.gca().spines['top'].set_visible(False)
plt.gca().yaxis.set_ticks_position('left')
plt.gca().xaxis.set_ticks_position('bottom')
```

當複利頻次 *m* 趨近於無限大時,應用極限定理,將式 (12-1) 改寫為:

$$FV = \lim_{m \to \infty} PV \left(1 + \frac{R}{m} \right)^{mn}$$

$$= PV \exp(Rn)$$

(12-2)

稱為連續複利。

此例中，相當於小王作為債權人，把 1000 塊錢本金借給了債務人 ——
老闆，雙方商定的還款時間是明年。也可以認為是老闆發行了期限為一
年的債券。假設雙方商定的借款時間不是整年，這裡又會涉及協定日數
(day count convention) 的問題。

在本章中，會利用到 QuantLib 運算函數庫，它是一個常用的金融衍生品
定價分析軟體函數庫。表 12-1 是 QuantLib 運算函數庫中常見的幾種日數
協定。以比較常見的 "ActualActual" 為例，指的是用數日曆的方法得到從
起始日到截止日這一段時間的實際天數，除以這一年的實際天數，由此
把這個時間段轉化為年，來進行下一步的計算。而對於 "Business252"，
只考慮從開始到結束的營業日，去除了週末和節假日，分母是固定的 252
天。

表 12-1　Quantlib 中幾種常見日數協定

協定日數
ActualActual：實際天數 / 實際天數
Thirty360：一年按 360 天計算，一個月按 30 天計算
Actual360：分子用實際天數，分母用 360
Actual365Fixed：分子用實際天數，分母用 365
Actual365NoLeap：分子用實際天數，分母用 365，所有年份都是 365 天
Business252：分子是實際營業日的天數，分母統一為 252 天
SimpleDayCounter：簡單的日計數

假設在這個範例中，小王等不及合約期滿，急需一筆現金，把債權（在民
間它有一個大家比較熟悉的名字——空頭支票）轉讓給別人，這就相當於

債券在二級市場 (secondary market) 上交易。這是債券和貸款 (loan) 的重要區別，貸款不可以在市場上交易。

再假設這個範例中，合約中規定，小王在到期日前，可以找老闆兌付「空頭支票」，這時債券相當於可售回（可賣回）債券 (puttable bond)。如果小王在合約期滿前發現了收益更高並且風險更低的投資機會，就會選擇兌付「空頭支票」，收回本金和利息進行另外的投資。小王因為獲得了更多的權利，所以可售回債券會比一般的債券收益率更低，即可售回債券的價格更貴（假設合約期滿拿回的金額一定，小王在期初投入了更多的本金購買該債券，之後的章節會再次介紹收益率和價格的關係）。

那麼相反的，合約中規定，老闆在到期日前，可以找小王贖回「空頭支票」，這個債券相當於可贖回債券 (callable bond)。也許老闆在合約期滿前，現金流問題得到改善，沒有必要再繼續向小王支付利息，又或發現了小李承諾收取更低的利息，他因此找到了更低廉的籌措到資金的方式，就會選擇向小王支付本金和利息，贖回「空頭支票」。債務人老闆因為獲得了更多的權利，所以可贖回債券會比一般的債券收益率更高，即可贖回債券的價格更低。

在本例中，債務人老闆發行的「債券」相當於零息債券，因為只能在結算日拿到本金和利息。同時屬於固定利率債券，利息的金額在債券的發行日就已確定；如果是浮動利率債券，則利息的金額在債券的發行日尚未確定。

12.2 債券介紹

希望 12.1 節的範例可以讓大家對傳統的固定收益類產品——債券建立一些初步認識，在本節將舉出債券比較正式的定義。

債券 (bond) 是發債人為籌措資金，按照法定程式發行的有價證券。發債人一般是政府、企業或金融機構，承諾按商議好的利率條款支付利息，並按約定好的時間償還本金。購買者可以是個人投資者或是組織、機構 (如養老基金等)。

債券的基本要素包括面額 (face value, par, par value)、息 票 率 (coupon rate) 和到期時間 (time to maturity)。債券的面額，指債券的票面價值，需要標明幣種，是發行人在債券到期後應償還的金額，也是利息的計算依據。而另外一個概念，為名義本金 (notional principal, notional principal amount)，指的是交易雙方在合約中確定的交易金額。債券的息票率是指債券利息與債券面額的比率，是年化數值。面額和息票率共同決定了投資者的利息報酬。息票率受很多因素影響，一般銀行利率越高，發行者的信用狀況越差，到期時間越長，資金市場越緊張，息票率就越高；反之息票率就越低。

零息債券 (zero coupon bond) 不含息票，以低於面額的價格發行，到期時按票面金額兌付，利息隱含在發行價格和兌付價格的差價裡。如圖 12-2、圖 12-3 和圖 12-4 從發行人即債券發售者的角度，舉出了三種債券現金流示意圖，分別對應零息、期末和期初付息一次的固定息票債券。

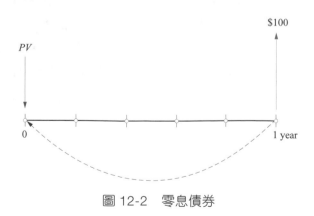

圖 12-2　零息債券

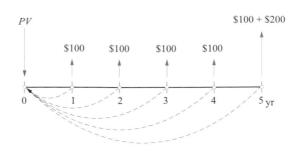

圖 12-3　0 到 5 年，每年年末現金流入 $100，期末額外流入 $200，
複利頻率 = 1/ 年

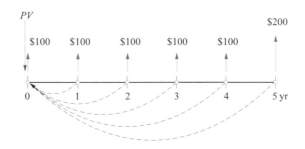

圖 12-4　0 到 5 年，每年現金流入 $100（期初支付），期末額外流入
$200，複利頻率 = 1/ 年

如圖 12-2、圖 12-3 和圖 12-4 所示，從投資人的角度來看，PV (present value) 是投資人用來購買債券的支出，也就是債券的發行價格（此處忽略其他支出，如交易手續費等）。Par 是投資人在合約期滿時收到的金額，價值等於債券的面額。那麼，PV 和 Par 總是相等嗎？不一定。只有在債券的面額等於債券實際的發行價格時，即等價發行時兩者才會一致，這樣的債券稱為平價債券 (par bond)。發行價格大於面額稱為溢價債券 (premium bond)，小於面額稱為折價債券 (discount bond)。

如果是含息票的債券，還會有定期的利息收入 C。注意如果半年付息一次，每次的利息收入是 C/2。如果是每季付息一次，每次的利息收入是 C/4。這是因為債券的息票率是年化後的結果，每次的利息收入要在年化利息的基礎上除以每年的付息頻次。

根據債券要素之一的到期時間來分類，債券可分為短期、中長期和長期。以交易規模最大的美國國債市場為例，短期國庫券 (Treasury Bills, T-Bills) 到期時間在一年或一年以內，例如一個月期、三個月期、六個月期和一年期，短期國庫券一般都是零息債券。國庫票據 (Treasury Notes, T-Notes) 屬於中長期債券，一般到期時間是 2～10 年，每半年付息一次。國庫債券 (Treasury Bond, T-Bonds) 是長期債券，一般到期時間為 10 年以上，也是每半年付息一次，目前最長的到期時間是 30 年。

以上這些都是固定息票的債券。還有一種常見的浮動利率債券叫作通脹保值債券 (treasury inflation protected securities, TIPS)。浮動息票率由消費價格指數 (consumer price index, CPI) 來決定。

此外，還有一種沒有到期日、無限期定期支付利息，而不還本的債券，稱為年金債券或永久債券 (perpetual bond, annuity)，如圖 12-5 所示為年金債券的現金流示意圖。投資者初始的投資金額為 PV，之後每年收到價值為 A 的現金流。值得一提的是，年金保險在文藝作品中也亮過相，比如英國作家毛姆的短篇小説《食蓮人》(*The Lotus-eater*)，就寫到了一個人在 35 歲時用全部財產買下為期 25 年的年金保險。它的受歡迎程度可見一斑。

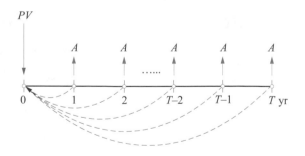

圖 12-5　年金債券現金流示意圖

債券的其他要素還包括是否有抵押資產作為借款擔保，是否有其他人作為借款擔保，是否附有贖回權、附有售回權、附有可轉換權以及違約如何處理，等等。除此之外的要素還包括是新債券 (on-the-run) 還是老債券 (off-the-run)。新債券的流動性要好於老債券。

12.3　到期收益率

債券的價格指的是債券在市場上交易的價格。表 12-2 舉出某日債券的交易資訊，報價按照收益率、全價和淨價顯示。首先了解一下收益率的含義。債券的理論價格，如式 (12-3) 所示，等於未來現金流進行貼現後的總和。

$$PV = \frac{C}{(1+y)} + \frac{C}{(1+y)^2} + \frac{C}{(1+y)^3} + \cdots + \frac{C}{(1+y)^n} + \frac{Par}{(1+y)^n} \tag{12-3}$$

其中，PV 為現值，C 為票息，Par 為到期時收到的本金，y 為貼現率，假設到期時間為 n 年，每年底付息一次。注意這裡的貼現方法用的是單利。

到期收益率 (yield to maturity, YTM)，也稱債券收益率 (bond yield)，指的是用該收益率 y 將債券持有到期、應收到的所有現金流（利息和本金）進行貼現，計算出的債券價格剛好等於債券的市場價格。債券價格和到期收益率之間是此消彼長、知己知彼的關係，如圖 12-6 所示。

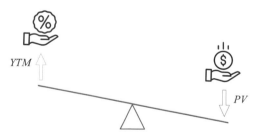

圖 12-6　債券價格和到期收益率關係

有了到期收益率這個指標，就可以將不同價格、不同息票率、不同到期時間的債券進行比較分析。舉例來說，表 12-2 中最後一列舉出了不同債券的到期收益率。

表 12-2　債券行情資訊

| 程式 | 淨價 | | 應計利息 | 全價 | | 剩餘天數 | 全價賣出收益率 (%) |
	買入	賣出		買入	賣出		
1	103.61	103.67	0.14	103.75	103.81	719	2.754
2	104.06	104.12	0.00	104.06	104.12	730	2.427
3	104.27	104.33	1.70	105.97	106.03	781	2.592
4	100.13	100.14	1.54	101.67	101.68	29	1.924
5	100.37	100.39	1.08	101.45	101.47	78	1.919
6	100.49	100.50	0.76	101.25	101.26	113	2.271
7	100.59	100.61	0.13	100.72	100.74	169	2.519

在上文提到過，等價發行時的債券稱為平價債券，發行價格大於面額的
債券稱為溢價債券，小於面額的債券稱為折價債券。如圖 12-7 所示，從
另一個角度來講，一般情況，如果一個附息債券以面額首發，也就是平
價債券，那麼它的息票率和 YTM 應該相等。如果息票率大於 YTM，為
溢價債券。如果息票率小於 YTM，為折價債券。

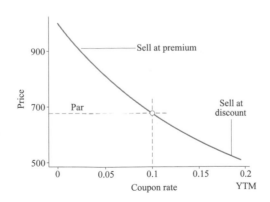

圖 12-7　打折債券和溢價債券

以下程式可以獲得圖 12-7。

B1_Ch12_2.py

```
import numpy as np
import matplotlib.pyplot as plt
```

```
coupon_rate = 0.1
Par = 1000
n = 10
ytm = np.arange(0,0.2,0.005)
pv = 0

for i in range(n):
    pv = Par*coupon_rate/(1+ytm)**i + pv

plt.plot(ytm,pv)
plt.xlabel('YTM',fontsize=8)
plt.ylabel('Price',fontsize=8)
plt.gca().spines['right'].set_visible(False)
plt.gca().spines['top'].set_visible(False)
plt.gca().yaxis.set_ticks_position('left')
plt.gca().xaxis.set_ticks_position('bottom')
```

債券報價中經常常用到的另外兩個名詞：全價和淨價。觀察表 12-2 可以發現，全價和淨價之間相差的金額是應計利息。在剛剛完成付息之後，此時應計利息為零，全價和淨價相等。

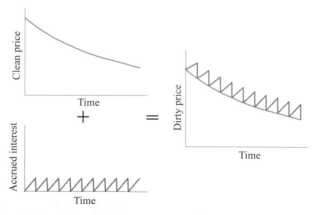

圖 12-8　淨價、全價和應計利息三者關係

全價 (full price, dirty price or gross price)，相當於實際成交價格，包含應計利息 (accrued interest, AI)。淨價 (clean price, quoted price, or flat price)

不含有應計利息的價格。淨價、全價和應計利息三者關係展示如圖 12-8 所示，可以看到全價在圖中的形狀是鋸齒狀的，每隔一段週期債券的全價會有一個突然地減少。這個現象是由定期支付債券利息引起的。鋸齒的起落是應計利息的變化。而淨價本身不受應計利息影響，它的波動更容易反映出市場因素 (利率、信用風險等) 的波動情況。

應計利息 AI 的算式為：

$$AI = C\frac{t}{\Delta T} \tag{12-4}$$

其中，C 為債券利息現金流；t 為距離上一個付息日的時間；ΔT 為付息間隔時間，單位可以是天 (營業日、或日曆日)，或是年，比如說 0.5 年 (每年付息兩次，或每半年付息一次)、1 年 (每年付息一次)。$t/\Delta T$ 的計算涉及 12.1 節介紹過的日數協定，讀者可以回顧一下。

假設在到達下一個付息日之前，債券的持有人甲，將債券賣給乙，那麼將要收到的這部分利息該如何分配呢？答案是應計利息 AI 歸甲方所有；剩下的那部分利息，即 $C - AI$，歸乙方所有，如圖 12-9 所示。

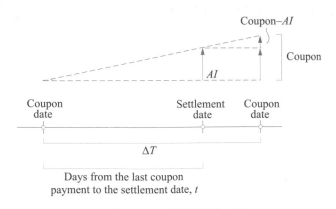

圖 12-9　應計利息分配

如圖 12-10 展示的是全價和淨價隨到期收益率 YTM 的變化關係。可以看出，兩者呈類似反比例的關係。YTM 某種意義上代表利率的平均水準，因此可以簡單地說，如果利率下降，那麼債券的價格會上升；利率上升，債券的價格會下降。

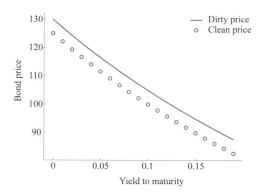

圖 12-10　全價和淨價隨到期收益率變化

以下程式可以獲得圖 12-10，此處呼叫了 QuantLib 運算函數庫。QuantLib 是一個開放原始碼的運算函數庫，提供了固定收益產品和金融衍生品的定價分析，可以在 Python 呼叫。初次使用前需要下載與自己電腦和 Python 相對應的 QuantLib 版本，用 pip 進行安裝。

```
B1_Ch12_3.py
import QuantLib as ql
import numpy as np
import matplotlib.pyplot as plt

todaysDate = ql.Date(10, 7, 2017)
ql.Settings.instance().evaluationDate = todaysDate
dayCount = ql.Thirty360()
calendar = ql.UnitedStates()
interpolation = ql.Linear()
compounding = ql.Compounded
compoundingFrequency = ql.Annual

issueDate = ql.Date(15, 1, 2017)
maturityDate = ql.Date(15, 1, 2020)
tenor = ql.Period(ql.Semiannual)
```

```
calendar = ql.UnitedStates()
bussinessConvention = ql.Unadjusted
dateGeneration = ql.DateGeneration.Backward
monthEnd = False
schedule = ql.Schedule (issueDate, maturityDate, tenor, calendar,
bussinessConvention,
                        bussinessConvention , dateGeneration, monthEnd)

#Now lets build the coupon
couponRate = .1
coupons = [couponRate]

#Now lets construct the FixedRateBond
settlementDays = 3
faceValue = 100
fixedRateBond = ql.FixedRateBond(settlementDays, faceValue, schedule,
coupons, dayCount)

ytm = np.arange(0,0.2,0.01)
cleanPrice = np.zeros(len(ytm))
dirtyPrice = np.zeros(len(ytm))

for i in range(len(ytm)):
    cleanPrice[i] = fixedRateBond.cleanPrice(ytm[i],fixedRateBond.
dayCounter(), compounding, ql.Semiannual)
    dirtyPrice[i] = fixedRateBond.dirtyPrice(ytm[i],fixedRateBond.
dayCounter(), compounding, ql.Semiannual)

plt.plot(ytm, dirtyPrice,label='Dirty price')
plt.plot(ytm, cleanPrice,'o',color ='r',fillstyle='none',label='Clean
price')
plt.legend(loc='upper right')
plt.xlabel('YTM',fontsize=8)
plt.ylabel('Bond Price',fontsize=8)
plt.gca().spines['right'].set_visible(False)
plt.gca().spines['top'].set_visible(False)
plt.gca().yaxis.set_ticks_position('left')
plt.gca().xaxis.set_ticks_position('bottom')
```

如圖 12-11 展示的是打折債券和溢價債券淨價隨時間變化的規律。在債券到期時，債券的淨價回歸債券面額 (pull to par)。

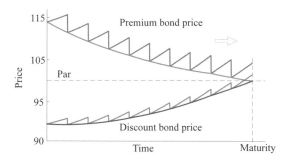

圖 12-11　打折債券和溢價債券淨價隨時間變化

以下程式可以獲得圖 12-11。

```
import QuantLib as ql
import numpy as np
import matplotlib.pyplot as plt

todaysDate = ql.Date(15, 1, 2015)
spotDates = [ql.Date(15, 1, 2015),ql.Date(15, 1, 2016), ql.Date(15, 1,
2017),ql.Date(15, 1, 2018),ql.Date(15, 1, 2019),ql.Date(15, 1, 2020)]
spotRates = [0.027, 0.035, 0.042,0.047,0.052,0.055]
dayCount = ql.Thirty360()
calendar = ql.UnitedStates()
interpolation = ql.Linear()
compounding = ql.Compounded
compoundingFrequency = ql.Annual

issueDate = ql.Date(15, 1, 2015)
maturityDate = ql.Date(15, 1, 2020)
tenor = ql.Period(ql.Semiannual)
calendar = ql.UnitedStates()
bussinessConvention = ql.Unadjusted
dateGeneration = ql.DateGeneration.Backward
monthEnd = False
```

```
schedule = ql.Schedule (issueDate, maturityDate, tenor, calendar,
bussinessConvention,
                        bussinessConvention , dateGeneration, monthEnd)

#Now lets build the coupon
dayCount = ql.Thirty360()
couponRate1 = .085
coupons1 = [couponRate1]

couponRate2 = .03
coupons2 = [couponRate2]

#Now lets construct the FixedRateBond
settlementDays = 0
faceValue = 100
fixedRateBond1 = ql.FixedRateBond(settlementDays, faceValue, schedule,
coupons1, dayCount)
fixedRateBond2 = ql.FixedRateBond(settlementDays, faceValue, schedule,
coupons2, dayCount)

dirtyPrice1 = np.zeros(1826)
cleanPrice1 = np.zeros(1826)
dirtyPrice2 = np.zeros(1826)
cleanPrice2 = np.zeros(1826)

for i in range(1826):
    ql.Settings.instance().evaluationDate = todaysDate + i
    spotCurve = ql.ZeroCurve(spotDates, spotRates, dayCount, calendar,
interpolation,compounding, compoundingFrequency)
    spotCurveHandle = ql.YieldTermStructureHandle(spotCurve)

    #create a bond engine with the term structure as input;
    #set the bond to use this bond engine
    bondEngine = ql.DiscountingBondEngine(spotCurveHandle)
    fixedRateBond1.setPricingEngine(bondEngine)
    fixedRateBond2.setPricingEngine(bondEngine)

    #Finally the price
    fixedRateBond1.NPV()
```

```
        dirtyPrice1[i] = fixedRateBond1.dirtyPrice()
        cleanPrice1[i] = fixedRateBond1.cleanPrice()

        fixedRateBond2.NPV()
        dirtyPrice2[i] = fixedRateBond2.dirtyPrice()
        cleanPrice2[i] = fixedRateBond2.cleanPrice()

    for c in fixedRateBond1.cashflows():
        print('%20s %12f' % (c.date(), c.amount()))

    for c in fixedRateBond2.cashflows():
        print('%20s %12f' % (c.date(), c.amount()))

    plt.plot(dirtyPrice1)
    plt.plot(cleanPrice1)
    plt.plot(dirtyPrice2)
    plt.plot(cleanPrice2)
    plt.xlabel('Time',fontsize=8)
    plt.ylabel('Price',fontsize=8)
    plt.gca().spines['right'].set_visible(False)
    plt.gca().spines['top'].set_visible(False)
    plt.gca().yaxis.set_ticks_position('left')
    plt.gca().xaxis.set_ticks_position('bottom')
```

之前提到的債券價格和收益率關係的公式，也可以看作債券的價格 PV 由未來現金流折現得到。

$$PV = \frac{C}{(1+y)} + \frac{C}{(1+y)^2} + \frac{C}{(1+y)^3} + \cdots + \frac{C}{(1+y)^n} + \frac{Par}{(1+y)^n} \tag{12-5}$$

此處假設貼現利率 y 是恒定的，然而更準確的方法是按照現金流發生的時間，用其對應的即期利率或零息利率 (zero rate or spot rate) 進行貼現，式 (12-5) 變化為：

$$PV = \frac{C}{(1+y_1)} + \frac{C}{(1+y_2)^2} + \frac{C}{(1+y_3)^3} + \cdots + \frac{C}{(1+y_n)^n} + \frac{Par}{(1+y_n)^n} \tag{12-6}$$

其中，y_n 為不同期限的零息利率。

假設 y 代表連續複利下的收益率，則式 (12-6) 變為：

$$PV = C\exp(-y_1) + C\exp(-2y_2) + C\exp(-3y_3) + \cdots + C\exp(-ny_n) + Par\exp(-ny_n) \quad (12\text{-}7)$$

下 面 介 紹 如 何 根 據 債 券 價 格 得 到 即 期 利 率。 票 息 逐 層 剝 離 法
(bootstrapping yield curve) 是其中最常用的一種方法。這個程式中，輸入
資料為不同到期時間的幾個債券的資訊 (到期時間、債券的息票率和債券
當前價格)，可以計算日複利的即期利率。如圖 12-12 所示。

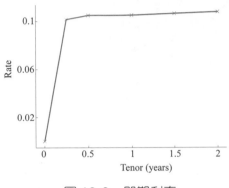

圖 12-2　即期利率

以下程式可以獲得圖 12-12。

```
B1_Ch12_5.py
import QuantLib as ql
import matplotlib.pyplot as plt

calc_date = ql.Date(15, 1, 2020)
ql.Settings.instance().evaluationDate = calc_date

data = [
    ('15-01-2020', '15-04-2020', 0, 97.5),
    ('15-01-2020', '15-07-2020', 0, 94.9),
    ('15-01-2020', '15-01-2021', 0, 90.0),
    ('15-01-2020', '15-07-2021', 8.0,96.0),
    ('15-01-2020', '15-01-2022', 12.0, 101.6),
]
```

```
helpers = []
day_count = ql.Thirty360()
settlement_days = 0
face_amount = 100

for issue_date, maturity, coupon, price in data:
    price = ql.QuoteHandle(ql.SimpleQuote(price))
    issue_date = ql.Date(issue_date, '%d-%m-%Y')
    maturity = ql.Date(maturity, '%d-%m-%Y')
    schedule = ql.MakeSchedule(issue_date, maturity, ql.Period(ql.
Semiannual))
    helper = ql.FixedRateBondHelper(price, settlement_days, face_amount,
schedule, [coupon / 100], day_count)
    helpers.append(helper)

yieldcurve = ql.PiecewiseLogCubicDiscount(calc_date, helpers, day_count)
spots = []
tenors = []

for d in yieldcurve.dates():
    yrs = day_count.yearFraction(calc_date, d)
    print(yrs)
    compounding = ql.Compounded
    #compounding = ql.Simple
    freq = ql.Semiannual
    freq = ql.Quarterly
    freq = ql.Daily
    #freq = ql.Continuous
    zero_rate = yieldcurve.zeroRate(yrs, compounding, freq)
    tenors.append(yrs)
    eq_rate = zero_rate.equivalentRate(day_count,
                                       ql.Compounded,
                                       freq,
                                       calc_date,
                                       d).rate()
    spots.append(eq_rate)


plt.plot(tenors,spots,'x-')
```

```
plt.xlabel('Tenor',fontsize=8)
plt.ylabel('Rate',fontsize=8)
plt.gca().spines['right'].set_visible(False)
plt.gca().spines['top'].set_visible(False)
plt.gca().yaxis.set_ticks_position('left')
plt.gca().xaxis.set_ticks_position('bottom')
```

12.4 存續期間

在本章的開始，介紹過到期期限是債券的主要元素之一，然而到期期限並不能反映出債券的平均還款期限。舉個範例，現在有兩個還款金額同為 100 元的債券：債券 A，兩年後還款 100 元，中間沒有任何現金流；債券 B，第一年年底還款 50 元，第二年年底還款 50 元。很明顯債券 B 相當於提前還款，平均還款時間更短。

這裡需要引入麥考利存續期間 (Macaulay duration) 來反映「平均還款時間」的概念。通俗地講，麥考利存續期間是用權重調整過的到期期限，把本金和利息全都收回的加權時間總和。權重為每次支付的現金流的現值佔現金流現值總和的比率，而權重的總和為 1。

麥考利存續期間 D_{MAC} 可以透過式 (12-8) 計算。

$$D_{MAC} = \frac{\sum_{i=1}^{n} t_i PV_i}{\sum_{i=1}^{n} PV_i} = \frac{\sum_{i=1}^{n} t_i PV_i}{P} = \sum_{i=1}^{n} t_i \frac{PV_i}{P} \tag{12-8}$$

其中，i 為現金流的次序 (indexes the cash flows)，P 為未來現金流的總現值 (present value of all the cash flow)，PV_i 為第 i 個現金流的現值 (present value of the ith cash flow)，t_i 為第 i 個現金流所在以年為單位的時間跨度 (time in years until the ith payment will be received)。

麥考利存續期間首先由加拿大經濟學家麥考利 (Frederick Macaulay) (1882——1970) 在 1938 年提出，最初用來度量回收投資的平均時間。

之前提到的計算債券價格的公式中，現金流的折算用的是單利法，這裡依舊使用上文提到的到期收益率 y 來折算現金流，採用連續複利法。

$$P = \sum_{i=1}^{n} c_i \exp(-yt_i)$$

$$D_{MAC} = \sum_{i=1}^{n} t_i \frac{PV_i}{P} \qquad (12\text{-}9)$$

$$= \sum_{i=1}^{n} t_i \left[\frac{c_i \exp(-yt_i)}{P} \right]$$

其中，c_i 代表著對應著時刻 t_i 的第 i 個現金流，其他各項含義同之前的公式相同，這裡不再贅述。

如圖 12-13 所示為到期期限為 n 年的債券現金流示意圖，付息頻率為 1 次 / 年。

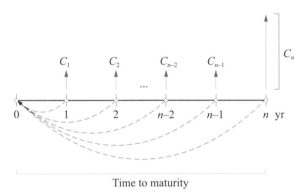

圖 12-13　到期期限為 n 年的債券現金流示意圖，付息頻率：1 次 / 年

在債券分析中，存續期間已經超越了時間的概念，投資者更多地把它用來衡量債券價格變動對利率變化的敏感度。這是怎樣實現的呢？

債券價格 P 和收益率 y 存在以下關係：

$$P = \sum_{i=1}^{n} c_i \exp(-yt_i) \qquad (12\text{-}10)$$

當 y 發生較小的變化 Δy 時，P 的變化可以由以下一階近似表示為：

$$\Delta P = \frac{dP}{dy}\Delta y = -\Delta y \sum_{i=1}^{n} c_i t_i \exp(-yt_i) \qquad (12\text{-}11)$$

而根據存續期間的定義：

$$D_{MAC} = \sum_{i=1}^{n} t_i \left[\frac{c_i \exp(-yt_i)}{P} \right] \qquad (12\text{-}12)$$

債券價格的變動可以寫為：

$$\Delta P = -\Delta y \sum_{i=1}^{n} c_i t_i \exp(-yt_i) = -P D_{MAC}\Delta y \qquad (12\text{-}13)$$

也可以寫為：

$$\frac{\Delta P}{P} = -D_{MAC}\Delta y \qquad (12\text{-}14)$$

即債券價格變化和收益率的變化存在一種線性關係，而存續期間就是線性關係的係數。存續期間越大，債券價格對收益率的變化越敏感，即利率風險越大。

在上面的推導中，用到了一個假設條件，即 y 代表連續複利的收益率。在 y 代表年複利的情況下，債券價格 P 和收益率 y 存在以下關係：

$$P = \sum_{i=1}^{n} \frac{c_i}{(1+y)^i} \qquad (12\text{-}15)$$

當 y 發生較小的變化 Δy 時，P 的變化可以由以下一階近似表示為：

$$\Delta P = \frac{dP}{dy}\Delta y = -\frac{\Delta y}{1+y} \sum_{i=1}^{n} \frac{c_i}{(1+y)^i} = -\frac{\Delta y}{1+y} P D_{MAC} \qquad (12\text{-}16)$$

整理後寫為：

$$\Delta P = -\Delta y P D^* \qquad (12\text{-}17)$$

其中，D^* 為式 (12-18) 所示：

$$D^* = \frac{D_{MAC}}{1+y} \qquad (12\text{-}18)$$

即為修正存續期間 (modified duration)。如果用 m 來表示付息頻率,修正存續期間和麥考利存續期間兩者的關係就變為:

$$D_{MOD} = \frac{D_{MAC}}{1 + y/m} \qquad (12\text{-}19)$$

麥考利存續期間和修正存續期間受哪些因素影響呢?觀察以上存續期間公式不難發現下述規律。

首先,其他因素相同的情況下,債券到期時間越長,存續期間就越大。對於零息債券,債券的到期時間即為存續期間。

其次,其他因素相同的情況下,到期收益率 YTM 越小,債券的存續期間越大,具體關係如圖 12-14 所示。YTM 較小時,後期的現金流有相對較大的現值,因此有更大的權重,從而時間的加權平均相對越大,存續期間因此更大。相反,YTM 較大時,相比前期現金流,後期的現金流打折越大,從而時間加權平均相對越小,因此存續期間越小。

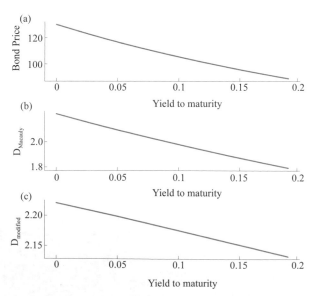

圖 12-14　存續期間和到期收益率的關係

最後，其他因素相同的情況下，息票利率越低，債券的存續期間越長，具體關係如圖 12-15 所示。這一點很好理解，息票利率低時，早期的現金流越小，權重越小，對加權平均的時間影響相對較小，最後時間點的那筆現金流的權重相對來說很大，因此存續期間越大。反之，當息票利率越高時，早期的現金流越大，這樣較短的時間節點有更大的權重，因此加權平均時間越小，存續期間越小。

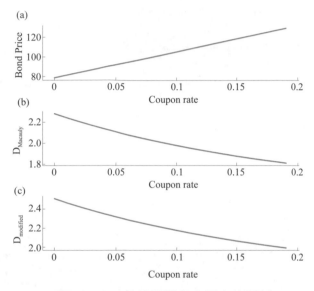

圖 12-15　存續期間和息票率的關係

以下程式可以用來獲得圖 12-14。

B1_Ch12_6.py

```
import QuantLib as ql
import numpy as np
import matplotlib.pyplot as plt

todaysDate = ql.Date(10, 7, 2017)
ql.Settings.instance().evaluationDate = todaysDate
dayCount = ql.Thirty360()
calendar = ql.UnitedStates()
```

```
interpolation = ql.Linear()
compounding = ql.Compounded
compoundingFrequency = ql.Annual

issueDate = ql.Date(15, 1, 2017)
maturityDate = ql.Date(15, 1, 2020)
tenor = ql.Period(ql.Semiannual)
calendar = ql.UnitedStates()
bussinessConvention = ql.Unadjusted
dateGeneration = ql.DateGeneration.Backward
monthEnd = False
schedule = ql.Schedule (issueDate, maturityDate, tenor, calendar,
bussinessConvention,
                    bussinessConvention , dateGeneration, monthEnd)

#Now lets build the coupon
dayCount = ql.Thirty360()
couponRate = .1
coupons = [couponRate]

#Now lets construct the FixedRateBond
settlementDays = 3
faceValue = 100
fixedRateBond = ql.FixedRateBond(settlementDays, faceValue, schedule,
coupons, dayCount)

ytm = np.arange(0,0.2,0.01)
duration_mod = np.zeros(len(ytm))
duration_mac = np.zeros(len(ytm))
dirtyPrice = np.zeros(len(ytm))

for i in range(len(ytm)):
    y=ytm[i]
    duration_mod[i] = ql.BondFunctions.duration(fixedRateBond,y,ql.
ActualActual(), ql.Compounded, ql.Annual, ql.Duration.Modified)
    duration_mac[i] = ql.BondFunctions.duration(fixedRateBond,y,ql.
ActualActual(), ql.Compounded, ql.Annual, ql.Duration.Macaulay)
    #cleanPrice[i] = fixedRateBond.cleanPrice(ytm[i],fixedRateBond.
dayCounter(), compounding, ql.Semiannual)
```

```
      dirtyPrice[i] = fixedRateBond.dirtyPrice(y,fixedRateBond.
dayCounter(), ql.Compounded, ql.Annual)

plt.figure(1)
plt.subplot(311)
plt.plot(ytm, dirtyPrice)
plt.xlabel('Yield To Maturity',fontsize=8)
plt.ylabel('Bond Price',fontsize=8)
plt.gca().spines['right'].set_visible(False)
plt.gca().spines['top'].set_visible(False)

plt.subplot(312)
plt.plot(ytm, duration_mod)
plt.xlabel('Yield To Maturity',fontsize=8)
plt.ylabel('Modified Duration',fontsize=8)
plt.gca().spines['right'].set_visible(False)
plt.gca().spines['top'].set_visible(False)

plt.subplot(313)
plt.plot(ytm, duration_mac)

plt.xlabel('Yield To Maturity',fontsize=8)
plt.ylabel('Macaulay Duration',fontsize=8)
plt.gca().spines['right'].set_visible(False)
plt.gca().spines['top'].set_visible(False)
plt.subplots_adjust(hspace=0.5)
```

以下程式可以用來獲得圖 12-15。

B1_Ch12_7.py

```
import QuantLib as ql
import numpy as np
import matplotlib.pyplot as plt

todaysDate = ql.Date(10, 7, 2017)
ql.Settings.instance().evaluationDate = todaysDate
dayCount = ql.Thirty360()
calendar = ql.UnitedStates()
```

```
interpolation = ql.Linear()
compounding = ql.Compounded
compoundingFrequency = ql.Annual

issueDate = ql.Date(15, 1, 2017)
maturityDate = ql.Date(15, 1, 2020)
tenor = ql.Period(ql.Semiannual)
calendar = ql.UnitedStates()
bussinessConvention = ql.Unadjusted
dateGeneration = ql.DateGeneration.Backward
monthEnd = False
schedule = ql.Schedule (issueDate, maturityDate, tenor, calendar,
bussinessConvention,
                        bussinessConvention , dateGeneration, monthEnd)

#Now lets build the coupon
dayCount = ql.Thirty360()
couponRate = np.arange(0,0.2,0.01)

#Now lets construct the FixedRateBond
settlementDays = 3
faceValue = 100

ytm = .1
duration_mod = np.zeros(len(couponRate))
duration_mac = np.zeros(len(couponRate))
dirtyPrice = np.zeros(len(couponRate))

for i in range(len(couponRate)):
    coupons = [couponRate[i]]
    fixedRateBond = ql.FixedRateBond(settlementDays, faceValue,
schedule, coupons, dayCount)
    duration_mod[i] = ql.BondFunctions.duration(fixedRateBond,ytm,ql.
ActualActual(), ql.Compounded, ql.Annual, ql.Duration.Modified)
    duration_mac[i] = ql.BondFunctions.duration(fixedRateBond,ytm,ql.
ActualActual(), ql.Compounded, ql.Annual, ql.Duration.Macaulay)
    #cleanPrice[i] = fixedRateBond.cleanPrice(ytm[i],fixedRateBond.
dayCounter(), compounding, ql.Semiannual)
    dirtyPrice[i] = fixedRateBond.dirtyPrice(ytm,fixedRateBond.
```

```
dayCounter(), ql.Compounded, ql.Annual)

plt.figure(1)
plt.subplot(311)
plt.plot(couponRate, dirtyPrice)
plt.xlabel('Coupon rate',fontsize=8)
plt.ylabel('Bond Price',fontsize=8)
plt.gca().spines['right'].set_visible(False)
plt.gca().spines['top'].set_visible(False)

plt.subplot(312)
plt.plot(couponRate, duration_mod)
plt.xlabel('Coupon rate',fontsize=8)
plt.ylabel('Modified Duration',fontsize=8)
plt.gca().spines['right'].set_visible(False)
plt.gca().spines['top'].set_visible(False)

plt.subplot(313)
plt.plot(couponRate, duration_mac)
plt.xlabel('Coupon rate',fontsize=8)
plt.ylabel('Macaulay Duration',fontsize=8)
plt.gca().spines['right'].set_visible(False)
plt.gca().spines['top'].set_visible(False)
plt.subplots_adjust(hspace=0.5)
```

目前講到的兩個存續期間——麥考利存續期間和修正存續期間，在應用時有一個重要的假設，即債券現金流不隨利率波動變化。也就是說，債券沒有任何保護條款，例如債券贖回、債券售回權，等等。有可贖回、可售回權利時，債券的現金流就不是固定的，即債券可能會在到期日之前被提前贖回或售回而終止。對於現金流不固定的債券，就需要用有效存續期間 (effective duration) 來計算：

$$D_{eff} = \frac{P_{-\Delta y} - P_{+\Delta y}}{2P_0 \times \Delta y}$$ (12-20)

或表示為：

$$D_{eff} = \frac{P_0 - P_{+\Delta y}}{P_0 \times \Delta y}$$ (12-21)

整理後得到:

$$P_{\text{Duration\_approx}} = P_0 \left(1 - D \cdot \Delta y\right) \tag{12-22}$$

收益率 y 變化 Δy 時,可以根據式 (12-22) 估算新的債券價值。注意式 (12-22) 的減號,因為存續期間 D 定義附帶負號。

當 y 發生較小的變化 Δy 時,根據泰勒一階展開方法,用存續期間估算債券價值較為準確。

如圖 12-16 所示為債券收益率 y 變化對債券價值的影響。如圖 12-17 所示為債券估值和實際值之間的誤差,即圖 12-16 中藍色曲線和紅色直線之差。

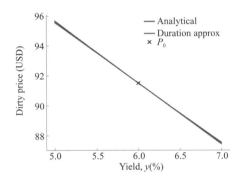
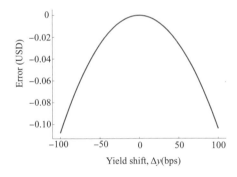

圖 12-16　y 取不同值的時候債券價值及估算　　　　圖 12-17　Δy 取不同值時,估算誤差

以下程式可以獲得圖 12-16 和圖 12-17。

```
B1_Ch12_8.py

import QuantLib as ql
import numpy as np
import matplotlib.pyplot as plt

todaysDate = ql.Date(1, 7, 2020)
ql.Settings.instance().evaluationDate = todaysDate
dayCount = ql.Thirty360()
```

```
calendar = ql.UnitedStates()
interpolation = ql.Linear()
compounding = ql.Compounded
compoundingFrequency = ql.Annual

issueDate = ql.Date(1, 7, 2020)
maturityDate = ql.Date(15, 7, 2025)
tenor = ql.Period(ql.Semiannual)
calendar = ql.UnitedStates()
bussinessConvention = ql.Unadjusted
dateGeneration = ql.DateGeneration.Backward
monthEnd = False
schedule = ql.Schedule (issueDate, maturityDate, tenor, calendar,
bussinessConvention,
                        bussinessConvention , dateGeneration, monthEnd)

#Now lets build the coupon
dayCount = ql.Thirty360()
couponRate = .04
coupons = [couponRate]

#Now lets construct the FixedRateBond
settlementDays = 3
faceValue = 100
fixedRateBond = ql.FixedRateBond(settlementDays, faceValue, schedule,
coupons,
dayCount)

delta_y_base = 0.0001
ytm = np.arange(5.0,7.0,delta_y_base)*0.01
approxPrice = np.zeros(len(ytm))
dirtyPrice = np.zeros(len(ytm))

P0 = fixedRateBond.dirtyPrice(0.06,fixedRateBond.dayCounter(),
compounding,
ql.Semiannual)
P_up = fixedRateBond.dirtyPrice(0.060 + delta_y_base,fixedRateBond.
dayCounter(),
compounding, ql.Semiannual)
```

```
P_down = fixedRateBond.dirtyPrice(0.060 - delta_y_base,fixedRateBond.
dayCounter(),
compounding, ql.Semiannual)
duration = (P_down - P_up)/(2*P0*delta_y_base)

for i in range(len(ytm)):
    delta_y = ytm[i] - 0.06
    approxPrice[i] = P0*(1-duration*delta_y)
    dirtyPrice[i] = fixedRateBond.dirtyPrice(ytm[i],fixedRateBond.
dayCounter(),
compounding, ql.Semiannual)

plt.figure(1)
plt.plot(ytm*100, dirtyPrice,label='Analytical',color = 'b')
plt.plot(ytm*100, approxPrice,color ='r',label='Duration approx')
plt.plot(6, P0,'x',color ='k',fillstyle='none',label='P0')
plt.legend(loc='upper right')
plt.xlabel('Yield, y(%)',fontsize=8)
plt.ylabel('Dirty Price (USD)',fontsize=8)
plt.gca().spines['right'].set_visible(False)
plt.gca().spines['top'].set_visible(False)
plt.gca().yaxis.set_ticks_position('left')
plt.gca().xaxis.set_ticks_position('bottom')

plt.figure(2)
plt.plot(ytm*100, approxPrice-dirtyPrice,color ='b')
plt.xlabel('Yield Shift, in bps',fontsize=8)
plt.ylabel('Error (USD)',fontsize=8)
plt.gca().spines['right'].set_visible(False)
plt.gca().spines['top'].set_visible(False)
plt.gca().yaxis.set_ticks_position('left')
plt.gca().xaxis.set_ticks_position('bottom')
```

12.5　關鍵利率存續期間

前面介紹的幾種存續期間適用於收益率曲線平行移動 (parallel shift) 的情況。如圖 12-18 舉出了收益率曲線的幾種可能的變化。對於非平行移動，應該如何衡量債券對利率的敏感度呢？這時候需要用到關鍵利率存續期間 (key rate duration, partial duration)。即假設其他年限的即期利率 (spot rates) 不變，只有一個年限的即期利率 (spot rate) 變化。所以，一個債券在每一個期限都有一個關鍵利率存續期間 (key rate duration)。

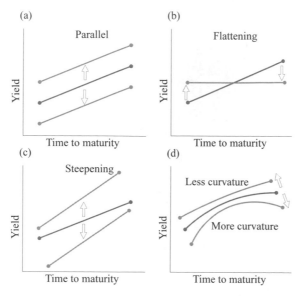

圖 12-18　收益率曲線變化類型

同時，存續期間的概念不僅應用在單一債券上，還廣泛應用在債券的投資組合中。

關鍵利率存續期間以某些關鍵利率期限為基礎，衡量固定收益證券價格對利率的敏感性。關鍵利率存續期間計算方法類似有效存續期間，具體為：

$$D_{\text{key rate}} = \frac{P_{\text{down}} - P_{\text{up}}}{2P_0 \times \Delta y} \tag{12-23}$$

給定當前利率期限 (影像如圖 12-19 所示)。圖 12-19 中紅色 × 為關鍵利率期限為 2 年、5 年、10 年和 20 年，這四個關鍵利率期限將圖 12-19 橫軸分割出五個區間。

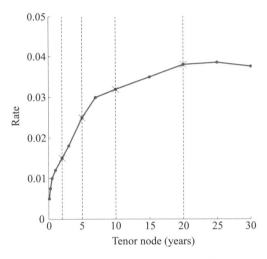

圖 12-19　利率期限結構

計算某個關鍵利率存續期間時，該關鍵期限利率上升或下降 Δy，而 Δy 對附近非關鍵期限利率的影響是線性遞減關係。如圖 12-20 所示，5 年期關鍵期限左右兩側分別是 2 年期和 10 年期關鍵期限；5 年期關鍵期限，利率變化水準為 $\Delta y = 50$ bps (0.005)。圖 12-20 同時舉出 5 年期關鍵期限利率變化水準 Δy 對 2 年期和 10 年期關鍵期限利率影響為 0。5 年期關鍵期限利率變化水準 Δy 對非關鍵期限 (3 年和 7 年) 影響線性遞減。

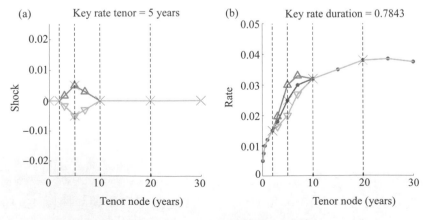

圖 12-20　5 年期關鍵利率期限

圖 12-20(b) 中，藍色利率期限可以用來計算 P0，粉紅色利率期限可以用來計算 P_{up}，綠色利率期限可以用來計算 P_{down}。這樣利用關鍵利率存續期間計算公式，可以計算得到 5 年期關鍵利率期限有效存續期間。

如圖 12-21 所示，10 年期關鍵利率期限變化水準 Δy 對 7 年期和 15 年期影響線性遞減。採用同樣的想法，可以計算得到 10 年期關鍵利率期限有效存續期間。

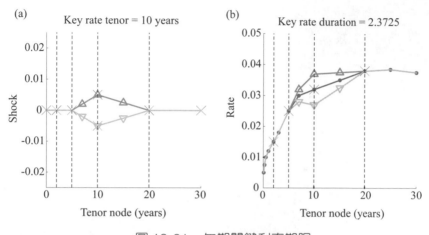

圖 12-21 年期關鍵利率期限

而幾個關鍵利率期限首尾兩個期限處理上稍有不同，對於 2 年、5 年、10 年、20 年這四個關鍵期限，2 年和 20 年就是首尾兩個關鍵期限。如圖 12-22 所示，小於 2 年的非關鍵利率期限 Δy 和 2 年一致，大於 2 年 (小於 5 年) 的 Δy 非關鍵期限線性遞減。而對於 20 年關鍵期限，如圖 12-23 所示，大於 20 年的非關鍵利率期限 Δy 和 20 年一致，小於 20 年 (大於 10 年) 的非關鍵期限 Δy 線性遞減。

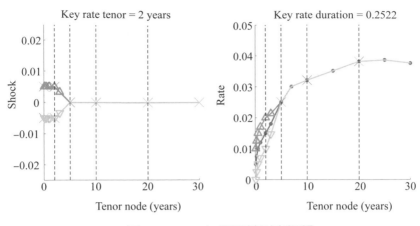

圖 12-22　2 年期關鍵利率期限

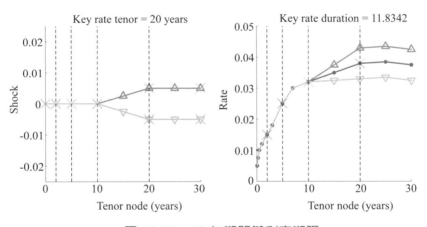

圖 12-23　20 年期關鍵利率期限

如圖 12-20(a)、圖 12-21(a)、圖 12-22(a)、圖 12-23(a) 所示為四個關鍵利率期限 (2 5 10 20) 分割出五個區間中,每個不同區間利率水準變化 Δy 的分段函數。

下面舉出計算債券在 2 年、5 年、10 年、20 年四個關鍵利率存續期間的程式。

```
B1_Ch12_9.py

import QuantLib as ql
import numpy as np
import matplotlib.pyplot as plt

todaysDate = ql.Date(18, 8, 2020)
tenor_tmp =[0, 1, 3, 6, 12, 24, 3*12, 5*12, 7*12, 10*12, 15*12, 20*12,
25*12, 30*12]
spotDates = [ todaysDate + ql.Period(x,ql.Months) for x in tenor_tmp ]
spotRates = [0.0, 0.005, 0.0075, 0.01, 0.012, 0.015, 0.018, 0.025, 0.03,
0.032, 0.035, 0.038, 0.0385, 0.0375]
dayCount = ql.Thirty360()
calendar = ql.UnitedStates()
interpolation = ql.Linear()
compounding = ql.Compounded
compoundingFrequency = ql.Semiannual

issueDate = ql.Date(18, 8, 2020)
maturityDate = ql.Date(18, 8, 2045)
tenor = ql.Period(ql.Semiannual)
bussinessConvention = ql.Unadjusted
dateGeneration = ql.DateGeneration.Backward
monthEnd = False
schedule = ql.Schedule (issueDate, maturityDate, tenor, calendar,
bussinessConvention,
                    bussinessConvention , dateGeneration, monthEnd)

#Now lets build the coupon
couponRate1 = .05
coupons1 = [couponRate1]

#Now lets construct the FixedRateBond
settlementDays = 0
faceValue = 100
fixedRateBond1 = ql.FixedRateBond(settlementDays, faceValue, schedule,
coupons1, dayCount)

ql.Settings.instance().evaluationDate = todaysDate
```

```python
spotCurve = ql.ZeroCurve(spotDates, spotRates, dayCount, calendar,
                         interpolation, compounding, compoundingFrequency)
spotCurveHandle = ql.RelinkableYieldTermStructureHandle(spotCurve)
#create a bond engine with the term structure as input;
#set the bond to use this bond engine
bondEngine = ql.DiscountingBondEngine(spotCurveHandle)
fixedRateBond1.setPricingEngine(bondEngine)

#Finally the price
P0 = fixedRateBond1.dirtyPrice()
print(P0)


nodes = [ 0, 2, 5, 10, 20, 30 ]  #the durations
dates = [ todaysDate + ql.Period(n,ql.Years) for n in nodes ]
spreads = [ ql.SimpleQuote(0.0) for n in nodes ] #null spreads to begin
new_curve = ql.SpreadedLinearZeroInterpolatedTermStructure(
    ql.YieldTermStructureHandle(spotCurve),
    [ ql.QuoteHandle(q) for q in spreads ],
    dates)
spotCurveHandle.linkTo(new_curve)
bondEngine = ql.DiscountingBondEngine(spotCurveHandle)
fixedRateBond1.setPricingEngine(bondEngine)

delta_y = 0.005
for i in range(4):
    if i == 0: #2
        spreads[i].setValue(-delta_y) #0.005 50 bps
        spreads[i + 1].setValue(-delta_y) #0.005 50 bps
        P_down = fixedRateBond1.dirtyPrice()
        print(P_down)

        spreads[i].setValue(delta_y) #0.005 50 bps
        spreads[i + 1].setValue(delta_y) #0.005 50 bps
        P_up = fixedRateBond1.dirtyPrice()
        print(P_up)

        duration = (P_down - P_up)/(2*P0*delta_y)
        print(duration)
```

```
        spreads[i].setValue(0) #0.005 50 bps
        spreads[i + 1].setValue(0) #0.005 50 bps

elif i == 3:#20
    plt.figure(i)
    spreads[i + 1].setValue(-delta_y) #0.005 50 bps
    spreads[i + 2].setValue(-delta_y) #0.005 50 bps
    P_down = fixedRateBond1.dirtyPrice()
    print(P_down)

    spreads[i + 1].setValue(delta_y) #0.005 50 bps
    spreads[i + 2].setValue(delta_y) #0.005 50 bps
    P_up = fixedRateBond1.dirtyPrice()
    print(P_up)

    duration = (P_down - P_up)/(2*P0*delta_y)
    print(duration)

    spreads[i + 1].setValue(0.0) #0.005 50 bps
    spreads[i + 2].setValue(0.0) #0.005 50 bps

else:#5 10
    plt.figure(i)
    spreads[i + 1].setValue(-delta_y) #0.005 50 bps
    P_down = fixedRateBond1.dirtyPrice()
    print(P_down)

    spreads[i + 1].setValue(delta_y) #0.005 50 bps
    P_up = fixedRateBond1.dirtyPrice()
    print(P_up)

    duration = (P_down - P_up)/(2*P0*delta_y)
    print(duration)
    spreads[i + 1].setValue(0.0) #0.005 50 bps
```

12.6 凸性

本章存續期間一節介紹了在收益率變化比較小的情況下，債券價格和債券收益率 YTM 之間存在近似的線性關係。然而，當收益率變化比較大的時候，只考慮債券價格對 YTM 的一階導數就不夠準確，需要引入債券價格對 YTM 的二階導數，即債券凸性 (bond convexity)。

從圖形上來講，凸性是對債券價格曲線彎曲程度的一種度量。凸性的絕對值越大，債券價格曲線彎曲程度越大。如圖 12-24 所示，A 債券凸性為正值，C 債券凸性為負值。B 債券凸性為零。

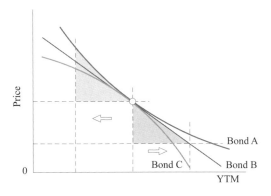

圖 12-24 不同凸性的債券價格和 YTM 關係

凸性往往和含權債券聯繫在一起，常見的正凸性 (Positive Convexity) 證券包括可售回債券 (puttable bond)。常見的負凸性 (Negative Convexity) 證券包括可贖回債券 (callable bond) 和房貸抵押債券 (Mortgage-Backed Security, MBS)。

如果兩個債券的存續期間相同，但凸性不同，當 YTM 發生變化時，會分別對它們的價格產生怎樣的影響呢？如圖 12-24 所示，A 債券比 B 債券有更高的凸性。當 YTM 下降或利率下降時，A 債券價格上漲幅度更大；當利率上升時，A 債券價格下降幅度更小。藍色曲線始終位於紅線直線上方。

簡而言之，凸性令債券具有「放大收益降低損失」的特性。

既然凸性令債券具有「放大收益降低損失」的吸引人的特性，是不是投資人應該選擇凸性更大的債券呢？事實上，債券的價格中已經考慮了凸性的因素。回顧 12.1 節的範例，如果想要獲得凸性為正值的可售回債券，即小王如果想要隨時向老闆兌換債券，投資人需要付出更高的價錢 (代表債券更低的收益率)。凸性越大，債券價格就越貴。就是說，天下沒有免費的午餐。同理，投資人只需要付出較低的價錢 (代表債券更高的收益率) 就可以獲得凸性為負值的可贖回債券，即老闆如果想要隨時向小王召回債券。

綜上，投資人需要在收益率和凸性之間做出選擇。如果他認為市場上凸性的價值被高估了，或說選擇權被執行的可能性很低，可以選擇賣出凸性，即購買凸性為負值的可贖回債券。反之，如果他認為市場上凸性的價值被低估了，或說選擇權被執行的可能性很高，可以選擇買入凸性，即購買凸性為正值的可售回債券。

如圖 12-25 所示，凸性為負值的可贖回債券的價格要低於普通債券。對應的如 12-26 所示，凸性為正值的可售回債券的價格要高於普通債券。

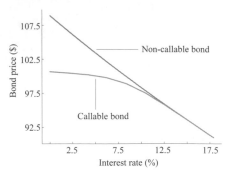

圖 12-25　可贖回債券和普通債券的關係

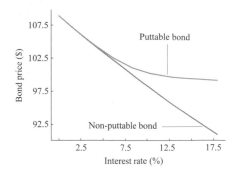

圖 12-26　可售回債券和普通債券的關係

以下程式可以繪製圖 12-25 和圖 12-26。

```
B1_Ch12_10.py
import QuantLib as ql
import numpy as np
import matplotlib.pyplot as plt

def value_bond(a, s, grid_points, bond):
    model = ql.HullWhite(ts_handle, a, s)
    engine = ql.TreeCallableFixedRateBondEngine(model, grid_points)
    bond.setPricingEngine(engine)
    return bond

calc_date = ql.Date(16,8,2016)
ql.Settings.instance().evaluationDate = calc_date
day_count = ql.ActualActual(ql.ActualActual.Bond)
callability_schedule_call = ql.CallabilitySchedule()
callability_schedule_put = ql.CallabilitySchedule()
call_price = 100.0
call_date = ql.Date(15,ql.September,2016);
null_calendar = ql.NullCalendar();
for i in range(0,2):
    callability_price  = ql.CallabilityPrice(
        call_price, ql.CallabilityPrice.Clean)
    callability_schedule_call.append(
            ql.Callability(callability_price,
                            ql.Callability.Call,
                            call_date))
    callability_schedule_put.append(
            ql.Callability(callability_price,
                            ql.Callability.Put,
                            call_date))

    call_date = null_calendar.advance(call_date, 12, ql.Months);

issue_date = ql.Date(16,ql.September,2015)
maturity_date = ql.Date(15,ql.September,2017)
calendar = ql.UnitedStates(ql.UnitedStates.GovernmentBond)
tenor = ql.Period(ql.Quarterly)
accrual_convention = ql.Unadjusted
```

```
schedule = ql.Schedule(issue_date, maturity_date, tenor,
                    calendar, accrual_convention, accrual_convention,
                    ql.DateGeneration.Backward, False)

settlement_days = 0
face_amount = 100
accrual_daycount = ql.ActualActual(ql.ActualActual.Bond)
coupon = 0.0825

bond = ql.FixedRateBond(
    settlement_days, face_amount,
    schedule, [coupon], accrual_daycount)

callable_bond = ql.CallableFixedRateBond(
    settlement_days, face_amount,
    schedule, [coupon], accrual_daycount,
    ql.Following, face_amount, issue_date,
    callability_schedule_call)

puttable_bond = ql.CallableFixedRateBond(
    settlement_days, face_amount,
    schedule, [coupon], accrual_daycount,
    ql.Following, face_amount, issue_date,
    callability_schedule_put)

rate = np.arange(0.0,0.18,0.001)
bond_price = np.zeros(len(rate))
callable_bond_price = np.zeros(len(rate))
puttable_bond_price = np.zeros(len(rate))

for i in range(len(rate)):
    ts = ql.FlatForward(calc_date,
                    rate[i],
                    day_count,
                    ql.Compounded,
                    ql.Semiannual)
    ts_handle = ql.YieldTermStructureHandle(ts)

    bondEngine = ql.DiscountingBondEngine(ts_handle)
```

```
    bond.setPricingEngine(bondEngine)

    callable_bond_price[i] = value_bond(0.03, 0.1, 80, callable_bond).
cleanPrice()
    puttable_bond_price[i] = value_bond(0.03, 0.1, 80, puttable_bond).
cleanPrice()
    bond_price[i] = bond.cleanPrice()

plt.figure(1)
plt.plot(rate*100, bond_price)
plt.plot(rate*100, callable_bond_price)
plt.xlabel('Interest Rate (%)',fontsize=8)
plt.ylabel('Bond Price ($)',fontsize=8)
plt.gca().spines['right'].set_visible(False)
plt.gca().spines['top'].set_visible(False)
plt.gca().yaxis.set_ticks_position('left')
plt.gca().xaxis.set_ticks_position('bottom')

plt.figure(2)
plt.plot(rate*100, bond_price)
plt.plot(rate*100, puttable_bond_price)
plt.xlabel('Interest Rate (%)',fontsize=8)
plt.ylabel('Bond Price ($)',fontsize=8)
plt.gca().spines['right'].set_visible(False)
plt.gca().spines['top'].set_visible(False)
plt.gca().yaxis.set_ticks_position('left')
plt.gca().xaxis.set_ticks_position('bottom')
```

首先，其他因素相同的情況下，債券到期時間越長，凸性就越大。其次，如圖 12-27 所示，其他因素相同的情況下，息票利率越大，債券的凸性越小。債券的存續期間也具有這樣的規律。

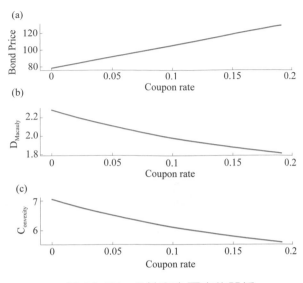

圖 12-27　凸性和息票率的關係

以下程式可以用來獲得圖 12-27。

```
import QuantLib as ql
import numpy as np
import matplotlib.pyplot as plt

todaysDate = ql.Date(10, 7, 2017)
ql.Settings.instance().evaluationDate = todaysDate
dayCount = ql.Thirty360()
calendar = ql.UnitedStates()
interpolation = ql.Linear()
compounding = ql.Compounded
compoundingFrequency = ql.Annual

issueDate = ql.Date(15, 1, 2017)
maturityDate = ql.Date(15, 1, 2020)
tenor = ql.Period(ql.Semiannual)
calendar = ql.UnitedStates()
bussinessConvention = ql.Unadjusted
```

```
dateGeneration = ql.DateGeneration.Backward
monthEnd = False
schedule = ql.Schedule (issueDate, maturityDate, tenor, calendar,
bussinessConvention,
                        bussinessConvention , dateGeneration, monthEnd)

#Now lets build the coupon
dayCount = ql.Thirty360()
ytm = .1

#Now lets construct the FixedRateBond
settlementDays = 3
faceValue = 100

couponRate = np.arange(0,0.2,0.01)
duration_mod = np.zeros(len(couponRate))
dirtyPrice = np.zeros(len(couponRate))
convexity = np.zeros(len(couponRate))

for i in range(len(couponRate)):
    coupons = [couponRate[i]]
    fixedRateBond = ql.FixedRateBond(settlementDays, faceValue, schedule,
coupons, dayCount)
    duration_mod[i] = ql.BondFunctions.duration(fixedRateBond,ytm,ql.
ActualActual(), ql.Compounded, ql.Annual, ql.Duration.Modified)
    convexity[i] = ql.BondFunctions.convexity(fixedRateBond,ytm,ql.
ActualActual(), ql.Compounded, ql.Annual)
    #cleanPrice[i] = fixedRateBond.cleanPrice(Coupon
rate[i],fixedRateBond.dayCounter(), compounding, ql.Semiannual)
    dirtyPrice[i] = fixedRateBond.dirtyPrice(ytm,fixedRateBond.
dayCounter(), compounding, ql.Semiannual)

plt.figure(1)
plt.subplot(311)
plt.plot(couponRate, dirtyPrice)
plt.xlabel('Coupon rate',fontsize=8)
plt.ylabel('Bond Price',fontsize=8)
plt.gca().spines['right'].set_visible(False)
plt.gca().spines['top'].set_visible(False)
```

```
plt.subplot(312)
plt.plot(couponRate, duration_mod)
plt.xlabel('Coupon rate',fontsize=8)
plt.ylabel('Modified Duration',fontsize=8)
plt.gca().spines['right'].set_visible(False)
plt.gca().spines['top'].set_visible(False)

plt.subplot(313)
plt.plot(couponRate, convexity)
plt.xlabel('Coupon rate',fontsize=8)
plt.ylabel('Convexity',fontsize=8)
plt.gca().spines['right'].set_visible(False)
plt.gca().spines['top'].set_visible(False)
plt.subplots_adjust(hspace=0.5)
```

最後如圖 12-28 所示，其他因素相同的情況下，到期收益率 YTM 越小，債券的凸性越大。債券的存續期間也是這樣。

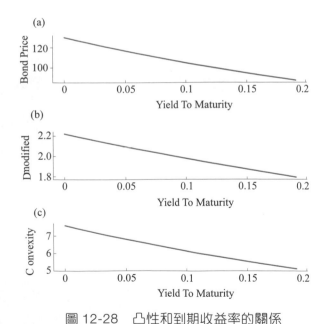

圖 12-28　凸性和到期收益率的關係

以下程式可以用來獲得圖 12-28。

B1_Ch12_12.py

```python
import QuantLib as ql
import numpy as np
import matplotlib.pyplot as plt

todaysDate = ql.Date(10, 7, 2017)
ql.Settings.instance().evaluationDate = todaysDate
dayCount = ql.Thirty360()
calendar = ql.UnitedStates()
interpolation = ql.Linear()
compounding = ql.Compounded
compoundingFrequency = ql.Annual

issueDate = ql.Date(15, 1, 2017)
maturityDate = ql.Date(15, 1, 2020)
tenor = ql.Period(ql.Semiannual)
calendar = ql.UnitedStates()
bussinessConvention = ql.Unadjusted
dateGeneration = ql.DateGeneration.Backward
monthEnd = False
schedule = ql.Schedule (issueDate, maturityDate, tenor, calendar,
bussinessConvention,
                        bussinessConvention , dateGeneration, monthEnd)

#Now lets build the coupon
dayCount = ql.Thirty360()
couponRate = .1
coupons = [couponRate]

#Now lets construct the FixedRateBond
settlementDays = 3
faceValue = 100
fixedRateBond = ql.FixedRateBond(settlementDays, faceValue, schedule,
coupons, dayCount)

ytm = np.arange(0,0.2,0.01)
duration_mod = np.zeros(len(ytm))
dirtyPrice = np.zeros(len(ytm))
convexity = np.zeros(len(ytm))
```

```
for i in range(len(ytm)):
    y=ytm[i]
    duration_mod[i] = ql.BondFunctions.duration(fixedRateBond,y,ql.
ActualActual(), ql.Compounded, ql.Annual, ql.Duration.Modified)
    convexity[i] = ql.BondFunctions.convexity(fixedRateBond,y,ql.
ActualActual(), ql.Compounded, ql.Annual)
    dirtyPrice[i] = fixedRateBond.dirtyPrice(ytm[i],fixedRateBond.
dayCounter(),
compounding, ql.Semiannual)

plt.figure(1)
plt.subplot(311)
plt.plot(ytm, dirtyPrice)
plt.xlabel('Yield To Maturity',fontsize=8)
plt.ylabel('Bond Price',fontsize=8)
plt.gca().spines['right'].set_visible(False)
plt.gca().spines['top'].set_visible(False)

plt.subplot(312)
plt.plot(ytm, duration_mod)
plt.xlabel('Yield To Maturity',fontsize=8)
plt.ylabel('Modified Duration',fontsize=8)
plt.gca().spines['right'].set_visible(False)
plt.gca().spines['top'].set_visible(False)

plt.subplot(313)
plt.plot(ytm, convexity)
plt.xlabel('Yield To Maturity',fontsize=8)
plt.ylabel('Convexity',fontsize=8)
plt.gca().spines['right'].set_visible(False)
plt.gca().spines['top'].set_visible(False)
plt.subplots_adjust(hspace=0.5)
```

類似有效存續期間的計算方法，有效凸性 (Effective Convexity) 可以透過式 (12-24) 計算得到。

$$C_{eff} = \frac{P_{-\Delta y} + P_{+\Delta y} - 2P_0}{P_0 \times \Delta y^2} \tag{12-24}$$

債券的價格變化可以用式 (12-25) 估計。

$$\frac{\Delta P}{P} \approx -D \times \Delta y + \frac{1}{2} \Delta y^2 \times C \qquad (12\text{-}25)$$

以上公式類似一元泰勒二階展開。其中，P 為債券價格；D 為存續期間；Δy 為到期收益率 YTM 的變化。

收益率 y 變化 Δy 時，泰勒二階展開法可以用來估算債券價值。

可以分別計算得到債券的存續期間 D 和凸性 C，根據式 (12-26) 估算債券價值。

$$P_{\text{Duration-convexity\_approx}} = P_0 \left(1 - D \cdot \Delta y + \frac{C}{2} \Delta y^2 \right) \qquad (12\text{-}26)$$

如圖 12-29 所示為債券收益率 y 變化對債券價值的影響。如圖 12-30 所示為債券估值和實際值之間的誤差，即圖 12-29 中藍色曲線和紅色直線之差。

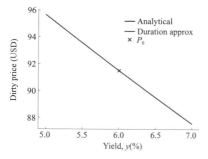

圖 12-29　y 取不同值的時候債券價值及估算

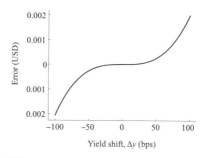

圖 12-30　Δy 取不同值時，估算誤差

以下程式可以繪製圖 12-29 和圖 12-30。

```
B1_Ch12_13.py

import QuantLib as ql
import numpy as np
import matplotlib.pyplot as plt

todaysDate = ql.Date(1, 7, 2020)
```

```
ql.Settings.instance().evaluationDate = todaysDate
dayCount = ql.Thirty360()
calendar = ql.UnitedStates()
interpolation = ql.Linear()
compounding = ql.Compounded
compoundingFrequency = ql.Annual

issueDate = ql.Date(1, 7, 2020)
maturityDate = ql.Date(15, 7, 2025)
#maturityDate = advance('UnitedStates/GovernmentBond',
as.Date('2020-01-15'), 10, 3)
tenor = ql.Period(ql.Semiannual)
calendar = ql.UnitedStates()
bussinessConvention = ql.Unadjusted
dateGeneration = ql.DateGeneration.Backward
monthEnd = False
schedule = ql.Schedule (issueDate, maturityDate, tenor, calendar,
      bussinessConvention, bussinessConvention , dateGeneration, monthEnd)

#Now lets build the coupon
dayCount = ql.Thirty360()
couponRate = .04
coupons = [couponRate]

#Now lets construct the FixedRateBond
settlementDays = 3
faceValue = 100
fixedRateBond = ql.FixedRateBond(settlementDays, faceValue, schedule,
coupons,dayCount)

delta_y_base = 0.0001
ytm = np.arange(5.0,7.0,delta_y_base)*0.01
approxPrice = np.zeros(len(ytm))
dirtyPrice = np.zeros(len(ytm))
delta_y = np.zeros(len(ytm))

P0 = fixedRateBond.dirtyPrice(0.06,fixedRateBond.dayCounter(),
compounding, ql.Semiannual)
P_up = fixedRateBond.dirtyPrice(0.060 + delta_y_base,fixedRateBond.
dayCounter(), compounding, ql.Semiannual)
```

```
P_down = fixedRateBond.dirtyPrice(0.060 - delta_y_base,fixedRateBond.
dayCounter(), compounding, ql.Semiannual)
duration = (P_down - P_up)/(2*P0*delta_y_base)
convexity = (P_down + P_up - 2*P0)/(P0*delta_y_base*delta_y_base)

for i in range(len(ytm)):
    delta_y[i] = ytm[i] - 0.06
    approxPrice[i] = P0*(1 - duration*delta_y[i] + 0.5*convexity*delta_
y[i]*delta_y[i])
    dirtyPrice[i] = fixedRateBond.dirtyPrice(ytm[i],fixedRateBond.
dayCounter(),
compounding, ql.Semiannual)

plt.figure(1)
plt.plot(ytm*100, dirtyPrice,label='Analytical',color = 'b')
plt.plot(ytm*100, approxPrice,color ='r',label='Duration-convexity')
plt.plot(6, P0,'x',color ='k',fillstyle='none',label='P0')
plt.legend(loc='upper right')
plt.xlabel('Yield, y(%)',fontsize=8)
plt.ylabel('Dirty Price (USD)',fontsize=8)
plt.gca().spines['right'].set_visible(False)
plt.gca().spines['top'].set_visible(False)
plt.gca().yaxis.set_ticks_position('left')
plt.gca().xaxis.set_ticks_position('bottom')

plt.figure(2)
plt.plot(delta_y*10000, approxPrice-dirtyPrice,color ='b')
plt.xlabel('Yield Shift, in bps',fontsize=8)
plt.ylabel('Error (USD)',fontsize=8)
plt.gca().spines['right'].set_visible(False)
plt.gca().spines['top'].set_visible(False)
plt.gca().yaxis.set_ticks_position('left')
plt.gca().xaxis.set_ticks_position('bottom')
```

本章首先介紹了時間價值，然後引出普通債券及其性質、定價、收益率等，接著進一步介紹了存續期間和凸性這兩個分析債券的重要概念。對於固定收益產品而言，這些是非常基礎的基礎知識，讀者朋友們需要十分熟練地掌握。

A 備忘 Appendix

A-B

append() 用於在串列尾端增加新的物件

array.tolist() 將 ndarray 物件轉化為串列

ax.axhline(3) 繪製水平輔助線

ax.axhspan(2.5,3, color = 'r') 增加水平填充區域

ax.axis('off') 不顯示坐標軸

ax.axvline(5) 繪製垂直輔助線

ax.bar(x - width/2, goog_means, width, label='Google') 使用 Matplotlib 繪製橫條圖

ax.errorbar(x, y_sin, 0.2) 繪製線圖時增加錯誤曲線

ax.fill_between() 區域填滿顏色

ax.grid(linewidth=0.5,linestyle='--') 設定繪圖網格

ax.hlines() 繪製垂直線

ax.pie(sizes, labels=labels, autopct='%1.1f%%',shadow=True, startangle=90) 繪製圓形圖

ax.plot(x,y) 繪製以 x 為參數，y 為因變數的二維線圖

ax.scatter(normal_2D_data[:, 0], normal_2D_data[:, 1], s=10, c=T, edgecolors = 'none',alpha=.6, cmap='Set1') 繪製散點圖

ax.spines[].set_visible() 設定是否顯示某邊框

ax.tick_params(which='major', length=7,width = 0.5) 設定坐標軸主刻度值

ax.tick_params(which='minor', length=4,width = 0.5) 設定坐標軸次刻度值

ax.twinx() 增加第二根 x 軸

ax.twiny() 增加第二根 y 軸

ax.vlines() 繪製水平線

C-E

cmf() 產生累積密度函數

count 顯示每行或列中非 NaN 資料的個數

DataFrame.add() DataFrame 相加

DataFrame.at[] 和 DataFrame.iat[] 快速定位某一資料元素，前者是支持行列名稱，後者則是支援行列索引號

DataFrame.ColumnName 或 DataFrame['ColumnName'] 顯示 DataFrame 的一列或多列

DataFrame.corr() 計算相關係數

DataFrame.cov() 計算方差

DataFrame.describe() 和 DataFrame.info() 查看 DataFrame 的統計資訊和特徵資訊

DataFrame.div() DataFrame 相除

DataFrame.dropna() 捨去 DataFrame 中所有包含 NaN 的值

DataFrame.fillna() 把 DataFrame 中的 NaN 填充為所需要的值

dataFrame.groupby() 資料分組分析

dataFrame.groupby().aggregate() 資料分組後的聚合

dataFrame.groupby().apply() 資料分組後對某數值的單獨操作

DataFrame.head() 和 DataFrame.tail() 選取序列或 DataFrame 前 n 個或最後 n 個資料，預設為 5 個

DataFrame.index() 和 DataFrame.values() 顯示序列或 DataFrame 的索引或資料

DataFrame.index.get_loc() 根據行名稱獲得行索引號

dataFrame.join() 透過列索引合併 DataFrame

DataFrame.loc[] 和 DataFrame.iloc[] 選取 DataFrame 的行，前者是透過行名稱索引，而後者是透過行號索引

DataFrame.max() 計算 DataFrame 行或列最大值

DataFrame.mean() 計算 DataFrame 行或列平均值

DataFrame.median() 計算 DataFrame 行或列中值

DataFrame.min() 計算 DataFrame 行或列最小值

DataFrame.mul() DataFrame 相乘

DataFrame.pct_change() DataFrame 當前元素與其前一個元素的百分比變化

DataFrame.pivot() 和 Pandas.pivot_table() 實現樞紐分析表的功能

DataFrame.plot() 視覺化 DataFrame

DataFrame.read_csv() 讀取 CSV 檔案

DataFrame.read_excel 讀取 EXCEL 檔案

DataFrame.rename() 改變列名稱或索引名稱

DataFrame.reset_index() 重建連續整數索引

DataFrame.set_index() 設定索引為任意與 DataFrame 行數相同的陣列

DataFrame.reindex() 建立一個適應新索引的新物件，並透過這種方法根據新索引的順序重新排序

DataFrame.sort_index() 和 DataFrame.sort_values() 按 DataFrame 索引和數值排序

DataFrame.sort_values() 排序

DataFrame.sub() DataFrame 相減

DataFrame.sum() 計算 DataFrame 行或列之和

DataFrame.to_csv() 寫出 CSV 檔案

DataFrame.to_excel() 寫出 EXCEL 檔案

DataFrame.to_hdf(),DataFrame.read_hdf() 寫出、讀取 HDF 檔案

DataFrame.to_json(),DataFrame.read_json() 寫出、讀取 JSON 檔案

DataFrame.T 實現 DataFrame 的行列轉置

def outputData(**kwargs) 在定義函數 outputData 時，使用 **kwargs 可以以類似字典的方式向函數傳入值

dtypes 列出資料型態

F-L

fig.add_axes([left,bottom,width,height]) 增加第二根軸

for x, y in np.nditer([a,b]) 應用廣播原則，生成兩元迭代器

import math 匯入協力廠商數學運算工具函數庫 math

import numpy as np 匯入協力廠商矩陣運算函數庫，並給它取一個別名 np，在後序程式中，可以透過 np 來呼叫 numpy 中的子函數庫

import numpy 匯入運算套件 numpy

import QuantLib 匯入金融衍生品定價分析軟體函數庫

iter(favourite) 建立一個迭代器

len() 顯示序列或 DataFrame 的資料數量

M

math.sqrt(81) 呼叫協力廠商數學運算函數庫 math 中的 sqrt() 函數用來求開方根值

matplotlib.axes.Axes.hist() 繪製機率長條圖

matplotlib.colors.LinearSegmentedColormap.from_list() 產生指定的顏色映射圖

matplotlib.pyplot.axhline() 繪製水平線

matplotlib.pyplot.axvline() 繪製垂直線

matplotlib.pyplot.bar() 繪製柱狀圖

matplotlib.pyplot.gca().get_yticklabels().set_color() 設定 y 軸標籤顏色

matplotlib.pyplot.gca().spines[].set_visible() 設定是否顯示某邊框

matplotlib.pyplot.gca().xaxis.set_ticks_position() 設定 x 軸標題

matplotlib.pyplot.gca().yaxis.set_ticks_position() 設定 y 軸標題

matplotlib.pyplot.grid() 繪製網格

matplotlib.pyplot.scatter() 繪製散點圖

matplotlib.pyplot.show() 顯示圖片

matplotlib.pyplot.xlabel() 設定 x 軸標題

matplotlib.pyplot.xlabel() 設定 y 軸標題

matplotlib.pyplot.yticks() 設定 y 軸刻度

N

nump.power() 乘冪運算

numpy.arange() 根據指定的範圍以及設定的步進值，生成一個等差陣列

numpy.arange(2,10,2) 生成一個以 2 為首項，8 為末項，2 為公差的等差數列

numpy.array(['2005-02-25','2011-12-25','2020-09-20'],dtype = 'M') 生成資料型態為日期的 narray 物件

numpy.array(ndarray_obj,copy = False,dtype = 'f') 使用 array() 函數生成 ndarray 物件，且不複製原 ndarray 物件，並把資料型態更改為浮點數型

numpy.average() 得到平均值

numpy.fromfunction(lambda i, j: i == j, (3, 3), dtype=int) 透過 lambda 匿名函數生成 ndarray 物件

numpy.fromfunction(sum_of_indices, (5,3)) 透過自訂函數 sum_of_indices() 和給定的網格範圍 (5,3) 生成 ndarray 物件

numpy.irr() 計算內部收益率

numpy.linalg.cholesky() 矩陣 Cholesky 分解

numpy.linalg.eig() 求矩陣 A 的特徵值和特徵向量

numpy.linalg.lstsq() 矩陣左除

numpy.linalg.solve() 矩陣左除

numpy.linalg.svd() 矩陣奇異值分解

numpy.linspace(2,10,4) 生成的等差數列是在 2 和 10 之間，數列的元素個數為 4 個

numpy.logspace(start =1,stop = 10,num = 3, base = 3) 生成一個以 1 為首項，10 為末項，3 為公比，元素個數為 3 的等比數列

numpy.meshgrid() 獲得網格資料

numpy.multiply() 向量或矩陣逐項乘積

numpy.nditer(x,order = 'C') 以行優先的次序生成 ndarray 物件 x 的迭代器，可以用來遍歷 x 中的所有元素

numpy.roots() 多項式求根

numpy.sqrt() 計算平方根

numpy.squeeze() 從陣列形狀中刪除維度為 1 的項目

numpy.vectorize() 將函數向量化

numpy.where(a<5,a+0.1,a+0.2) 使用 where() 函數過濾 ndarray 中只符合要求的元素

numpy.zeros() 傳回給定形狀和類型的新陣列，用零填充

P

pandas.concat() 拼接 DataFrame

pandas.DataFrame() 建立 DataFrame

pandas.DataFrame.pct_change() 計算簡單收益率

pandas.merge() 合併 DataFrame

pandas.pivot_table().query() 從樞紐分析表中檢索

pandas.Series() 建立序列

pandas.Series.autocorr(A) 計算自相關性，並繪製火柴棒狀圖

pandas_datareader.data.get_data_yahoo() 下載金融資料

pdf() 產生機率密度函數

Pip install pandas/conda install pandas 安裝 pandas 運算套件

plt.hist(x,bins=50,color=colors) 繪製長條圖

plt.legend(['White noise 1', 'White noise 2'],edgecolor = 'none', facecolor = 'none',loc='upper center') 增加圖例

plt.yticks([-5,0,5]) 設定縱軸刻度值

pmf() 產生機率質量函數

ppf() 產生分位數函數 (累積密度函數的逆函數)

print() 在 Python 的 console 中輸出資訊

pymoo.model.problem.Problem() 定義最佳化問題

pymoo.optimize.minimize() 求解最小化最佳化問題

R

random.expovariate() 產生服從指數分佈的隨機數

random.gauss() 產生服從正態分佈的隨機數

random.randint() 產生隨機整數

random.random () 呼叫協力廠商函數庫 random 中的 random() 函數，傳回 0 到 1 之間的隨機數

random.random() 產生隨機浮點數

random.randrange() 傳回指定遞增基數集合中的隨機數

random.seed() 初始化隨機狀態

random.shuffle() 將序列的所有元素重新隨機排序

random.uniform() 產生服從均勻分佈的隨機數

range(N) 生成一個含有 N 個整數的串列，串列的元素從 0 到 N

round(4.35,1) 將 4.35 四捨五入到一位小數

S-U

scipy.interpolate.interp1d() 一維插值

scipy.interpolate.interp2d() 二維插值

scipy.linalg.ldl() 對矩陣進行 LDL 分解

scipy.linalg.lu() 矩陣 LU 分解

scipy.optimize.Bounds() 定義最佳化問題中的上下約束

scipy.optimize.LinearConstraint() 定義線性限制條件

scipy.optimize.minimize() 求解最小化最佳化問題

scipy.stats.binom_test() 計算二項分佈的 p 值的

scipy.stats.norm.cdf() 正態分佈累積機率分佈 CDF

scipy.stats.norm.fit() 擬合得到正態分佈平均值和均方差

scipy.stats.norm.interval() 產生區間估計結果

scipy.stats.norm.pdf() 正態分佈機率分佈 PDF

scipy.stats.probplot() 計算機率分位並繪製長條圖

scipy.stats.ttest_ind() 兩個獨立樣本平均值的 t- 檢驗

seaborn.heatmap() 產生熱圖

seaborn.lineplot() 繪製線型圖

seaborn.set_palette() 設定色票面板

set_major_formatter() 設定主坐標軸刻度的具體格式

set_major_locator() 設定主坐標軸刻度的數值定位方式

shape 顯示序列或 DataFrame 的維

stats(, moments='mvsk') 產生期望、方差、偏度和峰度

sympy.abc import x 定義符號變數 x

sympy.diff() 求解符號導數和偏導解析式

sympy.Eq() 定義符號等式

sympy.evalf() 將符號解析式中未知量替換為具體數值

sympy.integrate(f_x_diff2,(x,0,2* math.pi)) 計算函數的定積分

sympy.limit() 求解極限

sympy.Matrix() 構造符號函數矩陣

sympy.plot(sympy.sin(x)/x,(x,-15,15),show=True) 繪製符號函數運算式的影像

sympy.plot_implicit() 繪製隱函數方程式

sympy.plot3d(f_xy_diff_x,(x,-2,2),(y,-2,2),show=False) 繪製函數的三維圖

sympy.series() 求解泰勒展開級數符號式

sympy.solve() 使用 SymPy 中的 solve() 函數求解符號函數方程組

sympy.solve_linear_system() 求解含有號變數的線型方程組

sympy.symbols() 建立符號變數

sympy.sympify() 化簡符號函數運算式

time.time() 獲得當前時間

type(num_int) 傳回變數 num_int 的資料型態

unique() 顯示序列非重復資料的個數